Lehrbuch der Markscheidekunde

von

Dr. phil. P. Wilski
o. Professor der Markscheidekunde an der Technischen Hochschule
zu Aachen

Erster Teil

Mit 131 Abbildungen im Text
einer mehrfarbigen und
27 schwarzen Tafeln

EXTRA
MATERIALS
extras.springer.com

Springer-Verlag
Berlin Heidelberg GmbH 1929

Additional material to this book can be downloaded from http://extras.springer.com

ISBN 978-3-642-90582-7 ISBN 978-3-642-92439-2 (eBook)
DOI 10.1007/978-3-642-92439-2

Alle Rechte, insbesondere das der Übersetzung
in fremde Sprachen, vorbehalten.
Copyright 1929 by Springer-Verlag Berlin Heidelberg
Ursprünglich erschienen bei Julius Springer in Berlin 1929

Vorwort.

Die Einführung in das bergmännische Vermessungswesen über und unter Tage, die in dem vorliegenden Buche versucht wird, dringt nicht so tief in den Stoff ein, wie ein gelehrter Leser es sich vielleicht wünschen möchte, sondern ist nur den weniger weit gehenden Bedürfnissen des angehenden Bergingenieurs angepaßt, sowie denjenigen etwas weiter gehenden Bedürfnissen, die sich später in der Praxis einzustellen pflegen. „Ich habe nicht für Gelehrte und hochverständige Leute geschrieben, sondern fürnehmlich für Bergwerks- und Markscheider-Kunst Liebende und Lernende zum nötigen Unterricht" — so sagt August Beyer 1749 in der Vorrede zu seiner „Markscheider-Kunst". In demselben Sinne ist das vorliegende Buch abgefaßt. Doch glaube ich immerhin die Bedürfnisse desjenigen Bergingenieurs im Auge gehabt zu haben, der später als Bergdirektor verständnisvoll mit dem Markscheider zusammenarbeiten möchte, und ebenso die Bedürfnisse des Bergingenieurs, der später ins Ausland geht und dort sein eigener Markscheider sein muß.

Die eingestreuten historischen Notizen entsprechen nicht gerade einem Bedürfnis, weder auf seiten des Anfängers, noch auf seiten des in der Praxis stehenden Mannes. Um für die Facharbeit das nötige geistige Rüstzeug zu entnehmen, schlägt man das Buch auf. Aber im gleichen Augenblick entäußert man sich auch nicht der allgemein menschlichen Interessen, die uns durch unser Leben begleiten. Diesen dienen, wie ich glaube, die historischen Notizen. Denn es ist doch recht eindrucksvoll, zu sehen, wie ein so einfacher Gegenstand, wie die Röhrenlibelle, 170 Jahre nach ihrer Erfindung in Gelehrtenkreisen noch immer nicht allgemein verstanden worden ist; wie ferner der Magnet länger als ein Jahrtausend in den Händen der Völker des Mittelmeerbeckens und des nördlichen Europas gewesen ist, ehe seine Richtkraft entdeckt und nutzbar gemacht wurde, und wie es dann weitere 700 Jahre dauerte, bis die Magnetnadel als Richtungsweiser zu allgemeiner Anerkennung gelangte. Fesselnd ist es auch zu sehen, wie die Strahlenbrechung schon vor Christi Geburt bemerkt worden ist, gleichwohl aber noch mehr als 16 Jahrhunderte vergingen, bis nach ganz langsamem Fortschreiten der wissenschaftlichen Erkenntnis das Brechungsgesetz des Snellius entdeckt und — 36 Jahre nach des Entdeckers Tode — veröffentlicht wurde.

Die Langsamkeit des wissenschaftlichen Fortschritts in den früheren Jahrhunderten legt den Gedanken nahe, daß wir nicht klüger sind als unsere Vorfahren, daß indessen wissenschaftliche Wahrheiten zuweilen gewissermaßen auf der Straße liegen. Aber wir haben den Blick auf andere Dinge gerichtet, eilen vorüber und sehen sie nicht. Auch von uns werden unsere Nachfahren einmal sagen: Wie war es nur möglich, daß man im 20. Jahrhundert diese und jene Wahrheiten übersehen hat! Die historischen Nachrichten, die frühere Jahrhunderte auf uns vererbt haben, bilden einen Besitz, der erworben sein will. Auf diesen Besitz wollen die im Buche verstreuten historischen Notizen den Lernenden aufmerksam machen.

Der Inhalt des Buches besteht aus zwanglos aneinander gereihten Kapiteln. Für die Wahl der Kapitelfolge war der Wunsch maßgebend, dem Anfänger das Eindringen in den Stoff möglichst zu erleichtern. Doch sei hervorgehoben, daß persönliche Einführung in die Handhabung der Meßgeräte, Zeichengeräte, Flächenberechnungsinstrumente, der Rechentafeln und wenigstens einer Rechenmaschine unentbehrlich ist. Nur zum Teil kann Vermessungskunde aus Büchern gelernt werden. Eins ohne das andere führt zu nichts Rechtem.

Ich hatte ursprünglich gehofft, ganz ohne Literaturangaben auskommen zu können, sah aber im Laufe der Arbeit die Unmöglichkeit ein. Denn ein Lehrbuch möchte doch auch etwas auf die Bedürfnisse des Praktikers Rücksicht nehmen, der in seinen Mußestunden Freude daran empfindet, sich mit diesem oder jenem Gegenstande des Faches eingehender zu beschäftigen. Bei der Beschaffung der durchzusehenden Schriften haben namentlich die Herren Professor Dr. Hornoch in Sopron, Geheimer Bergrat Professor Dr. Schwemann in Aachen, Bibliotheksrat Walther in Aachen, Senatsrat Wellisch in Wien mich zu herzlichem Dank verpflichtet.

Durch freundliche Überlassung von Druckstöcken haben eine Reihe von Mechanikerfirmen das Entstehen des Buches in sehr dankenswerter Weise wesentlich gefördert. Besonderen lebhaften Dank möchte ich aber auch der Verlagsbuchhandlung aussprechen, die aus Manuskript und bildlichen Vorlagen mit großer Umsicht, Geduld und Sorgfalt das Buch herausgearbeitet hat.

Der Stoff der Vermessungswissenschaft ist spröde, und die Anziehungskraft, die er auf Lernende ausübt, steht der Anziehungskraft anderer Wissensgebiete nach. Wen der Stoff nicht anzieht, die Pflicht aber antreibt, sich mit ihm zu beschäftigen, den möge ein weiser Spruch der alten Athener trösten, den Freiherr Hiller von Gaertringen kürzlich ans Licht gezogen hat:

Εσϑλὸν τοῖσι σοφοῖσι σοφίζεσϑαι κατὰ τέχνην.
Ὅς γὰρ ἔχει τέχνην, λῷον ἔχει βιωτόν.

Aachen, im August 1929.

P. Wilski.

Inhaltsverzeichnis.

Einleitung (1—4).

1. Begriff der Markscheidekunde.

Die Stellung der Markscheidekunde zwischen den benachbarten Wissensgebieten läßt sich etwa folgendermaßen abgrenzen. Die Lehre von der Vermessung einzelner Teile der Erdoberfläche nennt man Vermessungskunde schlechthin oder auch Geodäsie. Letzterer Name kommt schon 1583 in der Schrift Geodaesia Ranzoviana des Landmessers Nic. Reymers vor. Die Größe eines preußischen Regierungsbezirks beträgt nun etwa 5000 bis 8000 qkm. Die Vermessung kleiner Flächen ungefähr bis zu dieser Größe bildet den Gegenstand der praktischen Geometrie, die auch „niedere Geodäsie" genannt wird. Mit den Vermessungsmethoden, die bei Aufnahme wesentlich größerer Flächen zu den Meßmethoden der praktischen Geometrie hinzutreten, beschäftigt sich die „höhere Geodäsie". Man kann als das ideale Ziel dieser letzteren Wissenschaft die „Ermittlung der Gestalt unseres Planeten in großen Zügen" bezeichnen. Die Oberflächenformen unseres Planeten sind ihrerseits hervorgebracht durch Kräfte, die in der Atmosphäre und im Gesteinsmantel der Erde wirken. Mit diesen Kräften beschäftigt sich die Geologie. Untersuchungen über die Massenverteilung nicht bloß im Gesteinsmantel der Erde, sondern im ganzen Erdinnern bilden Gegenstand der Geophysik.

Die genannten Wissenszweige befinden sich heutzutage sämtlich innerhalb des Interessengebiets des Bergbaus. Am wenigsten zwar die „Höhere Geodäsie", doch ist ein kleiner Zweig auch dieser Wissenschaft in den Bereich der Interessen des Bergbaus eingetreten, seit es gelungen ist, durch Schweremessungen die ungefähre Erstreckung von Salzlagerstätten festzulegen.

Wir wollen als Markscheidekunde denjenigen Teil der praktischen Geometrie bezeichnen, der den Interessen des Bergbaus dient. Der Bergbau hat heutzutage wesentliche Vermessungsinteressen über Tage und unter Tage. Wir wollen daher als Inbegriff der heutigen Markscheidekunde ansehen: Vermessungskunde über und unter Tage im Rahmen der Interessen des Bergbaus oder kurz: bergmännische Vermessungskunde.

2. Entwicklung des Begriffs der Markscheidekunde bis zur Neuzeit.

Die Kunstausdrücke der älteren bergmännischen Meßkunst etwa bis in die zweite Hälfte des 18. Jahrhunderts hinein sind mit Ausnahme des Wortes Kompaß deutsch. Hieraus kann man schließen, daß mit Ausnahme der aus Italien stammenden Kompaßmessung der Ursprung der bergmännischen Meßkunst deutsch sein wird. So ist Agricola († 1555) wahrscheinlich Erfinder der Wachsscheibenmessung gewesen. Im lateinischen Text seiner 12 Bücher de re metallica benennt er die Wachsscheibe natürlich mit einem lateinischen Wort „orbis“, im Register dagegen gut deutsch Scheube (= Scheibe). Auch die zugehörige libella stativa hat er sicherlich selbst erfunden. Denn die riesenhafte dreifache Abbildung wäre ganz unverständlich, wenn sie etwas schon Bekanntes gewesen wäre. Er nennt sie deutsch „Aufsatz“. Auch seine libra pensilis, unsern Gradbogen, nennt er gut deutsch „wage“. Balthasar Rößler erfand 1633 den „Hängekompaß“, Nikolaus Voigtel 1686 den „Winkelweiser“ und die „Zulegeplatte“. Überall drückt sich der deutsche Ursprung durch das deutsche Wort aus. Von den Franzosen kam die Röhrenlibelle. Wir erblicken sie 1785 im Lehrbuch der Markscheidekunde von Lempe in der Form der „Nivellierwaage“. So weist auch hier der fanzösische Wortteil auf den französischen Ursprung. Die Dosenlibelle scheint deutschen, vielleicht österreichischen Ursprungs zu sein. Auch sie tritt uns 1798 bei Giuliani mit deutscher Benennung als Wasserwaage, 1801 bei Studer als „Mayersche Wasserwaage“ entgegen. Aber in dieser Zeit tritt auch schon das Streben hervor, Fremdworte zu gebrauchen. Giuliani veröffentlichte 1798 den Entwurf eines Theodolits, eines Instruments, das bis dahin in der Markscheidekunde noch unbekannt war[1]. Giuliani nannte sein Instrument „Catageolabium“.

Das Vermessungswesen hat sich vermutlich von winzigen Ansätzen in langsam steigendem Maße ganz allmählich im Bergwesen eingebürgert. Die ersten Anfänge sind für uns heute noch in Dunkel gehüllt. Doch läßt sich vermuten, daß eine Durchsicht der ältesten Bergordnungen und sonstigen älteren bergmännischen Urkunden die Anfänge des Eindringens der Vermessungstätigkeit in das Bergwesen erkennen lassen würde.

Denn wir haben aus dem Jahre 1213 einen bergrichterlichen Entscheid zwischen zwei in Uneinigkeit geratenen Nachbargruben aus der Trienter Gegend. v. Sperges druckt den Entscheid nach einer Urkunde ab, die zu seiner Zeit (1765) in Trient aufbewahrt wurde. Soviel man sich aus dem schwer verständlichen Latein ein Bild machen kann, hatten die zwei Nachbargruben auf einem und demselben Gang Erz gegraben, und dabei war die eine über die andere geraten, was zu unliebsamen Zwischenfällen führte. Es scheint, daß die unten arbeitende Grube der oberen gedroht hat, sie werde jetzt von oben her „vom Rasen nieder“ ein Gesenk (Xincarum a wasono zosum)[2] niederbringen und sich dann für erlittene Unbill revanchieren. Da wurde der Fall ernst. Das Gericht entschied: keiner darf künftig den anderen stören, und das Gesenk darf nicht niedergebracht werden.

Man sieht aus dem Entscheid, daß von irgendwelchen vermessungstechnischen Grundlagen des Bergbaus, deren Erörterung man hier erwarten müßte, noch gar keine Rede ist. Im besonderen ist noch keine Rede von einer etwaigen obertägigen

[1] Der älteste bekannt gewordene Theodolit überhaupt ist derjenige, den Ramsden 1787 für den General Roy baute, und den Repsold unter Fig. 135 abbildet.

[2] Xincarum = Gesenk; a wasono = vom Wasen (Rasen) aus; zosum ist nach einer freundlichen Auskunft des Herrn Professor Maas in Berlin eine Nebenform von deorsum = abwärts (Thesaurus Linguae latinae V 559, 27). — Der Ausdruck „vom Rasen nieder“, der offenbar durch die Worte „a wasono zosum“ wiedergegeben werden soll, findet sich bei Span S. 156.

Abgrenzung oder „Verpflöckung" oder „Verlochsteinung", wie man das später nannte, Grenzen, die dann unter Tage innezuhalten gewesen wären. Nach Wartusch-Wohlgemut ist die älteste deutsche Bergordnung von 1202, und nach Köglers Taschenbuch S. 674 gibt es seit der Zeit eine große Anzahl alter bergmännischer Urkunden. Aus ihnen würde sich für das allmähliche Eindringen der Meßkunst in das Bergwesen sicher manches entnehmen lassen.

Verfasser hat nur einige wenige alte Bergordnungen in Händen gehabt und aus diesen folgendes Bild gewonnen. In den ältesten Zeiten wurden die Gruben noch nicht über Tage abgegrenzt, sie nahmen noch nicht „ihr Schnur und Maaß am Tage"[1]. Aber etwas Meßkunst wurde schon in diesen Zeiten im Bergwesen angewandt. Belas Schemnitzer Bergrecht, das zwischen 1235 und 1270 entstanden ist, setzt fest, daß einer Grube in das Hangende ein Lehen und in das Liegende ein Lehen, auf jeder Seite aber im Streichen des Ganges 4½ Lehen zugeteilt werden sollen. Das war dann ein „scheiblich Lehen". Es hieß dann weiter: wenn Bergleute nebeneinander bauen, so mag einer den anderen enthauen, bis daß sie gegeneinander durchschlagen. Dann sollen beide Teile je ¾ eines Lachters vom Durchschlag entweichen, bis Bergmeister und Geschworene dazu kommen und „Markscheidstempel" zwischen beiden festsetzen[2]. Wer die Stempel brach oder aufschlug mit Frevel oder mit Wissen, der hatte Leib und Gut verloren.

Man maß im Bergwesen also schon ein wenig 1235 bis 1270. Wir werden später sehen, daß man damals wahrscheinlich auch schon Polygonzüge (Seiten und Winkel) maß. Aber Belas Bergrecht kennt auch schon Stolln und Erbstolln. Den Gruben, welche auf einem Gang entlang saßen, brachte der Stolln Bewetterung und Abfluß des Wassers. Die Anlage des Stollens war ohne Messungen nicht denkbar. „Abwegen ist, das man ein Ort oder Stolln gegeneinander wiegt, das man weiß, wo und wie die Örter gegeneinander sein", sagt Löhneyß S. 11. Hierzu bediente man sich des Gradbogens, der Waage, Bergwaage, Gradwaage und sogar auch Wasserwaage genannt wurde, und der, wie heutzutage, an einer Schnur aufgehängt benutzt wurde. War eine Grube mit der Nachbargrube auf dem Stolln oder an anderer Stelle durchschlägig geworden, so wurde es auch noch nach Jahrhunderten so gehalten, daß einer der beiden geschworenen Froneboten[3] oder ein anderer Beamter der Bergbehörde kam, sich den Durchschlag besah und im Durchschlag eine Stuffe oder Erbstuffe[4] oder „Eisen und Marscheit" oder „Eisen und Bidmarck" schlug, oder er „brachte Schinn und Eisen für" und gebot Frieden. Das Eisen im Durchschlag war dann für künftig die Grenze, die „Markscheide", das Bidmarck. Die Kosten des Stollenbaus wurden den Gruben anteilig auferlegt. Auch hierbei wird man eine primitive Vermessung mit der „rechten geschwornen Bergschnur"[5] vorauszusetzen haben. Bei etwaigen Durchschlägen im tauben Gebirge war Abgrenzung nicht vorgeschrieben. Man war „nit schuldig, Mynn und schid zu tun"[6]. Wo im Grenzgebiet zweier Nachbargruben Erz anstand, nahm man es aber genauer. Schon von 1490 ab ist die Bestimmung bezeugt, daß jenseits des im Durchschlag angebrachten Schied-

[1] Es heißt gelegentlich auch „Schnur oder Maaß", z. B. BO. 1517, 44.

[2] Wagner S. 164ff.

[3] So berichtet Calvör nach „Hardanus Häcken". Die Schwatzer Erfindung 1556 Absch. 29 bezeugt die Fronpoten schon für 1490. [4] Löhneyß: S. 33. [5] BO. 1517, 142.

[6] BO. 1517, Nr. 59.

eisens „eine Grube die annder nit oberhawen soll“ (Schwatz. Erf. VII u. B. O. v. 1517 Ziffer 95). Dem Bauunternehmer, der den Stollen vortrieb, wurde in den ältesten Zeiten nichts zugemessen, sondern ihm gehörte vom Stollnmundloch an das Feld so weit, als der Pfeil der Armbrust flog“[1]. Darauf mochten die Bergleute „ihr Viehe speisen“[2].

Für einen Stolln, der kein Erbstolln ist, bestimmte dagegen Belas Schemnitzer Bergrecht: wenn der Stölner Erz fände, so sollten ihm von der Stelle an, wo er das Erz gefunden, je 3½ Lehen vor und rückwärts zugemessen werden.

Eine weitere Anwendung der Meßkunst ergab sich aus dem natürlichen Wunsche, daß man über Tage sehen wollte, wo man in der Grube baute.

„Marscheiden und abgezogen ist, daß man ein Ort vererbstuffet oder verbauet oder einen Schacht an Tag bringt, daß man am Tage weiß, wo man in der Gruben bauet“, sagt 1617 **Löhneyß**[3]. Um über Tage zu sehen, wo man in der Grube baut, war also noch um 1617 manchmal ein Schacht an Tag zu bringen. Das läßt auf eine sehr bescheidene Entwicklungsstufe der damaligen Meßkunst schließen. 1574 hatte Erasmus Reinhold dieselbe Aufgabe vermessungstechnisch behandelt, dann aber gesagt (Kap. 17 seiner Markscheidekunst): „jedoch darffstu dich hierauff nimmermer gentzlich und gewislich verlassen ... und darumb nuhr vermutlich darauf reden kanst, bis so lang solchs mit einem offnen Durchschlag bewiesen wird“. 43 Jahre später war man also noch nicht weitergekommen. Hatte man das Ort der Grube seiger an die Tagesoberfläche hinaufprojiziert, so schlug man dort den Ortpfahl oder Örterpflock.

Später wuchsen die Wünsche des Bergbaus: man wollte auch gerne wissen, wie tief ein Schacht werden müsse, der bis zum Stolln niedergebracht werden sollte, und wie weit der Stollen noch zu erlängen sei, um mit dem Schacht durchschlägig zu werden. Das war wegen der Vorausberechnung der Kosten wichtig. Auch war es für den Stöllner wichtig, zu wissen, wieviel Lachter noch aufzufahren seien. Denn dann konnte er sich mit dem Vortrieb des Stollens unter Umständen beeilen, damit er an der Durchschlagstelle unter dem Schacht zuerst ankäme. Gelang ihm das, so durfte er da für sich Erz weghauen, soviel ein Mann, auf der Stollnsohle stehend, mit dem ortsüblichen Gezäh über sich erreichen konnte.

Angesichts dieser Vermessungsbedürfnisse wurde es allmählich üblich, daß eine bestimmte Person für die Messungsarbeiten immer wieder herangezogen wurde. Im Meißner Bergrecht von 1406 tritt ein „Stuffenschläger“ auf, den der Bergmeister bestätigt hat. Ob dies der Vorläufer des späteren Markscheiders ist, muß ich unentschieden lassen. Im Österreichischen tritt diese Persönlichkeit schon 1490 auf und wird „der Schinner“ genannt.

Für die Zeit um 1517 lernen wir hauptsächlich durch die Bergordnung des Kaisers Maximilian I für Österreich, Steiermark, Kärnten und Krain folgende Verhältnisse kennen:

Mancher Orten in diesen Landen, so in Roswald, Vorach und Mellach im Gurgkental waren die Bergbehörden noch nicht dazu übergegangen, den Gruben über Tage „Maß zu geben“ und sie „gegeneinander zu verschinnen“. In anderen

[1] **Löhneyß**: S. 32. [2] **Henning Groß** d. J.: Urspr. n. O., das achte Recht.
[3] **Löhneyß**: S. 11.

Bergrevieren dagegen hatte sich bereits der Brauch eingebürgert, die Gruben „am Tage zu verpflöcken" und „mynn und schid darauf geschehn" zu lassen. Das ist schon für 1468 bezeugt. Das „Verpflöcken am Tage" geschah zumeist in der Weise, daß man dem Lehenträger „3 Schnur nach Gangs Fall und Zugs Länge mit First und Sohle" über Tage absteckte. Wir würden heute sagen: der Lehenträger bekam 3 Schnur flacher Länge zugewiesen. Nur nebenher wird für einige Gegenden erwähnt, daß dazu „3 Schnur im Scherm" gehörten, jederseits 1½ Schnur. Das waren also 3 Schnur im Streichen des Ganges. Schon 1490 waren die Bergmeister angewiesen, daß die Gruben nicht zu nahe aneinander verliehen werden sollen, damit jede zu ihren 3 Schnuren komme oder „anderem gebürendem Maaß". Unter diesem „anderem gebührenden Maaß" kann man sich beispielsweise die 7 Bergklafter vorstellen, die der Erzbischof zu Salzburg 1401 in der Ordnung für die Eisenwerke in der Krembs mit den Worten vorgeschrieben hatte: „wer ein Newes paw aufslahen wil, der sol sitzen siben Perkchlafter hindan". Ob der schwer verständliche, äußerst kleine Betrag von 13 Fuß, den Herzog Albrecht von Braunschweig 1271 festsetzte: „twisschen jowelker grouen dritteyn vote" (Wagner S. 1024), in gleichem Sinne aufzufassen ist, muß Verfasser dahingestellt sein lassen.

Man sollte nun meinen, daß zur Verpflöckung über Tage dann also 4 Pflöcke gehörten. Aber es werden immer nur 2 Pflöcke erwähnt, der Oberpflock und der Unterpflock[1]. Diese wurden in der Mitte der streichenden Ausdehnung geschlagen zur Bezeichnung von First und Sohle des Abbaus. Oberpflock und Unterpflock hatten natürlich bei verschiedenen Gruben verschiedenen Abstand voneinander. Man verpflöckte die 3 Schnuren ja auch „nach Gangs Fall und Zugs Länge", d. h.: je nach des Ganges Einfallen war des Zuges Länge vom Oberpflock zum Unterpflock eine verschiedene.

Der Scherm war nur eine Verwaltungsmaßregel, damit die Gruben nicht zu nahe aneinander angesetzt würden. Man wurde irgendwo durchschlägig miteinander, und dann kam der Fronebote oder der Schinner, schlug ein Eisen im Durchschlag, und das war dann für künftig die Grenze. Man hatte nicht die Absicht, seitliche Grenzen von vorneherein festzulegen, sondern überließ deren Festlegung der künftigen Entwicklung des Abbaus. Geschah der Durchschlag im tauben Gebirge, wurde überhaupt nicht „Markscheid gegeben". Ja auch „im Saiger" bildeten Oberpflock und Unterpflock nicht immer die endgültige Abgrenzung, wie wir noch sehen werden.

Das Grubenfeld von 3 Schnuren flacher Länge mit ebenfalls 3 Schnuren streichender Länge nennt die BO. 1517 unter Ziffer 4 ein „scheyblig Lehen", so daß sie unter diesem Ausdruck also etwas anderes versteht, als das Belasche Bergrecht.

Das scheyblig Lehen wurde aber den Gruben nicht überall zugemessen. Nach Ziffer 7 der BO. v. 1517 hatte die Bergbehörde dem Bergwerk an der Mändling „10 Klafter im Saiger" überwiesen. Vom Scherm wird dabei nichts gesagt. Von einer ganzen Reihe von Bergwerken sagt die BO., daß sie über Tage verpflöckt worden seien, aber man erfährt nicht, wie. Man kann nur vermuten, daß es kein

---

[1] „Beide Pflöcke" heißt es ausdrücklich BO. 1517, Ziffer 93. „Bede Phlögkh unnden und oben" heißt es 1490 (Schwatz. Erf. 1556 VII, 4).

scheyblig Lehen gewesen ist, da bei vielen anderen Bergwerken die 3 mal 3 Schnuren des scheybligen Lehens besonders genannt werden. Für Niederösterreich und die Grafschaft Ortenburg bestimmt die BO. unter Ziffer 25, daß dort den Gruben 15 Klafter im Saiger bei 8 Schnur Scherm, d. h. jederseits 4 Schnur Scherm zugemessen werden sollen. Daraus läßt sich schließen, daß diese Zuteilungsart dort schon früher bestanden hat. Statt „Scherm" wird in Ziffer 17 gesagt „Scherm und abschneident Eysen". Was mit dem „abschneident Eysen" gemeint ist, muß Verfasser dahingestellt sein lassen.

Dem Bergwerk am Wachsenstein in der Glödnitz wird freigestellt, ob es künftig 3 Schnur nach Gangs Fall und Zugs Länge als Maß haben will oder 15 Klafter im Saiger. Hieraus läßt sich schließen, daß 3 Schnur flacher Länge annähernd gleich 15 Klafter saigerer Länge waren, so daß die „rechte geschworne Bergschnur" 10 m und etwas drüber gewesen sein muß[1].

Die BO. von 1517 bestimmt im großen ganzen, daß da, wo die Bergmeister den Gruben ihres Bezirks bereits „Maaß am Tag" gegeben haben, alles beim alten bleiben soll. Künftig sollen aber überall „15 Klafter im Saiger" verliehen werden und dazu 3 Schnuren, d. h. „ein Lehen" im Scherm.

Die Bergordnung legt also großen Wert auf die Ordnung der Abgrenzung der Gruben gegeneinander. Dem Schinner erwuchs daraus ein größerer Wirkungskreis, und die BO. 1517 macht ihn nun zum geschwornen kaiserlichen Beamten. „Ein jeder Schinner soll uns geschworen sein", bestimmt Ziffer 143, und seine Gebühren werden in den Ziffern 144 und 145 genau festgesetzt. „Unser Schinner" heißt es in Ziffer 68. Als Meßgeräte des Schinners nennt die BO. Bergschnur, Kompaß und Winkelmaß. Letzteres war wohl ein Quadrant mit Pendel daran zum Feststellen der Fallwinkel. Mit diesen Geräten zog der geschworne Schinner also die Grube ab.

Die Abgrenzung der Nachbargruben gegeneinander hatte anscheinend von jeher viele Streitigkeiten hervorgerufen, so daß es an der Zeit wurde, zu deren Beilegung aus dem freien Schinner einen mit Autorität ausgestatteten geschworenen kaiserlichen Beamten zu machen. Schon das Bergbuch des Königs Wenzel VI. von 1280 sagt (Buch I, Kap. 10): „Das Ampt derjenigen, so die Berge oder Gänge vormessen, ist durch die Bergverständigen erdacht und eingeführt worden auß Ursachen, daß alle Klagen, so der Markscheiden halber zwischen den nächst aneinander stoßenden Bergen und Zechen vorfallen, mit gebürlicher Vermessung durch sie vertragen und entschieden werden sollen[2]." Die Bergordnungen, die Verfasser gesehen hat, stehen in bemerkenswerter Abhängigkeit von einander. Vielfach kommen wörtliche Entlehnungen vor, so daß man den Eindruck einer ziemlich einheitlichen Entwicklung des Bergwesens gewinnt. In diesem Sinne sagt auch Henning Gross der Elter 1616 von dem Bergrecht Wenzels VI. vom Jahre 1280, daß dieses der Brunn und Quell sei, darauss all und jede Bergkordnung und jedes Bergrecht ihren Ursprung habe. Dagegen stellt Henning Gross der Jüngere eine größere Zahl Einzelbestimmungen zusammen „wie die lange Zeit von den alten erhalten worden", dazu das Iglauer Bergrecht, das der böhmische

[1] Im Kurfürstentum Sachsen war 1 Schnur = 7 Lachter, also ungefähr 14 m.

[2] Die Messenden — mensores des lateinischen Textes — waren aber 1280 noch nicht Schinner oder Markscheider, sondern eine von Fall zu Fall gewählte Kommission von 4 Männern.

König 1250 bestätigt hat, und das Bergrecht der Markgrafschaft Meißen von 1406. Von diesen drei Grundlagen sagt Henning Gross d. J. dann, daß „daraus die königlichen und fürstlichen Bergkordnungen über alle Bergrecht geflossen“ seien. Um so auffallender ist, daß die Einrichtung des geschwornen Schinners oder Markscheiders keineswegs sogleich überall übernommen wurde. Die Nassauische B. O. von 1559 und die kleine Dillenburger B. O. von 1592 kennen den geschwornen Markscheider noch nicht, während im nahen Pfalz-Zweibrücken vereidete Markscheider bereits 1565 vorkommen.

Nach der BO. von 1517 konnte es vorkommen, daß eine ältere Grube noch nicht verpflöckt war, die jüngere Nachbargrube dagegen war verpflöckt. Dann konnte die jüngere Grube eine Zeitlang von der älteren verlangen, daß die ältere „ihr Maaß am Tage nehme“. Unterließ die jüngere Grube das Verlangen, so verlor sie das Recht dazu nach einiger Zeit.

Wurde nun die ältere Grube verpflöckt, und sie kam dann mit der jüngeren Grube zum Durchschlag oder, wie der bergmännische Ausdruck auch lautete: wenn die Örter „einkamen“[1], so stellte der Schinner fest, ob der Durchschlag dem Oberpflock oder dem Unterpflock näher sei. Je nachdem erhielt die ältere Grube dann vom Schideisen aus ihr Maß „unter sich“ oder „über sich“ zugewiesen. Der andere Pflock galt von da ab nicht mehr[2].

1553 gab der Enkel des Kaisers Maximilian I., Kaiser Maximilian II., die Bergordnung seines Großvaters neu heraus. Es blieb im wesentlichen beim alten. Als Pflichten des geschworenen Schinners werden genannt: die Grube unter Tage richtig zu verschinnen, am Tage jedem „seine Schnur und Maaß“ zu geben, Armen und Reichen, jedem das Seine zu verpflöcken und Eisen und Bidmarck zu schlagen, und mit der rechten Bergschnur abzuziehen, um den Parteien ihr Maß anzuzeigen. Zu den Obliegenheiten des Schinners gehörte es außerdem, die Grube abzuzeichnen (Art. 146) und den Arbeitern mit der rechten Bergschnur das Gedinge abzuziehen (Art. 200).

Aber ein geschworener Schinner war nicht überall vorhanden und auch nicht überall leicht erreichbar. In solchem Fall hatte jeder Gewerke das Recht, „das Bidmarck im Anfang selbst zu verzeichnen“. Später mußte aber ein Schinner zugezogen werden, der das erste Bidmarck mit der rechten Bergschnur abzog und „mit einem aufrichtigen Stuf kräftigte“ (Art. 80).

20 Jahre später, 1573, lernen wir aus der Ungarischen Bergordnung, daß es schon hie und da über Tage abgesteckte Grenzen gab, die auf Antrag nach Untertage „in das Gebirg gebracht“ wurden. Artikel 7 dieser BO. bestimmt: wenn 2 Nachbargruben im tauben Gestein durchschlägig werden, so bestand kein Zwang, „Markscheid zu geben“. Kam der Durchschlag im erzführenden Gestein vor, so mußte der Durchschlag dem Gericht angesagt werden, und binnen 3 Tagen hatte dann die „Markscheid zu beschehen“, d. h. der Schinner schlug im Durchschlag ein Eisen als Grenzmarke. War aber über Tage Markscheide abgesteckt, so konnte sie auf Antrag hinab „in das Gebirge gebracht“ werden. Bis dahin galt aber das Eisen im Durchschlag als Grenze. Das Übertragen der Grenze von Übertage nach Untertage geschah entweder durch den Schinner oder durch den Bergmeister selber oder durch einen Bergrichter.

---

[1] Berginf., Bergm. Red. S. 20.

[2] BO. 1517, Ziffer 87 und Schwatzer B. O. von 1468 Kap. 1.

Jahrhunderte früher hatte das Iglauer Bergrecht (vor 1250) in dem Abschnitt „Recht von dem Neufänger" gesagt: „der Neufänger hat das Recht an der Maass, daß er seine Sohl recken mag, so lang als seine Lehen ist. Ist er aber aus seinen Lehenen gefahren in ein Freyes und hat Ertz funden, das da Mass werth ist und hat das zu einem offen Schacht bracht, damit behält er aber sein Recht, wenn er der erst ist."

In ähnlicher Weise sicherte das Belasche Bergrecht kleinen, dicht nebeneinander angesetzten Zechen je „ein Recht gestrakt Lehen" zu (vgl. Abschnitt X, 89). Und das Meißner Bergrecht von 1406 bestimmte, daß der Fundgrübner seine Nachbarn nicht enthauen dürfe, und diese nicht den Fundgrübner.

Diese Bestimmungen sichern dem Bergbautreibenden also nur eine gewisse Mindesterstreckung unter Tage zu, welche die Nachbarn beachten müssen. Zu einem Innehalten über Tage abgesteckter Grenzen unter Tage wird der Bergbautreibende aber durch keine dieser Bestimmungen verpflichtet.

Eine neue Entwicklungsstufe bildet die Zeit, in der einem Teil der Gruben ein Zwang auferlegt wurde, sich über Tage Grenzen abstecken zu lassen, die dann unter Tage eingehalten werden mußten. Dieser Zwang ist heute allgemein für alle Gruben, aber ursprünglich wurde er nur den „erbwürdigen" Gruben auferlegt. Damit verhielt es sich so: „Wenn in einer Zeche Erz zu Fuße und nicht nur in der Firste stehet und einmal Ausbeute gegeben worden, ist dieselbe vor Maaß- und Erbwürdig zu achten, und sind die Gewerken bei Strafe des Ausmessens schuldig, ihr Feld durch ordentlich Vermessen zu sich zu nehmen und Erbbereiten zu lassen"[1].

Dem Stollnbauunternehmer wurde im Braunschweigischen zu Löhneyß' Zeit (1617) eine „große Maaß", d. s. 98 Lachter Ganglänge vom Stollnmundloch aus vorläufig abgesteckt und, wenn er Erz gefunden hatte, auch endgültig vom Bergmeister verlochsteint.

Bei einem Schacht wurde es so gehalten: sobald der Schürfer in seinem Schacht Erz antraf, meldete er es dem Bergmeister, und dieser sah entweder selbst nach oder schickte zwei Männer seines Vertrauens, ob der Gang „erbwürdig", d. h. des „Vermessens" würdig sei.

Die Absteckung geschah dann feierlich mit „Solennitäten". Man nannte das auch „ein Erbbereiten" im Gegensatz zu überschlägigen „verlornen" Messungen, denen keine rechtsverbindliche Kraft innewohnte[2]. Aber da das Erbbereiten mit vielen Unkosten verbunden war, so genügte, wo kein Streit zu befürchten war, unter besonderen Umständen auch die „verlorne Messung" oder „Messung mit verlorner Schnur"[3].

Abgesteckt vom Rundbaum aus und auch verlochsteint wurden dem Lehenträger im ganzen 7 Lehen, d. s. 49 Lachter Ganglänge, bei 7 Lachter Breite. Doch kam auch 14 Lachter Breite und mehr vor. Das war dann eine „Fundgrube". Im Meißner Bergrecht von 1406 hat die Fundgrube nur 3 Lehen. Aber dazu gehören auf jeder Seite noch 2 Lehen. „Das heißen endelste Lehen".

---

[1] Herttwig: S. 37, 59 u. 349.

[2] Herttwig: S. 350 u. v. Schönberg: Berginf., Bergm. Red. S. 7. — G. Beer schildert 1739 in Kap. 31, Prop. 31 ausführlich die zu seiner Zeit dem Markscheider bei dieser Gelegenheit obliegenden Arbeiten.

[3] Herttwig: S. 402.

Anderwärts gehörten zur Fundgrube nur 6 Lehen = 42 Lachter Ganglänge. So wird die gewöhnliche Länge der Fundgrube bei Agricola, Löhneyß und Jugel angegeben. Doch kamen nach Jugel auch kleine Fundgruben von 15 Lachter streichender Länge vor. An die Fundgrube schlossen sich beiderseits auf dem Gange kleinere Grubenfelder, die sogenannten oberen und unteren Maaßen an, wobei man stellenweise, z. B. im sächsischen Erzgebirge die Maaß zu 4 Lehen = 28 Lachter Ganglänge rechnete; anderwärts, z. B. im Freibergischen, hatte die Maaß 40 Lachter Länge. Nach Agricola kamen aber auch kleine Grubenfelder von 7 mal 7 Lachtern vor, die also gerade nur ein Lehen groß waren.

Wo die Fundgrube oder die Maaß „wendete“[1], d. h. zu Ende war, da wurde eine kleine Grube — nach Berwardus ein „Schurff“ — gegraben und ein Stein hineingesetzt. Darin „häuete man ein Creutz“[2]. Statt Lochstein sagte man auch Gräntzstein, Rämstein, Reinigungsstein[3] oder Schnurstein[4]. Ein vereideter Markscheider hatte die Lochsteine in die Grube zu übertragen, dort also die Erbstufen zu schlagen[5]. Beim Bergmeister wurden dann Lochsteine und Erbstufen in ein besonderes Buch eingetragen[6].

Auf dieser Entwicklungsstufe lernen wir das kurfürstlich sächsische bergmännische Vermessungswesen zu Anfang des 16. Jahrhunderts kennen. Man hatte damals in Sachsen bereits ein geordnetes Markscheiderwesen, wie die sächsischen Bergordnungen jener Zeit erkennen lassen. Rülein von Kalbe schrieb 1505 sein „wohlgeordnet und nützlich Büchlein, wie man Bergwerk suchen und finden soll“. Aus diesem Buche lernen wir, daß man damals in Sachsen beim Markscheiden bereits sorgfältig durchgebildete Setzkompasse benutzte. C. Krause bildet deren vier nach von Kalbes Buch ab[7]. Sächsische Bergordnungen von 1510—1589 und ebenso die Pfalz-Zweybrückner BO. v. 1565, die würtembergische BO. v. 1597, die Hessen-Casseler BO. v. 1616 und die Brandenburgische BO. v. 1619, sowie die Braunschweigische Bergordnung von 1689 bezeichnen die Amtstätigkeit des Markscheiders in wörtlicher Übereinstimmung als Ausführung von gemeinen Zügen, Währzügen und verlornen Zügen. In den Bergordnungen wird nicht erklärt, was man unter diesen 3 Arten von Zügen zu verstehen habe. Es muß also etwas Selbstverständliches, allgemein Bekanntes gewesen sein. Die gemeinen Züge waren offenbar das, was wir heutzutage den gewöhnlichen Grubenzug nennen würden. Der Währzug war der Kontrollzug oder Gegenzug, den auch heute kein Markscheider jemals unterläßt. Es tut nichts zur Sache, daß das Wort „Währzug“ nachweisbar schon 1617 auch noch in der heutigen Bedeutung üblich gewesen ist. Findet nämlich die Messung eines Markscheiders keinen Glauben, so mißt vielleicht ein zweiter Markscheider etwas anderes heraus. Dann entscheidet ein dritter Markscheider, der den „Währzug“ ausführt[8]. Aber was war nun der „verlorne Zug“? Auch das muß etwas ganz Gewöhnliches gewesen

[1] Vielleicht hängt es mit dem Begriff „wenden“ oder umkehren zusammen, wenn in der alten Literatur statt „Markscheide“ zuweilen „Kür“ gesagt wird.

[2] Löhneyß S. 11. [3] Jugel: S. 56 u. 275. [4] Löhneyß: S. 33.

[5] „Erbstuffen ist, daß man in der Gruben weiß, wo eine jede Fundgrube oder Maaße wendet“, sagt Löhneyß S. 11.

[6] Löhneyß: BO. S. 212. [7] Krause, C.: S. 16.

[8] Für 1617 findet sich diese Bedeutung schon bei Löhneyß: BO. S. 212, für 1710 bei Herttwig: S. 274, und für 1785 bezeugt sie Lempe: S. 1007.

sein, was regelmäßig auszuführen war. Der Bergbau trieb 1515 bereits Stollen vor in einer Länge von 210 Klaftern[1], und der Markscheider hatte nun die Aufgabe, den Verlauf des Stollns über Tage abzustecken, um wegen Materialförderung und Bewetterung die Orte für Lichtlöcher angeben zu können. Hierzu zog er vom Stollnmundloch aus über Tage ungefähr in der Richtung und Länge des Stollns, ohne genau die Brechpunkte wieder abzustecken, die er beim Messen in der Grube hatte einlegen müssen. Zum Schluß schlug er einen vorläufigen Pfahl dort ein, wo ungefähr das unterirdische Ort sein mußte. Dieser Pfahl hieß „der verlorne Pfahl". Die Messung bis zu ihm hin vom Stollnmundloch aus hieß das „Messen mit verlorner Schnur". Dann ermittelte der Markscheider, wie weit es noch in Wirklichkeit bis zum Ort sein müßte, und setzte das Stück vom verlornen Pfahl aus ab. Das gab dann den „Ortpfahl"[2] oder „Örterplock"[3]. Der Ortplock zeigt über Tage an, wo auf dem Hauptgang gearbeitet wird[4]. So schildern uns den „Zug mit verlorner Schnur" Nikolaus Voigtel 1686, August Beyer 1749[5] und Lempe 1785. Dem Sinne nach ganz ebenso schildert uns Giuliani „das Verziehen mit verlorner Schnur"[6]. Die „verlornen Züge" der alten sächsischen Bergordnungen können kaum etwas anderes gewesen sein, als diese Züge mit verlorner Schnur, zumal in den Bergordnungen keine „Züge mit verlorner Schnur" vorkommen und in den übrigen Schriften keine „verlornen Züge".

Der Ausdruck „mit verlorner Schnur vermessen" wurde aber auch noch für eine andere Meßtätigkeit gebraucht. Lempe sagt 1785 S. 1004: „Eine Gewerkschaft kann ihr Feld entweder bloß zu ihrer eigenen Nachricht über Tage abpfählen lassen, oder sie muß es tun, damit eine andere mit ihr markscheidende Gewerkschaft ihre Maaßen vermessen lassen kann. Man sagt dann, daß jener Gewerkschaft Feld mit verlorner Schnur vermessen oder überschlagen werde"[7].

Auf beide Begriffsbestimmungen paßt, was Gätzschmann sagt: verloren = für vorübergehenden Gebrauch, vorläufig ausgeführt, z. B. verlorene Zimmerung: welche nur einstweilen eingebaut ist; mit verlorener Schnur messen: nur vorläufig, ohne Anspruch auf vollständigste Genauigkeit messen[8].

Für das Wort „Stolln" findet sich übrigens gelegentlich das Wort „Karnlauffen", das zu Jugels Zeit (1744) schon seltener gewesen sein muß. Denn Jugel hält es für nötig, das Wort zu erklären[9]. Dem entspricht offenbar das lateinische Caroegus oder Carowegus in der oben erwähnten Trientiner Urkunde. Die heutige österreichische Bezeichnung „Lauf" für unsere „Strecke" geht offenbar auf denselben Ursprung zurück.

Für Bewetterung und Materialförderung die vermessungstechnische Vorarbeit zu liefern, war also Sache des sächsischen Markscheiders im 16. Jahrhundert. Dazu trat noch eine andere Arbeit. Aus König Ferdinands Joachimsthaler Bergordnung von 1548 erfahren wir folgendes: Wenn ein Schürfer oder, wie man in Böhmen und 1406 auch in der Markgrafschaft Meißen

---

[1] v. Sperges: S. 108. [2] Löhneyß: S. 122; Lempe: 1785, S. 873.
[3] So bei Berwardus. [4] Jugel: 1744, S. 58.
[5] Voigtel: Pars 13, 2. Beyer: Pars VI, S. 156. [6] Giuliani: S. 33.
[7] Diese Auffassung findet sich noch bei Herttwig S. 349; v. Schönberg: Berginformation II, 102; Bergbauspiegel unter „V"; bei Span Tit. 8 unter e.
[8] Gätzschmann: S. 109. [9] Jugel: S. 42.

sagte: der „Neufänger"[1] begehrte, daß ihm an der Geländestelle, wo er fündig geworden war, ein Grubenfeld abgesteckt wurde, also „eine Fundgrube" vermessen würde, so wurde sein Begehren 14 Tage vor der Belehnung durch öffentlichen Anschlag bekannt gemacht und außerdem vor der Kirche ausgerufen. Im Bereich der Freiberger Bergamtsrevier fand das Ausrufen an 3 Sonntagen auf dem Markt statt. Man versammelte sich am Fundpunkt, und der Lehenträger leistete dort einen Eid, daß der Gang, den er vermessen lassen wolle, sein rechter belehnter Gang sei. Darauf ging er den Gang entlang voraus und gab an, wo „seine Maaßen sollten hingekehrt" werden, d. h. er „streckte sein Feld"[2]. Der Bergmeister — nicht der Markscheider — maß hinter ihm her die für eine Fundgrube ortsübliche Zahl von Lachtern ab. Diese Vermessung ging nicht immer ohne Störung vor sich. Denn die Joachimsthaler Bergordnung sagt im Artikel 29 mit strengen Worten: „Wer fürsetziglich und aus mutwillen in die schnur zugreiffen sich understehen würde, den sol der Bergkmeister entweder gefenglich einziehen oder, nach gelegenheit des handels sich für unserem Hauptmann und Verwalter zugestellen, vorstricken. Unnd ... sol er uns on alle gnad umb geübten frevel Zwaintzigk Marck Silber verfallen sein." Auch die Pfalz-Zweybrückner BO. v. 1565, sowie des sächsischen Herzog Christians Bergordnung von 1589 muß dieses „in die Schnur greifen" noch ausdrücklich verbieten[3].

Die Berggeschworenen verlochsteinen die Absteckung. Das Grubenfeld ist dann, wie es in einem Joachimsthaler Bergurteil von 1607 heißt[4]: „durch Bergmeister und Geschworne verschniert und verpletzt". Das Abstecken der Grubenfeldgrenzen mit der Bergschnur nannte man auch „verschnüren" oder „die Zeche abziehen"[5]. Nach geschehener Vermessung wird beim Bergmeister alles eingezeichnet. Bergmeister und Geschworene erhalten für diese Tätigkeit Gebühren.

Wurde die Vermessung eines Grubenfeldes mit dieser besonderen Feierlichkeit ausgeführt, so nannte man das ein „erbliches Vermessen", oder auch man sagte „es wurde ein Erbbereiten gehalten". In der Freiberger Bergamtsrevier führte nicht der Bergmeister die Vermessung aus, sondern „Erbvermesser" war der jeweils regierende Bürgermeister. Dem Markscheider fiel aber in der Freiberger Bergamtsrevier eine bescheidene Mitwirkung insofern zu, als er vor der Feierlichkeit den Fundpunkt als Anhaltspunkt für die Vermessung zu bezeichnen hatte. Der regierende Bürgermeister selber hielt dann die Lachterschnur an, der Stadtschreiber zog voraus. Am Schluß der Absteckung durfte der Schichtmeister von der abgemessenen Grenze aus noch einen Sprung rückwärts tun, und so viel, wie er ersprang, wurde dem Grubenfeld noch zugeschlagen.

Im Iglauer Bergrecht hatte es im gleichen Sinne geheißen: „Dem Neufänger soll man geben an sein Gestelle ein Horn, das eines halben Lachters lang sei, daß zween Männer nebeneinander stehn mögen."

Die für die Absteckung verwendeten Lochsteine wurden auf allen 4 Seiten mit Inschriften versehen[6]. Die Verleihung erfolgte bis in die ewige Tiefe, teils dem

---

[1] Bergbuch Wenzels von 1280 II, Kap. 1. [2] Jugel: S. 61.

[3] Aber Herttwig führt außerdem noch 5 andere Bergordnungen an, die das „in die Schnur greifen" ebenso nachdrücklich verbieten.

[4] Span: Urthel Nr. 60. [5] Berginf., Bergm. Red. S. 30.

[6] Lempe: 1785, S. 1005—1006.

Fallen des Ganges entlang, teils seiger. Beides kam zu Agricolas Zeit nebeneinander vor.

Des Markscheiders Sache war es, die Verlochsteinung in die Grube zu übertragen, d. h. dort an richtiger Stelle Erbstufen zu schlagen und damit dafür zu sorgen, daß nicht über die abgesteckten Markscheiden hinaus Bergbau getrieben werde oder, wie man das auch nannte: „Feld verfahren“ würde[1].

So war der Hergang im Sächsischen. Etwas anders war er in Böhmen. Doch kann hier nicht darauf eingegangen werden. Man vergleiche Wenzels Bergbuch von 1280 II, Kap. 2.

Diese Entwicklungsstufe des Vermessungswesens im Bergbau war also charakterisiert durch den Brauch, daß ein Grubenfeld erst dann vermessen wurde, wenn es „erbwürdig“ geworden war, d. h. wenn die Grube im guten Zustande war und schon einmal Ausbeute gegeben hatte. Dieser Brauch bestand nach Herttwig S. 37 § 8 noch 1710 und nach G. Beer Kap. 31, Prop. 31 in Sachsen auch noch 1739.

Das Arbeitsfeld des Markscheiders lag also zunächst im wesentlichen nur unter Tage, und wo etwas Tagemessung dazu kam, war diese nur Hilfsmessung für die Untertagemessung. Selbständige Tagemessungsarbeiten fehlten noch ganz, und dementsprechend ist die Markscheidekunst jener alten Zeiten damals als Geometria subterranea definiert worden.

Allmählich treten in den Arbeitsbereich des Markscheiders die selbständigen Tagemessungen ein. Mit der Verfolgung des Stollns über Tage und Absteckung der Lichtlöcher fing es an. 1686 im Lehrbuch der Markscheidekunst von Nikolaus Voigtel finden wir die Aufgabe, das Ausgehende eines Ganges entweder durch einen Rutengänger feststellen zu lassen und es dann mittels Tagezug zu vermessen oder es durch Rechnung festzustellen und selbständig abzustecken. Auch das Abstecken einer langen geraden Linie über Tage, deren Endpunkte voneinander nicht sichtbar sind, wird schon von Voigtel behandelt. Aber gerade für diese Zeit besitzen wir zeitgenössische Definitionen sowohl für das Markscheiden, als für den Markscheider. Von Schönberg sagt 1689 in der Berginf., Bergm. Red.: „Marckscheiden ist eine Kunst, die Stollen- und Grubengebäude unter der Erde am Tag oder über der Erde mit ihren Winckeln abstecken, die gerade Teuffe von Tag auff ein Ort in der Grube zu weisen und zu berichten, wie tieff dahin sei; auch zu wissen, wie weit zwey Örter der geraden Linie nach von einander ab gelegen, und wieviel eins höher ist als das andere.“

Und vom Markscheider sagt v. Schönberg: „Der Marckscheider ist eine Person, die am Tage wissen und erfahren kann, wo man mit einem Ort in der Grube oder auff Stollen steckt; muß anweisen, wo man mit Durchschlägen zusammenkommen; wo man Gänge mit Örtern erbrechen soll; der die Ortungen an Tag bringet; Lichtlöcher auf Stollen angiebt: Die Hauptstunde des Ganges abstecket: Lochsteine in die Grube fället: Die Marckscheid-Linie angiebet und

[1] Jugel: S. 61. — Auch Lochsteine und Erbstufen waren nicht vor vorsätzlicher Beschädigung sicher. Die Braunschw. BO. v. 1689 II sagt Art. 27: „Würde sich auch jemand unterstehen, die Lochsteine fürsetzlichen auszureißen, zu verrücken; die Erbstufen in der Grube betrieglicher Weise auszuhauen, zu verschmieren, zu verzimmern oder zu verstürtzen, der oder dieselbigen sollen nach Befinden der Sachen peinlichen gestrafft werden.“

die Gebäude mit ihren Stollen, Schächten, Strecken, Klüfften und Gängen auff eine Mappe oder Abriss bringet, dass man derselben Beschaffenheit sehen kann." 1744 lag auch das Erbbereiten bereits in der Hand des Markscheiders. Das ganze Bergamt sah aber zu, wie er vermaß und Steine setzte[1].

In Beyers „Markscheidekunst" von 1749 findet sich ein ganzer Abschnitt über verschiedene Aufgaben des Vermessungswesens über Tage. Aber diesen Abschnitt überschreibt Beyer „vom Feldmessen". Die Markscheidekunst bleibt unverändert auch für ihn die Geometria subterranea. Interessanterweise erschien im selben Jahre die „Markscheidekunst" des sächsischen Oberberghauptmanns von Oppel, der die Markscheidekunst ebenfalls noch als Geometria subterranea bezeichnet. Gleichwohl definiert er die Markscheidekunst viel allgemeiner als die „Wissenschaft, die Regeln der Meßkunst in Absicht auf den Bergbau geschickt anzuwenden". Das ist eine Definition, die sowohl für die ältesten Zeiten, wie auch noch für unsere Zeit gilt. Jedoch der Inhalt dieser v. Oppelschen Definition hat sich allerdings seit dem 16. Jahrhundert allmählich stark vermehrt. Denn mit der fortschreitenden Entwicklung des Bergbaus entwickelten sich auch dessen übertägige Vermessungsinteressen, und diese gelangten von selber in den Arbeitsbereich des Markscheiders. Dagegen das Bewußtsein, daß die Markscheidekunst nicht mehr bloß das unterirdische Vermessungswesen, sondern gleichermaßen die obertägigen Vermessungsinteressen des Bergbaus umschließt, hat sich auffallend langsam entwickelt und ist auch heute noch keineswegs überall in bergmännischen Kreisen vorhanden. Lempe sagt: „Die Markscheidekunst ist nichts anderes, als Anwendung der Geometrie und Trigonometrie auf den Bergbau"[2]. S. 687 gibt er in gedrängter Kürze die Hauptaufgaben des Markscheiders an, darunter wesentliche selbständige Tagevermessungsaufgaben. Gleichwohl bezeichnet er die Markscheidekunst als die Geometria subterranea[2]. Auch Hechts Lehrbuch der Markscheidekunst von 1829 enthält wesentliche Abschnitte über Tagemessungsaufgaben. Aber noch 1833 sieht der Göttinger Professor Ulrich die Markscheidekunst als das untertägige Vermessungswesen an. Seitdem tritt diese Auffassung der Markscheidekunst, soweit ich gesehen habe, in den Fachschriften nicht mehr hervor. In von Hanstadts Markscheidekunst 1835 findet sie sich nicht mehr. Von Hanstadt bezeichnet die Markscheidekunst als Teil der praktischen Geometrie und bespricht neben den Untertagemessungen Tagenivellements und astronomische Meridianbestimmung.

Dann erscheint 1851 und 1859 Julius Weisbachs bedeutendes Werk „Die neue Markscheidekunst". In diesem Werk erscheinen zum erstenmal der übertägige Teil der Markscheidekunst und der untertägige als gleichwertig nebeneinander gestellt. Die 1851 erschienene erste Abteilung der „neuen Markscheidekunst" war betitelt: „trigonometrische und Nivellementsarbeiten über Tage"; die 1859 erschienene zweite Abteilung: „trigonometrische und Nivellementsarbeiten unter Tage, sowie die räumlichen Aufnahmen über Tage".

Im gleichen Sinne gibt dann 1869 Borchers in seiner „praktischen Markscheidekunst" wesentliche Abschnitte über Tagemessungen, Nivellieren unter Berücksichtigung von Erdkrümmung und Refraktion, Teichmessungen, Triangulation und astronomische Meridianbestimmung.

---

[1] Jugel: S. 56 u. 275. [2] Lempe: 1785, S. 1.

In demselben Geiste, aber nicht ganz scharf im sprachlichen Ausdruck bezeichnet 1876 Liebenam sein Buch: „Lehrbuch der Markscheidekunst und praktischen Geometrie", sagt aber in der Einleitung: „Die Markscheidekunde ist ein Teil der praktischen Geometrie. Als Aufgabe der Markscheidekunst bezeichnet er „die Vermessung der Grubenräume und der auf sie Bezug habenden Tagegegenden". Sein Buch enthält daher natürlich wesentliche Abschnitte über Tagevermessung, darunter einen Abschnitt über astronomische Meridianbestimmung.

P. Uhlich sagt 1901: „Die Markscheidekunde befaßt sich mit allen Messungen, Berechnungen und rißlichen Darstellungen für bergmännische Zwecke, sowohl über als unter Tage."

Gleichzeitig mit der Entwicklung des Arbeitsbereichs der Markscheider ist auch die Person des Markscheiders eine andere geworden. In der Reformationszeit lagen die Verhältnisse so: Die Buchdruckerkunst war schon rund hundert Jahre alt. Die Verwendung der praktischen arabischen Ziffern, die heute jedem Schulkind im ersten Schuljahre geläufig wird, hatte zwar bereits vor etwa einem halben Jahrtausend im christlichen Abendland angefangen, sich einzubürgern, aber sehr langsam. Grabschriften mit arabischen Ziffern haben wir in Deutschland aus den Jahren 1371 und 1388[1]. Im 15. Jahrhundert kommen die arabischen Ziffern in Urkunden und hie und da auch in Inschriften auf Bauwerken vor. So ist den Schlesiern die Inschrift 1492 auf der Staupsäule vor dem Breslauer Rathaus bekannt. In der ersten Hälfte des 16. Jahrhunderts stehen die arabischen Ziffern im Begriff, allgemein üblich zu werden. 1583 sagt Nikolaus Reymers tadelnd von den Landmessern seiner Zeit: „ihrer viel können weder Deudschen oder Lateinischen zahl ..." Man fiel also 1583 schon mißliebig auf, wenn man die Ziffern nicht kannte. Mit den deudschen Zahlen meint Reymers offenbar die arabischen Ziffern, mit den lateinischen Zahlen eine merkwürdige Ziffernart, die sich aus den antiken römischen Zahlzeichen entwickelt hatte, und von der der Bergdirektor R. Wengler in der „Silberzehnten-Rechnung von Geyer 1528" eine fesselnde Probe mitteilt[2].

Einige wenige Rechenbücher sind bekannt aus der Zeit von 1482 ab. 1544 gab Adam Riese sein berühmt gewordenes Rechenbuch heraus, das die lernbegierige Mitwelt mit den einfachsten Rechenoperationen bekannt machte. Wohl hatte schon im 15. Jahrhundert Regiomontanus Sinustafeln berechnet. Aber die ersten gedruckten Sinustafeln erschienen erst 1534 in einem für Gelehrte geschriebenen mathematischen Werke des Peter Apian. Die Tafeln des Regiomontanus wurden 1541 zum erstenmal gedruckt. Dazu erschien 1542 noch eine Sinustafel des Coppernicus[3]. Aber das erste Lehrbuch der Trigonometrie wurde erst gegen Ende des 16. Jahrhunderts von dem Oberhofprediger Petiscus geschrieben. Bei dem Markscheider des 16. Jahrhunderts wird man daher Kenntnisse der Trigonometrie nicht voraussetzen dürfen. 1574 gab Erasmus Reinhold und 1686 Nikolaus Voigtel Tafeln heraus, aus denen der Markscheider „Längen", d. i. Sohlen und „Seigerteufen" entnehmen konnte. Auch Gabriel Beer gibt 1739 in bescheidnerem Umfang ähnliche Tafeln. Aber zur Benutzung all

[1] Günther, S.: S. 339. [2] Mitt. d. Freiberger Altertumsvereins Heft 51.
[3] So schrieb sich nach S. Günther S. 394 Coppernicus selber.

dieser Tafeln brauchte man keine trigonometrischen Kenntnisse. Die gelehrten Verfasser gaben einfache Gebrauchsanweisungen. Wir wissen durch Kästner, daß man erst um die Mitte des 18. Jahrhunderts anfing, von den Markscheidern einige Kenntnis der Trigonometrie zu verlangen[1]. 1785 sagt Lempe, die Anzahl der Markscheider, die mit der Buchstabenrechnung nicht umzugehen wüßten, sei immer noch recht groß[2]. Und noch 1798 hält Giuliani in der Vorrede zu seinem Lehrbuch der Markscheidekunst es für nötig, zu sagen, daß er die Anfangsgründe der Trigonometrie voraussetzen werde.

Wenn man sich ein Bild machen will von der Bildungsstufe des Markscheiders im 16. Jahrhundert, so mag man auch an die Wachsscheiben denken, mit denen nach Agricolas Angabe der Markscheider der damaligen Zeit Winkel maß. Man spannte von der Mitte der Scheibe aus Schnüre nach den Zielpunkten hin und stach neben den Schnüren eine Marke in einen der Wachskreise, die in den Scheiben eingelegt waren. Es wäre wesentlich bequemer gewesen, an einer mit Kreisteilung versehenen Scheibe Winkel abzulesen. Solche Scheiben gab es damals schon. Wir können nur vermuten, daß damals im Bergbau Markscheider tätig waren, die mit Ziffern noch nicht ganz sicher umzugehen wußten.

Mit welchen Augen der Markscheider und seine Kunst in den alten Zeiten angesehen wurden, ist schwer zu sagen. Philipp Bech spricht 1557 von der „edlen Kunst des Markscheidens“[3]. In der „Markscheidekunst“ des Erasmus Reinhold aus dem Jahre 1574 heißt es: „Solche edle Kunst sol von wegen ihrer Gewißheit und unwiderleglichen Grundes und großen Nutzes, des kein Bergwerk entraten kann, billich allen ehrliebenden und trewen Bergleuten lieb und werd sein.“ Herttwig urteilt 1710: „Des Markscheiders Ambt erfordert große Wissenschafft, und fallen öffters sehr viele wichtige Hinderungen vor, die einen geübten Mann haben wollen“[4]. 1776 heißt es bei Cancrinus: „Die Markscheidekunst ist also, so zu reden, ein Licht vor den Bergverständigen.“ Auch Giuliani urteilt 1798 freundlich: „Die Markscheidekunst ist eine für die Welt sehr notwendige und nützliche Wissenschaft.“ An anderer Stelle spricht er das schöne Wort aus: „Die Markscheidekunst sehe ich nicht als Handwerk an, sondern als einen Teil der angewandten Mathematik, die sich nicht um den Gebrauch, sondern um Wahrheit bekümmert“[5].

Vergebens sieht man sich nach ähnlichen freundlichen Urteilen unserer Zeit um. Hunäus sagt 1864 den Markscheidern seiner Zeit sogar eine kleine Unfreundlichkeit[6]. Ein alter Ausspruch: „Man scheuet bisweilen die Unkosten, die auf den Markscheider gehen, und verbaut hingegen, wenn man nur ein Lachter oder wohl noch weniger vergeblich auffgefahren, wohl 10 und mehr mal so viel, und muß doch zuletzt die Markscheiderkunst zu Hülffe ruffen“ — dieser alte Ausspruch von 1710[7] trifft wohl auf die heutige Zeit nicht mehr zu. Man ist klüger geworden. Aber immerhin wird in unserer Zeit der mündliche Ausspruch eines unserer sachverständigsten Zeitgenossen mit vieler Zustimmung belacht: „Die Markscheidekunst wird heutzutage zumeist nur dann geschätzt, wenn es mal irgendwo schief geht.“ Woher es kommt, daß die eine Zeit einem Fachgebiet mit freundlicher Zustimmung gegenübersteht, die andere Zeit mehr ablehnend, das ist wohl schwer

[1] Kästner: S. 644. [2] Lempe: 1785, S. 648. [3] Vorrede zur Agricola-Übersetzung. [4] Herttwig: S. 275. [5] Giuliani: S. 12. [6] Hunäus: S. 301. [7] Herttwig: S. 275.

zu sagen. Aus dem klassischen Altertum sind uns die Aussprüche überliefert: „ignoti nulla cupido“[1], von Philipp Bech 1557 sehr hübsch übersetzt: „Nicht Lust noch Liebe einer hat zum Handel, den er nicht verstaht“, und: „artem non odit, nisi ignarus“. Jedem Studenten ist die Tatsache bekannt, daß die Liebe zu einem Wissensgebiet mit zunehmendem Eindringen in den Stoff wächst. Vielleicht hängt auch der Grad der Wertschätzung, die der Markscheidekunde in den verschiedenen Zeiten entgegengebracht worden ist, damit zusammen, daß der Kern dieses Wissensgebietes den verschiedenen Jahrhunderten verschieden deutlich vor Augen lag. Dabei wurde von den Markscheidern in den alten Zeiten, wo man noch wenig zu verbergen hatte, ihr Wissen auch noch sorgfältig geheim gehalten. Agricola zählt im 1. Buch de re metallica die Beschäftigungen der Menschen auf und sagt dabei humorvoll „alius disciplinam terrae metiendae occultat“, was wir mit Philipp Bech übersetzen: „ein anderer verbirgt die Kunst des Markscheidens“. Erasmus Reinhold schreibt 1574 „... von ungeschicklichkeit und nachlessigkeit derer, die damit umgehen. Oder ob sie gleich dieselben (Künste) warhafftig verstanden haben, doch dermaßen heimlich verborgen halten und mißgünnen, gleichsam weren sölche Künste ihnen alleine zu wissen von Gott verliehen, Und müßte menniglich einem man alleine (ohne dargethanen grund) glauben und beyfall geben ... Unter diese Sorte gehöret die Lehr vom Marscheischeiden. In dieser findet man ihr (Ehre) wohl mehr, denn im Feldmessen, so da gar genahe zum zweck schießen und ihnen ihr abmessen bißweilen fein zutrifft. Aber das hat andern neben mir niemals gefallen, Das der mehrerteil, jha fast alle Marscheider ihrer Kunst so neidisch und mißgünstig seind, das sie niemandes wöllen lassen zusehen, so es doch die gewercken mehr als sie selbest betrifft, und ihr fehlen den gewercken in die Beutel greiffet.“ An anderer Stelle sagt Reinhold zum Leser: „Du solt aber wissen, das mich fürnehmlich das dazu bewogen hat, (vom Marscheiden zu schreiben): erstlich, das bisher solche Kunst fast heimlich und verborgen gehalten worden. Also, das fast niemand, so auch das geringste davon verstehen möchte, hat dörffen zusehen ...“ und an anderer Stelle wieder: „Dieweil bis daher der Beweis und Probe, das die Züge seindt recht gewest, wenigen bewust, sondern der mehrere Teil mit der Gewercken Geld hat müssen erfahren werden ...“ 1710 sagt Sturm, daß die Markscheider „sonst gar honnete Leute“ seien, aber daß sie „etwas geheim mit der Kunst“ wären. 1744 spricht sich auch Jugel über die Geheimhaltung der Markscheidekunst aus. Er spricht in der Vorrede seines Buches davon, „was eigentlich vor Wissenschaften und Handgriffe beim Markscheiden nötig“ seien, und dazu sagt er, daß es „Geheimnisse“ seien. Jugel fährt dann fort: „Dieses kommt daher, weil diese Wissenschafften so tief unter der Erde müssen heraufgeholet werden, wovor vielen grauet, dahero bleiben dieselben so sehr verborgen und unbekannt“ — eine interessante, aber einzig dastehende Auffassung.

Es muß aber wohl in der Tat mit der Markscheidekunst manchmal nicht nach Wunsch gegangen sein. Löhneyß sagt 1617, daß die Markscheider bei schlechter Messung die durch ihre Schuld entstandenen Kosten ersetzen müssen, oder auch: sie werden abgelegt, entsetzt oder sonst mit Gefängnis bestraft. Auch sollen zur

---

[1] Nach einer freundlichen Auskunft von Herrn Prof. Maas in Berlin stammt dieser Spruch aus Ovid, ars amatoria 3, 397.

Sicherheit, wenn der Markscheider gezogen und „sein Gemerck geschlagen" hat, noch 2 Geschworne ihre Gemercken schlagen[1]. Auch Lempe[2] spricht davon, daß man „den weyland praktischen Markscheidern Mißtrauen verratende Vorwürfe machte". Aber von den Markscheidern seiner eigenen Zeit sagt Lempe: „Auf die Markscheider darf man itzt nicht, wie sonst, mißtrauisch sein"[3].

Die oben mitgeteilten Lobsprüche auf die Markscheidekunst der alten Zeiten werden schon der Ausdruck ehrlicher Anerkennung und Bewunderung sein. Aber ganz ausgeschlossen ist nach allem auch nicht die Auffassung, daß die Markscheidekunst infolge ihrer geflissentlichen Geheimhaltung etwas argwöhnisch und vielleicht zu argwöhnisch angesehen war, so daß ehrliche Freunde der Kunst es für richtig hielten, sie öffentlich zu loben.

3. Die Markscheidekunde der heutigen Zeit.

Seit den Zeiten, in denen uns die Markscheidekunst auf ihren ersten Entwicklungsstufen entgegentritt, sind eine Reihe von Jahrhunderten verstrichen. In dieser langen Zeit hat die Markscheidekunst entsprechend der Entwicklung des Bergbaus auch ihrerseits sich entfaltet. Immer schwierigere Aufgaben stellte der Bergbau. Neue, feinere markscheiderische Instrumente kamen auf, die Instrumentenkunde wurde feiner durchdacht, die Meßverfahren wurden vollkommener, und die im 19. Jahrhundert in die Markscheidekunde eindringende Methode der kleinsten Quadrate lehrte, an jede einzelne von der bergmännischen Praxis gestellte Aufgabe mit sorgfältigen Genauigkeitsuntersuchungen herantreten. Die Fragen traten an den Markscheider heran: Welche Genauigkeit ist im vorliegenden Fall anzustreben? Reichen hierzu die vorhandenen Meßmethoden aus? Welche Methoden sind zu wählen? Und wie sind die vorhandenen Methoden gegebenenfalls auszubauen oder zu ändern?

Die Markscheidekunde entwickelte sich zu einem selbständigen Zweige der Wissenschaft.

Namentlich auch die Tagearbeiten des Markscheiders haben in der heutigen Zeit einen großen Umfang angenommen. Zu den bedeutendsten Arbeiten dieser Art gehören die Untersuchungen des Markscheiders Niemczyk 1921—1923 über die Beuthener Mulde, die zu dem Ergebnis führten, daß diese Mulde unabhängig von den Teilsenkungen, die der Bergbau hervorruft, sich als Ganzes viele Jahre hindurch um jährlich 4—6 mm gesenkt hat.

Die fortschreitende Erweiterung des Arbeitsbereiches der Markscheider hat neuerdings auch noch den Weg genommen, daß stellenweise der Markscheider nur noch etwa zu 50% in der Lage ist, seine Arbeitskraft der bergmännischen Vermessungskunst zu widmen, zu 50% aber durch andere bergmännische Geschäfte in Anspruch genommen ist.

Seit mehr als 100 Jahren wird die Markscheidekunde auf Hochschulen gelehrt, und der natürliche Widerstand, der sich allem Neuen entgegenstellt, hat nicht vermocht, dauernd den Fortschritt der Erkenntnis aufzuhalten, der 1928 eine Reihe von Hochschullehrern der Markscheidekunde zu der Auffassung zusammenführte, daß für die heutige kunstmäßige Ausübung der Markscheide-

[1] Löhneyß, S. 212. [2] Lempe: 1785, Vorr. zur 2. Aufl. [3] A. a. O. S. 18.

kunst ein 4jähriges Hochschulstudium als Vorbedingung unerläßlich sei. Sonst müßten auch fernerhin die Fehler der Markscheider von der Gewerken Gelde bezahlt werden, wie ehedem.

Noch vor wenigen Jahrzehnten pflegte der Markscheider zu sagen: „Meine Messungen haben innerhalb der zulässigen Differenzen gestimmt. Ich habe gute Messungsergebnisse. Ich darf zufrieden sein.“ Auch dieser Standpunkt kann heutzutage als überwunden gelten.

Der Blick des heutigen Markscheiders richtet sich bereits über behördlich vorgeschriebene zulässige Differenzen hinaus. Seine geistige Entwicklung gestattet ihm nicht mehr, sich mit dem Bewußtsein zu begnügen, daß er irgendwelche Vorschriften erfüllt habe, sondern es ist ihm Bedürfnis geworden, auch den Anforderungen der Wissenschaft Genüge zu leisten. Das trat 1908 so recht hervor, als die Markscheider anfingen, sich um Fehlergrenzen zu bemühen, die den Anforderungen der Wissenschaft entsprächen. Neben die behördlich vorgeschriebenen „zulässigen Differenzen“ sind demzufolge die von der markscheiderischen Wissenschaft angegebenen „unverdächtigen Differenzen“ getreten. Auch sind sich die Markscheider bereits bewußt geworden, daß es keine volle Befriedigung gewährt, „gute“ Messungsergebnisse erzielt zu haben, sondern man stellt heute an sich die Anforderung, in jedem Einzelfalle das Beste zu erzielen, was mit den vorhandenen Mitteln möglich ist. Die markscheiderische Wissenschaft hat sich so weit entwickelt, daß der Markscheider, der etwas Gutes geleistet hat, Beschämung empfindet, wenn er sich hinterher darüber klar wird, daß er mit denselben Mitteln etwas wesentlich Besseres hätte schaffen können.

4. Schreibweise des Wortes Markscheider.

Im Belaschen Schemnitzer Bergrecht, das in der Zeit 1235—1270 entstanden ist, kommt der „Markscheidstempel“ vor, der im Durchschlag als Grenzzeichen zwischen zwei Gruben angebracht wird, und dieses Grenzzeichen wird dort auch kurz „die Markscheid“ genannt. Das Iglauer Bergrecht spricht von der Marscheid. Für 1490 ist dann durch die Schwatzer Erfindung VII, 3 der Ausdruck „die steende marchschaid“ bezeugt. Gleichwohl spricht die Schwatzer Erfindung nicht vom Markscheider, sondern vom „Schiner“, und nach Jugel war der Ausdruck „Abschiener“ in Ungarn und Siebenbürgen noch 1773 gebräuchlich (Jugel 1773 S. 55).

In Sachsen war 1510 bereits die Bezeichnung Markscheider üblich. Die Schreibweise des Wortes war 1510—1536 „Marckscheider“. In den Joachimsthaler Bergordnungen von 1541 und 1548 heißt es dagegen „Marscheider“ oder „Marscheyder“. In den Zinnbergwerksordnungen, die der König Ferdinand 1548 erließ, heißt es „Marckscheider“ und „Marckscheyder“. In der Bergordnung Augusts zu Sachsen 1554—1571 kommt „Marckscheider“ und „Marscheider“ nebeneinander vor. Gerade in dieser Bergordnung wechselt die Schreibweise auch bei anderen Worten oft, z. B. und, unnd, unn — Stollen, Stoln — getrew, getraw. Agricola nennt den „marscheider oder schiner“. 1574 heißt es bei Erasmus Reinhold zumeist Marscheider, aber wenigstens dreimal auch „Marckscheider“. Die Homburgische B. O. schreibt „Markscheider“. Die gräflich Hohnsteinische Bergordnung von 1576 schreibt „Marscheider“, ebenso die Braunschweigische Bergordnung von 1593. Man kommt daher zu der Auffassung: im 16. Jahrhundert sprach und schrieb man Marscheider und Marckscheider durcheinander. In den Schriften dieser Zeit tritt daher bald diese, bald jene Schreibweise auf.

Sodann haben wir bei Herttwig 1710 wieder nebeneinander Marscheider und Marckscheider, ebenso bei Berwardus 1736.

I. Längenmessung (5—14).

5. Längeneinheiten.

In den älteren Zeiten bis tief in das 19. Jahrhundert hinein waren in Deutschland für praktische Zwecke von Landschaft zu Landschaft und sogar von Ort zu Ort verschiedene Längeneinheiten in Gebrauch, so daß man von einer wahren Maßverwirrung sprechen kann. In bemerkenswertem Gegensatz hierzu wurde in England bereits 1101 für das ganze Königreich als Längeneinheit die Armlänge des Königs Heinrich I. festgesetzt, und diese Längeneinheit (91,4 cm) gilt unter dem Namen Yard in England neben anderen Längeneinheiten noch heute. Das Yard wird in 3 Fuß eingeteilt, der Fuß in 12 Zoll, der Zoll in 12 Linien, die Linie in 12 Punkte.

In zahlreichen europäischen Staaten herrschte dagegen die gleiche Maßverwirrung wie in Deutschland, indem man als Längeneinheit die Elle festgesetzt hatte als die Länge eines menschlichen Unterarmes. Die Elle war bei dieser primitiven Festsetzung natürlich von Land zu Land und von Ort zu Ort verschieden. Ihre Länge schwankte zwischen 55 und 80 cm. Andere Längeneinheiten gründeten sich auf die Länge des menschlichen Fußes oder des Schuhes, und es gab dementsprechend eine Menge von Füßen oder Schuhen. 10 oder 15, anderwärts 16 Fuß bildeten eine Ruthe[1]. Ein Holz von dieser Länge hing im Eingangstor der Ortskirche. Es ging natürlich gelegentlich zu Bruch. Dann „sollen 16 Mann, klein oder groß, wie sie ungefährlich aus der Kirche gehen, ein jeder vor dem anderen einen Schuh stellen“[2]. Oder „15 Füße machen eine Rute. Dieselbe sollen 15 Bauern messen, wie sie des Morgens nacheinander aus der Kirche gehen“[3]. Um 1530 gab es in Tirol als Längenmaß auch noch das Gemind, das war eine Faust mit über sich gestrecktem Daumen, und 4 Geminde gaben eine Elle[4].

Breitet ein ausgewachsener Mann beide Arme aus, so bildete die äußerste Länge zwischen den Spitzen der Mittelfinger eine neue Längeneinheit, die Klafter

[1] Jugel rechnet die Ruthe zu 10 Fuß = 100 Zoll = 1000 Gran und leitet von ihr folgende Körpermaße ab, die sich gelegentlich in alten Schriften finden:

1 Cubikruthe = 10 Schachtruthen = 100 Balkenruthen = 1000 Cubikfuß,

wo eine Schachtruthe einen Körper bedeutet, der 1 Ruthe lang, 1 Ruthe breit und 1 Fuß hoch ist, während die Balkenruthe 1 Ruthe lang und je ein Fuß breit und hoch ist. In entsprechender Bezeichnungsweise gibt Jugel dann noch an:

1 Cubikfuß = 10 Schachtfuß = 100 Balkenfuß = 1000 Cubikzoll,
1 Cubikzoll = 10 Schachtzoll = 100 Balkenzoll = 1000 Cubikgran,
1 Cubikgran = 10 Schachtgran = 100 Balkengran = 1000 Cubikscrupel.

Jugel führt die Reihe dieser immer kleiner werdenden Körper weiter von den Scrupeln zu Sekundenscrupeln und bis zu Quintascrupeln. Dann sagt er, es gehe in infinitum so weiter (Jugel: S. 172—175).

[2] Köbel: Geometrey, Frankfurt a. M. 1584. S. 4.

[3] Kästner: S. 638.

[4] v. Sperges: S. 115.

oder das Lachter. So würden wir heute Klafter oder Lachter definieren. Aber so scharf nahm man es in alten Zeiten nicht. „Eine Brustbreite und 2 Armlängen", sagt Agricola einfach. „Lachtern" hieß übrigens in alten Zeiten soviel wie vermessen[1]. Die Klafter oder das Lachter ist im Bergwesen Jahrhunderte hindurch die übliche Maßeinheit gewesen. Ihre Länge war naturgemäß von Ort zu Ort verschieden.

So verhielten sich die Lachter von Joachimsthal, Eisleben, Klausthal, Freiberg zueinander wie 986: 1014:970 : 1000[2], und die Tiroler Bergklafter war eine ganze Spanne kürzer als das sächsische Lachter[3]. Man teilte die Klafter ein in sechs Werkschuh oder Fuß, den Fuß in 12 Civilzoll, den Civilzoll in 12 Linien, die Linie in 12 Punkte. Auch die Einteilung in 8 Spann zu 8 Zoll kam vor; ebenso in 8 Spann zu 10 Zoll, den Zoll zu 10 Primen, die Prime zu 10 Sekunden, so daß eine Sekunde etwa ein Viertelmillimeter war. Ferner hatte man auch noch eine Einteilung der Klafter oder des Lachters in 10 Fuß zu 10 Bergzoll zu 10 Linien zu 10 Punkten. Es waren also 100 Bergzoll gleich 72 Civilzoll. Auch die Einteilung des Fußes oder Schuhes in 16 Fingerbreiten kommt 1574 vor.

In den sächsischen Bergordnungen des 16. Jahrhunderts und auch im Lehrbuch der Markscheidekunde von Hecht 1829 kommt noch ein Lachter vor, das gleich 7 „landesüblichen" Fuß gesetzt ist. Die eigentliche Längeneinheit ist also hier der landesübliche Fuß, das Lachter nur ein Vielfaches davon. Auch die Bestimmung, daß ein Lachter gleich 3½ Ellen sein soll, kommt häufig vor, z. B. im Freiberger Bergbau. Wir müssen es aber dahingestellt sein lassen, ob in diesem Falle die Elle also die eigentliche Längeneinheit ist. Vielleicht sollte auch die Elle als 3½ ter Teil des Lachters festgesetzt werden. Böbert zählt 7 Lachtermaße auf, für welche festgesetzt ist, daß sie gleich 3½ Ellen sein sollen. Auch v. Schönbergs Berginformation hat diese Festsetzung. Dagegen rechnet Belas Schemnitzer Bergrecht das Berglachter zu 3 Stadt-Ellen.

Aber nicht nur von den Maßen des menschlichen Körpers, sondern auch auf anderen Grundlagen hat man Längeneinheiten geschaffen. Schon im Altertum benutzten mehrere Völker die Länge des Gerstenkorns als Längeneinheit. Auch König Ottokar II. von Böhmen legte dem Längenmaßsystem seiner Länder die Länge des Gerstenkorns zugrunde. Dies Maßsystem gibt auch Peter Apian[4] an, sowie Hulsius 1596.

Für die Seefahrt wurde ferner eine größere Längeneinheit Bedürfnis, und man schuf 1670 die englische Seemeile, die auf der Erdoberfläche unter 45° geographischer Breite auf einem Meridian entlang gemessen den Bogen angibt, der zu einem Erdzentriwinkel von 1 Minute gehört. Sie ist daher 1852 m lang. Neben ihr kam später noch die „deutsche Seemeile" auf, 1855 m lang, die dem Minutenbogen entspricht, der auf dem Äquator entlang gemessen wird. Die Seemeile wird in 10 Kabel eingeteilt.

Heutzutage ist in vielen Staaten, darunter auch in Deutschland, das Meter als Längeneinheit für alle Zwecke von öffentlichem Belang, also auch für den Bergbau eingeführt. Diese Längeneinheit ist einem Bedürfnis der Seefahrer entsprungen, das gegen Ende des 18. Jahrhunderts hervortrat.

---

[1] Lempe: 1782, S. 35. [2] Lempe: 1782, S. 34.

[3] v. Sperges, S. 115. — Eine vergleichende Tabelle für 22 verschiedene Lachtermaße findet sich bei Böbert S. 88. [4] Kästner: S. 640.

Der Seefahrer, der aus Sonnen- und Sternbeobachtungen den Ort seines Schiffes berechnen möchte, erhält bei seinen Rechnungen zunächst Erdzentriwinkel, d. h. Winkel, deren Scheitel im Mittelpunkt der Erde zu denken sind. Zu diesen Winkeln hat er dann die Längen der Bogen zu berechnen, die den Erdzentriwinkeln an der Erdoberfläche entsprechen. Bei diesen Berechnungen wurde es nun als sehr störend empfunden, daß die damaligen Längeneinheiten und die damals allein übliche 360°-Teilung der Winkel in keinem einfachen Verhältnis zueinander standen. Es ist das Verdienst französischer Gelehrter, aus diesen störenden Unbequemlichkeiten einen einfachen Ausweg gefunden zu haben. Man beschloß, den Umfang der Erde, auf einem Meridian gemessen, recht genau festzustellen und alsdann den 40000000sten Teil des Umfanges als neue Längeneinheit festzusetzen. Diese neue Längeneinheit ist das Meter. Mit dieser Neuerung allein wäre aber dem Seefahrer in keiner Weise geholfen gewesen. Man beschloß indessen noch, die 360°-Teilung der Winkel, die sicherlich über 2000 Jahre bestanden hatte, abzuändern in eine 400 Grad-Teilung. Man schuf die Einteilung in 400^g, $1^g = 100^c$, $1^c = 100^{cc}$. Dadurch erreichte man einen sehr schönen Zusammenklang der Winkelteilung mit dem Längenmaß. Einem Erdzentriwinkel von beispielsweise $1^g\,74^c\,20^{cc}$ entsprach jetzt an der Erdoberfläche die Bogenlänge 174,20 km[1].

Das Metermaß wurde im Bereich des sächsischen Bergbaus mittelbar 1830 als Längeneinheit eingeführt, indem damals, um der Verschiedenheit der gebräuchlichen Lachter ein Ende zu machen, das Freiberger Oberbergamt verordnete: ein sächsisches Lachter solle gleich 2 m sein. 1868 wurde dann das Metermaß für das Gebiet des Norddeutschen Bundes allgemein eingeführt.

6. Längenmeßwerkzeuge in der Grube.

Die Meßstricke der alten Ägypter waren im deutschen Bergbau in der etwas verfeinerten Form von Hanfschnüren noch bis zur Mitte des 18. Jahrhunderts in der Grube üblich. Agricola sagt aber schon um die Mitte des 16. Jahrhunderts, daß die Hanfschnüre der Markscheider sich sehr längten, je nachdem stärker oder schwächer an ihnen gezogen würde. Er empfiehlt statt ihrer Lindenbastschnüre. Seiner Zeit weit voraus, gibt er an, man solle von Punkt zu Punkt Hanfschnüre spannen und an ihnen entlang mit eingeteilter Lindenbastschnur die Längen messen. 1574 empfiehlt Erasmus Reinhold Schnüre von Bast, Draht oder Haaren. „Das allerungewisseste", sagt er dazu, „sind die hänffenen Schnür." Über die Längung der Lindenbastschnüre in nassen Gruben klagt wieder 1686 Nikolaus Voigtel und empfiehlt neben den von ihm benutzten eingeteilten bastenen Schnüren gezwirnte in Öl gesottene Schnüre. Solche gezwirnte Lachterschnüre, aus gutem klarem Hanf, in Öl gesotten und nach dem Erkalten mit Wachs gewichst, sind 1749 üblich; daneben noch die Bastschnüre. Aber da beide sich immer noch zu sehr längen, werden schon Messingketten empfohlen, daneben aber auch seidene Schnüre[2]. Lempe berichtet 1785, daß die Markscheider seiner Zeit über Tage mit 10—20 Lachter langen bastenen weißflächsenen Schnüren maßen, in der Grube mit 6 Lachter langer Messingkette. Von 1798 wissen wir, daß man mit Schnuren nicht mehr maß. Man spannte zwar noch Schnuren von

[1] Vgl. Méchain u. Delambre: Grundlagen usw. [2] v. Oppel 1749.

Punkt zu Punkt aus, 8 bis 10 Klafter lang, wegen des Durchhangs nicht weiter. Aber die Schnuren waren nicht nach dem Lachtermaß eingeteilt. Man maß vielmehr mit dem Klaftermaß an ihnen entlang. 1829 maß man an ihnen entlang mit der Lachterkette. Diese Kette war 5 oder 6 Lachter lang.

1836 ordnete das Freiberger Oberbergamt an, daß jedem Markscheider eine 5-Lachterkette ausgehändigt werde. Um diese Zeit hatte man anderwärts aber schon angefangen, statt der Kette Lachterstäbe oder Klafterstäbe zu bevorzugen. Der Schemnitzer Prof. von Hanstadt gibt 1835 in seiner Markscheidekunst die Messung mit 2 Klafterstäben längs der gespannten Schnur an, ohne die Kette zu erwähnen. Die gleiche Messungsart gibt der Přibramer Bergschullehrer Beer 1856 in seinem Lehrbuch der Markscheidekunst an. Beer erwähnt indessen daneben die Messung mit ausgespannter Schnur und preußischen oder sächsischen Lachterketten, ist sich jedoch klar über deren geringere Genauigkeit. Julius Weisbach sagt 1859: „Dem Ausmessen der Seitenlängen ist stets ein Verziehen durch Schnüre vorauszuschicken. Längs dieser Schnüre wird die Ausmessung der Seitenlängen bewirkt.“ Das eigentliche Meßgerät bilden dann bei Weisbach 2 Meßlatten von 2 bis 3 Lachter Länge, zwei Lachterstäbe und ein dreiteiliger Gliedermaßstab von im ganzen ¼ Lachter Länge, den Weisbach eine „Lachterschmiege“ nennt.

Miller von Hauenfels (1868) mißt an der ausgespannten Schnur mit Klafterstäben entlang. 1882 arbeitet Borchers an der gespannten Schnur mit nur einem Zweilachterstab. Daneben verwendet Borchers für wagrechte und für seigere Messungen das von ihm erfundene Maßgestänge, das aus 10 Eisenstäben von je 2 Lachter Länge besteht, die aneinander angeschraubt werden.

Brathuhn in seiner Markscheidekunst[1] kannte natürlich die inzwischen aufgekommene Messung mit Stahlbändern, doch hebt er sehr richtig hervor, daß die Meßmethode mit Schnur und angelegten Meßstäben genauer ist und daher für besonders wichtige Fälle zu empfehlen ist.

Die Methode, mit Meßstäben längs einer gespannten Schnur zu messen, bietet ja offenbar den Vorteil, daß man bei dem geringen Gewicht der Schnur innerhalb des praktischen Interesses frei wird vom Fehler des Durchhangs, dem man rechnerisch bis heute nicht recht beigekommen ist.

Nur für gröbere Messungen bedient man sich heutzutage fast allgemein der Meßketten, die teils aus Kupfer, teils aus Messing sind, und die unmittelbar von Punkt zu Punkt ausgespannt werden. Damit der Hängekompaß an diesen Ketten benutzt werden kann, müssen sie eisenfrei sein. Hierauf kann man sich bei Kupferketten wohl ohne weiteres verlassen. Bei Messingketten empfiehlt sich Prüfung auf Eisenfreiheit, da in den Messingguß versehentlich eisenhaltiger Werkstattkehricht hineingeraten sein könnte.

Für ganz rohe Messungen, z. B. für die gewöhnliche Messung von Querprofilen in einer Strecke bedient man sich in der Regel des Gliedermaßstabes, wie man solche für 2 Mark in allen Eisenwarengeschäften erhält. Man liest dann nur auf Dezimeter genau ab.

Die Interessen des Bergbaus lassen aber gelegentlich auch feinere Querprofilmessungen erwünscht erscheinen. Ist z. B. eine druckhafte Kluft durch-

[1] 4. Aufl. 1908.

örtert und ausbetoniert, so erscheint es erwünscht, von Zeit zu Zeit nachzumessen, welche Veränderungen die Profile erlitten haben. Hier wird man sich am besten einer Art von Schiebemaß bedienen, mit welchem man vom Theodolitmittelpunkt aus die Abstände zu einzelnen Querprofilpunkten bis auf etwa 1 mm genau mißt. Abb. 1 zeigt ein solches Schiebemaß, bei dem aus einer Röhre ein Maßstab mittels Zahntrieb so weit herausgeschraubt wird, bis der Messende die Berührung des Maßstabes mit dem Profilpunkt einerseits und dem Theodolit andererseits durch das Gefühl wahrnimmt. Am Theodolit wird man dabei wohl immer statt des unzugänglichen Mittelpunktes für die Berührung den aufgesetzten Objektivdeckel wählen und das erhaltene Maß dann auf den Mittelpunkt des Theodoliten reduzieren.

Für die gewöhnlichen Grubenzüge bedient sich der Markscheider heutzutage der sogenannten Grubenbänder, wie deren eines auf Tafel 2, 1 dargestellt ist. Das sind Stahlbänder, die gewöhnlich 30 oder 50 m lang sind. Die Mechaniker liefern Längen von 10 bis 100 m; die Bänder sind innerhalb einer Messingkapsel auf eine drehbare Achse aufgewickelt. Das eine Ende ist an der Achse befestigt. Die Breite des Bandes beträgt 1,1 bis 1,2 cm, der Querschnitt in der Regel 0,04 qcm. Die Meter und zumeist auch die halben Meter sind durch Messingscheibchen markiert. Die Dezimeter werden am besten durch kreisrunde Löcher von etwa 1,5 mm Durchmesser bezeichnet. Die ebenfalls im Handel befindlichen Dezimetermarken, die nur in eingedrückten kleinen Vertiefungen bestehen, sind unpraktisch, da sie im Dämmerlicht der Grube schwer zu erkennen sind. Da die Grubenbänder nur in dm geteilt sind, man aber mm ablesen möchte, so bedarf man noch des „Endstäbchens", das man zwischen den letzten beiden Dezimetermarken an das Meßband anklemmt (Tafel 2, 2).

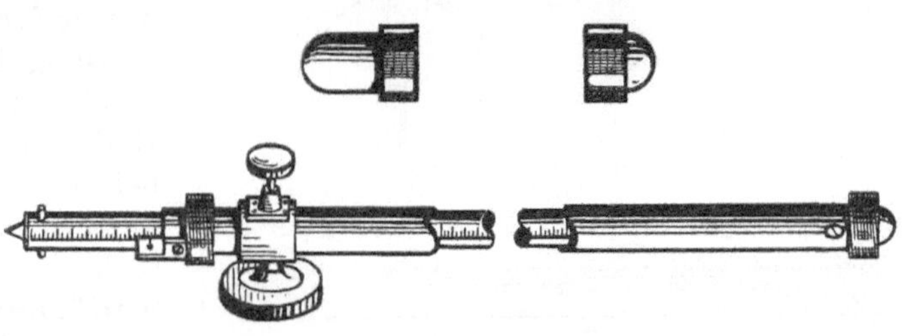

Abb. 1. Schiebemaß.

Die Eichordnung für das Deutsche Reich vom 8. 11. 1911 schreibt nun vor, daß Stahlbänder von 40 bis 50 m Länge auf $\pm$ 8 mm genau geliefert werden müssen; bei 20 bis 30 m Länge ist die vorgeschriebene Genauigkeit $\pm$ 6 mm. Gewöhnliche Metallmaßstäbe von 2 bis 3 m Länge müssen auf $\pm$ 1 mm genau sein, bei 1 m Länge auf $\pm$ 0,5 mm genau. Für Präzisionsmaßstäbe ist vorgeschrieben 0,2 mm bei 2 m Länge; 0,1 mm bei 1 m Länge. Diese Fehlergrenzen gelten für die Temperatur $+ 20^0$ C.

Die Möglichkeit, daß der Mechaniker dem Markscheider für dessen Messungen in der Grube unrichtiges Maß liefert, liegt also heutzutage nur in sehr bescheidenen Grenzen vor, und es läßt sich kein praktisches Interesse des Bergbaus denken, für das ein Fehler von $\pm$ 8 mm auf 40 bis 50 m bedenklich wäre. Aber überall in der Meßkunst spielt die Möglichkeit grober Versehen eine bedeutende Rolle. Auch namhaften Mechanikerfirmen können Versehen unterlaufen, und zudem können Instrumente, die fehlerlos geliefert worden waren, mit der Zeit durch den

Gebrauch Fehler bekommen. Daher ist es heute vielen Markscheidern ein sehr berechtigtes Bedürfnis, die wahre Länge ihrer Grubenbandmaße selber so genau wie möglich festzustellen. Man bedient sich dazu folgender Einrichtung, die man einen Meßbandkomparator nennt.

7. Der Meßbandkomparator.

An einer passenden Wand im Innern eines Gebäudes, etwa in einem Korridor, befestigt man wagrecht in Tischhöhe eiserne Schienen in einer Gesamtlänge von vielleicht 15 bis 25 m so, daß man eine Auflage für das zu untersuchende Band, die sogenannte „Meßbahn" erhält. An dem einen Ende der Meßbahn, bei A der Abb. 2 befestigt man quer ein Winkeleisen, das in der Mitte einen Einschnitt hat; am anderen Ende bringt man eine Rolle an. In den Einschnitt des Winkeleisens legt man das eine Ende eines verschiebbaren Hakengestells (B) ein und legt in den Haken das eine Ende eines Spannungsmessers (C), wie sie für Zwecke der Längenmessung bei den Mechanikern handelsüblich sind. Am anderen Ende (D) des Spannungsmessers befestigt man mittels eines Feilklobens (E) das Meßband. Das andere Ende des Meßbandes wird über die Rolle gelegt. Unterhalb der Rolle wird mit Hilfe der auf Tafel 2, 4 dargestellten Meßbandklemme ein Gewicht von 15 kg oder mehr an das Meßband so angeklemmt, daß das Gewicht dabei auf der Erde steht, und das Stück des Meßbandes, das sich zwischen dem Winkeleisen und der Rolle befindet, ziemlich straff liegt. Jetzt wird das verschiebbare Hakengestell B so weit verschoben, bis der Spannungsmesser 10 kg Spannung anzeigt. Etwa mit dieser Spannung pflegt ein kräftiger Mann ein Meßband straff zu ziehen. Jetzt werden auf der Meßbahn 2 Punkte markiert, zwischen denen man die genaue Länge des Bandes erfahren möchte, z. B. 10,5 und 30,5 m. Das Band wird alsdann entfernt, und auf der Meßbahn die Länge 10,5 bis 30,5 mit Normalmetern gemessen. Die genaue Länge wird im allgemeinen kein ganzes Vielfaches von einem Meter sein. Es wird ein kleiner positiver oder negativer Rest bleiben, den man mit dem Zirkel oder mit einem Reichenbachschen Keil (s. Abb. 6) mißt.

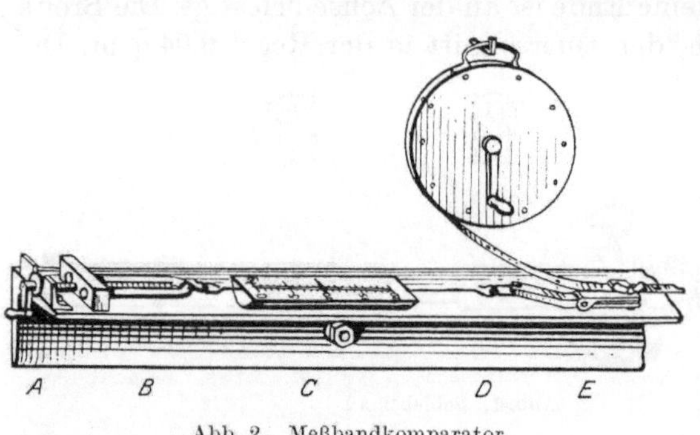

Abb. 2. Meßbandkomparator.

8. Normalmeter.

Die Normalmeter sind Präzisionsmaßstäbe, in Schneiden auslaufend, meist aus Stahl, die man paarweise in einem hölzernen Schutzkasten beim Mechaniker kauft, und über deren Länge bis auf Hundertstelmillimeter der Mechaniker dem Käufer einen Schein beigibt.

9. Thermische Veränderlichkeit der Maße.

Bei feineren Messungen pflegt man Bedacht darauf zu nehmen, daß die Wärme die Gegenstände ausdehnt. Man mißt daher bei feineren Arbeiten die Temperatur der gebrauchten Längenmaße mittels aufgelegter Thermometer. Gegen Herabgleiten stützt man die Thermometer durch geeignete kupferne Hülsen. Das Kupfer, das ein guter Wärmeleiter ist, übermittelt die Temperatur des Maßstabes dem Thermometer. Die Längenmessungen reduziert man auf eine gemeinsame Temperatur.

Der Ausdehnungskoeffizient des Stahls ist 0,000011. Bei einer Temperaturänderung von 10 ^{0} C ändert sich also die Länge eines 30 m langen Stahlbandes nur um 3,3 mm. Für den Bergbau ist daher die thermische Veränderlichkeit der Maße nur in besonderen Ausnahmefällen von wesentlicher Bedeutung.

10. Veränderlichkeit der Maße bei Spannung.

Das Meßband ändert seine Länge s, wenn es einem Zuge ausgesetzt wird, je nachdem wie stark der Zug ist. Die Dehnung Δs ist gleich Zug mal Länge, dividiert durch das Produkt: Querschnitt mal Elastizitätskoeffizient. Für $s = 30$ m, einen Zug von 10 kg und dem üblichen Querschnitt von 0,04 qcm hat man daher, wenn der Elastizitätskoeffizient für 1 qcm Querschnitt zu 2,2 Millionen angenommen wird:

$$\text{(Stahl)} \qquad \Delta s_{\text{mm}} = \frac{30 \cdot 10 \cdot 1000}{0{,}04 \cdot 2200000} = 3{,}4 \text{ mm.} \qquad (1)$$

Auf 1 kg Zug kommen also 0,34 mm Dehnung. Beim Messen in der Grube pflegt man einen Spannungsmesser anzuwenden, wie er auf Tafel 2, 3 dargestellt ist. Man wendet in der Regel eine Spannung von 10 kg an. Etwa $\pm$ 1 kg beträgt die Ungenauigkeit, mit welcher bei Handhabung des Grubenbandes die Zugspannung festgestellt wird, so daß man dementsprechend die Länge von 30 m um $\pm$ 0,34 mm unsicher erhält, also weit genauer, als es der Bergbau braucht.

11. Das Invar.

1896 erfand der französische Gelehrte Guillaume eine Nickelstahllegierung, die unter dem Namen Invar bekannt geworden ist. Sie besteht zu 36% aus Nickel, zu 64% aus Stahl. Für diejenigen Temperaturänderungen, die sich in unserer Atmosphäre vollziehen, hat das Invar so gut wie keinen thermischen Ausdehnungskoeffizienten. Gegen Spannungsänderungen ist es etwas empfindlicher als Stahl. Die Dehnung je qmm Querschnitt, 1 m Länge und 1 kg Zug beträgt rd. 0,07 mm. Für ein Grubenmeßband von 30 m Länge aus Invar hat man daher bei dem üblichen Querschnitt von 0,04 qcm und bei dem üblichen Zuge von 10 kg:

$$\text{(Invar)} \qquad \Delta s_{\text{mm}} = \frac{30 \cdot 10 \cdot 0{,}07}{4} = 5{,}2 \text{ mm.} \qquad (2)$$

Auf 1 kg Zug kommen also 0,52 mm Dehnung, so daß dementsprechend die Länge von 30 m auf $\pm$ 0,5 mm genau erhalten wird, also immer noch weit genauer, als es der Bergbau heutzutage braucht.

Das Invar ist daher dem Stahl nur im thermischen Verhalten überlegen, bei Spannungsänderungen etwas unterlegen. Gerade die thermische Veränderlichkeit ist aber für den Bergbau von geringer Bedeutung. Hiermit und mit dem hohen Preise des Invars hängt es wohl zusammen, daß Grubenbänder aus Invar sich nicht recht einzubürgern vermocht haben.

12. Reduktion der Längenmessungen auf den Landeshorizont.

Bei Grubenmessungen, die in sehr verschiedenen Tiefenlagen vor sich gehen, ist es üblich, die Längen auf den Landeshorizont zu reduzieren. Meistens ist dieser Horizont der Meeresspiegel. Eine genauere Erörterung über das, was man unter Meeresspiegel zu verstehen hat, s. unter „Höhennullpunkt" (Abschn. 130). Für die Reduktion der Längenmessungen kommt es auf einen besonders scharfen Begriff vom Meeresspiegel nicht an. Ist in der Höhe h über dem Meeresspiegel eine Länge s gemessen worden, und ist CD die entsprechende Länge s_0 im Niveau des Meeresspiegels, so liest man, wenn $R = 6370$ km der Halbmesser der Erdkugel ist, aus der Abb. 3 ohne weiteres ab:

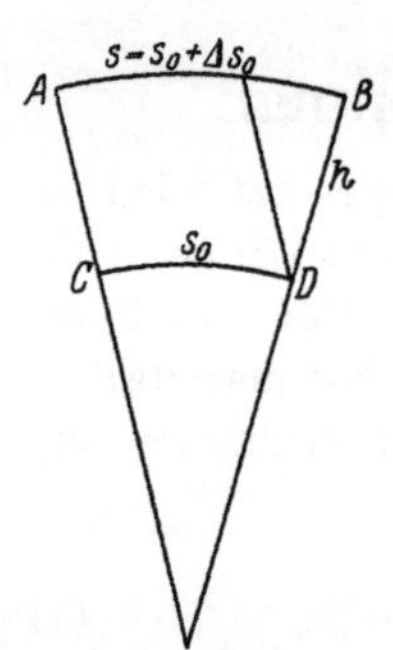

Abb. 3. Reduktion auf den Landeshorizont.

$$s : s_0 = (R + h) : R\,,$$

$$(s_0 + \Delta s_0) : s_0 = 1 + \frac{h}{R}\,,$$

$$1 + \frac{\Delta s_0}{s_0} = 1 + \frac{h}{R}\,,$$

$$\Delta s_0 = \frac{h}{R} \cdot s_0 \stackrel{n}{=} \frac{h}{R} \cdot s\,. \qquad (3)$$

Z. B. für eine gemessene Länge $AB = 100$ m in 600 m Meereshöhe hat man im Meereshorizont eine Verkürzung von

$$\frac{0{,}6}{6370} \cdot 100\,\text{m} = 9\,\text{mm}\,.$$

Die Reduktion der Längenmessungen auf den Meereshorizont ist zwar zumeist, aber auch nicht überall üblich.

Der Landeshorizont, in welchem die Vermessung von Württemberg ausgeführt worden ist, liegt 844 Pariser Fuß über dem Meeresspiegel. Es ist der sogenannte Ammerhorizont, genannt nach dem Tal der Ammer, in welchem der württembergische Geodät Bohnenberger 1819 eine Basismessung ausführte. Auf dieses Niveau wurde die gesamte württembergische Landesvermessung reduziert, auch die Hauptbasis zwischen Solitude und Ludwigsburg, deren Länge Bohnenberger 1820 maß[1].

Ferner hatte man für die bayrischen Eisenbahnnivellements als „Generalhorizont" die Höhe 466,976 m über dem Nullpunkt des Lindauer Hafenpegels gewählt, d. s. 861,35 m über Amsterdamer Pegel. Bauernfeind übernahm 1870 diesen Horizont als Ausgangsfläche für das von ihm organisierte bayrische Praecisionsnivellement[2].

[1] Kohler: S. 66. [2] v. Bauernfeind: Bayr. Praec. 1870, S. 10.

13. Markierung der Endpunkte der Linien und optische Distanzmessung in der Grube.

Das Nähere hierüber s. bei: „Polygonzug unter Tage“ S. 123—133 und S. 138—140.

14. Längenmeßgerät über Tage.

Die Meßgeräte, die der Markscheider über Tage benutzt, sind dieselben wie die des Landmessers.

Für die Längenmessungen über Tage bedient sich der Landmesser wie der Markscheider entweder des Feldmeßbandes oder der Meßlatten.

a) Das Stahlband.

Das Feldmeßband (s. Tafel 3, 3) ist stets aus Stahl, 20 m lang, in der Regel 2 cm breit und hat zumeist einen Querschnitt von 0,1 qcm. Die Längen 5, 10, 15 m sind durch rote Kupfermarken bezeichnet, die übrigen Meter durch kleinere Messingscheibchen, die Dezimeter durch kleine kreisrunde Löcher. An den Enden befinden sich Ringe, und bis in die Mitten der Ringe rechnet zumeist die Länge. Durch die Ringe werden die sogenannten Kettenstäbe gesteckt, deren Name noch von der alten Kettenmessung herrührt. Während die Kettenmessung seit Jahrzehnten verschwunden ist, hat sich der Name der Kette im Kettenstab noch gehalten. Die beiden Kettenstäbe sind gleich lang und 1,3 bis 1,4 m hoch. Unten laufen sie in eine eisenbeschlagene Spitze aus, und unmittelbar über dieser Spitze befindet sich ein Querriegel, auf den der Messende drauftritt, so daß die Spitze des Kettenstabes sich in die Erde eindrückt und dadurch festen Halt bekommt. Damit das Meßband geradlinig auf die Erde zu liegen kommt, muß der den hinteren Kettenstab haltende Gehilfe seinen Kettenstab einmal für einige Augenblicke recht fest halten. Der vordere Gehilfe schleudert sodann seinen Kettenstab etwas in die Höhe, vielleicht einen halben Meter hoch, und dabei erhebt sich auch das auf den beiden Querriegeln aufliegende Meßband für einige Augenblicke von der Erde. Jetzt zieht der vordere Gehilfe an und senkt etwas ziehend das Band. Damit bei dieser Gelegenheit das Band glatt auf die Erde gelangt, ist am einen Ende des Bandes zwischen Ring und Band ein Wirbel eingeschaltet, der Drehung des Bandes um seine Längsrichtung zuläßt. Zur Zählung der einzelnen Bandlängen bedient man sich eiserner „Zählstachel“ von etwa 30 cm Länge, deren der vorne am Bande gehende Meßgehilfe bei Beginn der Messung 10 in einem Köcher bei sich trägt (Abb. 4). Nach jeder Länge von 20 m steckt er einen Stachel in das von dem Kettenstab gemachte Loch. Der hintere Gehilfe, der bei Beginn der Messung einen leeren Köcher trägt, sammelt diese Stachel allmählich in seinen Köcher, und nach einer Länge von 200 m tauschen beide ihre Köcher aus. Diese beiden Gehilfen nennt man heute noch vielfach in spätem Anklang an alte Zeiten „Kettenzieher“. Das Feldmeßband ist das geeignetste Gerät für unmittelbare Längenmessung in unebenem und stark bewachsenem Gelände.

Liegt die gemessene Linie nicht wagrecht, sondern geneigt, so spricht der Bergmann von „flacher Länge“. Es ist dann Ermittlung der zugehörigen Horizontalprojektion nötig oder Ermittlung der „Ortung“, wie der Bergmann sagt, oder auch „der Sohle“ oder Ebensohle oder der „söhligen Länge“.

Hierzu bediente man sich noch 1824 einer kleinen Pendelwage, die man damals auf den Ruthenstab aufsetzte. Man gab dem Ruthenstab dann unter Benützung des Instrumentchens eine wagrechte Lage[1].

Heutzutage beläßt man das Meßband in schräger Lage und stellt mit Hilfe eines sogenannten Freihandhöhenmessers z. B. des Brandisschen Höhenmessers (s. Tafel 3, 2) den Neigungswinkel fest, um dann die söhlige Länge rechnerisch zu ermitteln[2].

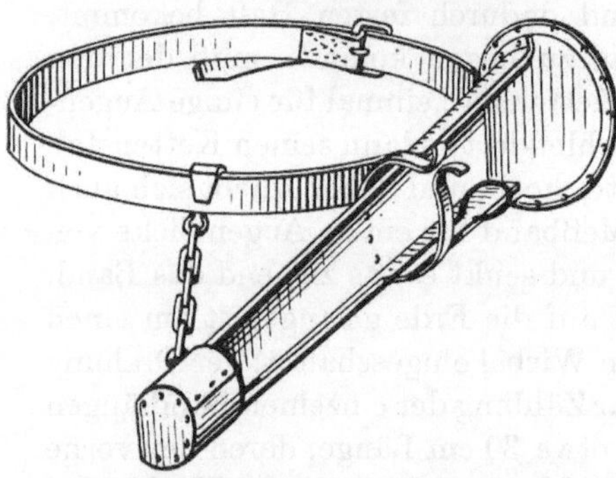

Abb. 4. Köcher zur Aufnahme der Zählstachel bei der Stahlbandmessung über Tage.

b) Die Meßlatten.

Bei ebnerem Gelände, ob wagrecht oder schräg geneigt, wenn es nur nicht zu stark mit Pflanzenwuchs bedeckt ist, mißt man am bequemsten und auch etwas genauer als mit dem Meßband, mit einem Paar 5 m langer Meßlatten. Am besten ist die eine Latte von Meter zu Meter rotweiß gestrichen, die andere schwarzweiß. Auch numeriert man beide mit aufeinander folgenden Zahlen und fängt bei der Messung dann grundsätzlich stets mit der ungeraden Nummer an.

Ist eine Linie zu messen, deren Ende etwa durch eine bunt angestrichene Meßstange oder Bake mit angebundenem Fähnchen markiert ist, so hockt sich der Messende am Anfangspunkt der Linie hin und legt vor sich die ungerade numerierte Meßlatte ungefähr in die Richtung nach dem Endpunkt der Linie. Mit einer Hand faßt er das hintere Ende der Latte und bringt durch ruckweises Anheben der Latte leicht auch deren vorderes Ende zum Emporschnellen von der Erde. Wenn der Messende hierbei mit seiner Hand einen leichten Seitendruck ausübt, so bringt er die Latte rasch in die Richtung nach dem ausgesteckten Fähnchen hin. Hierauf zieht er die Latte so weit zurück, daß ihr hinteres Ende mit dem Anfangspunkt der Messung zusammenfällt.

Hierauf geht der Messende, die zweite Latte in der Nähe ihres Schwerpunktes fassend und sie so mit leichter Mühe tragend, 5 m vor, hockt sich über dem vorderen Ende der ersten Latte hin, ohne jedoch die erste Latte zu berühren, und wirft die zweite Latte aus wenigen Dezimetern Höhe so vor sich hin auf den Boden, daß sie mit ihrem vorderen Ende und ihrem hinteren Ende gleichzeitig

[1] H. C. W. Br. S. 15.

[2] Doch ist in Bayern diese Art der Verwendung von Neigungsmessern nicht gestattet.

den Boden berührt. Hierauf wird auch die zweite Latte mit nur einer Hand leicht in die gewünschte Richtung gebracht. Darauf wird die zweite Latte vorsichtig etwas zurückgezogen, bis ihr hinteres Ende sich genau an das Vorderende der ersten Latte anschließt. Darauf ergreift der Messende die erste Latte, schiebt sie um einige cm zurück, hebt sie auf und ruft dabei laut „fünf". Alsdann läßt er, zwischen beiden Latten stehend, die zweite Latte durch seine Hand gleiten, bis die Hand sich in der Nähe des Schwerpunktes der Latte befindet. Alsdann geht er an das vordere Ende der zweiten Latte und so fort.

Liegt eine Latte nicht wagrecht, sondern schräg geneigt, so hebt man das tiefere Ende so weit, bis die Latte nach Augenmaß wagrecht ist. Jetzt mißt man mit einem Gliedermaßstab die Höhe des gehobenen Lattenendes über dem Erdboden in Dezimetern (h). Dann berechnet man leicht im Kopf h^2 und legt mit Hilfe des Gliedermaßstabes die nächste Latte um h^2 mm vor. War z. B. h gleich 9 Dezimetern, so mußte die nächste Latte um 81 mm vorgelegt werden[1].

c) Reichenbachsche Keile.

Bei einigen seltenen Gelegenheiten, z. B. bei Bestimmung der Länge einer Meßlatte oder eines Meßbandes, tritt an den Markscheider die Notwendigkeit heran, mit Reichenbachschen Keilen zu messen. Damit hat es folgende Bewandtnis. Es sei z. B. an einer Wand etwa in Tischhöhe wagrecht eine Meßbahn befestigt (Abb. 5) und auf der Meßbahn zwei Anschläge aufgeschraubt im lichten Abstand von etwa 5,01 m. Wir legen zwischen die Anschläge, den einen Anschlag berührend, eine 5-m-Latte auf, die also zwischen ihrem freien Ende und dem anderen Anschlag einen Zwischenraum von etwa 1 cm läßt. Es soll die Länge der 5-m-Latte genau bestimmt werden. Zu dem Ende messen wir den kleinen Zwischenraum, indem wir einen oder zwei stählerne Reichenbachsche Meßkeile (Abb. 6) in die Lücke zwischen Lattenende und Anschlag schieben. Dann nehmen wir die Latte weg und messen den ganzen lichten Abstand zwischen den beiden Anschlägen mittels Normalmetern und Meßkeilen. Daraus findet man dann leicht die genaue Länge der 5-m-Latte.

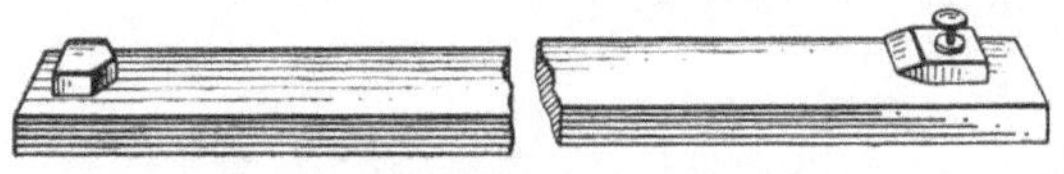

Abb. 5. Meßbahn zur Bestimmung der Länge einer Meßlatte.

Abb. 6. Reichenbachsche Meßkeile.

d) Älteres Längenmeßgerät über Tage.

Julius Weisbach (1859, S. 61) nennt als das Gerät, das bei übertägiger gewöhnlicher Längenmessung in Frage kommt, die 5 Ruten oder 10 Lachter lange Meßkette, die aus 50 Gliedern besteht und von Eisendraht ist. Er benutzt sie mit Kettenstäben von 2 Zoll Querschnitt. Dazu gehören noch 0,4 m lange Zählstachel, die Julius Weisbach Piquets nennt, und die in einem Köcher mitgeführt werden, sowie die S. 22 bereits erwähnte Lachterschmiege.

[1] Man kann auch den Gliedermaßstab so herrichten lassen, daß auf der einen Seite h, auf der andern h^2 abgelesen wird. Das ist der vom Vermessungsrat Thie in Aachen angegebene Staffelstab (Z. f. Verm. 1924, S. 241).

1873 wird in der Z. f. V. gesagt, daß die Kette anfängt, vom Stahlbandmaß verdrängt zu werden[1].

Der Eislebener Markscheider Liebenam gibt 1876 für die Längenmessung über Tage folgende drei Methoden an:

1. Messung mit Meßlatten von 2 oder 4 m Länge. Unter Benutzung von Böcken oder Schemeln werden die Latten wagrecht verlegt. Die wagrechte Lage wird mittels Pendelwaage geprüft. Ein Handlot zeigt den Ort an für den Anfangspunkt der nächsten Latte;

2. Messung mit Meßkette, Kettenstäben und 10 „Zeichenstäbchen". Ein etwaiger Neigungswinkel wird mittels Gradbogen gemessen, der aber „nur bei windstiller Witterung" verwendet werden kann;

3. Messung mit Abziehschnur und Zweimeterstab zwischen 1,5 m langen und 10 bis 15 cm starken Pfählen oder zwischen „Markscheideböcken" (s. Abb. 72). In die Pfähle und in die Böcke werden Markscheideschrauben eingebohrt und an diesen die Schnur befestigt. Die Neigung wird mit dem Gradbogen gemessen.

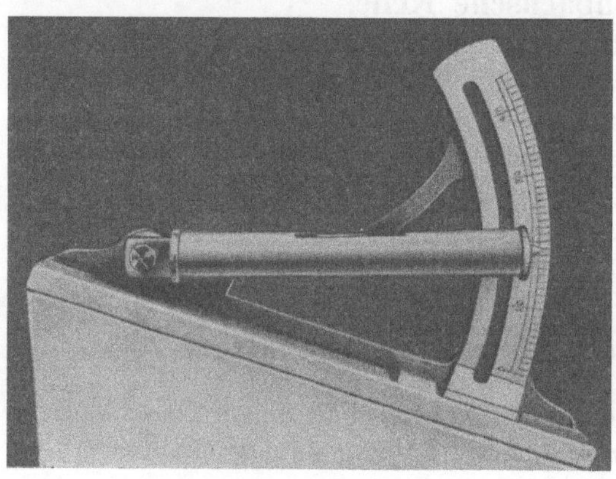

Abb. 7. Setzniveau.

Messung mit Stahlbändern kommt bei Liebenam noch nicht vor.

Bauernfeind sagt 1879: „Der praktische Geometer hat zu Feldmessungen eine Kette aus Eisen- oder Stahldraht"[2]. Mehr nebensächlich erwähnt Bauernfeind als Neuerung auch Stahlbänder[3]. 1880 sagt Schell bei einer Besprechung über Tachymetrie: „Die Bestimmung der Länge der Polygonseiten geschieht in der Regel mit der Meßkette oder einem Meßstahlband"[4]. Bald nach 1880 scheint dann die Meßkette aus dem übertägigen Vermessungswesen verschwunden zu sein. Doch beschreibt immerhin Vogler noch 1885 die Meßkette als gewöhnliches Längenmeßgerät, empfiehlt aber als Ersatz das Stahlband[5].

Die zweite Auflage (1882) der Markscheidekunst von Borchers gibt für die gewöhnliche Längenmessung über Tage das Ausspannen der hanfenen Verziehschnur an, an der mit einem 2 Lachter langen Meßstab entlang gemessen wird. Für Basismessungen empfiehlt Borchers die Messung mit einem 2 Lachter langen Stab, der auf den Köpfen eingeschlagener Pfähle verlegt wird. Die Neigung gegen den Horizont wird mittels Gradbogen bestimmt oder mittels einer besonseren Gradteilung, auf der ein mit Zeigerlibelle versehener Zeiger spielt. Ein solches Libellen-Instrumentchen nennt man ein Setzniveau (Abb. 7).

---

[1] a. a. O. S. 209. [2] Bauernfeind: Vermess.-Kde. Bd. 1, S. 379. 1879.
[3] a. a. O. S. 386. [4] Schell: Tach. 1880, S. 59.
[5] Vogler: Prakt. Geom. Bd. 1, S. 283ff.

II. Die Libelle (15—26).

Die Libelle ist einer der wichtigsten Bestandteile vieler Meßgeräte. Sie dient zum Wagrechtstellen und zum Lotrechtstellen einiger in unseren Meßgeräten enthaltener gerader Linien, die von besonderer Bedeutung sind. Man hat zwei Arten: die Röhrenlibellen und die Dosenlibellen.

15. Der Glaskörper der Röhrenlibelle.

Der wesentlichste Bestandteil der Röhrenlibelle ist eine gerade Glasröhre, die innen tonnenförmig ausgeschliffen ist, so daß der Längsschnitt ein Kreissegment zeigt, das um eine gerade Linie rotiert hat. Die Libelle wird nach dem Schleifen, um den Schmirgel zu entfernen, zunächst ausgespült. Alsdann wird über einer Flamme das eine Ende der Glasröhre zugeschmolzen und das andere Ende zu einer feinen Röhre ausgezogen, die etwa 1 mm Durchmesser haben mag. Hierauf wird die in dem Glaskörper eingeschlossene Luft über der Flamme erwärmt, so daß ein Teil aus dem Glaskörper entweicht. Darauf wird das Haarröhrchen in Schwefeläther oder Äthyläther getaucht, und ein Teil des Glaskörpers füllt sich sofort mit dem Äther. Darauf abermals Erwärmung und weitere Füllung abwechselnd, bis der Glaskörper voll ist. Jetzt wird auch das zweite Ende des Glaskörpers zugeschmolzen und das Röhrchen abgebrochen. Der im Glaskörper eingeschlossene Äther kühlt sich jetzt ab und zieht sich etwas zusammen. Es entsteht ein Hohlraum, die sogenannte Luftblase, die sich sofort mit Ätherdämpfen füllt. Auf der Außenseite des Glaskörpers, in seiner Längsrichtung, wird sodann zumeist eine Teilung eingeätzt. Der Abstand der Teilstriche voneinander wird vielfach gleich einer Pariser Linie (2,26 mm) gewählt. Doch bevorzugen auch einige Mechanikerfirmen das Maß 2 mm. Eine Bezifferung der Teilung ist zuweilen vorhanden, zuweilen fehlt sie. Am angenehmsten ist durchlaufende Bezifferung, der Nullpunkt nicht in der Mitte, sondern auf einer Seite.

Im Winter ist die Luftblase einer Libelle naturgemäß größer als im Sommer. Sehr große Luftblasen sind aber unbequem und sehr kleine auch. Dazu kommt folgendes. Die Richtkraft, mit welcher die Luftblase dem ihr zukommenden Platze zustrebt, ist proportional der Stärke ihres Auftriebs, also proportional der in ihr enthaltenen Gasmenge, mithin proportional der Länge der Luftblase. Daher müßte man eigentlich die Luftblase so lang wie möglich machen. Aber der Teilwert, der in der Mitte der Libellenteilung vorhanden ist, ist nicht in aller Strenge der gleiche an weiter von der Mitte abliegenden Stellen der Teilung. Zudem kann auch die Adhäsion am Glase auf weite Erstreckungen nicht ohne weiteres als konstant vorausgesetzt werden, ebenso auch nicht die Temperatur. Mit Rücksicht auf all diese Umstände sieht man es als beste Blasenlänge an, wenn die Luftblase ungefähr so lang ist, wie die Hälfte der Teilung[1]. Daher teilt man zuweilen im Glaskörper der Libelle in der Nähe des einen Endes durch eine eingesetzte Glaswand eine kleine Kammer ab, läßt aber unten in der Glaswand ein kleines Loch. Solche Libellen heißen Kammerlibellen (Tafel 1, 1). Es ist unmittelbar einleuchtend, daß mit Hilfe der Kammer die Luftblase nach Belieben vergrößert

[1] Nach Reinhertz (1890, S. 317) etwas länger, nach Hensoldt (Kellner: Orth. Ok. 1849, S. 51) etwas kürzer.

und verkleinert, ja sogar ganz zum Verschwinden gebracht werden kann. Man verwendet die Kammerlibelle hauptsächlich bei Feinnivellements.

Zuweilen beobachtet man, daß bei gleichmäßiger Neigung einer Libelle die Luftblase sich nicht entsprechend gleichmäßig verschiebt, sondern ruckweise. Die Libelle „klebt", wie man sagt. Dann hat der Äther in dem Glase feste Bestandteile ausgelaugt, die sich an der Glaswand abgesetzt haben. In diesem Zustand ist die Libelle unbrauchbar. Man muß sie dann dem Mechaniker zur Reinigung übergeben.

16. Teilwert der Röhrenlibelle.

Man denke sich den Glaskörper der Libelle annähernd wagrecht liegend, die Teilung nach oben, etwa wie in Tafel 1, 2 auf einem „Libellenprüfer" oder „Legebrett" liegend. Ein Vertikalschnitt werde in der Längsrichtung der Libelle mitten durch die Libelle hindurchgeführt. Dieser Vertikalschnitt enthält dann den Mittelpunkt M des Kreissegments, durch dessen Rotation wir die Tonnenform der Libelle entstanden gedacht haben. Lotrecht über M liegt der Punkt A der Libellenteilung, und dieser Punkt A bildet natürlich die Mitte der Luftblase. Im Punkte A möge sich gerade ein Teilstrich befinden. Jetzt denken wir uns die Libelle auf ihrer Unterlage um einen kleinen Winkel geneigt, so daß die Luftblase gerade bis zum nächsten Teilstrich weiter wandert. Den Winkel, um den die Libelle geneigt wurde, nennt man den Teilwert (T) oder die Angabe der Libelle. Ist der Abstand zweier benachbarter Teilstriche gleich a, der Halbmesser des Libellenschliffs gleich r, so ist in Sekunden:

$$T'' = \frac{a}{r} \cdot \varrho \,. \tag{4}$$

Die Teilwerte der in der Markscheidekunde verwendeten Libellen schwanken zwischen ungefähr 60″ und 3″.

Veränderlichkeit des Teilwerts mit der Zeit und unter dem Einfluß von Luftdruck- und Temperaturänderungen ist mehrfach Gegenstand besonderer Untersuchungen gewesen[1]. Bestimmt hat sich nur ergeben, daß Luftdruckänderungen keinen Einfluß auf den Teilwert haben. Einflüsse der Temperatur lassen sich zuweilen nachweisen, zuweilen nicht. Zudem treten sie mit verschiedenen Vorzeichen auf. Die Änderungen haben sich aber bisher in jedem Fall so klein gezeigt, daß sie praktisch ohne Bedeutung sind. Mit der Zeit fand Schulz[2] Abnahme des Teilwertes wahrscheinlich, Hohenner dagegen fand Zunahme[3] in 17 Jahren um 0,5″ bei einer 4″-Libelle. Max Schmidt fand bei einer 5″-Libelle im Laufe der jährlichen Arbeitzeit eine Zunahme des Teilwertes um 0,3″[4].

17. Befestigung des Glaskörpers der Röhrenlibelle im Mantel.

Um den Glaskörper der Libelle in Verbindung mit einem Instrument benutzen zu können, wird er in einen Metallmantel gesteckt, der dort, wo sich auf dem Glaskörper die Teilstriche befinden, natürlich offen ist. Ist der Teilwert der Libelle 60″ oder mehr, so wird der Glaskörper in dem Mantel einfach eingegipst. Handelt es sich um eine feinere Libelle, so muß Sorge getragen werden, daß die

[1] Samel: Luftdr. u. Temp.
[2] Schulz: Diss. 1906, S. 16.
[3] Hohenner: Höhenlage S. 360.
[4] Schmidt: Erg. S. 6.

verschiedene thermische Ausdehnung des Glases und des Metallmantels nicht zu Zwangslagen und Verbiegungen des Glaskörpers führt. Die Mechaniker helfen sich hier verschieden. Zuweilen werden die beiden Enden des Glaskörpers mit Wollfaden umwickelt in den Mantel eingeführt, und die Wollfäden mit flüssigem Wachs getränkt, das erstarrend zu einer festen und doch etwas nachgiebigen Verbindung zwischen Glaskörper und Mantel führt. Auch Baumwollfäden, mit Schellack getränkt, werden angewandt. Zuweilen bringt man unten im Mantel 4 kleine feste Warzen an, zwischen welche der Glaskörper eingelegt wird, und läßt von oben zwei kleine Warzen sich federnd gegen den Glaskörper legen. An beiden Enden des Mantels setzt man dann noch seitwärts Korkscheibchen in den Mantel ein, die sich gegen die Enden des Glaskörpers legen, so daß dieser, wenn ihn die Wärme ausdehnt, sich etwas in die Korkscheiben eindrückt.

18. Hauptsatz der markscheiderischen Instrumentenkunde.

Bei der Berichtigung und ganz gleichermaßen bei der Handhabung der Instrumente des Markscheiders wird von keiner Tatsache auch nur annähernd so oft Gebrauch gemacht wie von derjenigen, die sich durch den nachfolgenden Lehrsatz aussprechen läßt, den man daher auch den Hauptsatz der markscheiderischen Instrumentenkunde nennen kann:

Dreht man eine Röhrenlibelle, die mit einer Stehachse starr verbunden ist, 180° weit um die Stehachse, so durchwandert dabei die Luftblase einen Raum, welcher in Winkelmaß ausgedrückt $2v$ sei. Dann ist v der Winkel, welchen die Stehachse quer zur Längsrichtung der Libelle gesehen gegen die Richtung des Lots bildet.

Unter Stehachse ist hier eine Achse gemeint, welche bestimmt ist, annähernd oder genau lotrecht zu stehen.

Der Beweis des soeben ausgesprochenen Satzes kann unmittelbar aus Abb. 8 abgelesen werden.

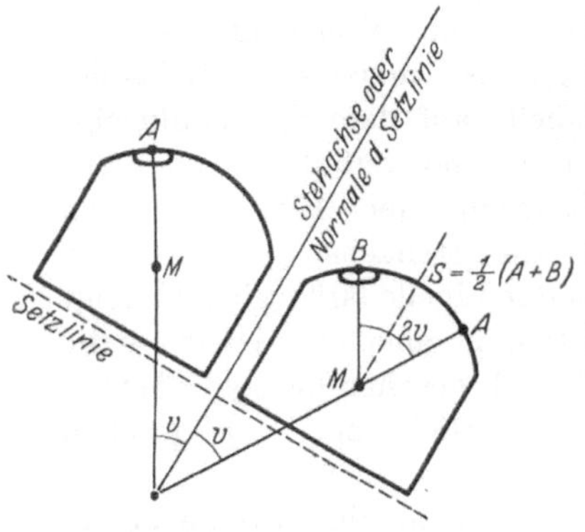

Abb. 8. Hauptsatz der markscheiderischen Instrumentenkunde.

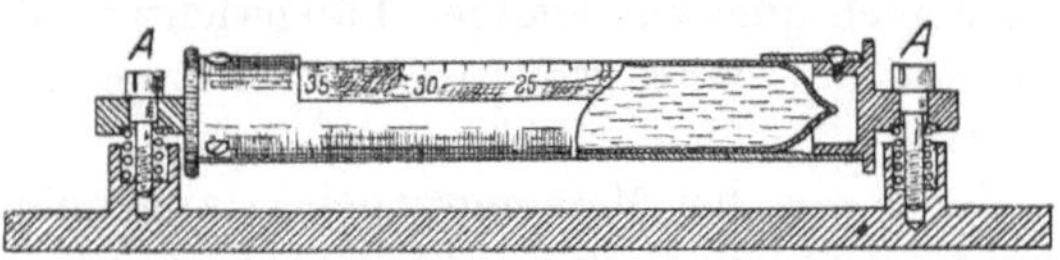

Abb. 9. Setzlibelle.

Unter einer Setzlibelle versteht man eine Röhrenlibelle, deren Mantel mit einer ebenen Auflagerfläche oder „Setzfläche" starr verbunden ist (Abb. 9), und zwar so, daß die Längsrichtung der Libelle zur Setzfläche annähernd parallel ist. Die Setzfläche sei auf eine ebene Unterlage aufgesetzt. Man denke sich nun zur Setzfläche deren Normale, die also mit der Setzfläche in starrer Verbindung steht. Wenn dann die Setzlibelle auf der Unterlage umgesetzt wird, so daß das Ende, das rechts war, nach links kommt, so kann dieses Umsetzen aufgefaßt werden wie eine Drehung der Libelle 180° weit um die Normale der Setzfläche. Man gelangt also ohne weiteres zu nachstehender Folgerung aus dem Hauptsatz der markscheiderischen Instrumentenkunde:

Setzt man eine Setzlibelle auf einer Unterlage um, so durchwandert dabei die Luftblase einen Raum, welcher im Winkelmaß ausgedrückt $2v$ sei. Dann ist v der Winkel, welchen die Unterlage mit dem Horizont bildet.

19. Spielpunkt, Mittelmarke, Vorrichtungen zum Heben und Senken eines Libellenendes.

Wenn man nach Abschn. 18 den Winkel v kennengelernt hat, den eine Stehachse mit dem Lot oder eine Unterlage mit dem Horizont bildet, so sind fast alle Instrumente des Markscheiders so eingerichtet, daß man den Winkel v leicht beseitigen kann. Man kann also die Stehachse um den Betrag v aufrichten, sie lotrecht machen und eine „Unterlage" entsprechend horizontal stellen. Nachdem das geschehen, möge die Mitte der Luftblase der Röhrenlibelle bei einem Punkte der Libellenteilung stehen, den wir S nennen wollen. Man drückt das kurz so aus: „die Libelle möge bei S ‚einspielen'". Dann wird S der Spielpunkt der Libelle in bezug auf jene Achse genannt; beziehentlich Spielpunkt in bezug auf jene Unterlage.

Nachdem der Spielpunkt bekannt geworden ist, könnte man daher z. B. bei einer neuen Aufstellung der Stehachse zunächst irgendeinen Winkel w zwischen Achse und Lotrichtung erhalten. Dann braucht die Größe des Winkels w gar nicht erst festgestellt zu werden. Man neigt vielmehr die Achse zuerst so weit, bis die Libelle auf dem Spielpunkt einspielt, und weiß dann: quer zur Richtung der Libelle gesehen ist die Stehachse jetzt lotrecht geworden. Darauf dreht man die Achse mitsamt der Libelle 90° weit und neigt sie abermals so weit, bis die Libelle auf dem Spielpunkt einspielt. Dann ist die Achse auch quer zur jetzigen Längsrichtung der Libelle gesehen lotrecht. Mithin ist jetzt die Achse von allen überhaupt möglichen Richtungen aus gesehen lotrecht.

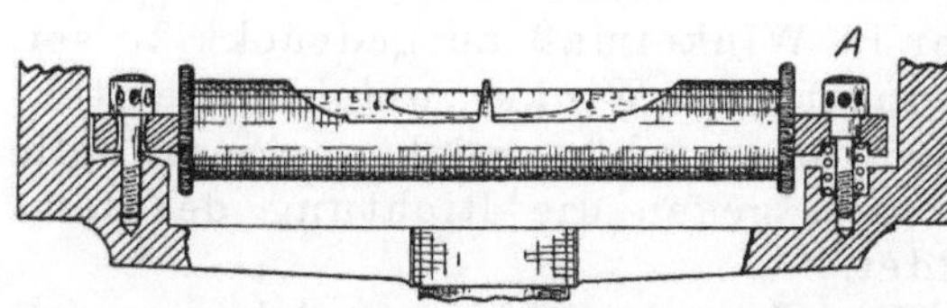

Abb. 10. Häufig angewandte Anbringung der Neigungsschraube bei einer Röhrenlibelle.

Es ist nun bei Messungsarbeiten angenehm, wenn nicht ein ganz beliebiger Punkt der Libellenteilung Spielpunkt ist in bezug auf die Achse, zu der die Libelle gehört. Sondern jede Libelle ist auf irgendeine Weise mit einer Art Mittelmarke versehen, und es ist zweckmäßig, es so einzurichten, daß die Mittelmarke Spielpunkt wird.

Um dies zu erreichen, läßt man die lotrecht gewordene Stehachse lotrecht stehen und neigt mittels besonderer, an der Libelle angebrachter Schräubchen die Libelle so weit, bis die Libelle auf der Mittelmarke einspielt.

Für diesen Zweck muß daher an den Enden des Libellenmantels eine Vorrichtung angebracht sein, die es ermöglicht, den Libellenkörper zu neigen. Eine solche Vorrichtung zeigen die Abb. 9, 10, 11 bei A.

Die Schraube bei A nennt man die Neigungsschraube der Libelle. Die Bezifferung der Teilung wollen wir stets so annehmen, daß sie nach der Neigungsschraube hin wächst. Wir denken uns jetzt denjenigen Strich der Libellenteilung, den wir als „Mittelmarke“ ansehen wollen, von der Außenfläche des Glaskörpers auf dessen Innenfläche projiziert durch geradlinige Verbindung des Teilstrichs mit dem Mittelpunkt M des Kreissegments. Derjenige Längsschnitt der Libelle, der bei der Benutzung zu oberst kommt, wird diese „innere Mittelmarke“ in einem Punkt schneiden, den wir M' nennen wollen. Denken wir uns nun innerhalb des Längsschnitts in M' eine Tangente an die Libellenkrümmung gelegt, so wird diese Tangente „die Libellenachse“ genannt.

Da das Innere der Libelle tonnenförmig ist, und die Tonne einen Äquator hat, so übersieht man sogleich, daß die Mittelmarke am zweckmäßigsten auf dem Äquator liegt. Denn alle Längsschnittangenten am Äquator sind einander parallel. Kommt also einmal beim Messen nicht in aller Strenge immer derselbe Längsschnitt der Libelle zu oberst, sondern nimmt einmal statt dessen einer der benachbarten Längsschnitte die oberste Stelle ein, so sind die verschiedenen zur Benutzung kommenden Libellenachsen einander parallel, so daß kein Schade entsteht. Liegt aber die Mittelmarke außerhalb des Tonnen-Äquators, so gelangen verschiedene Libellenachsen zur Verwendung, die nicht zueinander parallel sind.

Man kann also kurz sagen: die Mittelmarke muß so liegen, daß die Längsschnittangente an die Mittelmarke und die Rotationsachse des Kreissegments einander parallel sind. Im folgenden wird stets stillschweigend angenommen, daß diese Bedingung erfüllt ist.

20. Reitlibelle.

Wir denken uns eine annähernd wagrecht liegende zylindrische Achse, etwa die Kippachse eines Theodoliten. Mit Hilfe einer Setzlibelle soll nach Abschn. 18 der Winkel v bestimmt werden, den die Achse mit dem Horizont bildet. Die Setzlibelle darf für diesen Fall nicht auf ihrer Unterseite eine ebene Setzfläche besitzen, sondern sie wird links und rechts mit zwei Beinen ausgerüstet, mit deren Hilfe sie auf die Achse aufgesetzt wird, wie Abb. 11 zeigt.

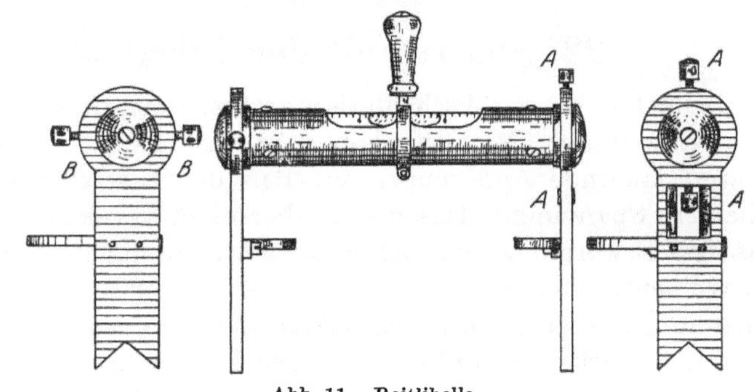

Abb. 11. Reitlibelle.
Bei A Neigungsschrauben, bei B Kreuzungsschrauben.

Eine derartige Setzlibelle mit zwei Beinen wird Reitlibelle genannt. Das Umsetzen der Reitlibelle auf der Achse und die Feststellung des Winkels v, den die Achse mit dem Horizont bildet, ist aus Abb. 8 und aus Abschn. 18 ersichtlich.

21. Libellenkreuzung.

Eine Röhrenlibelle sei mit einer liegenden Achse irgend eines Instrumentes derart verbunden, daß die liegende Achse und die Libellenachse annähernd parallel sind. Auch seien beide Achsen annähernd wagrecht. Die instrumentelle Möglichkeit sei vorgesehen, daß man die Libelle um die liegende Achse des Instrumentes ein klein wenig drehen kann, wobei die Libellenachse also beständig annähernd parallel mit ihrer Anfangslage bleibt. Eine solche Drehung nennt man Schwenkung. Wir schwenken die Libelle auf der Instrumentachse erst nach links, dann nach rechts. Es genügt dabei eine winzige Schwenkungsmöglichkeit. Sind Instrumentachse und Libellenachse parallel, so bewegt sich die Libellenachse bei der Schwenkung auf einem Zylinder, alle ihre Lagen sind einander parallel, die Luftblase zeigt keine Veränderung ihres Standes.

Es kann aber sein, daß Libellenachse und Instrumentachse miteinander kreuzen. Man spricht dann von Kreuzung der Libelle. Bei vorhandener Kreuzung bewegt sich die Libellenachse bei der Schwenkung offenbar auf einem einschaligen Hyperboloid. Ihre verschiedenen Lagen haben verschiedene Neigung gegen den Horizont, die Luftblase wandert während der ganzen Schwenkung in ein und derselben Richtung. Leicht erkennt man aus dem Lauf der Luftblase den Sinn der Kreuzung. Um die Kreuzung beseitigen zu können, ist meist an demjenigen Ende des Libellenmantels, an welchem sich die Neigungsschraube nicht befindet, eine Vorrichtung angebracht, welche gestattet, das Libellenende in wagrechter Richtung zu verschieben. Man nennt die beiden Schrauben die „Kreuzungsschrauben" der Libelle. Man verschiebt daher versuchsweise das Libellenende mittels der Kreuzungsschrauben so lange, bis die Luftblase beim Schwenken unbeweglich bleibt.

Es kann beim Schwenken der Libelle vorkommen, daß die Luftblase beim Schwenken zuerst nach der einen Richtung läuft, dann umkehrt und die entgegengesetzte Richtung nimmt. Es ist leicht einzusehen, daß dann keine Achsenkreuzung vorliegt, sondern daß die Achsen vielmehr sich schneiden, so daß beim Schwenken Bewegung auf einem Kegelmantel entsteht.

22. Störbarkeit der Libellenberichtigung.

Beim Bau der markscheiderischen Instrumente wird viel dafür getan, daß in den verwendeten Metallstücken möglichst keine Spannungen verbleiben, die später dauernde Änderungen im Bau der Instrumente hervorrufen könnten. Kleinere Spannungen lassen sich aber nicht vermeiden. Gelegentliche ungleichmäßige Erwärmung erzeugt weitere Spannungen. Bei der Berichtigung der Instrumente aber werden durch das Anziehen von Schrauben die schlimmsten Spannungen erzeugt, die sich später Luft machen und ein wohlberichtigtes Instrument stark in Unordnung bringen können. Die Erschütterungen auf Transporten der Instrumente begünstigen diese plötzlichen Störungen der Ordnung im Bau der Instrumente ganz besonders. Herr Professor Harbert in Braunschweig fand derartige plötzliche Störungen in der Justierung einer Röhrenlibelle bis zum Betrage von 21″*.

Man schützt sich gegen die unbequemen plötzlichen Sprünge einigermaßen, wenn man auf Berichtigung der Instrumente soweit irgend möglich verzichtet und lieber Korrektionen (Beschickungen) für die Meßergebnisse berechnet. Natürlich sucht man dazu auch die Instrumente bei Transporten nach Möglichkeit vor Erschütterungen zu bewahren. Nach eingetretenen Erschütterungen muß die Berichtigung der Instrumente wiederholt werden.

---

* Harbert: Diss.

23. Elastizität des Erdbodens. Libellenspiegel.

Wer einmal in einer Erdbebenwarte einen Seismographen von etwa 1000 kg Gewicht gesehen hat, weiß, daß man sich dem Seismographen auf einer hölzernen Laufdiele nähert, die von der Decke des Gebäudes herabhängt. Das Gewicht eines Menschen, vorübergehend unmittelbar auf dem Erdboden vor dem Seismographen aufgesetzt, bringt den Seismographen in Unordnung. Denn dies Gewicht drückt den Erdboden elastisch zusammen, und diese Wirkung pflanzt sich bis unter den Seismographen fort und bringt dessen Schreibfedern aus der richtigen Lage. Ein gelegentlich angestellter Versuch zeigte, daß bereits das bescheidene Körpergewicht von 55 kg die Schreibfedern um 1 cm aus der Lage zu bringen vermochte. Dabei war das Fundament, auf welchem der Seismograph montiert war, durch eine Furche von 75 cm Tiefe von dem umgebenden Fußboden isoliert. Wenn man daher etwa mit einem Nivellier auf der Landstraße arbeitet, an die Libelle herantritt, sie zum Einspielen bringt und darauf an das Okular herantritt, so muß man gewärtig sein, daß durch die Verlagerung des Körpergewichts beim Umtreten eine Veränderung in der Höhenlage der drei Punkte hervorgerufen wird, auf denen das Stativ aufgestellt ist, so daß die Luftblase der Libelle ihren Stand ändert. Aufmerksame Beobachter pflegen diese Stellungsänderung der Libelle zu kennen. Man beobachtet derartige Elastizitätswirkungen bis zum Betrage von 6″. Man schützt sich gegen diese Störung dadurch, daß man seitlich neben der Libelle einen kleinen Spiegel anbringt, den sogenannten Libellenspiegel, der unter 45° gegen die Längsrichtung der Libelle gestellt, die Möglichkeit bietet, die Libelle vom Fernrohrokular aus zu beobachten, ohne den Platz zu wechseln[1].

Es liegt auf der Hand, daß man wegen des Libellenspiegels die Bezifferung der Libellenteilung gerne für Spiegelablesung einrichtet.

Scharfe Beobachtung der Libelle wird möglich, wenn der Spiegel seitlich angebracht ist, die Luftblase also im Profil sichtbar wird[2]. Steht der Spiegel über der Libelle, so daß die Luftblase von oben gesehen wird, heben sich die Enden der Luftblase weniger gut gegen ihre Umgebung ab.

24. Wendelibelle.

Über die Wendelibelle s. Abschn. 113.

25. Dosenlibelle.

Die Dosenlibelle ist ein zylindrisches Gefäß mit kreisförmigem Querschnitt von wenigen cm Durchmesser und mit kugelförmig ausgeschliffenem Deckel von Glas. 1904 hat der Stuttgarter Mechaniker Mollenkopf gelehrt, Gefäß und Deckel zusammen aus einem Stück herzustellen. In der Mitte des Deckels befinden sich zur Bezeichnung der Mitte einige eingeätzte oder eingeritzte Kreise. Die Dosenlibelle ist, wie die Röhrenlibelle, mit Äther gefüllt und hat eine Luft-

---

[1] Das Wort „Libellenspiegel“ wird gewöhnlich auf diese Art Spiegel angewandt. Doch gibt es auch Libellenspiegel, die nur zur Beleuchtung der Libelle dienen, z. B. bei den Wild-Zeiß-Nivellieren.

[2] Vgl. Reinhertz: 1890, S. 323.

blase. Sie ruht in einer Metallfassung, die unten in eine ebene Setzfläche ausgeht. Man kann also mit Hilfe der Dosenlibelle eine bewegliche Unterlage wagrecht stellen.

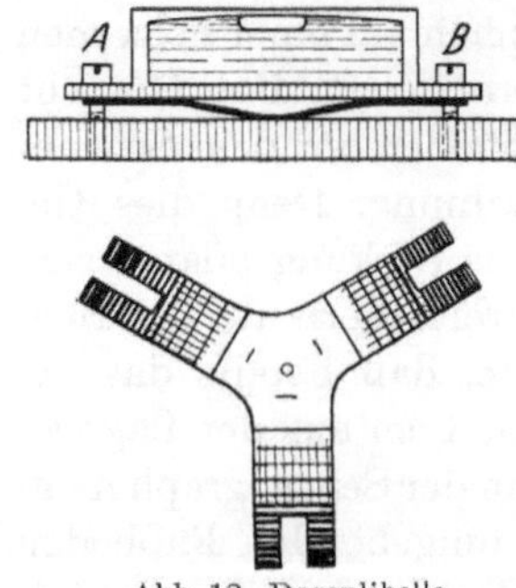

Abb. 12. Dosenlibelle.

Wenn die Dosenlibelle als Teil eines Instruments verwendet wird, so steht ihre Setzfläche flanschenartig etwas über (Abb. 12). Durch die Flansche gehen 3 Schrauben hindurch, und unter der Setzfläche liegt eine Blattfeder.

Die Blattfeder drückt nach oben, die 3 Schräubchen nach unten. Man kann daher innerhalb bescheidener Grenzen der Dosenlibelle eine solche Lage in bezug auf eine mit ihr verbundene Stehachse geben, daß sie einspielt, wenn die Stehachse lotrecht ist.

Die Dosenlibelle hatte sich einen wohlgegründeten Platz im Instrumentenbau erworben, als vor einigen Jahrzehnten einige Mechaniker dazu übergingen, sie durch zwei kleine übers Kreuz gestellte Röhrenlibellen zu ersetzen. Ein sachlicher Grund für diese Neuerung ist nicht recht erkennbar.

26. Historische Notizen über die Libelle.

Zur Herstellung einer wagrechten Zielachse bediente man sich zu Zeiten Herons von Alexandria — um 133 v. Chr. — der nach dem Grundsatz der kommunizierenden Röhren gebauten Wasserwaage. Erasmus Reinhold, der 1574 das erste Lehrbuch der Markscheidekunde verfaßte, bildet die Wasserwaage ebenfalls ab. Daneben empfiehlt Erasmus Reinhold den noch heute in der Markscheidekunst üblichen Gradbogen zum Anhängen an eine Schnur, um die Schnur wagrecht zu machen. Um 1662 erfand dann Thévenot, der Begründer der Pariser Akademie der Wissenschaften, die Röhrenlibelle, die heutzutage die vermessungstechnische Instrumentenkunde völlig beherrscht. Ursprünglich wurde sie mit Wasser gefüllt. 1785 füllte man stellenweise mit Wasser, andernorts mit Weingeist. Die Mittelmarke wurde durch zwei Seidenfäden bezeichnet[1].

Wann die Dosenlibelle erfunden worden ist, ist bisher nicht bekannt geworden. Es ist nicht recht wahrscheinlich, daß sie in Tob. Mayers Prakt. Geom. Bd. 1, S. 378, 1797, zum erstenmal literarisch erwähnt wird. Bei Studer 1801, S. 26, 51, 146, 157 heißt sie allerdings „die Mayersche Wasserwaage". Dagegen wird die Dosenlibelle in der „Markscheidekunst" von Giuliani 1798 unter dem Namen „Wasserwaage" als etwas nicht gerade schon allgemein Gebräuchliches, aber doch auch nicht ganz unbekanntes behandelt. Man gewinnt den Eindruck, daß Giuliani die Dosenlibelle nicht daher kennt, daß er etwa ein Jahr früher in Mayers Buch von ihr gelesen hätte[2].

Hierzu kann man nun noch die Tatsache stellen, daß Lempe, der Studers Lehrer gewesen ist, in seinem dicken Buch von 1785 die Dosenlibelle noch nicht kennt. Besonders geht das aus Lempes § 314 S. 520 hervor, wo er von den

[1] Lempe: 1785, S. 450, 454, 552, 555, 556.

[2] Giuliani drückt sich so aus: „Auf dem Linial steht ... eine Wasserwage, die aus einem runden Gehäuse besteht, welches mit Weingeist gefüllt, und mit einem Glas bedeckte ist, aus dessen Mittelpunkt ein kleiner Kreis verzeichnet ist. Steht die Luftblase gerade unter diesem Kreise, so wird das Linial ... in söhliger Lage sein."

Schwierigkeiten spricht, die einer Wagrechtstellung der Eisenscheiben entgegenstehen. Nach Voigtels Geom. subterranea von 1713 gibt Lempe dort ein sehr verwickeltes Verfahren zur Wagrechtstellung der Eisenscheiben mittels eines Röhrchens und zweier Schnurdreiecke an, das mit einer etwaigen Kenntnis der Dosenlibelle ganz unvereinbar sein würde. Die Dosenlibelle ist daher vermutlich in den Jahren 1785—1797 im Österreichischen erfunden worden.

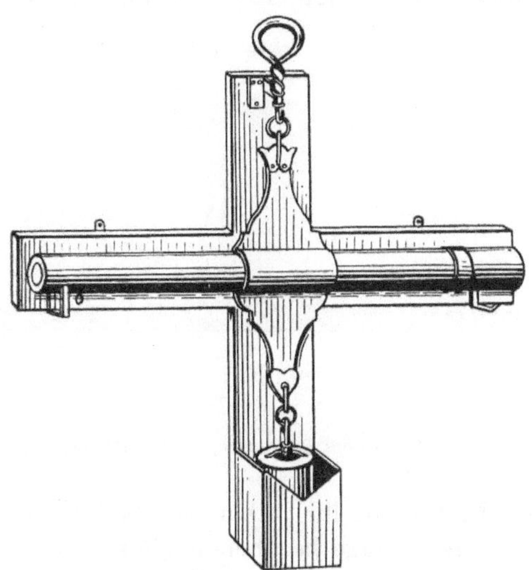

Abb. 13. Nivellierinstrument von Huygens, 1680 (nach Vogler, Prakt. Geom. II, 1, S. 16).

Man sollte nun meinen, nach Thévenots Erfindung der Röhrenlibelle hätte man die in jener Zeit gebauten Nivellierinstrumente sogleich mit der Röhrenlibelle ausgerüstet. Aber um 1680 bauten drei Männer, die sämtlich Mitglieder der Pariser Akademie waren, Huygens, Römer und Picard, jeder ein Nivellier. Keiner benutzte die Röhrenlibelle. Alle drei berühmten Männer verwandten das alte Prinzip der Pendelwaage. Nach Vogler: Prakt. Geom. Bd. 2, S. 15 seien die Instrumente von Huygens und Picard hier abgebildet (Abb. 13 und 14).

Abb. 14. Nivellierinstrument von Picard, 1684 (nach Vogler, Prakt. Geom. II, 1, S. 15).

Das alte Prinzip der Pendelwaage hat sich in der Markscheidekunst lange gehalten. Agricolas libella stativa von 1556 beruht auf ihm (S. 119). Ebenso Rothes Bergwaage von 1755 (Abb. 15). Iugel bespricht 1773 in der 2. Auflage seiner Markscheidekunst (S. 240) die Schrootwaage oder Müllerwaage, mit der man die „Wasserpaßlinie" erhält, und sagt von den Instrumenten mit Röhrenlibelle: „Künstliche Wasserwaagen, von welchen nur einige Mathematici geschrieben, und die also mehr durch ihre Vorschriften als durch ihre wirkliche Verfertigung gemein und bekannt worden, sind noch etwas neues und unbekanntes und dazu auch kostbar anzuschaffen.“ Lempe, der Rothes Bergwaage 1782 und 1785 abbildet, empfiehlt sie warm und nennt sie sehr bequem zur Fertigung des Profils einer unebenen Gegend und zur Absteckung eines Teichspiegels[1]. Im wesentlichen das gleiche Instrument ist 1835 von Hanstadts „markscheiderische Nivellierwaage“ (Abb. 16). „Man nivelliert mit der Nivellierwaage genauer als mit dem Gradbogen“, rühmt von Hanstadt. Diese Nivellierwaage bildet auch Beer 1856 ab und bespricht das Nivellieren mit ihr. Daneben bildet Beer noch die ebenfalls auf dem Prinzip der Pendelwaage beruhende „Sohlwaage“ ab (Abb. 17).

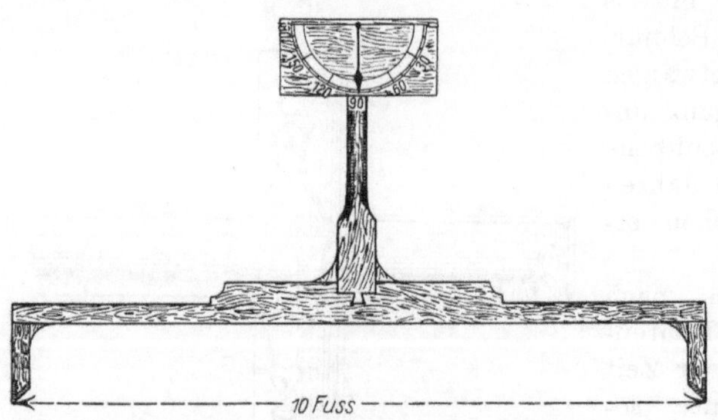

Abb. 15. Rothes Bergwaage, 1755 (nach Lempe).

Daneben setzte sich die Röhrenlibelle langsam durch. Der Physiker Mariotte in seinem Traité du nivellement 1679 erwähnte sie noch nicht[2]. Aber 1702 hatte man in Frankreich doch schon Nivelliere mit Röhrenlibelle. Ein halbes Jahrhundert später studierte im Auftrage Friedrichs des Großen Le Fébure die Kunst des Nivellierens. Er sprach sich für ein Pendelinstrument aus, ohne die Röhrenlibelle auch nur zu erwähnen. Aber dann, etwa 1750—1800, kam die Verwendung der Libelle bei Nivellierinstrumenten immer mehr auf.

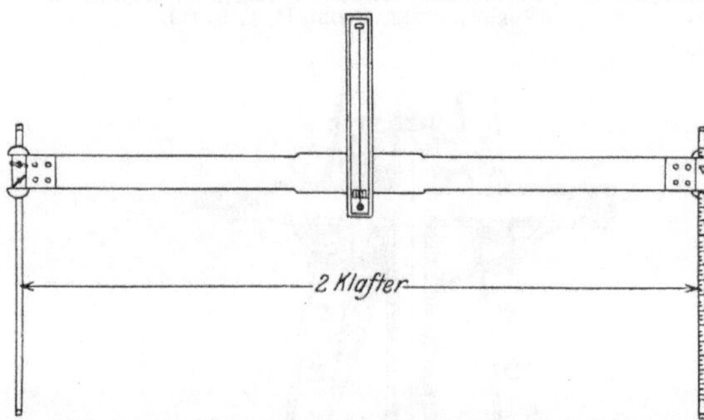

Abb. 16. v. Hanstadts markscheiderische Nivellierwaage 1835.

Merkwürdigerweise war man ursprünglich der Meinung, das Innere der Röhrenlibelle müsse ganz gerade sein. Noch Lambert spricht diese Meinung aus. Ebenso sagt 1785 Lempe: „Die Röhre muß auf das vollkommenste zylindrisch abgedreht sein“[3] und andernorts[4]: „Die gläserne Röhre kann nur den einzigen Fehler haben, daß die obere Seite genannter Röhre nicht horizontal geschliffen ist.“ Hieraus sehen wir nebenbei, daß man das Innere der Röhrenlibelle damals doch schon ausschliff. Auch bei Tobias Mayer d. J.

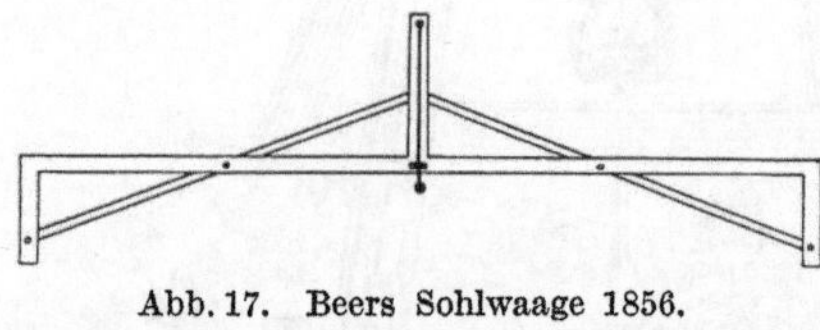

Abb. 17. Beers Sohlwaage 1856.

[1] Lempe: 1785, S. 543 und 1024.
[2] Vgl. hierfür und für das folgende C. Müller in Z. f. V. 1907, S. 254—259.
[3] Lempe: S. 553. [4] Lempe: S. 549.

findet man diese Auffassung; sodann spricht auch H. C. W. Breithaupt 1824 von der „zylindrischen Glaslibelle", ebenso wie er der Meinung ist, daß die Dosenlibelle durch ein planes Glas abgeschlossen sein müsse, und wohl als letzter hält 1835 von Hanstadt das Libelleninnere für vollkommen zylindrisch. Daneben kam aber schon von 1798 ab die heutige Auffassung auf, nach der man sich das Innere der Röhrenlibelle tonnenförmig vorstellt.

III. Einführung in die Linsentheorie (27—46).

27. Konstanten der Linse.

Ein Stück homogenes klares Glas sei auf zwei Seiten kugelförmig geschliffen und poliert. Die Kugelmittelpunkte seien M, M'; die Radien ϱ, ϱ'. Zwischen den beiden Kugelflächen sei um MM' als Achse eine kurze zylindrische Fläche angeschliffen, so daß die beiden Kugelflächen von Kreislinien begrenzt sind. Verbindet man eine solche Kreislinie mit M und M' durch gerade Linien, so entstehen zwei Kegel, und wir wollen annehmen, daß die Öffnungswinkel dieser Kegel höchstens einige wenige Grade betragen. Dann haben wir es mit einer optischen Linse zu tun.

In der Markscheidekunde kommen hauptsächlich die nachstehend abgebildeten Formen vor (Abb. 18): *1.* und *2.* nennt man Konvexlinsen oder Sammellinsen; *3.* und *4.* Konkavlinsen oder Zerstreuungslinsen.

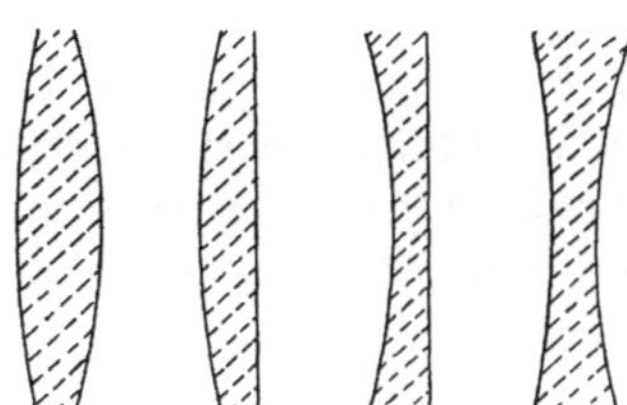

Abb. 18. Linsenformen.

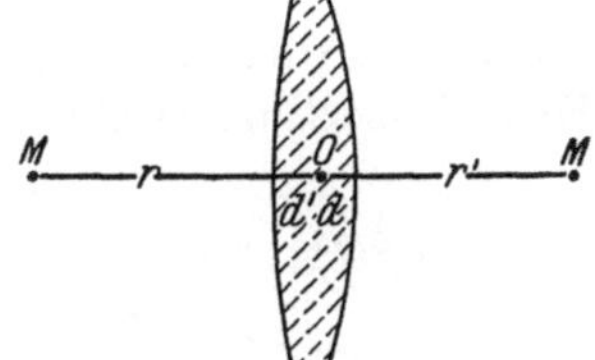

Abb. 19. Optische Achse und optischer Mittelpunkt einer Linse.

Die erste bekannte Konvexlinse ist die von Sir Austen Layard in den Ruinen von Niniveh 1852 ausgegrabene plankonvexe Linse aus Bergkristall, die sich jetzt im Britischen Museum befindet. Niniveh wurde 612 v. Chr. zerstört, so daß die Assyrer also vor 612 die Konvexlinsen gekannt haben. Den Griechen ist sie um 424 v. Chr. bekannt gewesen, da Aristophanes um diese Zeit in seiner Komödie „Die Wolken", Vers 764—772 Brenngläser erwähnt, die bei den Apothekern üblich seien zum Feueranzünden. Die erste Erwähnung einer Konkavlinse findet sich in der Schrift „De Beryllo" des päpstlichen Legaten Nicolaus von Cues, die 1458 abgefaßt wurde. Nicolaus von Cues sagt: „Beryllus lapis est lucidus, albus et transparens, cui datur forma concava pariter et convexa, . . ." Also waren 1458 n. Chr. die Konkavlinsen gang und gäbe. Doch können die Konkavgläser auch nicht viel früher aufgekommen sein. Denn es gibt aus der Zeit bis etwa 1521 ziemlich viele Abbildungen von Brillen oder Nasenkneifern, die sämtlich deutlich Konvexgläser zeigen. Das von Raphael in der Zeit 1512—1520 gemalte Bild des Papstes Leo X. enthält die erste auf uns gekommene Abbildung eines Konkavglases.

Die Kugelradien bei den Linsen *1.* und *2.* wollen wir als positive Größen ansehen, bei *3.* und *4.* als negative Größen. Wir setzen dementsprechend.

Linse *1.*	Linse *2.*	Linse *3.*	Linse *4.*	
$\varrho = +r$	$\varrho = +r$	$\varrho = -r$	$\varrho = -r$	(5)
$\varrho' = +r'$	$\varrho' = +\infty$	$\varrho' = -\infty$	$\varrho' = -r'$	

MM' nennt man die optische Achse der Linse. Auf MM' liegt innerhalb der Linse ein Punkt O, der der optische Mittelpunkt der Linse genannt wird, und dessen Lage durch die Gleichung gegeben ist (s. Abb. 19):

$$d : d' = r : r'. \tag{6}$$

Bei den Linsen *1.* und *4.* liegt O also innerhalb des Glases, bei *2.* und *3.* auf der gekrümmten Oberfläche.

28. Brechungsgesetz.

Trifft ein Lichtstrahl, der in der Richtung AB (s. Abb. 20) die Luft durchmessen hat, bei B auf Glas, so geht er innerhalb des Glases mit geänderter Richtung (BC) weiter, er wird „gebrochen", wie man sagt. Es sei DBE die Tangentialebene des Glases im Punkte B und FB die Normale, die auch das Einfallslot genannt wird. Bildet der Lichtstrahl in der Luft den $\sphericalangle\,\alpha$ mit dem Einfallslot, im Glase $\sphericalangle\,\beta$, so ist

$$\sin\alpha : \sin\beta$$

eine Konstante, die man mit n zu bezeichnen pflegt. n ist von Glassorte zu Glassorte verschieden, wird der Brechungsquotient der Glassorte genannt und liegt bei den Kronglassorten zwischen 1,5 und 1,6; bei den Flintglassorten zwischen 1,5 und 1,8. Diese beiden Glassorten werden zu den optischen Linsen der Markscheidekunde ausschließlich verwandt. Die Gleichung

$$\sin\alpha : \sin\beta = n \tag{7}$$

wird das Brechungsgesetz von S n e l l i u s genannt. Der Ausdruck

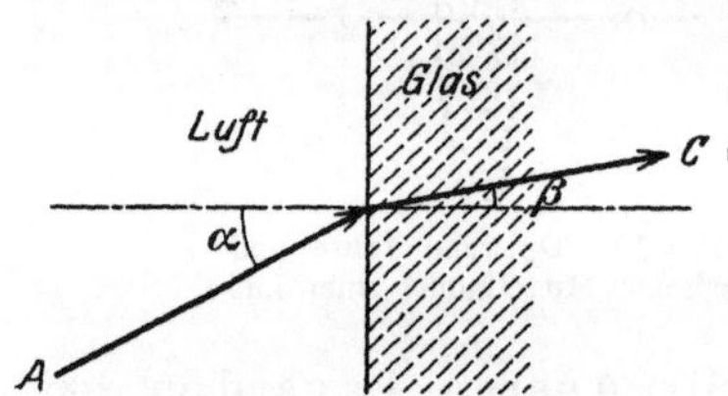

Abb. 20. Brechungsgesetz.

$$(n-1)\left\{\frac{1}{\varrho} + \frac{1}{\varrho'}\right\}$$

ist offenbar eine Konstante der Linse. Wir bezeichnen ihn mit $\frac{1}{\varphi}$ und nennen φ die Brennweite der Linse, so daß wir also die Gleichung haben:

$$\frac{1}{\varphi} = (n-1)\left\{\frac{1}{\varrho} + \frac{1}{\varrho'}\right\}. \tag{8}$$

Man übersieht leicht, daß φ für Zerstreuungslinsen negativ, für Sammellinsen positiv ist. Zerstreuungslinsen haben also eine negative, Sammellinsen eine positive Brennweite. Bezeichnet man den Absolutwert von φ mit f, so hat man also $+f$ für Sammellinsen, $-f$ für Zerstreuungslinsen.

Denkt man sich von O aus auf der optischen Achse der Linse nach beiden Seiten hin f abgetragen, so erhält man zwei Punkte F, F', welche die Brennpunkte der Linse genannt werden. Die beiden Ebenen, welche durch F und F' hindurchgehen und auf der optischen Achse senkrecht stehen, werden die Brennebenen der Linsen genannt.

Ist die Linse in ein Fernrohr eingesetzt, so unterscheidet man die beiden Brennpunkte als vorderen und hinteren Brennpunkt. Hinten ist bei einem Fernrohr die Seite, auf welcher sich der Beobachter befindet; vorne ist die Seite, auf der das angezielte Objekt liegt.

29. Durchgang des Lichts durch eine Sammellinse, wenn der leuchtende Punkt (A) weiter von der Linse entfernt ist als der Brennpunkt (F). Erste Linsenregel.

Es sei eine Sammellinse gegeben und außerhalb, in der Nähe ihrer optischen Achse MM', ein leuchtender Punkt A, der nach der Linse hin einen Strahlenkegel entsendet. Wir denken uns von A auf die optische Achse der Linse eine Senkrechte AB gefällt. Dann sei

$$BO = a > f.$$

Die von A ausgehenden Lichtstrahlen werden beim Eintritt in die Linse gebrochen und beim Austritt abermals gebrochen. Es läßt sich durch Rechnung zeigen, wir wollen es aber einfach als Erfahrungstatsache hinnehmen, daß alle von A ausgehenden Strahlen nach ihrem Durchgang durch die Linse sich innerhalb eines sehr kleinen Raumes A' wiedervereinen, den wir für unsere Betrachtungen als punktförmig ansehen dürfen, und welcher das Bild von A genannt wird. Der Raum links der Linse, in welchem sich der leuchtende Punkt A befindet, sei der Gegenstandsraum genannt, der Raum bei A' der Bildraum. Wir denken uns von A' eine Senkrechte $A'B'$ auf die optische Achse gefällt, und es sei

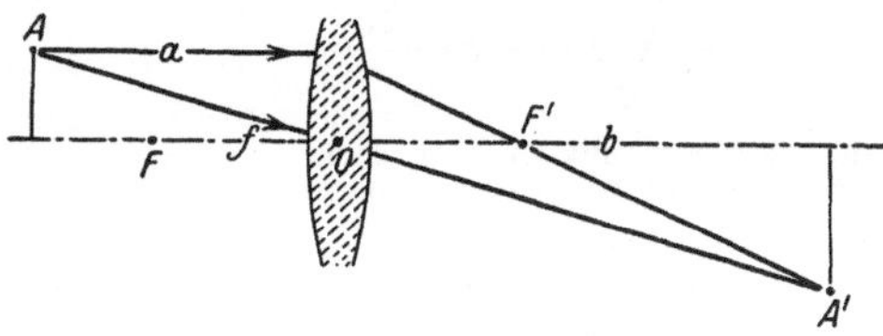

Abb. 21. Normalfall der Dioptrik.

$$B'O = b.$$

Dann gilt die von dem Astronomen Halley gefundene Gleichung

$$\frac{1}{a} + \frac{1}{b} = \frac{1}{f}, \tag{9}$$

die man „die Halley'sche Gleichung" nennt.

Man kann also die Entfernung b des Bildpunkts A', wenn a und f bekannt sind, nach dieser Gleichung leicht durch Rechnung finden.

30. Durchgang eines Lichtstrahls durch den optischen Mittelpunkt einer Linse.

Ein von A ausgehender Lichtstrahl gelange in der Nähe von O auf die Linsenoberfläche und werde so gebrochen, daß der gebrochene Strahl durch O hindurchgeht. Dann läßt sich zeigen, daß nach der zweiten Brechung beim Austritt in den Bildraum der Strahl in der alten Richtung weiter geht, in der er von A ausgegangen war. Nur eine winzige Verschiebung hat stattgefunden. Diese können wir für alle folgenden Betrachtungen vernachlässigen und einfach sagen:

Ein durch den optischen Mittelpunkt einer Linse hindurchgehender Lichtstrahl geht ungebrochen durch die Linse durch.

31. Leuchtender Punkt in unendlicher Entfernung.

Ist $a = \infty$, so wird nach der Halley'schen Gleichung $b = f$. Der Bildpunkt fällt also in die Brennebene. Liegt der leuchtende Punkt A im Unendlichen so, daß das von ihm ausgehende Parallelstrahlbündel parallel zur optischen Achse der Linse ist, so fällt A' mit dem Brennpunkt zusammen.

32. Konstruktion des Bildpunktes A' aus zwei Hauptstrahlen.

Nach Abschn. 31 wird jeder parallel zur optischen Achse einfallende Strahl (AB in Abb. 22) zum Brennpunkt (F_2) gebrochen. Umgekehrt wird ein Lichtstrahl (AFC), der vom Brennpunkt (F_1) herkommt, parallel zur optischen Achse austreten (CA'). Hieraus und aus Abschn. 30 ergibt sich folgende Konstruktion des Bildpunktes A': Man ziehe AO über die Linse hinaus und AF_1 bis zur Linse, von da ab aber parallel zur optischen Achse. Wo beide Strahlen sich treffen, liegt A'. Oder auch: man ziehe AO und ABF_2. Der Schnittpunkt von BF_2 und AO führt ebenfalls auf A'. Oder drittens: man ziehe ABF_2A' und AF_1CA'. Dies nennt man die Konstruktion des Bildpunktes aus zwei Hauptstrahlen, indem man AB, AO, AC die 3 Hauptstrahlen nennt.

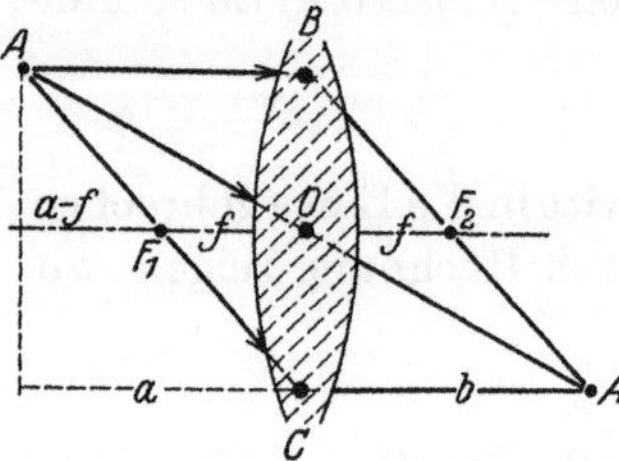

Abb. 22. Konstruktion des Bildpunktes A' aus zwei Hauptstrahlen.

33. Nachweis, daß im Falle des Abschn. 39 (Konvexlinse, $a > f$) Konstruktion und Halley'sche Gleichung zu demselben Ergebnis führen.

Aus Abb. 22 liest man ohne weiteres als Folge der Konstruktion des Bildpunktes aus zwei Hauptstrahlen die Beziehung ab:

$$b : f = a : (a - f), \tag{10}$$

$$af = b(a - f),$$

$$\frac{1}{b} = \frac{a-f}{af} = \frac{1}{f} - \frac{1}{a}. \tag{11}$$

(11) ist aber die Halley'sche Gleichung.

34. Dioptrische Hauptformel.

Die Lehre vom Durchgang des Lichtes durch eine oder mehrere Linsen nennt man Dioptrik. Der in Abschn. 29 behandelte Fall (Konvexlinse, $a > f$) sei der Normalfall der Dioptrik genannt. Wir wollen nun die Gegenstandweite a allgemein α nennen und α als positiv, gleich $+a$, ansehen, wenn der Gegenstand im Gegenstandsraum liegt; $\alpha = -a$ gelte, wenn A im Bildraum liegt. Ebenso werde die Bildweite allgemein β genannt, und es sei β positiv gerechnet und gleich

$+\,b$ gesetzt, wenn das Bild im Bildraum entsteht. Dagegen sei β negativ und gleich $-\,b$ gesetzt, wenn bei einer Kombination von Linse und leuchtendem Punkt das Bild im Gegenstandsraum entsteht. Dann sind im Normalfall der Dioptrik die Größen ϱ, ϱ', φ, α, β sämtlich positiv. Für alle möglichen Kombinationen von Linse und leuchtendem Punkt gilt aber ganz allgemein die Gleichung:

$$\frac{1}{\alpha} + \frac{1}{\beta} = \frac{1}{\varphi}, \tag{12}$$

welche wir die dioptrische Hauptformel nennen wollen.

Für jede Kombination gilt ferner die in Abschn. 32 angegebene Konstruktion aus den beiden Hauptstrahlen. Zu dem in Abschn. 29 besprochenen Normalfall sollen im folgenden noch 8 weitere mögliche Kombinationen von Linse und leuchtendem Punkt hinzugefügt werden, welche für die Markscheidekunde von Bedeutung sind. Für jeden Einzelfall soll die Konstruktion aus zwei Hauptstrahlen durchgeführt werden und aus der entstehenden Figur eine Beziehung abgeleitet werden. Darauf wird dann der Nachweis geführt, daß sich die gleiche Beziehung aus der Gleichung (12) ergibt.

35. Zweite Linsenregel: Konvexlinse, $\varphi = +f$, $\alpha = +a$, $a < f$, Lupe.

Nach Abb. 23 folgt aus der Konstruktion ohne weiteres die Beziehung:

$$(b - a) : b = a : f. \tag{13}$$

Die gleiche Beziehung läßt sich analytisch ableiten, wie folgt:

$$\frac{1}{\alpha} + \frac{1}{\beta} = \frac{1}{\varphi},$$
$$\alpha = +a,$$
$$\varphi = +f,$$
$$\frac{1}{\beta} = \frac{1}{f} - \frac{1}{a} = \frac{a-f}{af} < 0,$$
$$\beta = -b,$$
$$\frac{1}{a} - \frac{1}{b} = \frac{1}{f},$$
$$(b - a) : b = a : f.$$

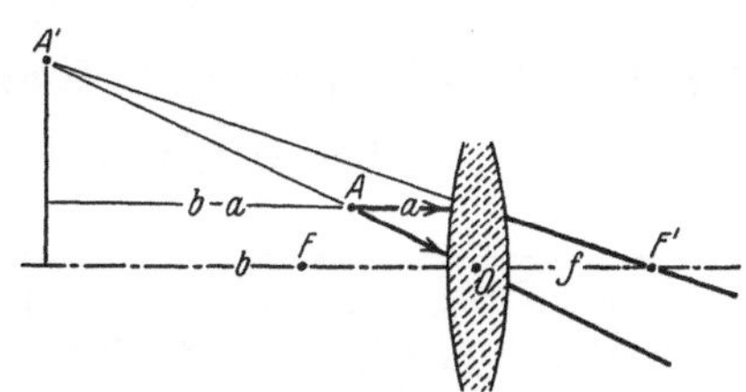

Abb. 23. Zweite Linsenregel.

Die Linse erzeugt mithin ein virtuelles aufrechtes vergrößertes Bild im Gegenstandsraum. Die Linse wirkt also als Lupe.

36. Dritte Linsenregel: Konvexlinse, virtueller Punkt A im Bildraum, $\varphi = +f$, $\alpha = -a$, $a < f$.

Die Konstruktion aus zwei Hauptstrahlen ermöglicht, aus der Abb. 24 unmittelbar folgende Gleichungen abzulesen:

$$b : a = p : q,$$
$$\underline{(f - b) : f = p : q,}$$
$$b : a = (f - b) : f. \tag{14}$$

Dieselbe Beziehung läßt sich aus der dioptrischen Hauptformel ableiten, wie folgt:

$$\frac{1}{\alpha} + \frac{1}{\beta} = \frac{1}{\varphi},$$

$$\varphi = +f, \quad \alpha = -a, \quad a < f,$$

$$-\frac{1}{\alpha} + \frac{1}{\beta} = \frac{1}{f},$$

$$\frac{1}{\beta} = \frac{1}{f} + \frac{1}{a} > 0,$$

$$\beta = +b,$$

$$-\frac{1}{a} + \frac{1}{b} = \frac{1}{f},$$

$$-\frac{1}{a} = \frac{1}{f} - \frac{1}{b} = \frac{b-f}{bf},$$

$$b : a = (f - b) : f.$$

Es entsteht also von dem virtuellen Gegenstand ein reelles aufrechtes Bild zwischen A und der Linse. Der virtuelle Gegenstand A ist so zu denken, daß in der Abb. 24 links von der Linse eine zweite Sammellinse vorhanden ist und noch weiter links ein reeller, Licht aussendender Gegenstand. Die zweite Linse würde von ihm, wenn sie allein da wäre, ein reelles Bild bei A erzeugen. Durch das Dazwischentreten noch einer Linse kommt aber das Bild bei A nicht zustande, es gerät nach A'.

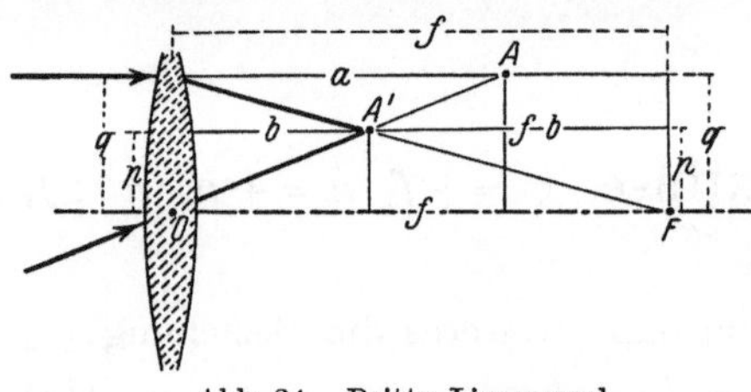

Abb. 24. Dritte Linsenregel.

37. Vierte Linsenregel: Konvexlinse, virtueller Gegenstand A im Bildraum, $\varphi = +f$, $\alpha = -a$, $a > f$.

Die Konstruktion aus zwei Hauptstrahlen ermöglicht, unmittelbar aus der Abb. 25 nachstehende Beziehungen abzulesen:

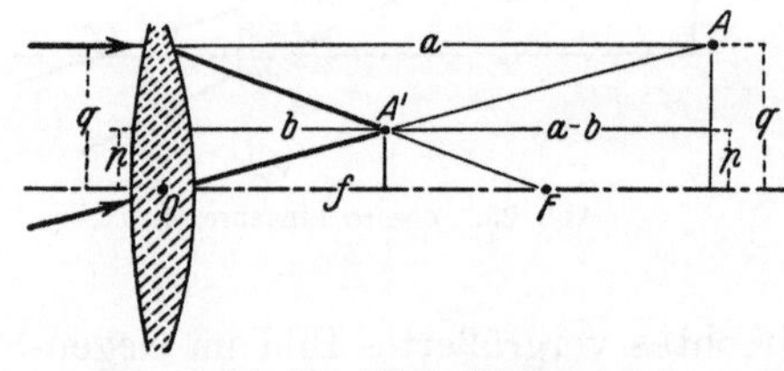

Abb. 25. Vierte Linsenregel.

$$f : b = q : (q - p),$$

$$a : (a - b) = q : (q - b),$$

$$f : b = a : (a - b). \qquad (15)$$

Die gleiche Beziehung ergibt sich aus der dioptrischen Hauptformel, wie folgt:

$$\frac{1}{\alpha} + \frac{1}{\beta} = \frac{1}{\varphi},$$

$$-\frac{1}{a} + \frac{1}{\beta} = \frac{1}{f},$$

$$\frac{1}{\beta} = \frac{1}{f} + \frac{1}{a},$$

$$\beta > 0, \quad \beta = +b,$$

$$\frac{1}{f} = \frac{1}{b} - \frac{1}{a} = \frac{a-b}{ab},$$

$$f : b = a : (a - b).$$

38. Fünfte Linsenregel: Zerstreuungslinse, reeller Gegenstand, $\varphi = -f$, $\alpha = +a$, $a > f$.

Die Konstruktion aus zwei Hauptstrahlen führt zu folgender Beziehung, welche aus der Abb. 26 unmittelbar abgelesen werden kann:

$$b : f = (a - b) : a. \qquad (16)$$

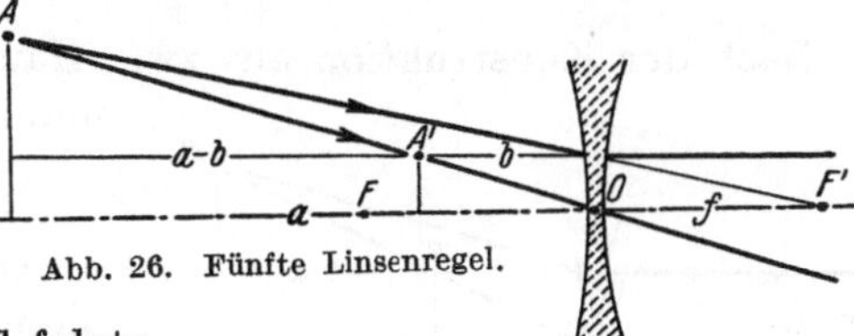

Abb. 26. Fünfte Linsenregel.

Aus der dioptrischen Hauptformel folgt:

$$\frac{1}{\alpha} + \frac{1}{\beta} = \frac{1}{\varphi},$$

$$\frac{1}{a} + \frac{1}{\beta} = -\frac{1}{f},$$

$$\frac{1}{\beta} = -\frac{1}{f} - \frac{1}{a} < 0, \quad \beta = -b,$$

$$\frac{1}{a} - \frac{1}{b} = -\frac{1}{f},$$

$$\frac{b-a}{a\,b} = -\frac{1}{f},$$

$$b : f = (a - b) : a.$$

Man erhält also ein virtuelles verkleinertes aufrechtes Bild zwischen F und Linse.

39. Sechste Linsenregel: Zerstreuungslinse, reeller Gegenstand, $\varphi = -f$, $\alpha = +a$, $a < f$.

Die Konstruktion aus zwei Hauptstrahlen gestattet, aus der Abb. 27 nachstehende Beziehungen abzulesen:

1 im ΔFOB:

$$f : b = q : (q - p),$$

2. im ΔAOC:

$$a : (a - b) = q : (q - p),$$

$$f : b = a : (a - b). \qquad (17)$$

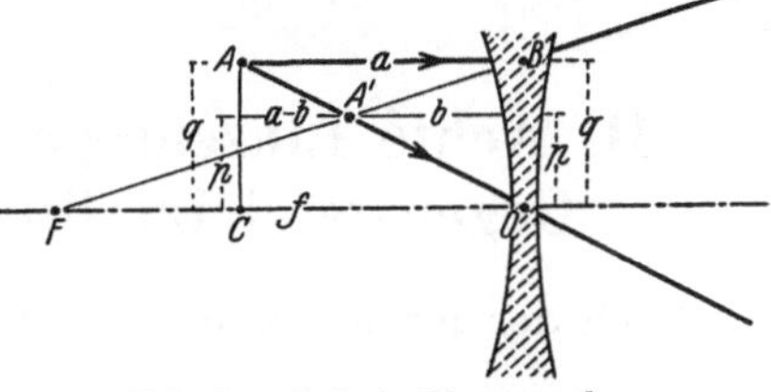

Abb. 27. Sechste Linsenregel.

Dieselbe Beziehung ergibt die dioptrische Hauptformel:

$$\frac{1}{\alpha} + \frac{1}{\beta} = \frac{1}{\varphi},$$

$$\frac{1}{a} + \frac{1}{\beta} = -\frac{1}{f},$$

$$\frac{1}{\beta} = -\frac{1}{f} - \frac{1}{a} < 0, \quad \beta = -b,$$

$$\frac{1}{a} - \frac{1}{b} = -\frac{1}{f},$$

$$\frac{b-a}{a\,b} = -\frac{1}{f},$$

$$f : b = a : (a - b).$$

Es ergibt sich also ein virtuelles verkleinertes aufrechtes Bild zwischen A und Linse.

40. Siebente Linsenregel: Zerstreuungslinse, virtueller Gegenstand im Bildraum, $\varphi = -f$, $\alpha = -a$, $a < f$.

Nach der Konstruktion aus zwei Hauptstrahlen liest man aus der Abb. 28 unmittelbar ab:

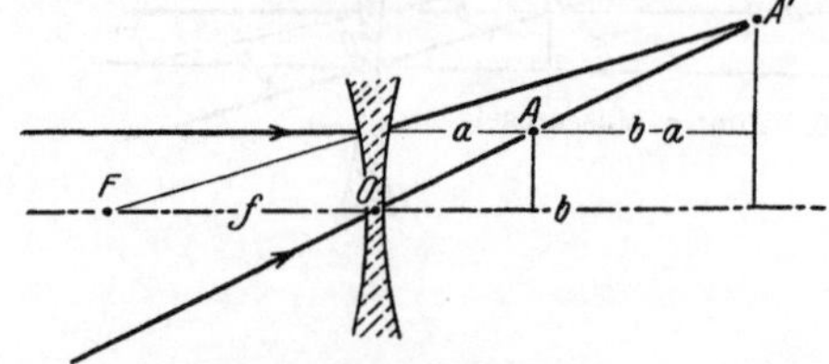

Abb. 28. Siebente Linsenregel.

$$(b - a) : a = b : f . \tag{18}$$

Dieselbe Gleichung ergibt sich aus der dioptrischen Hauptformel:

$$\frac{1}{\alpha} + \frac{1}{\beta} = \frac{1}{\varphi},$$

$$-\frac{1}{a} + \frac{1}{\beta} = -\frac{1}{f},$$

$$\frac{1}{\beta} = -\frac{1}{f} + \frac{1}{a} = \frac{f-a}{af} > 0, \quad \beta = +b,$$

$$-\frac{1}{a} + \frac{1}{b} = -\frac{1}{f},$$

$$\frac{a-b}{ab} = -\frac{1}{f},$$

$$(b - a) : a = b : f .$$

Es entsteht also von dem virtuellen Gegenstand ein reelles, aufrechtes vergrößertes Bild. Die Sachlage ist zu denken, wie am Schluß des Abschn. 36 angegeben.

41. Achte Linsenregel: Zerstreuungslinse, virtueller Gegenstand im Bildraum, $\varphi = -f$, $\alpha = -a$, $a > f$.

Nach der Konstruktion aus zwei Hauptstrahlen liest man aus der Abb. 29 unmittelbar ab:

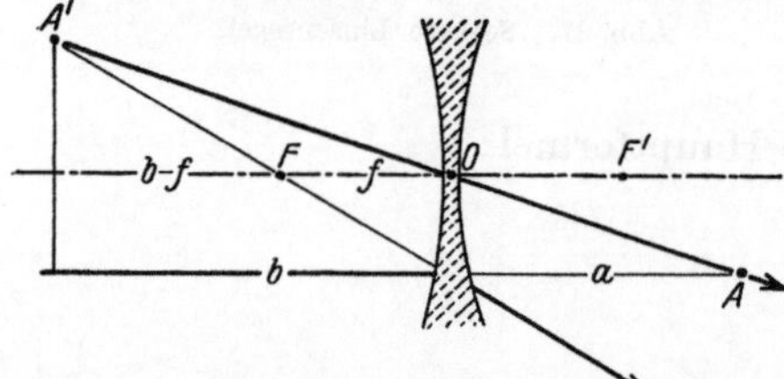

Abb. 29. Achte Linsenregel.

$$f : a = (b - f) : b . \tag{19}$$

Dieselbe Beziehung liefert die dioptrische Hauptformel:

$$\frac{1}{\alpha} + \frac{1}{\beta} = \frac{1}{\varphi},$$

$$-\frac{1}{a} + \frac{1}{\beta} = -\frac{1}{f},$$

$$\frac{1}{\beta} = \frac{1}{a} - \frac{1}{f} = \frac{f-a}{af} < 0, \quad \beta = -b,$$

$$-\frac{1}{a} - \frac{1}{b} = -\frac{1}{f},$$

$$\frac{1}{a} = \frac{b-f}{bf},$$

$$f : a = (b - f) : b .$$

42. Neunte Linsenregel: Zerstreuungslinse, virtueller Gegenstand im Bildraum; $\varphi = -f$, $\alpha = -a$, $a = f$.

Die Konstruktion aus zwei Hauptstrahlen gestattet, unmittelbar aus der Abb. 30 abzulesen, daß

$$\beta = \pm b = \pm \infty$$

ist. Dies ergibt sich auch aus der dioptrischen Hauptformel:

$$\frac{1}{\alpha} + \frac{1}{\beta} = \frac{1}{\varphi},$$

$$-\frac{1}{a} + \frac{1}{\beta} = -\frac{1}{f},$$

$$\frac{1}{\beta} = 0,$$

$$\beta = \pm \infty.$$

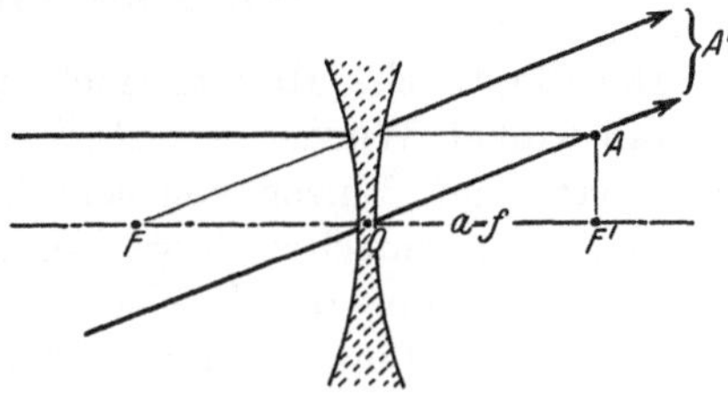

Abb. 30. Neunte Linsenregel.

43. Historische Notizen über die Lichtbrechung.

Die Strahlenbrechung innerhalb der Atmosphäre war den Gelehrten des klassischen Altertums 150—200 n. Chr. bekannt. Denn um diese Zeit erklärte Kleomedes den Umstand, daß bei einer totalen Mondfinsternis Sonne und Mond gleichzeitig am Himmel gesehen werden können, durch die Brechung der Lichtstrahlen innerhalb der Atmosphäre. Auch die starke Brechung, welche Lichtstrahlen erleiden, wenn sie aus Luft in Wasser eintreten, war Kleomedes bekannt. Noch heute wird der darauf Bezug habende „Versuch des Kleomedes" unseren Gymnasiasten in der Physikstunde vorgeführt, ein Versuch, den Kleomedes wahrscheinlich von Posidonius übernommen hatte, der ihn seinerseits aus den Schriften des Archimedes († 212 v. Chr.) kannte. Seneca († 65 n. Chr.) kannte den Umstand, daß kleine Buchstaben, durch eine mit Wasser gefüllte kugelige Glasflasche gesehen, größer erscheinen. Der alexandrinische Gelehrte Ptolemäus (ca. 150 n. Chr.) berechnete die Lichtbrechung verschiedener Medien und gab in seiner „Optik", die im Mittelalter sehr verbreitet war, Tabellen über seine Messungsergebnisse. Eine Gesetzmäßigkeit fand er nicht. Der arabische Gelehrte Ibn al Haitam († 1038) bemerkt dann, daß das Licht beim Übergang in ein dichteres Medium zum Einfallslot gebrochen wird. Roger Bacon (1214—1294) hebt hervor, daß die Vergrößerung durch ein kugeliges Medium alten Leuten das Lesen erleichtern könne. Wir treffen bei ihm zum erstenmal auf den Begriff des „Brennpunkts". Wenn die Sonnenstrahlen durch eine mit Wasser gefüllte Glasflasche hindurchgehen, so vereinigen sie sich hinter der Flasche in einem Punkte, den Roger Bacon als Brennpunkt bezeichnet. Auch den Regenbogen erklärt Bacon bereits richtig als Brechung des Sonnenlichts in den Regentropfen. Die Beziehung aber zwischen Einfallswinkel und Brechungswinkel ist Bacon noch entgangen. Kepler teilt in seiner Dioptrik 1611[1] das von ihm gefundene Gesetz mit, daß bis zu 30° Einfallswinkel die Brechungswinkel sich zueinander verhalten wie die Einfallswinkel, d. h. mit anderen Worten, daß das Verhältnis „Einfallswinkel dividiert durch Brechungswinkel" konstant sei, aber nur für Bergkristall

[1] Deutsche Ausg. v. 1904, S. 10.

und, wie gesagt, nur für Winkel bis zu 30°. Die letztere Einschränkung würde für die Fernrohrtheorie unwesentlich sein, da ja die Fernrohrtheorie nur sehr kleine Einfallswinkel in Betracht zieht. Erst Snellius (1581—1626) fand die Beziehung, daß $\sin\alpha : \sin\beta = n$ sei. 36 Jahre nach Snellius' Tode wurde das von ihm gefundene Gesetz veröffentlicht.

44. Planasie und Aplanasie.

Die dioptrische Hauptformel gilt nur für Lichtstrahlen von sehr kleinem Einfallswinkel. Würden wir aber, um hierauf Rücksicht zu nehmen, in unseren Fernrohren nur Linsen von sehr kleinem Durchmesser verwenden, so würden die Bilder zu lichtschwach werden. Man wählt daher etwas größere Linsendurchmesser und nimmt den Übelstand in Kauf, daß sich nun allerdings nicht sämtliche durch die Linse hindurchgehenden Strahlen scharf in einem Punkte wieder zusammenfinden. Sondern die Schnittpunkte für eine Lichtart verteilen sich auf eine Fläche. Diesen Übelstand nennt man die Planasie der Linse. Sie wird ein Minimum, wenn die beiden Radien des Linsenschliffs und der Brechungsquotient miteinander in folgender Beziehung stehen.

$$r : r' = (4 + n - 2n^2) : (2n^2 + n)\,. \tag{20}$$

Nun ist zufällig in der quadratischen Gleichung

$$4 + n - 2n^2 = 0 \tag{21}$$

die eine der Wurzeln $n = 1{,}69$, d. i. der Brechungsquotient für Schwerflintglas und ziemlich angenähert überhaupt der Brechungsquotient der zur Verwendung kommenden Glassorten. Hieraus ergibt sich, daß das Minimum der Planasie, die sogenannte Aplanasie erreicht wird, wenn angenähert

$$r' = \infty$$

gewählt wird. Daher wählt man zu unseren Fernrohren mit Vorliebe Linsen, deren eine Fläche plan geschliffen ist. Genügt eine Linse in aller Strenge der Gleichung (21), so nennt man sie „Linse von der besten Form“.

Die Beseitigung der Planasie findet sich zuerst bei Newton.

45. Chromasie.

Das Sonnenlicht, das die Gegenstände bestrahlt und, von diesen zurückgeworfen, in unsere Fernrohre gelangt, ist zusammengesetzt aus verschiedenen Lichtsorten, die den Farben des Spektrums entsprechen. Das ist eine Entdeckung Newtons. Newton entdeckte auch, daß die verschiedenen Lichtarten verschiedene Brechungsquotienten haben. Am stärksten gebrochen werden die violetten Strahlen, weniger die roten Strahlen. Wenn also Licht in eine Linse eindringt, so wird das Licht zerlegt und verschieden gebrochen. Nach dem Durchgang durch die Linse kommen zuerst die violetten Strahlen wieder zusammen, zuletzt die roten. Das Bild eines leuchtenden Punktes, aufgefangen auf einer Ebene senkrecht zur optischen Achse der Linse, wird daher bestehen müssen in einer Reihe kleiner konzentrischer bunter Kreise in der Farbenfolge des Spektrums. Diese unbequeme Eigenschaft der optischen Linsen nennt man Chromasie.

46. Achromasie.

Newton untersuchte vor 1704 die verschiedene Lichtbrechung in verschiedenen Medien. Aus einem Brief Newtons geht hervor, daß er auf Grund seiner Versuche an die Möglichkeit der Herstellung achromatischer Linsen gedacht hat. 1733 gelang Ch. M. Hall die Herstellung, doch machte er seinen Erfolg nicht öffentlich bekannt. 1757 wiederholte dann Dollond den Newtonschen Versuch und wurde dadurch ebenfalls zur Herstellung achromatischer Linsen geführt. Er trat damit als erster an die Öffentlichkeit, und man nennt ihn daher den Entdecker der achromatischen Linsen[1], d. h. also solcher Linsen, bei welchen die Farbenzerstreuung möglichst gering ist. Ganz beseitigen kann man sie nicht. Das erste achromatische Objektiv von Dollond ist vom Jahre 1757. Siegmund Czapski gelang es, für zwei Linsen die Bedingung der Achromasie allgemein zu formulieren, wie folgt:

Für irgendeine Glassorte sei n_a der Brechungsquotient für eine Farbe, n_b der Brechungsquotient für eine andere Farbe, und es sei

$$n_a - n_b = \Delta n .$$

Ferner sei n der Brechungsquotient für eine mittlere Farbe, z. B. gelb. Dann wird der Ausdruck

$$\nu = \frac{n-1}{\Delta n} \tag{22}$$

die Abbesche Zahl genannt. Es seien nun für zwei Linsen die Abbeschen Zahlen ν_1, ν_2; die Brennweiten f_1, f_2; die Entfernung der optischen Mittelpunkte voneinander sei e. Dann lautet die Bedingung für Achromasie nach Czapski:

$$e = \frac{\nu_1 f_1 + \nu_2 f_2}{\nu_1 + \nu_2} . \tag{23}$$

Sind beide Linsen von der gleichen Glassorte, so ist $\nu_1 = \nu_2$, und man hat als Bedingung für achromatische Wirkung:

$$e = \frac{f_1 + f_2}{2} . \tag{24}$$

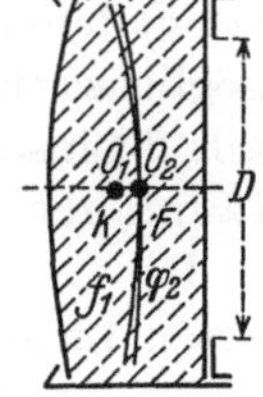

Abb. 31. Fernrohrobjektiv.

Mit Rücksicht auf die Chromasie setzt man das Objektiv und auch das Okular jedes für sich aus 2 Linsen zusammen. Beim Objektiv verwendet man verschiedenes Material, die vordere Linse Kronglas, die hintere Flintglas; beim Okular werden 2 Kronglaslinsen verwandt. Das ungefähre Schema eines Objektivs ist in Abb. 31 dargestellt. In dem Zwischenraum zwischen beiden Linsen befindet sich in der Regel Kanadabalsam zur Verringerung des Reflexionsverlustes.

IV. Theorie des Fernrohrs mit Okulartrieb (47—58).

47. Erfindung des Fernrohrs.

Wenn optische Linsen eine solche Stellung zueinander haben, daß ihre optischen Achsen ein und dieselbe Grade bilden, so sagt man: die Linsen sind zentriert. Um die Mitte des 16. Jahrhunderts entdeckte Fracastorius, daß man alles vergrößert und genähert sieht, wenn man durch zwei richtig gegeneinander gestellte Linsen blickt. Fracastorius hatte die beiden Linsen offenbar

[1] Boegehold: S. 7 u. 14.

zentriert und in eine solche Entfernung voneinander gebracht, daß die eine als Objektiv, die andere als Okular wirkte. Damit hat Fracastorius die wesentlichste Einrichtung des viel später erfundenen Fernrohrs entdeckt.

1590 lebten in Middelburg in Holland die Optiker und Brillenmacher Zacharias und Johann Jansen, Vater und Sohn. In dem genannten Jahre zeigten sie dem Prinzen Moritz von Nassau ein von ihnen gebautes Fernrohr, das eine Konvexlinse als Objektiv, eine Konkavlinse als Okular hatte. Der Prinz bat im militärischen Interesse um Geheimhaltung. Hieran hielten sich die Jansens. Aber in ihrem Geschäft war der Glasschleifer Lipperhey tätig, der sich später selbständig machte und 1609 Fernrohre in den Handel brachte. Hiervon erfuhr 1610 Galilei. Er baute sogleich ebenfalls ein derartiges Fernrohr. Damit reiste er sofort nach Venedig und schenkte es dem Dogen. Das hatte für Galilei die angenehme Folge, daß ihm sein Gehalt verdreifacht wurde.

Das Fernrohr mit Sammellinse als Objektiv, Zerstreuungslinse als Okular wird mit Bezug auf diese Vorgänge heutzutage holländisches oder Galileisches Fernrohr genannt. Es ist in der Markscheidekunde nicht üblich geworden.

Der Astronom Kepler gab ein Fernrohr an, das als Objektiv eine Sammellinse und als Okular ebenfalls eine Sammellinse hatte. Diese Art Fernrohr nennt man Keplersches Fernrohr.

Das holländische und auch das Keplersche Fernrohr hatten noch kein Fadenkreuz. Der erste, der in das Fernrohr eine Art Fadenkreuz hineinbrachte, war 1630 der Bildhauer und Ingenieur in Diensten des Großherzogs von Toscana, Francesco Generini[1]. Das Material für die Fadenkreuze hat im Laufe der Zeiten gewechselt zwischen Haaren, Metallfäden, Spinnfäden und Strichen, auf dünne Glasplättchen eingeritzt oder aufphotographiert. Ein Fadenkreuz aus Metallfäden war noch 1867 bei einem Nivellierinstrument angebracht[2]. Auch neuerdings werden zuweilen wieder Metallfäden von etwa 0,1 – 0,4 mm Dicke verwendet[3].

Zu der wesentlichsten Vervollkommnung des Keplerschen Fernrohrs durch das Fadenkreuz trat im 18. Jahrhundert noch, um die Chromasie und Planasie möglichst zu beseitigen, die Verwendung von 2 Linsen für das Objektiv und ebenfalls 2 Linsen für das Okular. Das so ausgerüstete Fernrohr wollen wir als geodätisches Fernrohr bezeichnen.

Der Grundgedanke des Fernrohrs ist der, daß das Objektiv, entsprechend der ersten Linsenregel (Abschn. 29), ein verkleinertes umgekehrtes reelles Bild des angezielten Gegenstandes entwirft. Das Okular besteht aus Fadenkreuz und Lupe und wird so benutzt, daß Fadenkreuzebene und Ebene des Bildchens zum Zusammenfallen gebracht werden. Bildchen und Fadenkreuz zusammen werden dann mittels der Lupe betrachtet (zweite Linsenregel Abschn. 35).

48. Handhabung des Fernrohrs mit Okulartrieb.

Heutzutage hat man in der Markscheidekunde bereits zweierlei Arten geodätischer Fernrohre: das ältere „Fernrohr mit Okulartrieb", bei welchem das Okular mit Hilfe einer Triebvorrichtung gegen das Objektiv verschoben werden kann, und eine neuere Konstruktion, welche der Schweizer Ingenieur Wild 1909, damals in Diensten des Zeißwerkes in Jena stehend, jetzt Chef der Mecha-

[1] Repsold: S. 41. [2] Hagen: S. 158. [3] Nötzli: S. 47.

nikerfirma H. *Wild* in Heerbrugg in der Schweiz, erfunden hat: „das Fernrohr von konstanter Länge mit verschiebbarer negativer Zwischenlinse". Über letztere Art Fernrohr wird in den Abschn. 62 und 63 gesprochen werden. Hier sei nur die Handhabung der älteren Fernrohrart besprochen.

Man richtet zunächst das Fernrohr gegen den freien Himmel oder sonst eine helle Fläche und verschiebt die Okularlupe gegen das Fadenkreuz so lange, bis das Fadenkreuz recht deutlich erscheint. Dann hat man unbewußt erreicht, daß das Fadenkreuz zwischen die Okularlupe und deren Brennebene gelangt ist, und zwar ziemlich dicht an die Brennebene heran. Die Okularlupe erzeugt dann ein virtuelles Bild des Fadenkreuzes in der günstigsten Sehweite des Beobachters oder etwas weiter von ihm ab. Hierauf wird das Fernrohr auf den Gegenstand gerichtet, der angezielt werden soll, und mit Hilfe des Okulartriebs werden jetzt Fadenkreuz und Okularlupe zusammen so weit verschoben, bis das vom Objektiv entworfene Bildchen des Gegenstandes deutlich sichtbar wird. Dann ist das reelle Bildchen des Zieles in die Nähe der Fadenkreuzebene gelangt, und die Okularlupe entwirft von dem reellen Bildchen des Zieles ebenfalls ein virtuelles vergrößertes Bild in der günstigsten Sehweite oder etwas weiter ab. Es *kann* demnach jetzt der Zustand erreicht sein, daß das virtuelle Bild des Fadenkreuzes und das virtuelle Bild des Zieles in ein und derselben Ebene liegen. Es kann aber auch sein, daß zwischen beiden virtuellen Bildern etwas Abstand liegt. Dieser Abstand wird *Parallaxe* genannt. Genaue Messung erfordert, daß die Parallaxe zum Verschwinden gebracht wird.

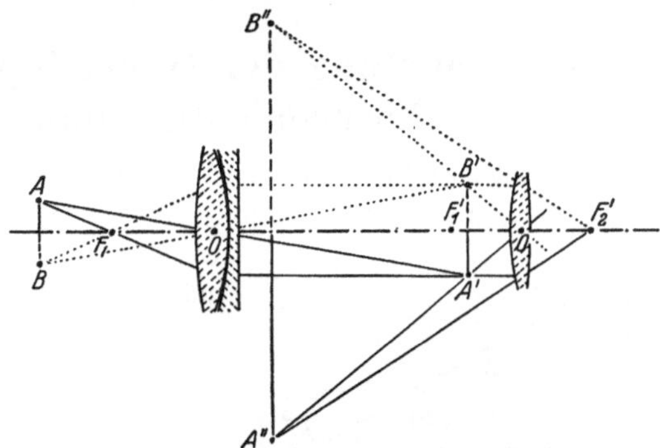

Abb. 32. Strahlengang im Keplerschen Fernrohr.

Man erkennt ihr Vorhandensein, wenn man das Auge hinter dem Okular etwas von oben nach unten oder etwas seitwärts bewegt. Verschieben sich dabei das Bild des Fadenkreuzes und das Bild des angezielten Gegenstandes gegeneinander, so ist Parallaxe vorhanden. Bleiben beide Bilder bei der Bewegung des Auges in unveränderter Stellung zueinander, so ist offenbar keine Parallaxe vorhanden. Man beseitigt etwa vorhandene Parallaxe, indem man mittels der Okulartriebschraube den Okulartrieb versuchsweise etwas verschiebt, einwärts oder nach auswärts, bis Fadenkreuz und Gegenstand sich nicht mehr gegeneinander bewegen.

In der Regel wird nunmehr das Bild des Gegenstandes klar erscheinen. Es kann aber auch sein, daß das Bild etwas verschwommen erscheint. In diesem Falle wird es zuweilen vorkommen, daß das Fadenkreuz für Augenblicke verschwindet und gleich darauf wieder sichtbar wird, um sofort abermals zu verschwinden. Dann war der Abstand zwischen Okularlupe und Fadenkreuz noch nicht der beste. Es muß daher in diesem Falle bei feststehendem Okulartrieb die Okularlupe noch einmal etwas verschoben werden, bis beide Bilder ganz klar erscheinen.

Die Okularlupe wird in einem kurzen röhrenförmigen Ansatz des Okulartriebes verschoben, und dieser röhrenförmige Ansatz muß natürlich, wie alle „Arbeitsflächen" eines Instruments, also Flächen, längs deren zwei Werkstücke sich gegeneinander bewegen, etwas eingeölt sein. Der röhrenförmige Ansatz bildet, wie man sagt, die Führung der Okularlupe. Einer weiteren Führung der Lupe bedarf es nicht. Das Aus- und Einschieben der Lupe erleichtert man sich unwillkürlich dadurch, daß man die Lupe dabei etwas dreht.

Aber vor etwa 2 Jahrzehnten haben einige Mechanikerfirmen trotzdem noch eine weitere Führung angebracht in der Weise, daß der röhrenförmige Ansatz einen schrägen Schlitz erhält, aus welchem ein in der Lupe befestigtes Schräubchen herausragt. Ein sachlicher Grund für diese Neuerung ist nicht erkennbar. Will man die Lupe in richtigen Abstand zum Fadenkreuz bringen, so wirkt das überflüssige Schräubchen oftmals auch noch behindernd. Am besten entfernt man es und wirft es weg.

Abb. 32 veranschaulicht den Strahlengang im alten Keplerschen Fernrohr und gleichzeitig auch im neueren „geodätischen Fernrohr mit Okulartrieb“. Beim Betrachten der Abbildung muß man sich aber bewußt sein, daß sie sehr stark verzerrt gezeichnet ist, um schematisch das Wesentlichste zur Darstellung bringen zu können.

49. Behandlung der Okularlupe durch Weitsichtige, Normalsichtige und Kurzsichtige.

Die günstigste Sehweite (w) Weitsichtiger, Normalsichtiger und Kurzsichtiger nimmt man zu 50, 25, 10 cm an. Das Okular wirkt nun als Lupe (Abb. 33). In leicht verständlicher Bezeichnungsweise hat man:

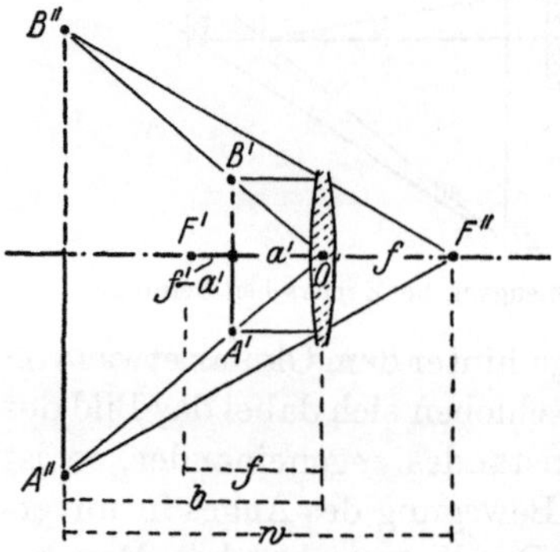

$$\frac{1}{\alpha} + \frac{1}{\beta} = \frac{1}{\varphi},$$

$$\frac{1}{a'} - \frac{1}{b'} = \frac{1}{f'},$$

$$\frac{f' - a'}{a' f'} = \frac{1}{b'},$$

$$f' - a' = \frac{a' f'}{b'}. \tag{25}$$

Abb. 33. Okularlupe.

Wir können hier für die gebräuchlichen Okulare näherungsweise f' und auch a' gleich 1 setzen; auch können wir das Auge um rund 1 cm hinter dem Okular annehmen. Dann hat man:

$$f' - a' = \frac{1}{w - 1} \text{ (in cm)}.$$

$$w = 50\,\text{cm gibt: } f' - a' = 0{,}2\,\text{mm},$$

$$w = 25\,\text{cm gibt: } f' - a' = 0{,}4\,\text{mm},$$

$$w = 10\,\text{cm gibt: } f' - a' = 1{,}1\,\text{mm}.$$

Wenn also ein Weitsichtiger sich nach Abschn. 48 das Fadenkreuz deutlich sichtbar gemacht hat, so hat er unbewußt die Okularlupe so weit herausgezogen, daß F' bis auf 0,2 mm an das reelle Bildchen des Zieles herangekommen ist. Will nach ihm ein Kurzsichtiger durch das Fernrohr sehen, so dreht er die Okularlupe um 0,9 mm in das Fernrohr hinein, bis der Abstand zwischen F' und Bildchen 1,1 mm geworden ist.

50. Bestimmung der Brennweite einer Sammellinse.

Erste Methode. Ein Gegenstand in der Entfernung a erzeuge ein reelles Bild in der Entfernung b. Es werde a und b gemessen. Dann erhält man f aus der Gleichung:

$$\frac{1}{a} + \frac{1}{b} = \frac{1}{f},$$

aus der sich leicht die für die Zahlenrechnung mit dem Rechenschieber bequemere Form ableiten läßt:

$$f = b\left(1 - \frac{b}{a} + \frac{b^2}{a^2} - + \cdots\right). \tag{26}$$

Hat man Gelegenheit, einen sehr fernen Gegenstand als Ziel zu wählen, so daß praktisch

$$a = \infty$$

gesetzt werden kann, so hat man einfach:

$$f = b.$$

Bei der später zu besprechenden Tachymetrie wünscht man, daß die Objektivbrennweite genau das Hundertfache sei vom Abstand der beiden Distanzfäden. Sollen die Instrumentfehler eine zu messende Entfernung von 300 m möglichst um nicht mehr als etwa 50 cm verfälschen, so muß eine Objektivbrennweite von rund 300 mm bis auf 0,5 mm genau bestimmt worden sein. Es läßt sich leicht ausrechnen, wenn beim Bestimmen der Brennweite aus der Formel (26) a gleich 200 m oder mehr gewählt und näherungsweise gleich unendlich gesetzt wird, daß dann bei Berechnung der Brennweite ein Fehler von weniger als 0,5 mm begangen wird, wenn man näherungsweise $b = f$ setzt.

Zweite Methode: Nach der ersten Methode hat man für eine endliche oder für unendliche Entfernung des Gegenstandes die Bildweite b zu messen. Bei dieser Messung ist es leicht, die Lage der Fadenkreuzebene im Fernrohr bis auf etwa 0,2 mm genau festzulegen. Bis dahin reicht die Bildweite. Auf der anderen Seite reicht sie aber bis zum optischen Mittelpunkt des Objektivs, und das Objektiv ist einige mm dick. Die Lage des optischen Mittelpunktes im Objektiv pflegt nicht näher bekannt zu sein, so daß die Länge von b infolgedessen nicht ohne weiteres genau genug gemessen werden kann. Diesem Übelstand hilft man auf folgende Weise ab:

In einiger Entfernung (a) von der Linse befestigt man in der Nähe ihrer optischen Achse eine hellfarbige Karte AB etwa von der Größe einer Postkarte so, daß die Ebene der Karte senkrecht steht zur optischen Achse der Linse. Die Länge der Karte sei L. Auf der anderen Seite der Linse fängt man auf einem Schirm das Bildchen $A'B'$ der Karte auf. Dessen Länge sei l. Dann folgt aus der Abb. 34 unmittelbar:

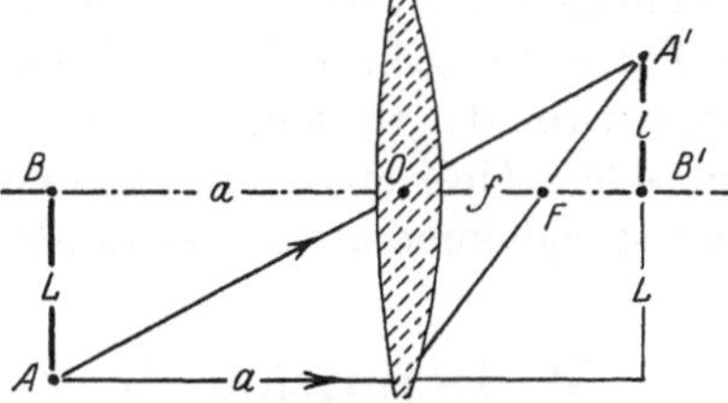

Abb. 34. Bestimmung der Brennweite durch Messung der Bildgröße.

$$f : a = l : (l + L),$$

$$f = a \cdot \frac{l}{L + l}. \tag{27}$$

Wenn man also wegen Unkenntnis der Lage des optischen Mittelpunktes der Linse a nicht genau hat messen können, so wird doch a mit einem Verkleinerungsfaktor multipliziert, und der Fehler wird also mitverkleinert.

Dritte Methode (Besselsche Methode): Der Astronom Bessel hat gelehrt, sich von der Unkenntnis der Lage des optischen Mittelpunkts ganz unabhängig zu machen. Man stellt (Abb. 35) zwei hellfarbene Karten A und A' einander gegenüber auf in der gegenseitigen Entfernung l, dazwischen die Linse. Auf der Karte A sei ein Kreuz gemalt. Jetzt wird die Linse so weit verschoben, bis auf A' das Bild des Kreuzes A erscheint. Die Entfernungen von der Linse seien jetzt a_1 und b_1. Nun verschiebt man die Linse um ein Stück e, bis das Kreuz A sich abermals auf der Karte A' scharf abbildet. Dann werden die beiden Entfernungen a_2 und b_2 sein, derart, daß:

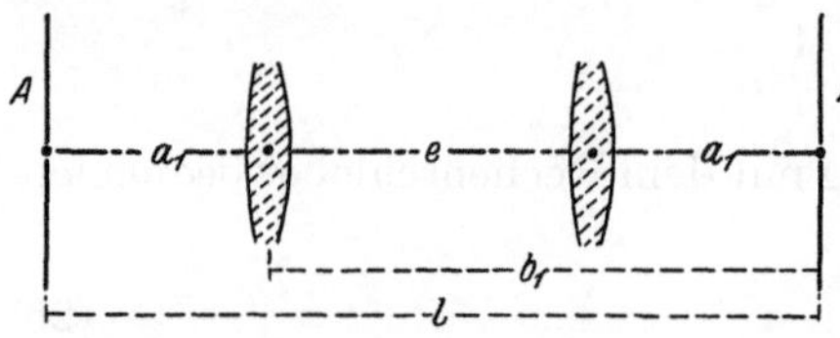

Abb. 35. Besselsche Brennweitenbestimmung.

$$a_2 = b_1\,,$$
$$b_2 = a_1$$

geworden ist. Man hat alsdann:

$$\frac{1}{a_1} + \frac{1}{l - a_1} = \frac{1}{f}\,,$$
$$2\,a_1 + e = l\,,$$
$$a_1 = \frac{1}{2}(l - e)\,,$$
$$\frac{2}{l - e} + \frac{1}{l - \frac{1}{2}(l - e)} = \frac{1}{f}\,,$$
$$f = \frac{l^2 - e^2}{4\,l}\,. \tag{28}$$

Die Brennweite des Objektivs soll im folgenden stets mit f, die des Okulars mit f' bezeichnet werden.

Die Größe der Konstanten φ, die wir für Sammellinsen und für Zerstreuungslinsen gleichermaßen die „Brennweite der Linse“ genannt haben, auch für eine Zerstreuungslinse zu bestimmen, ist theoretisch recht interessant. Man hat auch für die Zerstreuungslinse die Möglichkeit, sich bei der Messung von φ unabhängig zu machen von der Unkenntnis der Lage des optischen Mittelpunktes. Indessen liegt eine solche Messung heutzutage noch außerhalb des Bereiches der Interessen der Markscheidekunde. Sie soll daher hier nicht besprochen werden.

51. Definition der Vergrößerung des Fernrohrs.

Vor einem Fernrohr in einer Entfernung von etwa 3 bis 7 m befinde sich eine Zentimeterskala $A''' \; B\,A\,B'''$ (Abb. 36). Dann kann man mit einem Auge in das Fernrohr hineinblicken und eines der Zentimeterfelder $A\,B$ stark vergrößert betrachten. Mit dem anderen, freien Auge sieht man neben dem Fernrohr her nach der Skala hin. Das virtuelle stark vergrößerte Fernrohrbild $A''\,B''$ des einen Zentimeterfeldes erweist sich als durchsichtig, und man kann es leicht so einrichten, daß es die mit freiem Auge gesehene Reihe von klein erscheinenden Zentimeterfeldern überlagert. Nun kann man abzählen, wie viele kleine, mit freiem Auge gesehene Zentimeterfelder der eine durch das Fernrohr vergrößerte Zentimeter überdeckt. Die Anzahl sei v'. Dann wird v' zuweilen als „die Vergrößerung des Fernrohrs" bezeichnet.

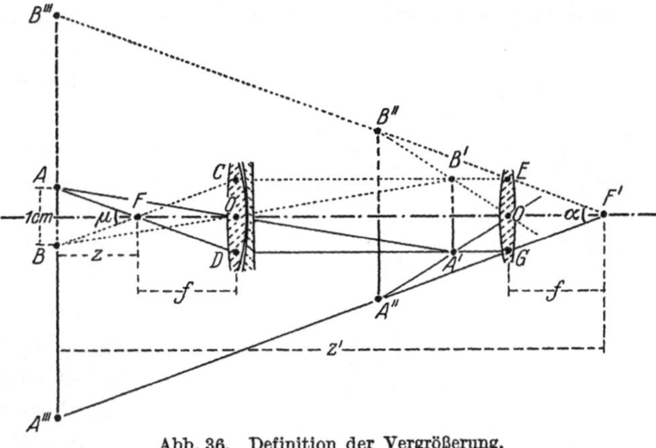

Abb. 36. Definition der Vergrößerung.

Diese Begriffsfestsetzung für die Vergrößerung und diese Art, die Vergrößerung zu bestimmen, kommt in Keplers Dioptrik 1611 als „Thema 124" vor. Bei dieser Definition ist die Vergrößerung bei verschiedenen Zielweiten verschieden. In der praktischen Geometrie definiert man die Vergrößerung so, daß sie eine Konstante (v) des Fernrohrs ist, die von der Zielweite unabhängig ist. Dies geschieht in Anlehnung an die Keplersche Methode auf folgende Weise:

Man denke sich das Auge unbewaffnet im vorderen Brennpunkt (F) des Objektivs. Das Zentimeterfeld erscheint hier dem Auge unter dem Gesichtswinkel μ (Abb. 36). Dagegen sieht das Auge bei F', in der Nähe des hinteren Brennpunktes des Okulars, durch das Fernrohr hindurch das Zentimeterfeld vergrößert unter dem Gesichtswinkel α. Dann definiert man die Vergrößerung v durch die Gleichung:

$$v = \alpha : \mu . \tag{29}$$

Es ist nun:

$$\mu = 1 : z \quad (z \text{ in cm}),$$
$$\alpha = A''' B''' : z' = v' : z',$$
$$v = \alpha : \mu = v' \cdot \frac{z}{z'} . \tag{30}$$

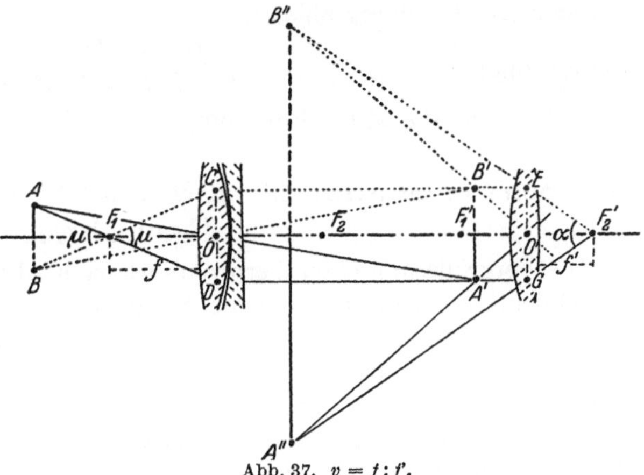

Abb. 37. $v = f : f'$.

Es erscheint hier also das Keplersche v' mit dem Verkleinerungsfaktor $\frac{z}{z'}$, und man sieht leicht, daß v der Grenzwert ist, den das veränderliche v' für die Zielweite ∞ erreicht.

52. Beweis, daß $v = f : f'$ ist.

Nach Abb. 37 ist $\mu = CD : f$, und es ist $CD = A'B' = GE$. Es ist aber $\alpha = EG : f'$. Mithin hat man:

$$v = \alpha : \mu = \frac{EG}{f'} : \frac{CD}{f} = f : f' . \tag{31}$$

53. Beweis, daß $v = D : d$ ist.

Ein Fernrohr werde auf einen unendlich fernen Gegenstand gerichtet. Dann entsteht in der hinteren Brennebene des Objektivs, bei F (Abb. 38) ein reelles Bild des Gegenstandes. Jetzt werde der Okulartrieb so weit verschoben, bis das Bild dem Auge deutlich erscheint. Dann befindet sich F zwischen dem Okular und dessen vorderem Brennpunkt F'', so daß nach Abschn. 49 F und F'' annähernd zusammenfallen. Bei dieser Stellung des Okulartriebes nennt man das Fernrohr „auf ∞ eingestellt". Ein auf ∞ eingestelltes Fernrohr werde nun auf eine nahe gelegene hell erleuchtete Fläche gerichtet, z. B. eine Lampenglocke. Dadurch wird dann das Objektiv ein lichtdurchfluteter selbstleuchtender Gegenstand. Der nutzbare, freie Durchmesser des Objektivs sei D. Das Okular entwirft dann hinter dem Fernrohr bei $A'B'$ ein reelles Bildchen des Objektivs, das man auf einem Schirm auffangen kann, und das man den „Ramsdenschen Kreis" oder nach Abbe die Austrittspupille des Fernrohrs nennt. Im Gegensatz dazu wird die Fläche des Objektivs, bis zum Durchmesser D gerechnet, die „Eintrittspupille des Fernrohrs" genannt. Der Durchmesser des Ramsdenschen Kreises sei d. Aus Abb. 38 kann man dann ohne weiteres die Beziehung ablesen:

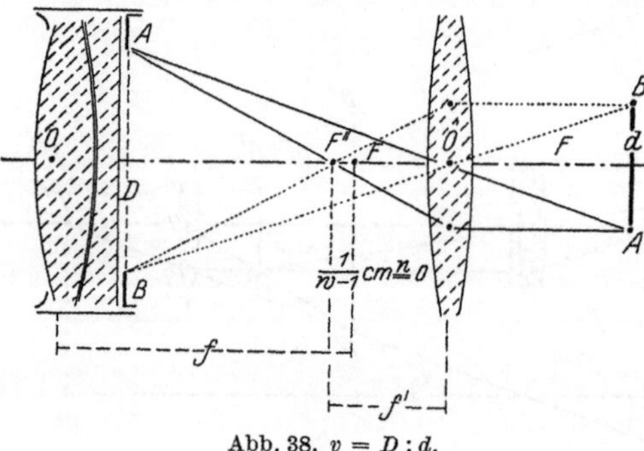

Abb. 38. $v = D : d$.

$$D : f = d : f',$$

woraus folgt:

$$v = f : f' = D : d. \tag{32}$$

Nach Helmholtz ist die Beziehung $v = D : d$ von Lagrange gefunden worden[1].

54. Schwarzschildsche Regel über die Vergrößerung eines Fernrohrs.

Die Vergrößerung eines Fernrohrs ist nach Abschn. 52 gleich der Brennweite des Objektivs dividiert durch die Brennweite des Okulars. Man könnte daraus folgern, daß man zu einem Objektiv von gegebener Brennweite f nur ein Okular von recht kleiner Brennweite f' zu wählen brauche, um jede beliebige gewünschte Vergrößerung des Fernrohrs zu erreichen. Allein dem ist nicht so.

Wenn wir durch ein Fernrohr blicken, und währenddem jemand, der neben dem Fernrohr steht, ohne daß wir es merken, etwa mit einem Bleistift einen Teil des Objektivs verdecken wollte, so würde das Fernrohrbild wohl eine leichte Lichtschwächung erleiden, aber doch von so geringem Ausmaß, daß wir kaum etwas gewahr werden würden. Die mit Bleistift zugedeckte Fläche des Objektivs sei G Quadratmillimeter groß. Wenn nun aber jemand statt des Bleistiftes etwa ein Stück Tüll vor das Objektiv halten wollte, dessen Längs- und Querfäden zusammen ebenfalls G Quadratmillimeter Objektivfläche verdecken, so würde jetzt ein vernünftiger Durchblick durch das Objektiv überhaupt nicht mehr möglich sein, sondern man würde nur eine ziemlich dunkle, trübe verschwommene Fläche sehen.

[1] Poggend. Ann. 1874, Jubelband S. 569.

Der Grund für das verschiedenartige Verhalten liegt in folgendem: die Lichtstrahlen, welche durch das Objektiv hindurchgehen, sind teils Vollstrahlen, teils Randstrahlen. Die Vollstrahlen werden gemäß der dioptrischen Hauptformel gesetzmäßig gebrochen und hinter der Linse in einem Punkte wieder vereinigt. Die Randstrahlen werden durch Beugung abgelenkt und verundeutlichen also das von den Vollstrahlen geschaffene Bild. Es ist mithin günstig, wenn das Verhältnis „Menge der Vollstrahlen dividiert durch Menge der Randstrahlen" recht groß ist. Wenn V die Menge der Vollstrahlen ist, R die Menge der Randstrahlen und r den Halbmesser der Linse bedeutet, so hat man offenbar:

$$V = k \cdot r^2 \pi ,$$
$$R = k' \cdot 2 r \pi ,$$

wo k, k' Konstante sind, auf die es nicht weiter ankommt. Man hat daher

$$V : R = \frac{k}{2\,k'} \cdot r . \tag{33}$$

Hieraus folgt: Je größer r, desto deutlicher, klarer wird das Bild; je kleiner r, desto mehr wird das Bild durch die Randstrahlen verundeutlicht. Also muß man sehr kleine Linsen möglichst meiden, wenn man klare Bilder erzielen will.

Will man aber für das Okular eines Fernrohrs eine sehr kleine Brennweite haben, so erfordert die Gleichung:

$$\frac{1}{f} = (n - 1)\left\{\frac{1}{r} + \frac{1}{r'}\right\},$$

daß r und r' recht klein werden. Folglich wird die Linse sehr stark gekrümmt sein müssen, zunächst also ein großer Zentriwinkel entstehen. Wegen der Planasie muß man daher die Linsenoberfläche stark verkleinern, d. h. man würde, um eine kleine Okularbrennweite zu erhalten, eine sehr kleine Linse wählen müssen und mithin infolge zu starken Einflusses der Randstrahlen ein undeutliches verschwommenes Bild erhalten.

Zufällig ist es so, daß man, um klare Bilder zu erhalten, die Vergrößerung eines Fernrohrs nicht steigern darf über die Anzahl Millimeter hinaus, die der Objektivdurchmesser enthält [1].

Aber man hat allerdings auch noch einen anderen Grund, die Vergrößerung der in der praktischen Geometrie zur Verwendung gelangenden Fernrohre nicht über ungefähr 40 zu steigern, insofern bei noch stärker vergrößernden Fernrohren schon ganz geringe Zitterbewegungen der Luft die Fernrohrbilder bis zur Unkenntlichkeit verzerren [2].

Auch Stampfer warnte bereits vor zu starker Vergrößerung. In der von Herr 1877 besorgten 8. Auflage seiner „Anleitung zum Nivellieren" findet sich S. 22 die Bemerkung, daß man v höchstens gleich 0,4—0,8 f wählen soll, wo die Objektivbrennweite f in cm ausgedrückt gedacht ist. Diese Bemerkung hat auch Lorber für die 9. Auflage 1894 übernommen.

---

[1] Schwarzschild: S. 8.

[2] Vogler in Z. f. V. 1877, S. 3.

55. Gaußsche Kollimatoren.

Unter der Zielachse oder Ziellinie eines Fernrohrs versteht man die gerade Verbindungslinie zwischen dem Fadenkreuzpunkt (K) und dem optischen Mittelpunkt (O) des Objektivs. Es seien nun zwei Fernrohre mit den Zielachsen K_1O_1 und K_2O_2 auf unendlich eingestellt und dann gegeneinander gerichtet. Aus Abb. 39

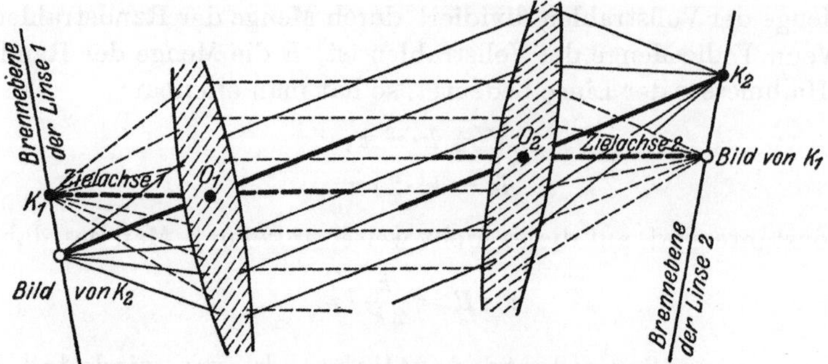

Abb. 39. Auf ∞ eingestellte und gegeneinander gerichtete Fernrohre.

ersieht man leicht, daß dann das Bild des Fadenkreuzes K_1 in der Fadenkreuzebene K_2 erscheint und umgekehrt das Bild von K_2 in der Fadenkreuzebene K_1. Man sieht also durch jedes der beiden Fernrohre stets beide Fadenkreuze. Wenn man nun eines der beiden Fernrohre ein wenig dreht derart, daß das Bild von K_1

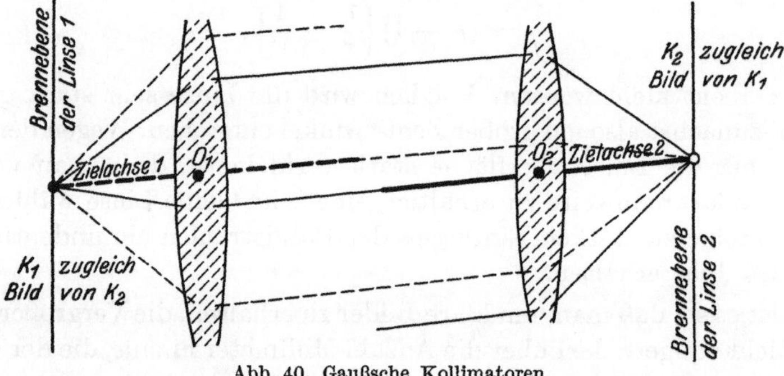

Abb. 40. Gaußsche Kollimatoren.

mit K_2 zusammenfällt, so fallen auch K_2' und K_1 zusammen. Die beiden Fadenkreuze „decken sich", wie man sagt, und aus Abb. 40 ist zu ersehen, daß dann die beiden Zielachsen K_1O_1 und K_2O_2 e i n a n d e r p a r a l l e l geworden sind. Man sagt dann: „die beiden Fernrohre sind miteinander kollimiert" oder „sie bilden ein Paar Kollimatoren". Eine für die Markscheidekunde besonders wichtige Anwendung der Kollimatoren s. unter Steilschachtmessung Abschn. 98.

56. Lichtdurchlässigkeitsfaktor k des Fernrohrs.

Auf eine planparallele Glasplatte von der Dicke D_0 treffe von links her die Lichtmenge J_e (Abb. 41). Beim Durchgang durch das Glas geht ein Teil von J_e durch Absorption verloren. Nur $\lambda \cdot J_e$ tritt aus. Auf die zweite planparallele Glasplatte von der gleichen Dicke trifft daher nur noch die Lichtmenge $\lambda \cdot J_e$ auf.

Es wird infolge der Absorption nur $\lambda^2 \cdot J_e$ austreten usw. Tritt die Lichtmenge J_e auf eine Glasschicht von der Dicke $D = m \cdot D_0$ auf, so wird die austretende Lichtmenge

$$J_a = \lambda^m \cdot J_e$$

sein. Es ist nun

$$m = \frac{D}{D_0}.$$

Also hat man

$$J_a = \lambda^{\frac{D}{D_0}} \cdot J_e = \left(\lambda^{\frac{1}{D_0}}\right)^D \cdot J_e. \tag{34}$$

Für $D_0 = 10$ cm kann man rund setzen

$$\lambda^{\frac{1}{D_0}} = 0{,}95.$$

Man muß dann in (34) D in „10 cm" nehmen.

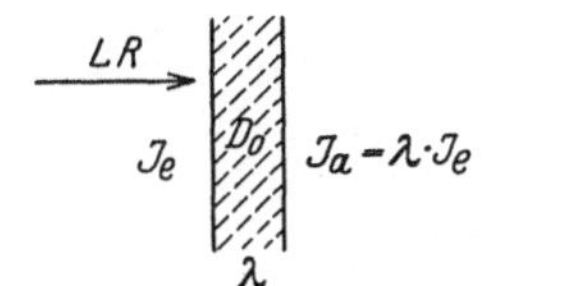

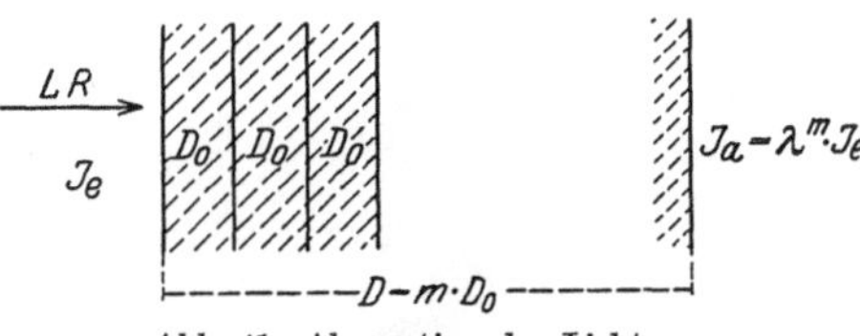

Abb. 41. Absorption des Lichtes.

Durch Reflexion gehen an jeder spiegelnden Fläche, also an der Vorderseite und auch an der Rückseite der Linsen eines Fernrohrs, je 5% des Lichtes verloren.

Nimmt man die Dicke des Objektivs der gewöhnlichen in der Markscheidekunde gebräuchlichen Fernrohre zu 4 mm an, die Dicke der beiden Okularlinsen zu je 1 mm, so ergibt sich also:

$$J_a = J_e \cdot (0{,}95 \cdot 0{,}95^{0{,}04} \cdot 0{,}95) \cdot (0{,}95 \cdot 0{,}95^{0{,}01} \cdot 0{,}95) \cdot (0{,}95 \cdot 0{,}95^{0{,}01} \cdot 0{,}95),$$

$$J_a = J_e \cdot 0{,}95^{6{,}06} = 0{,}73 \cdot J_e.$$

Man setzt auch

$$J_a = k \cdot J_e,$$

wo k bei neuen Instrumenten also annähernd 0,73 ist, und nennt k den Lichtdurchlässigkeitsfaktor des Fernrohrs. Bei älteren Fernrohren, deren Gläser nicht mehr von vollendeter Glätte sind, ist k kleiner.

57. Helligkeit und Lichtstärke des geodätischen Fernrohrs.

a) Der Bau des Auges.

Zum Verständnis der folgenden Erörterungen ist einige Kenntnis vom Bau des menschlichen Auges notwendig (Abb. 42).

Der Augapfel ist umgeben von der Sehnenhaut S, die vorne eine kreisförmige, durchsichtige, etwas nach außen gewölbte Stelle enthält, welche man die Hornhaut nennt (H). Nach innen zu folgt die Aderhaut, welche hinter der Hornhaut die Iris bildet, eine Blende, die in der Mitte eine kreisförmige Öffnung besitzt, das Sehloch oder die Pupille. Der Durchmesser der Pupille wechselt etwa zwischen 2 und 8 mm. Wo in den folgenden Betrachtungen der Durchmesser der Augenpupille gebraucht wird, soll er stets zu 2 mm angenommen werden. Zwischen Hornhaut und Iris liegt die mit dem Kammerwasser gefüllte vordere Augenkammer V. Von der Iris aus nach innen zu folgt die Kristallinse L, hinter der Kristallinse die hintere Augenkammer oder der Glaskörper G des Auges. Darauf folgt dann die Netzhaut, der sich nach hinten zu die Aderhaut anschließt. Die Netzhaut ist nur im hinteren Teil des Auges vorhanden.

Sehnenhaut und Aderhaut haben an einer Stelle (B), die man den blinden Fleck nennt, eine Öffnung, durch welche der vom Gehirn kommende Sehnerv in das Auge eintritt. Der Sehnerv verzweigt sich nach seinem Eintritt in das Auge. Seine Verzweigung bildet die Netzhaut.

Der arabische Gelehrte Ibn al Haitam, auch Alhazen genannt, erkannte bereits, daß die Netzhaut Träger der Lichtempfindlichkeit ist. Auch Kepler war sich hierüber klar.

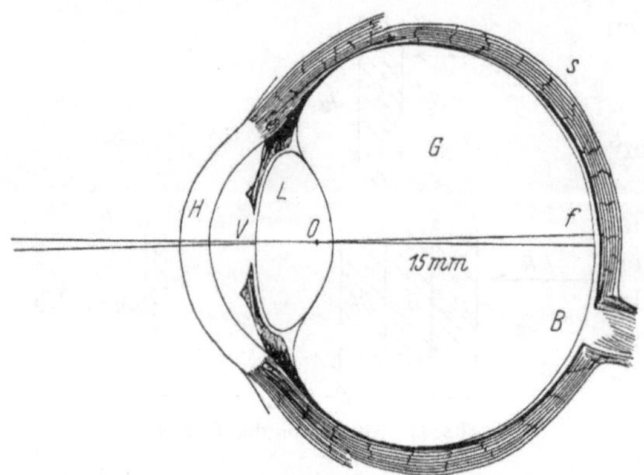

Abb. 42. Bau des menschlichen Auges nach Helmholtz: Phys. Opt. Bd. 1, S. 3.

Die Netzhaut enthält nun durcheinander verstreut eine große Menge Stäbchen und Zäpfchen, welche radial angeordnet sind. Setzt man

$$0{,}001\,\text{mm} = 1\,\mu\,,$$

so kann man den Querschnittdurchmesser eines Stäbchens etwa zu $2\,\mu$ annehmen, den entsprechenden Durchmesser der Zäpfchen zu $4\,\mu$. Die Zäpfchen bilden den Sehapparat bei Tageslicht, die Stäbchen vermitteln dem Gehirn die Wirkungen der ganz geringen Lichtmengen, welche in der Dämmerung und in der Nacht auftreten. Farbenempfindlich sind nur die Zäpfchen.

Ungefähr in der Mitte der Netzhaut bei f liegt der „gelbe Fleck" in einer Breite von etwa 1,4 bis 2,0 mm. In ihm sind überwiegend Zäpfchen angeordnet. Nach dem Rande der Netzhaut hin nehmen die Stäbchen zu. In der Mitte des gelben Flecks befindet sich die Netzhautgrube oder Fovea.

Den auf diese Weise gebauten Augapfel kann man als eine optische Linse ansehen. Deren optischer Mittelpunkt O liegt in der Kristallinse, etwa 15 mm entfernt von der Netzhaut. Beim Sehen bei Tageslicht richtet man unbewußt das Auge so auf den angesehenen Punkt, daß dieser Punkt und der optische Mittelpunkt des Auges sowie die Fovea eine gerade Linie bilden.

b) Die Gesichtseinheit.

Wir denken uns einen Doppelkegel, dessen Spitze im optischen Mittelpunkt des Auges liegt und dessen Mantelfläche ein Zäpfchen der Netzhaut umschließt. Einen solchen Doppelkegel nennen wir eine Gesichtseinheit. Der Öffnungswinkel γ der Gesichtseinheit ist dann

$$\gamma = \frac{4\,\mu}{15\,\text{mm}} \overset{n}{=} 1'\,.$$

Die beiden Teile des Doppelkegels seien als äußerer und innerer Kegel unterschieden. Als innerer Kegel ist der im Innern des Auges liegende Teil bezeichnet. Wenn dann innerhalb des äußeren Kegels zwei Punkte A und B nebeneinander liegen, so entstehen auf der Netzhaut ihre Bilder A' und B' auf demselben Zäpfchen. In diesem Falle werden sie vom Gehirn nicht als zwei Punkte empfunden, sondern nur als einer. Erst wenn der Abstand zwischen A und B sich so erweitert, daß ihre Bilder A' und B' auf zwei verschiedene Zäpfchen der Netzhaut fallen, können sie vom Gehirn als zwei verschiedene Punkte empfunden werden. Wenn daher der Winkel, unter welchem 2 Punkte $A\,B$ gesehen werden, etwas größer ist als 1′, so hat man volle Sicherheit, daß ihre Bilder auf zwei verschiedene Netzhautzäpfchen fallen, die Punkte mithin als zwei verschiedene Punkte wahrgenommen werden können. Aber beim Sehen ist das menschliche Auge etwas in Bewegung, so daß bei einem Gesichtswinkel von nur 30″ die beiden Punkte die halbe Zeit des Sehens hindurch ihre Bilder auf einem und demselben Netzhautzäpfchen entstehen lassen, während der andern Hälfte der Zeit auf 2 verschiedenen Zäpfchen. Bei 40″ Gesichtswinkel bilden sich die beiden Punkte schon wesentlich länger auf 2 Zäpfchen ab als auf einem, und man kann daher mit der Möglichkeit rechnen, daß scharfsichtige Leute auch schon bei einem Gesichtswinkel von 40″ deutlich 2 verschiedene Ziele erkennen. Aber für die gewöhnliche Augenschärfe liegt die Grenze offenbar bei einem viel größeren Gesichtswinkel. Denn die mittlere Zielunsicherheit unserer Fernrohre m_z liegt etwa bei 40″ : v, wenn v die Ver größerung des Fernrohrs ist[1]. Für das freie Auge hat man daher etwa $m_z = \pm 40$ D. h. 95% der Fehler beim Zielen liegen zwischen $\pm$ 80″. Also hat man erst bei 160″ Gesichtswinkel volle Sicherheit, daß zwei Ziele unterschieden werden. Zur vollen Sicherheit der Unterscheidung zweier Ziele gehört mithin, daß zwischen den beiden Zäpfchen, auf denen sich die Ziele abbilden, wenigstens noch ein Zäpfchen liegt.

c) Das Fechnersche Gesetz.

Im äußeren Kegel der Gesichtseinheit befinde sich ein Flächenstück, das also innerhalb der Gesichtseinheit Licht in das Auge sendet. Das getroffene Zäpfchen vermittelt dann dem Gehirn eine Helligkeitsempfindung. Jetzt werde die von dem Flächenstückchen ausgehende Lichtmenge verdoppelt. Dann wird auch die Helligkeitsempfindung des Auges vergrößert. Aber sie wird nicht geradezu verdoppelt. Vielmehr gilt das Fechnersche Gesetz, das folgendes besagt: Ist $\varDelta H$ die Zunahme der Helligkeitsempfindung, L die erste Lichtmenge, $L + \varDelta L$ die zweite Lichtmenge, so ist:

$$\varDelta H = \frac{\varDelta L}{L}. \tag{35}$$

d) Helligkeit der Fixsterne.

Es sei angenommen, daß Durchmesser und Entfernung der Fixsterne von uns sich etwa verhalten wie 4 mm zu 40 km. Ein mit freiem Auge betrachteter Fixstern erzeugt dann auf der Netzhaut ein Bildchen von folgendem Durchmesser:

$$\frac{4\,\text{mm}}{40\,\text{km}} \cdot 15\,\text{mm} = 0{,}0015\,\mu. \tag{36}$$

Das Fixsternbildchen bedeckt daher nur einen winzigen Teil des Querschnitts eines einzigen Netzhautzäpfchens. Die stärkste in der Astronomie angewandte Fernrohrvergrößerung beträgt heutzutage 1000. Auch bei dieser Vergrößerung

[1] Statt 40″ werden in der Fachliteratur gelegentlich auch andere Konstanten angegeben. Näheres siehe Seite 82.

ist das Bildchen des Fixsterns noch so klein, gleich 1,5 μ, daß es noch lange nicht den Querschnitt eines einzigen Netzhautzäpfchens bedeckt. Die vom Fixstern ausgehende Lichtmenge, die das freie Auge auffängt und die das Fernrohr auffängt, gelangen also beide auf einen einzigen Netzhautzapfen. Diese Lichtmengen verhalten sich, wenn man von dem Lichtverlust innerhalb des Fernrohrs absieht, wie die Auffangeflächen des Auges und des Fernrohrs, also wie die Quadrate der Augenpupille und des Objektivs. Ist letzterer D, so hat man daher für die auf den Netzhautzapfen gelangenden Lichtmengen das Verhältnis:

$$4 : D^2.$$

Mithin muß die Betrachtung eines Fixsterns durch das Fernrohr eine bedeutend höhere Helligkeitsempfindung hervorrufen als die Betrachtung mit freiem Auge.

Der Lichtverlust im Fernrohr durch Absorption und Spiegelung wird berücksichtigt, wonn man D^2 mit dem Durchlässigkeitsfaktor k des Fernrohrs multipliziert. k ist rund 0,73. Man hat für das Verhältnis der Lichtmengen also strenger:

$$4 : 0{,}73\,D^2.$$

e) Helligkeit größerer Flächen.

Ein Licht aussendende Fläche F sei so groß, daß — mit freiem Auge gesehen — ihr Bild auf der Netzhaut mehrere Zäpfchen bedeckt. Wir stellen uns die den einzelnen Zäpfchen entsprechenden Gesichtseinheiten vor, durch welche die leuchtende Fläche in kleine Teilflächen ΔF zerlegt wird. Wir erkennen, daß die Helligkeitsempfindung abhängig ist von der Lichtmenge, die eine solche Teilfläche ΔF ins Auge gelangen läßt.

Nun werde zwischen die leuchtende Fläche F und das Auge ein Fernrohr eingeschaltet. Das Auge sieht dann nicht mehr die Fläche F selber, sondern statt ihrer deren virtuelles vergrößertes Bild, wie es vom Fernrohr ungefähr in der günstigsten Sehweite des Auges erzeugt wird. Ist die Vergrößerung des Fernrohrs v, so ist das virtuelle Bild v^2 mal so groß als F, d. h. der Gesichtswinkel, unter welchem das vergrößerte Bild erscheint, ist v mal so groß als der Gesichtswinkel, unter welchem F mit freiem Auge gesehen wird. Das entsprechende gilt von den Flächenstückchen ΔF, welche frei gesehen einer Gesichtseinheit entsprechen. Ein vergrößert gesehenes ΔF entspricht offenbar v^2 Gesichtseinheiten. Auf eine Gesichtseinheit des vergrößerten Bildes entfällt daher nur $\frac{1}{v^2}$ von dem Licht, das die Fläche ΔF ausgestrahlt hatte. Mithin ist die von dem virtuellen Bilde auf ein Netzhautzäpfchen gelangende Lichtmenge nur $\frac{1}{v^2}$ von dem Lichte, das bei freier Sicht auf das Netzhautzäpfchen kam. Die Helligkeitsempfindung ist dementsprechend infolge der Vergrößerung bedeutend geringer. Hinzu tritt noch die Lichtschwächung, die dem Durchlässigkeitsfaktor des Fernrohrs entspricht. Dagegen bewirkt die Benutzung des Fernrohrs eine Lichtvermehrung auf dem einzelnen Netzhautzäpfchen insofern, als auf seiten des Fernrohrs die Auffangefläche für die von einem Flächenstückchen ΔF ausgehenden Lichtstrahlen gleich $\frac{D^2\pi}{4}$ ist, für das Auge nur π. Alles zusammen gibt folgenden Ausdruck für das Verhältnis der Lichtmengen, die bei bewaffnetem und unbewaffnetem Auge auf ein einzelnes Netzhautzäpfchen gelangen, wenn k der Durchlässigkeitsfaktor des Fernrohrs ist:

$$k \cdot \frac{D^2 \pi}{4} \cdot \frac{1}{v^2} : \pi = \frac{k D^2}{4 v^2}.$$

Nun ist nach Abschn. 53:

$$v = D : d,$$

wo d der Durchmesser des Ramsdenschen Kreises ist. Mithin kann man auch sagen: das Verhältnis der auf ein Zäpfchen gelangenden Lichtmengen ist:

$$\frac{k}{4} d^2 : 1.$$

Die Helligkeitsempfindung hängt nun nach dem Fechnerschen Gesetz (Abschnitt 56c) mit der in das Auge gelangenden Lichtmenge nicht ganz einfach zusammen. Infolgedessen ist es nicht praktisch, die Helligkeit als eine Konstante des Fernrohrs zu definieren. Man hat daher statt des früher benutzten Begriffes der Helligkeit den Begriff der Lichtstärke eines Fernrohrs eingeführt[1]. Wir wollen diese so definieren: Unter der Lichtstärke eines Fernrohrs soll verstanden werden die Lichtmenge, die ein Flächenstück durch das Fernrohr hindurch auf ein Netzhautzäpfchen des menschlichen Auges gelangen läßt, dividiert durch die Lichtmenge, die dasselbe Flächenstück bei freier Sicht auf ein Netzhautzäpfchen gelangen läßt.

Es ist bei dieser Definition stillschweigend vorausgesetzt worden, daß d kleiner oder höchstens gleich ist dem Durchmesser der Augenpupille. Denn ist d größer, so gelangt nicht alles im Ramsdenschen Kreise vorhandene Licht in das Auge, und es entstehen Verhältnisse, auf die unsere bisherigen Betrachtungen nicht mehr zutreffen.

Unter der Annahme, daß die Augenpupille 2 mm Öffnung hat, und der Durchmesser des Ramsdenschen Kreises ebenfalls 2 mm beträgt, hat man die Lichtstärke $k \overset{n}{=} 0{,}73$.

Für $d \leqq 2$ mm ist also die Lichtstärke eines Fernrohres < 1. D. h. durch Fernrohre gesehen, bei denen $d \leqq 2$ mm ist, erscheint eine größere Fläche stets dunkler als mit freiem Auge. Unter einer „größeren Fläche" ist dabei eine Fläche verstanden, die mit freiem Auge unter einem Gesichtswinkel von wenigstens etwa $40'' : v$ gesehen wird.

Den bedeutenden Einfluß, den die Lichtstärke eines Fernrohrs auf die Genauigkeit des Zielens ausübt, hat 1926 A. Pelzer nachgewiesen[2].

Bei einem Teil der heutigen geodätischen Fernrohre ist d wesentlich kleiner als 2 mm. Die Folge ist die jedem Benutzer von Theodoliten und Nivellierinstrumenten bekannte Erscheinung, daß Gegenstände, die man soeben mit freiem Auge gesehen hat, bei einem Blick durch das Fernrohr durch ihre Lichtschwäche überraschen. Es empfiehlt sich daher, die Optik eines Fernrohrs so einzurichten, daß $d \overset{n}{=} 2$ mm, d. h. gleich dem gewöhnlichen Durchmesser der Augenpupille wird. Damit $v = D : d$ dadurch nicht verringert wird, wählt man den Objektivdurchmesser D entsprechend größer. Ein Theodolit, den das Markscheideinstitut der Technischen Hochschule Aachen nach diesem Grundsatz 1922 bauen ließ, hat sich durch besonders helle und klare (vgl. Abschn. 54) Bilder ausgezeichnet.

[1] Vgl. A. König: Fe. und Entf. 1923. [2] Pelzer, A.: Diss. 1926.

f) Äußere Einflüsse auf die Helligkeit des Fernrohrbildes.

Die Lichtstrahlen, die von einem Gegenstande der Objektivfläche zustreben, treffen auf ihrem Wege Staubteilchen und Nebeltröpfchen. Auf diese Weise wird ein Teil der Lichtstrahlen zurückgehalten, die Helligkeit des Bildes also geschwächt. An den Rändern der Hindernisse entstehen ferner gebeugte Randstrahlen, die die Klarheit des Bildes beeinträchtigen. Fremdes Licht trifft derart auf die Hindernisse auf, daß es zurückgeworfen ins Fernrohr gelangt und das Auge blendet. Schließlich durcheilen die Lichtstrahlen auf ihrem Wege zum Objektiv Luftschlieren von verschiedener Temperatur und daher verschiedener Dichtigkeit, sie werden mithin unregelmäßig abgelenkt, so daß auch hierunter die Deutlichkeit des Bildes leidet.

Reflektiertes Licht ist nun polarisiert. An der Tagesoberfläche pflegt eine bestimmte Polarisationsrichtung vorzuherrschen. Man kann daher mit einem Nikol dieses, Blendung des Auges verursachende, störende polarisierte Licht großenteils beseitigen. So gelang es Hagenbach-Bischoff 1873, mit Hilfe eines Nikols ferne Bergzüge sichtbar zu machen, die ohne Nikol nicht zu sehen waren.

Der Gedanke liegt nahe, wie die Sonne über Tage eine bevorzugte Polarisationsrichtung hervorruft, so könnten auch unter Tage Beleuchtungskörper, namentlich wenn sie in Reihen angeordnet sind, eine bevorzugte Polarisationsrichtung erzeugen. Mit Hilfe eines Nikols, das am Fernrohr angebracht ist, könnte man daher hellere Fernrohrbilder erzeugen. Doch haben 1923 in der Grube Rosenberg bei Braubach von P. Wilski nach dieser Richtung angestellte Versuche keinerlei bemerkbare Unterschiede ergeben zwischen Sichten mit und ohne Nikol.

58. Schlottern des Okulartriebs. Hauptzielachse.

Wenn bei einem geodätischen Fernrohr mit Okulartrieb der Okulartrieb in das Fernrohr hinein oder aus ihm herausgezogen wird, so bewegt sich dabei der Fadenkreuzpunkt auf einer Linie, die man den Okulargang nennt. Der Okulargang wird, in roher erster Annäherung betrachtet, immer eine Gerade sein, die mit der optischen Achse der Objektivlinse ungefähr zusammenfällt.

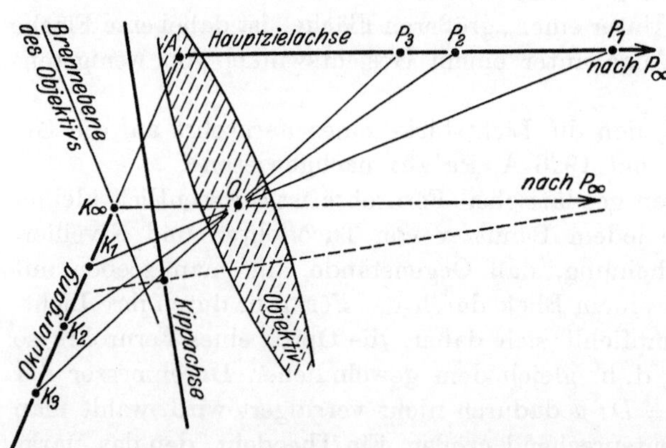

Abb. 43. Geradliniger Okulargang. Hauptzielachse.

Für genaue Messungen genügt aber auch ein ganz ungefähres Zusammenfallen mit der optischen Achse der Objektivlinse. Wesentliche Bedingung für den Okulargang ist nur, daß er möglichst scharf geradlinig ist, ohne daß es auf die Lage der Geraden, im besonderen auf ihre Richtung genau ankäme. In Abb. 43 seien K_1, K_2, K_3 irgendwelche mögliche Lagen des

Fadenkreuzpunktes, und zwar Punkte eines geradlinigen Okularganges. Der Durchstoßungspunkt des Okularganges mit der Brennebene des Objektivs sei K_∞; A sei der Durchstoßungspunkt des Okularganges mit dem Objektiv (letzteres ersetzt, gedacht durch eine sogenannte brechende Fläche, d. i. eine Ebene durch den optischen Mittelpunkt, senkrecht zur optischen Achse des Objektivs). Aus der Abbildung sieht man leicht, daß die zu K_∞, K_1, K_2, K_3 zugehörigen Zielpunkte P_∞, P_1, P_2, P_3 auf einer geraden Linie liegen, der sogenannten Hauptzielachse.

Der Begriff der Hauptzielachse oder Hauptvisierachse findet sich in der Literatur zuerst bei Vogler in dessen prakt. Geom. I, § 26.

Man übersieht leicht folgenden Sachverhalt: wenn der Okulargang nur geradlinig ist, aber keineswegs mit der optischen Achse des Objektivs zusammenfällt, auch nicht einmal durch dessen optischen Mittelpunkt hindurchgeht, so wirkt das Fernrohr wie ein exzentrisches Fernrohr. Es liegt auf der Hand, daß, wenn man ein solches Fernrohr in beiden Fernrohrlagen benutzt und die Ergebnisse mittelt, daß dann die Mittel von der Wirkung der Exzentrizität des Fernrohrs frei sind.

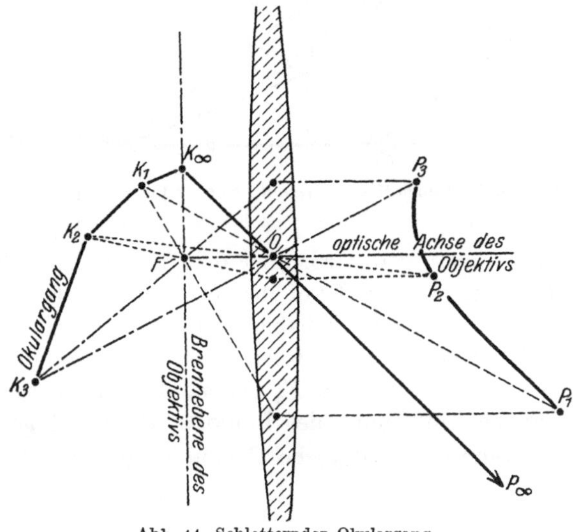

Abb. 44. Schlotternder Okulargang.

Es ist also bei nur geradlinigem Okulargang alles in Ordnung, trotzdem bei ihm von Entfernung zu Entfernung andere Zielachsen ($K_\infty - O - P_\infty$; $K_1 - O - P_1$; $K_2 - O - P_2$; $K_3 - O - P_3$) auftreten, welche Winkel miteinander bilden, so daß sogar der sogenannte Kollimationsfehler von Zielweite zu Zielweite veränderlich ist.

Die Abb. 44 zeigt dagegen, daß bei nicht geradlinigem, also schlotterndem Okulargang die Zielpunkte P_1, P_2, P_3, P_∞ nicht auf einer Geraden liegen. Zwischen den Zielen würden also eigentlich Horizontalwinkel zu messen sein. Aber das Fernrohr führt, wenn man den Okulartrieb verschiebt, von einem Ziel zum anderen, ohne daß eine Drehung im Azimut nötig würde, als wenn alle Ziele auf einer Geraden lägen und gar keine Horizontalwinkel zu messen wären.

Die Führung des Okulartriebes, wie unsere Mechaniker sie herstellen, ist Präzisionsarbeit. Um sie nicht in Unordnung zu bringen, gewöhnt man sich, bei azimutaler Drehung eines Theodolit- oder Nivellierfernrohrs niemals am Okulartrieb anzufassen, sondern stets am festen Teil des Fernrohrs.

V. Fortsetzung der Linsentheorie (59—61).

59. Die beiden Hauptpunkte einer Linse.

Für die bisherigen Betrachtungen reichte es aus, anzunehmen, daß jede optische Linse einen optischen Mittelpunkt hat, durch welchen die Lichtstrahlen ungebrochen hindurchgehen. Für die folgenden Betrachtungen haben wir die etwas strengere Vorstellung nötig, daß jede Linse auf ihrer optischen Achse zwei „Hauptpunkte" H_1 und H_2 besitzt derart, daß ein auf H_1 auftreffender Lichtstrahl nach H_2 gebrochen wird und von H_2 aus dann in der alten Richtung weiterläuft (Abb. 45). Es soll im folgenden nachgewiesen werden, daß bei beliebigem Abstand zwischen H_1 und H_2 die Halley'sche Gleichung gilt, wenn eine beliebige Länge a von H_1 aus auf H_1H_2 nach links abgetragen wird, über dem linken Endpunkt von a eine Senkrechte auf H_1H_2 errichtet und auf ihr ein Punkt A als „leuchtender Punkt" angenommen wird, sodann eine beliebige Länge f von H_1 aus nach links und von H_2 aus nach rechts abgesetzt wird; alsdann zu A mit Hilfe der beiden „Hauptstrahlen", welche durch F_1 und F_2 gehen, der zugehörige Bildpunkt A' konstruiert wird und die Entfernung des Punktes A' dann b genannt wird.

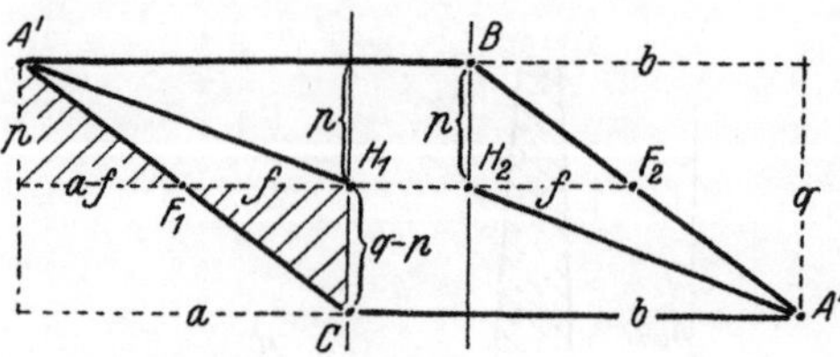

Abb. 45. Die beiden Hauptpunkte H_1, H_2 einer Linse.

Wenn die Halleysche Gleichung gilt, so ist:

$$\frac{1}{a} + \frac{1}{b} = \frac{1}{f},$$

$$\frac{1}{b} = \frac{1}{f} - \frac{1}{a} = \frac{a-f}{af},$$

$$f : b = (a - f) : a. \tag{37}$$

Diese Gleichung läßt sich aber auch aus der Abb. 45 ableiten, wie folgt:

$$f : b = p : q,$$

$$\underline{(a - f) : a = p : q,}$$

$$f : b = (a - f) : a.$$

Also gilt tatsächlich bei der vorgenommenen Konstruktion „aus den beiden äußeren Hauptstrahlen" die Halleysche Gleichung. Ferner läßt sich aber noch aus den schraffierten Dreiecken der Abbildung die Beziehung ablesen:

$$p : (q - p) = (a - f) : f.$$

Nach der Halleyschen Gleichung ist aber:

$$(a - f) : f = a : b.$$

Mithin hat man:

$$p : (q - p) = a : b,$$

$$p : a = (q - p) : b.$$

Folglich ist:

$$A H_1 \parallel H_2 A'.$$

Mithin hätten wir den Bildpunkt A' auch so, wie bisher, durch die Konstruktion aus dem mittleren und einem der beiden äußeren Hauptstrahlen gewinnen können, wenn man den Linienzug $A H_1 H_2 A'$ als den mittleren Hauptstrahl betrachten will.

Man kann also die brechende Wirkung einer optischen Linse ersetzt denken durch 2 brechende Ebenen, die durch H_1 und H_2 gehen und auf $H_1 H_2$ senkrecht stehen.

60. Theorie der äquivalenten Linse.

Schon in Keplers Dioptrik findet sich der Satz (134): „Verschiedenartige ... Linsen aufeinander gelegt, kommen in ihrer Wirkung einer ... Linse gleich ...“ Die Theorie der äquivalenten Linse stammt aber erst von Karl Friedrich Gauß.

Zwei Linsen O_1 und O_2 seien im gegenseitigen Abstand e zentriert (s. Abb. 46). Die hintere Linse O_2 sei eine Sammellinse oder eine Zerstreuungslinse; die vordere, O_1, sei eine Sammellinse. Die Brennweiten seien f_1, φ_2.

Es soll bewiesen werden, daß es auf der Geraden $O_1 O_2$ zwei Punkte H_1, H_2 gibt derart, daß die brechende Wirkung der Linsen O_1 und O_2 ersetzt gedacht werden kann durch 2 brechende Ebenen, welche durch H_1 und H_2 gehen und auf $O_1 O_2$ senkrecht stehen. Diese beiden brechenden Ebenen nennt man zusammen die äquivalente Linse zu O_1 und O_2.

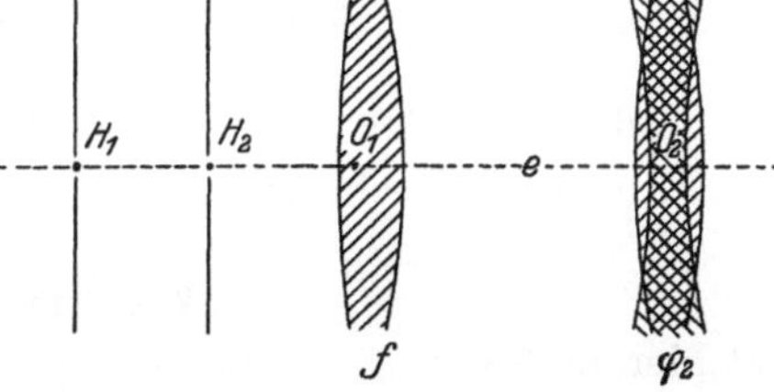

Abb. 46. Äquivalente Linse $H_1 H_2$ zu O_1 und O_2.

Ihre Brennweite φ_{12} soll berechnet werden, sowie die Entfernung ω des Punktes H_1 von O_1 und die Entfernung ψ des Punktes H_2 von O_2. Dabei soll ω rechts von O_1 positiv gerechnet werden ($\omega = + u$), links von O_1 negativ ($\omega = - u$); ψ soll rechts von H_2 negativ sein ($\psi = - v$), links von O_2 positiv ($\psi = + v$).

Die dioptrische Hauptformel ergibt für die Linsen O_1 und O_2:

$$\frac{1}{a_1} + \frac{1}{b_1} = \frac{1}{f_1}, \qquad \frac{1}{\alpha_2} + \frac{1}{\beta_2} = \frac{1}{\varphi_2},$$

$$b_1 = e - \alpha_2,$$

$$\frac{1}{a_1} + \frac{1}{e - \alpha_2} = \frac{1}{f_1},$$

$$\frac{1}{e - \alpha_2} = \frac{a_1 f_1}{a_1 - f_1},$$

$$e = \alpha_2 + \frac{a_1 - f_1}{a_1 f_1}, \tag{38}$$

$$\frac{1}{\alpha_2} = \frac{\beta_2 - \varphi_2}{\beta_2 \varphi_2}, \qquad \alpha_2 = \frac{\beta_2 \varphi_2}{\beta_2 - \varphi_2},$$

$$e = \frac{\beta_2 \varphi_2}{\beta_2 - \varphi_2} + \frac{a_1 f_1}{a_1 - f_1}. \tag{39}$$

Wir versuchen, ob sich (39) auf die Form bringen läßt:

$$\frac{1}{a_1 + \omega} + \frac{1}{\beta_2 + \psi} = \frac{1}{\varphi_{12}}. \tag{40}$$

Zu diesem Zweck formen wir (39) um:

$$e(a_1 - f_1)(\beta_2 - \varphi_2) = (a_1 - f_1)\beta_2\varphi_2 + (\beta_2 - \varphi_2)a_1 f_1 .$$

Nach einigen Umformungen erhält man hieraus leicht:

$$a_1 \cdot \frac{\varphi_2(-e+f_1)}{f_1+\varphi_2-e} + \beta_2 \cdot \frac{f_1(\varphi_2-e)}{f_1+\varphi_2-e} - a_1\beta_2 + \frac{e f_1 \varphi_2}{f_1+\varphi_2-e} = 0 . \tag{41}$$

Jetzt bringen wir (40) auf die entsprechende nach a_1 und β_2 geordnete Form und setzen dann die in beiden Gleichungen auftretenden Koeffizienten von a_1 und β_2 einander gleich, und ebenso werden die Absolutglieder einander gleich gesetzt.

Man erhält aus (40):

$$a_1 \cdot (\varphi_{12} - \psi) + \beta_2(\varphi_{12} - \omega) - a_1\beta_2 + \varphi_{12}(\omega + \psi) - \omega\psi = 0 ,$$

und daraus folgt daher:

$$\left.\begin{aligned} \varphi_{12} - \psi = \frac{\varphi_2(-e+f_1)}{f_1+\varphi_2-e}, \qquad \varphi_{12} - \omega = \frac{f_1(\varphi_2-e)}{f_1+\varphi_2-e}, \\ \varphi_{12}(\omega+\psi) - \omega\psi = \frac{e f_1 \varphi_2}{f_1+\varphi_2-e}. \end{aligned}\right\} \tag{42}$$

Dies sind drei Gleichungen für die 3 Unbekannten φ_{12}, ω, ψ. Man erhält nach einigen leichten Rechnungen:

$$\varphi_{12} \cdot \varphi_{12} = \frac{f_1\varphi_2 \cdot f_1\varphi_2}{(f_1+\varphi_2-e)^2},$$

und hieraus folgt:

$$\varphi_{12} = \pm \frac{f_1\varphi_2}{f_1+\varphi_2-e} = \varepsilon \cdot \frac{f_1\varphi_2}{f_1+\varphi_2-e}, \qquad \varepsilon = \pm 1 . \tag{43}$$

Ob $\varepsilon = +1$ oder $\varepsilon = -1$ zu wählen ist, wird am einfachsten in jedem Einzelfall besonders untersucht.

Für ω und ψ erhält man:

$$\omega = \frac{(\varepsilon-1) f_1\varphi_2 + f_1 e}{f_1+\varphi_2-e},$$

$$\psi = \frac{(\varepsilon-1) f_1\varphi_2 + \varphi_2 e}{f_1+\varphi_2-e}.$$

Wir setzen noch:

$$f_1 + \varphi_2 - e = -\delta \tag{44}$$

und erhalten dann die Elemente der äquivalenten Linse in der Form:

$$\left.\begin{aligned} \varphi_{12} &= \varepsilon \frac{f_1\varphi_2}{-\delta}, \\ \omega &= \frac{(\varepsilon-1) f_1\varphi_2 + f_1 e}{-\delta}, \\ \psi &= \frac{(\varepsilon-1) f_1\varphi_2 + \varphi_2 e}{-\delta}. \end{aligned}\right\} \tag{45}$$

61. Anwendungen zur Theorie der äquivalenten Linse.

1. Das Fernrohrobjektiv.

Abb. 31 am Schluß des Abschn. 46 zeigt folgendes:

$$\varphi_{12} = \varepsilon \cdot \frac{-f_1 f_2}{f_1 - f_2 - e}.$$

Nun ist e gegenüber $f_1 - f_2$ annähernd null, so daß man setzen kann:

$$\varphi_{12} = -\frac{\varepsilon f_1 f_2}{f_1 - f_2}.$$

Es ist ferner zumeist $r' = 4r$ und daher:

$$\frac{1}{f_1} = (n_1 - 1)\left\{\frac{1}{r} + \frac{1}{4r}\right\} = (n_1 - 1) \cdot \frac{5}{4r},$$

$$-\frac{1}{f_2} = (n_2 - 1)\left\{-\frac{1}{r+\chi} + \frac{1}{\infty}\right\} = -(n_2 - 1) \cdot \frac{1}{r+\chi},$$

wo χ eine sehr kleine Zahl ist. Es ist mithin:

$$f_1 = \frac{4r}{5(n_1 - 1)}, \qquad f_2 = \frac{r+\chi}{n_2 - 1},$$

$$n_2 \overset{\shortparallel}{=} n_1,$$

$$f_2 > f_1,$$

$$\varphi_{12} = \varepsilon \cdot \frac{f_1 f_2}{f_2 - f_1}.$$

Nun wissen wir, daß das Objektiv als Sammellinse wirkt, mithin φ_{12} positiv sein muß. Also ist in diesem Falle

$$\varepsilon = +1.$$

Wir haben mithin:

$$f_{12} = \frac{f_1 f_2}{f_2 - f_1}, \tag{46}$$

$$\left.\begin{aligned} \omega &= \frac{f_1 e}{f_1 - f_2} = -\frac{f_1 e}{f_2 - f_1} < 0, \\ \omega &= -u, \end{aligned}\right\} \tag{47}$$

$$\left.\begin{aligned} \psi &= \frac{-f_2 e}{f_1 - f_2} = \frac{f_2 e}{f_2 - f_1} > 0, \\ \psi &= +v. \end{aligned}\right\} \tag{48}$$

Die Mechaniker wählen gern $f_2 = 2f_1$. In diesem Falle hat man:

$$\omega = -e, \qquad \psi = +2e:$$

Beide Hauptpunkte fallen dann in der vorderen Objektivlinse zusammen.

2. Ramsdens Okular.

Für beide Linsen wählt man Kronglas, und es sei:

$$e = \frac{4}{9} f_1, \qquad f_2 = \frac{5}{9} f_1,$$

so daß dann also die hinteren Brennpunkte beider Linsen zusammenfallen. Die Kugelabweichung wird bei dieser Anordnung ganz beseitigt, nicht dagegen die Chromasie. Wir wissen aus Abschn. 46, daß die Bedingung für Achromasie sein würde:

$$e = \frac{1}{2}(f_1 + f_2)\,.$$

Wir wissen aus Erfahrung, daß das Okular als Lupe wirkt. Mithin ist die äquivalente Linse eine Sammellinse, und es ist:

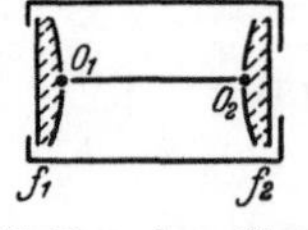

Abb. 47. Ramsdens Okular.

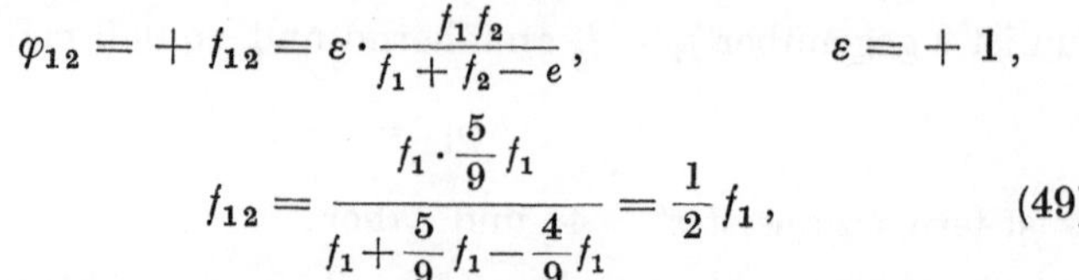

$$\varphi_{12} = + f_{12} = \varepsilon \cdot \frac{f_1 f_2}{f_1 + f_2 - e}\,, \qquad \varepsilon = +1\,,$$

$$f_{12} = \frac{f_1 \cdot \frac{5}{9} f_1}{f_1 + \frac{5}{9} f_1 - \frac{4}{9} f_1} = \frac{1}{2} f_1\,, \tag{49}$$

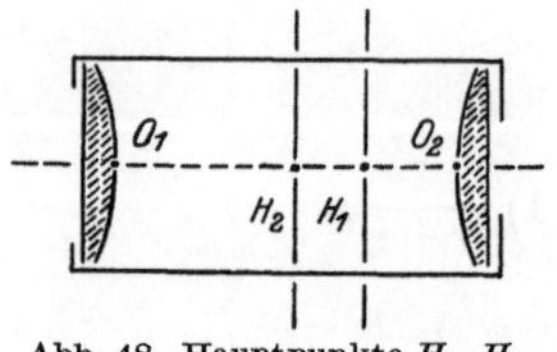

Abb. 48. Hauptpunkte H_1, H_2 in Ramsdens Okular.

$$\left.\begin{aligned} \omega &= \frac{f_1 e}{f_1 + f_2 - e} = 0{,}4 f_1 > 0\,, \\ \psi &= \frac{f_2 e}{f_1 + f_2 - e} = \frac{2}{9} f_1 > 0\,, \end{aligned}\right\} \tag{50}$$

H_1 und H_2 liegen daher, wie in Abb. 48 angegeben. Man macht f_{12} in der Regel ungefähr gleich 1 bis 1,5 cm.

Um das Ramsdensche Okular in ein achromatisches zu verwandeln, verband Steinheil jede der beiden Kronglaslinsen mit einer Zerstreuungslinse aus Flintglas. Ein solches Okular nennt man Steinheils achromatisches Doppelokular. — Kellner gab, ebenfalls um Achromasie zu erreichen, 1849 ein Okular an, das er orthoskopisch nannte: das Augenglas war, wie bei Steinheil, aus Kron- und Flintglaslinse zusammengesetzt. Die Kollektivlinse dagegen war eine einfache bikonvexe Sammellinse, und zwar nahezu eine „Linse von der besten Form".

VI. Theorie des Wild-Zeiß-Fernrohrs (62—63).

62. Ältere Kombinationen einer Objektivlinse mit einer Zwischenlinse zwischen Objektiv und Okular bei größerem gegenseitigem Abstand zwischen Objektiv und Zwischenlinse.

Keplers Teleobjektiv (1611) hatte bereits eine vordere Sammellinse und eine hintere Zerstreuungslinse, zwischen beiden einen Zwischenraum. In der Zeit 1800—1850 baute ferner der Wiener Optiker Plößl unter dem Namen Dialyte Fernrohre, bei denen das Objektiv aus einer einfachen Sammellinse bestand. Eine einfache Negativlinse war mit dem Okularrohr fest verbunden. Plößl verfolgte mit dieser Anordnung den Zweck, die Sammellinse achromatisch zu machen. Ein Fernrohr mit verschiebbarer Zwischenlinse beschrieb Porro 1857 in einer französischen Patentschrift [1]. Das Markscheideinstitut der Mont.-Hochschule in Leoben besitzt ferner ein Tachymeter vom Wiener Mechaniker E. Schneider aus den 80er Jahren, das ebenfalls eine verschiebbare Zwischenlinse hat [2].

---

[1] Wild, H.: Neue Niv. Z. f. I. 1909. [2] Doležal: Niv. der Firma C. Zeiß 1912.

1903 bauten Starke und Kammerer in Wien für Baurat Wellisch einen Theodolit, dessen Objektiv eine Sammellinse war, und bei dem eine achromatische Negativlinse mit dem Okularrohr fest verbunden war. Es war Fernrohrverkürzung beabsichtigt. Man hatte also veränderliche Fernrohrlänge s.

Später hat die Firma Hildebrand in Freiberg für die Danziger Technische Hochschule einen Schraubenmikroskoptheodolit gebaut, bei welchem zwischen Objektiv und Fadenkreuz eine feststehende, nicht verschiebbare Negativlinse angebracht war[1]. Auch hier war mithin die Fernrohrlänge veränderlich.

63. Das Wild-Zeiß-Fernrohr mit fester Fernrohrlänge und verschiebbarer negativer Zwischenlinse.

Im Jahre 1908 konstruierte H. Wild, damals in Diensten der Firma Carl Zeiß, eine ganz neue Art Fernrohr (Abb. 49). Es hatte keinen Okularauszug, sondern das Fadenkreuz K befand sich in unveränderlichem Abstand s vom Objektiv O_1. Auf verschiedene Entfernungen wurde das Fernrohr eingestellt, indem eine Negativlinse O_2 zwischen Objektiv und Fadenkreuz verschoben wurde. Wir werden noch sehen, daß dieses Fernrohr, das man das Wild-Zeiß-Fernrohr nennt, dem älteren Fernrohr mit Okulartrieb an Güte weit überlegen ist. Die beiden Linsen O_3, zwischen denen sich das in das Glas eingearbeitete Fadenkreuz K befindet, liegen so dicht vor dem Okular O_4, daß sie wie eine planparallele Glasplatte wirken. Diese Anbringung des Fadenkreuzes ist aber für das Fernrohr

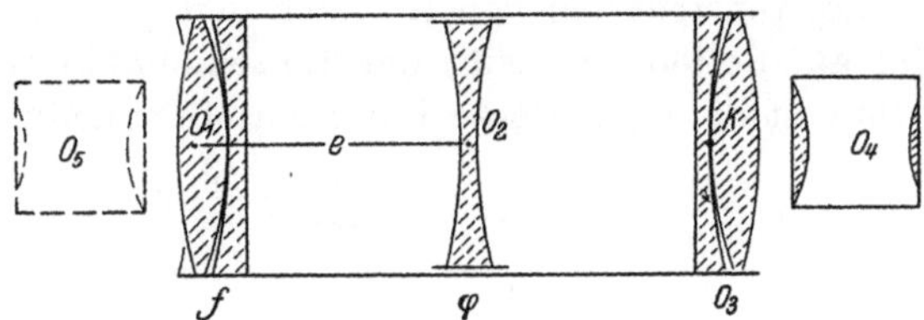

Abb. 49. Schematische Darstellung des Wild-Zeiß-Fernrohrs mit der ursprünglich für ein Feinnivellierinstrument vorgesehenen umsteckbaren Okularlupe.

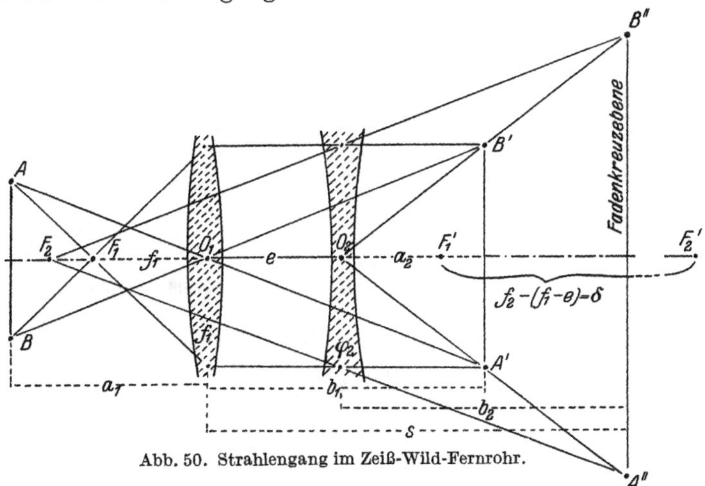

Abb. 50. Strahlengang im Zeiß-Wild-Fernrohr.

nicht wesentlich. Sie war nur vorgesehen für das Wild-Zeißsche Feinnivellierinstrument, weil ursprünglich bei diesem die Berichtigung durch Umstecken der

[1] Jordan: Bd. 2, S. 231. 1914.

Okularlupe (O_4, O_5) erfolgte. Später haben **Wild** und **Zeiß** das umsteckbare Okular aufgegeben.

Für die Konstruktion des Fernrohrs ist es wesentlich, daß $e < f_1$, also auch $e < b_1$ wird; ferner ist $f_2 > f_1 - e$ und mithin

$$\delta = -f_1 + f_2 + e > 0 . \tag{51}$$

Nach der siebenten Linsenregel (Abschn. 40) ist daher $\alpha_2 = -a_2$ und $\beta_2 = +b_2$. Es entsteht also hinter O_2 ein reelles Bild, auf welches das Fadenkreuz eingestellt werden könnte. Doch wird stattdessen die Zwischenlinse so verschoben, daß das Bildchen in die Ebene K fällt.

Rein systematisch ist daher der Strahlengang im Wildschen Fernrohr so, wie in Abb. 50 angegeben. δ ist gelegentlich 6mal so groß, wie e.

a) Berechnung der äquivalenten Linse für Objektiv und Zwischenlinse.

Die Konstruktion von A'' nach den Linsenregeln 1 und 7 ergibt ein reelles Bild auf derjenigen Seite der Linsenkombination, auf welcher A nicht liegt. Mithin ist die äquivalente Linse eine Sammellinse, und es ist $\varphi_{12} = +f_{12}$.

$$\begin{aligned} f_{12} &= \varepsilon \cdot \frac{f_1 \cdot (-f_2)}{f_1 - f_2 - e} = \varepsilon \cdot \frac{f_1 f_2}{\delta} \qquad \varepsilon = +1 , \\ f_{12} &= \frac{f_1 f_2}{\delta} , \\ \omega &= \frac{f_1 e}{-\delta} = -u , \\ \psi &= \frac{-f_2 e}{-\delta} = \frac{f_2 e}{\delta} = +v . \end{aligned} \tag{52}$$

Es liegt mithin H_1 links von O_1 und H_2 links von O_2. Nun ist offenbar $\frac{f_2}{\delta}$ ein unechter Bruch. Mithin liegt H_2 nicht nur links von O_2, sondern auch links von O_1.

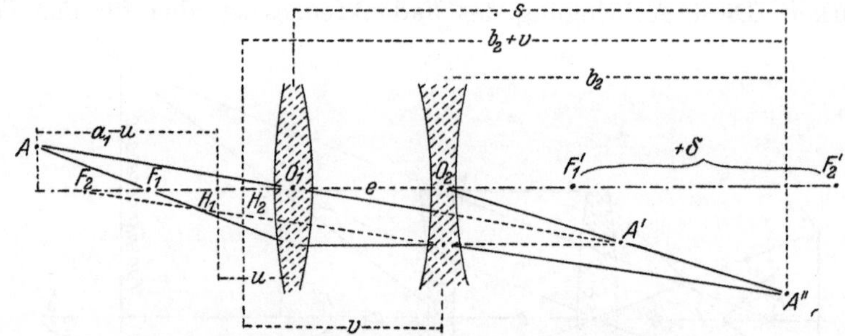

Abb. 51. Lage der Hauptpunkte H_1, H_2 beim Zeiß-Wild-Fernrohr.

Ist nun die Reihenfolge: $H_1 H_2 O_1$ oder $H_2 H_1 O_1$?

$$\begin{aligned} \omega + \psi &= \frac{(f_1 - f_2)\, e}{-\delta} , \\ \omega + \psi + \frac{e^1}{\delta} &= \frac{(-f_1 + f_2 + e)\, e}{\delta} = e , \\ \omega + \psi &< e , \\ -u + v &< e , \\ v &< e + u . \end{aligned}$$

Mithin ist die Reihenfolge der Punkte, wie Abb. 51 sie angibt: H_1, H_2, O_1.

b) Erstes Zahlenbeispiel zur Berechnung der äquivalenten Brennweite eines Wild-Fernrohrs bei Einstellung auf ∞.

$$f_1 = 149\,, \qquad \varphi_2 = -500\,, \qquad e_\infty = 67{,}2\,.$$

Alle Maße sind in mm gemeint.

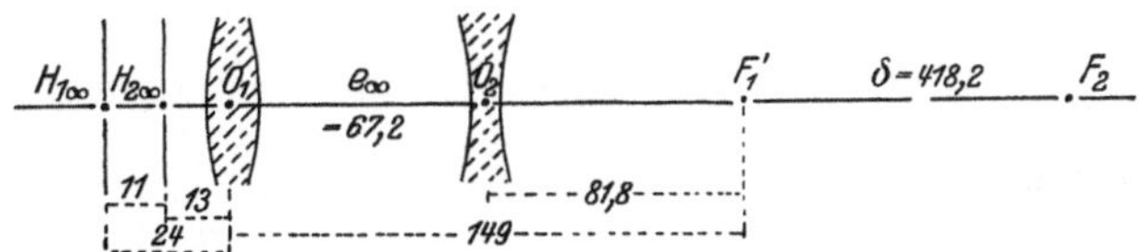

Abb. 52. Lage der Hauptpunkte H_1, H_2 bei einem Wild-Zeiß-Fernrohr (erstes Zahlenbeispiel).

$$f_{12,\infty} = \frac{149\cdot 500}{500-(149-67{,}2)} = 178\,,$$

$$u_\infty = \frac{149\cdot 67{,}2}{418{,}2} = 24\,,$$

$$v_\infty = \frac{500\cdot 67{,}2}{418{,}2} = 80{,}2\,.$$

Vorstehende Abb. 52 zeigt schematisch die Lage der charakteristischen Punkte dieses Fernrohrs.

c) Zweites Zahlenbeispiel zur Berechnung der optischen Konstanten eines Wild-Zeiß-Fernrohrs bei Einstellung auf ∞.

$$f_1 = 147{,}3\,, \qquad \varphi_2 = -409{,}0\,, \qquad f_{12,\infty} = 181{,}9\,,$$

$$181{,}9 = \frac{147{,}3\cdot 409{,}0}{409{,}0 - 147{,}3 + e_\infty} = \frac{60246}{261{,}7 + e_\infty}\,,$$

$$e_\infty = 69\,, \qquad \varepsilon = +1\,,$$

$$\omega_\infty = -30{,}7\,,$$

$$\psi_\infty = +85{,}3\,.$$

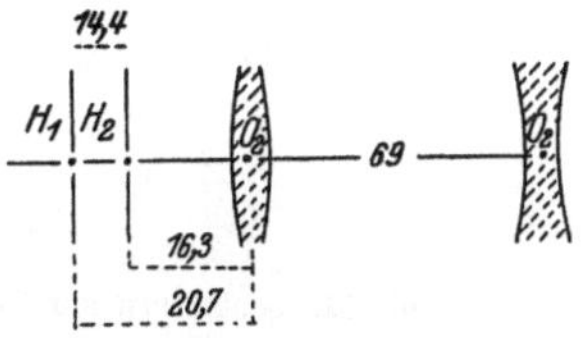

Abb. 53. Lage der Hauptpunkte H_1, H_2 bei einem Zeiß-Wild-Fernrohr (zweites Zahlenbeispiel).

Die Lage der charakteristischen Punkte dieses Fernrohrs zeigt Abb. 53.

d) Drittes Zahlenbeispiel zur Berechnung der optischen Konstanten eines Wild-Zeiß-Fernrohrs bei Einstellung auf ∞.

$$f_1 = 179{,}2\,, \qquad \varphi_2 = -78{,}6\,, \qquad e_\infty = 139{,}8\,,$$

$$\delta = -179{,}2 + 78{,}6 + 139{,}8 = 39{,}2\,,$$

$$f_{12,\infty} = 359{,}7\,,$$

$$u_\infty = 638{,}5\,,$$

$$v_\infty = 279{,}1\,.$$

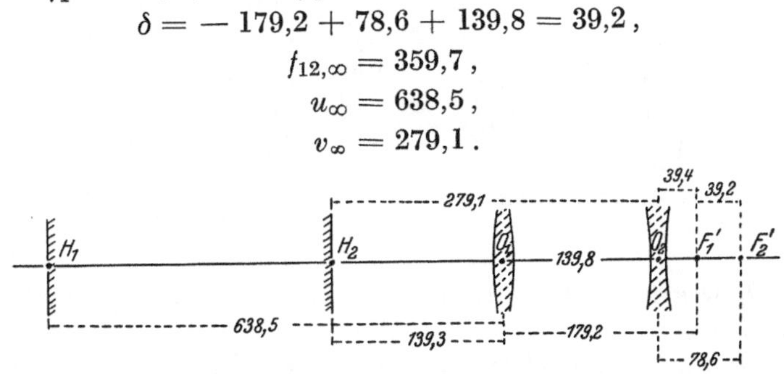

Abb. 54. Lage der Hauptpunkte H_1, H_2 bei einem Zeiß-Wild-Fernrohr (drittes Zahlenbeispiel).

Die Lage der charakteristischen Punkte des Fernrohrs zeigt Abb. 54.

e) Vergleich des Wild-Zeiß-Fernrohrs mit dem Fernrohr mit Okulartrieb (Abb. 55 u. 56).

e) 1. Zwischenlinse und Okulartrieb können etwas schlottern. Wir nehmen zunächst an:

$$v - e < e .$$

Aus der Abb. 55 folgt:

$$\psi = c : s ,$$

$$\chi = (c - \varDelta c) : (s + v - e) ,$$

woraus ohne weiteres folgt:

$$\chi < \psi .$$

Man übersieht daher folgenden Sachverhalt:

Der Okulartrieb kann etwas schlottern. Hierdurch möge der Fadenkreuzpunkt K um den Betrag c von seiner richtigen Stelle ausqueren. Bei der Messung erhält man dann einen Zielungsfehler im Betrage

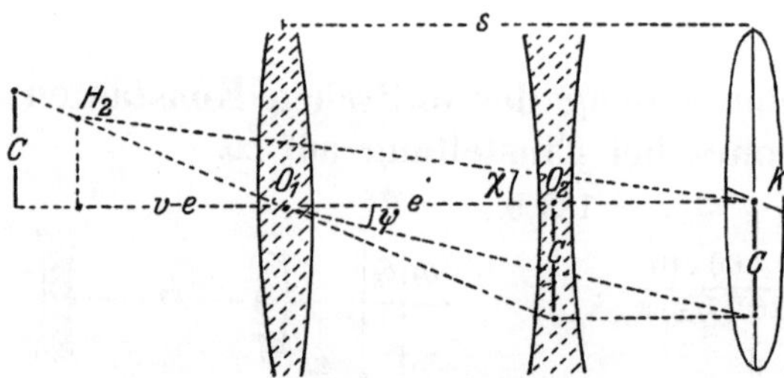

Abb. 55. Schlottern der Zwischenlinse, $v - e < e$.

$$\psi = c : s .$$

Auch die im Innern des Fernrohres verschiebbare Zwischenlinse kann etwa schlottern, wegen Erhebungen und Vertiefungen in der Führungsschiene. Zu Ungunsten der Zwischenlinse sei angenommen, auch bei ihr wäre Schlottern bis zum Betrage c möglich. Hierdurch entsteht der Zielungsfehler χ, und wenn H_2 von O_1 um weniger als e oder höchstens um e entfernt ist, also $v \leqq 2e$ ist, so übersieht man, daß der Zielungsfehler χ infolge des Schlotterns kleiner ist als der Zielungsfehler ψ, der beim Fernrohr mit Okulartrieb entsteht. Bei unseren drei Zahlenbeispielen liegt dieser Sachverhalt vor, d. h. es ist in allen 3 Fällen $v < 2e$. Aber wenn H_2 weiter von O_1 wegrückt, so wird offenbar χ immer größer und kann sogar etwas größer als ψ werden.

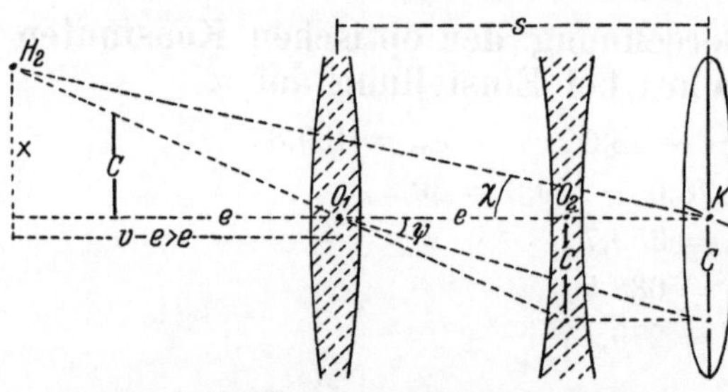

Abb. 56. Schlottern der Zwischenlinse, $v > 2e$.

Bei welcher Entfernung H_2O_1 ist nun $\chi = \psi$? Da für $v \leqq 2e$ der Winkel χ immer $< \psi$ ist, so muß also $v > 2e$ sein. Aus der Abb. 56 liest man leicht die Beziehung ab:

$$x : (v - e) = c : e\,,$$

$$x = \frac{c\,(v - e)}{e}\,,$$

$$\chi = \frac{c\,(v - e)}{e} : (s + v - e)\,,$$

$$\psi = c : s\,,$$

$$\frac{c\,(v - e)}{e\,(s + v - e)} = \frac{c}{s}\,,$$

$$(v - e)\,s = e\,(s + v - e)\,,$$

$$vs - es - es - ev + e^2 = 0\,,$$

$$v\,(s - e) - e\,(2s - e) = 0\,,$$

$$v = \frac{e\,(2s - e)}{s - e} = 2e + \frac{e^2}{s - e}\,. \qquad (53)$$

Für diesen Betrag von v wird also der Grenzfall $\chi = \psi$ erreicht. Bei unserem dritten Zahlenbeispiel ist $e_\infty = 139{,}8$ und $s = 220$. Der Fall $\chi = \psi$ ist also für diese Konstruktion charakterisiert durch

$$v = 280 + \frac{140 \cdot 140}{80} = 525\,,$$

während v in Wirklichkeit nur gleich rund 280 mm war. Innerhalb der Grenze (53) verhält sich also das Fernrohr mit verschiebbarer Zwischenlinse hinsichtlich des Schlotterns günstiger als das Fernrohr mit Okulartrieb. Zu einem noch günstigeren Urteil für das Fernrohr mit Zwischenlinse ist Doležal gelangt, der[1] sagt: „Eine theoretische Untersuchung zeigt, daß bei der Voraussetzung einer gleich großen seitlichen Verschiebung der Zwischenlinse und des Okularkopfes (des Kreuzungspunktes des Fadenpunktes) das biaxiale Fernrohr einen sechsmal geringeren Fehler in der Lage der Visierlinie befürchten läßt, als wenn die Einstellung des Bildes in der Strichkreuzebene durch Verschiebung des Okularkopfes erfolgt wäre.“ Erwähnt mag noch werden, daß eine von dem Obervermessungsrat Gurlitt in Hamburg mitgeteilte a posteriori geführte Untersuchung an einem Zeißinstrument mit Zwischenlinse überhaupt kein Schlottern der Zwischenlinse erkennen ließ[2]. Dagegen hat Wild später bei Instrumenten, die ihm zur Reparatur zugingen, festgestellt, daß die Führung der Zwischenlinse nicht mehr so einwandfrei funktionierte, wie es für Drehung des Fernrohrs in einem Ringlager zu wünschen wäre[3].

e) 2. Über die Distanzmesserkonstanten k und c des Fernrohrs wird unten noch eingehender gesprochen werden. Eine Zeitlang glaubte man, daß das Fernrohr mit Zwischenlinse zum Distanzmessen weniger geeignet sei als das Fernrohr mit Okulartrieb, weil die Elemente der Distanzmessung, c und k, nur beim Fernrohr mit Okulartrieb wirkliche Konstante seien, beim Zeiß-Wild-Fernrohr jedoch von Entfernung zu Entfernung veränderlich. Doch hat A. König in der Zentralzeitung für Optik und Mechanik 1921 den Nachweis erbracht, daß auch das Zeiß-Wild-Fernrohr wirkliche Distanzmesserkonstanten hat.

[1] Niv. d. Firma C. Zeiß, 1912. [2] Gurlitt: Gang d. W. J. 1922.
[3] Verkaufs-A.-G. H. Wilds geod. Instr., Flugblatt.

e) 3. Nimmt man hierzu nun noch vor allen Dingen die Gefährdung des Okularauszuges durch staubigen Wind und dagegen die absolute Staubsicherheit der Zwischenlinse, so muß man zusammenfassend sagen, daß das Wild-Zeiß-Fernrohr auch nicht in einem einzigen wesentlichen Punkt dem Fernrohr mit Okulartrieb nachsteht, im Gegenteil aber sehr wesentliche Vorzüge vor ihm besitzt.

Tafel 1, Abb. 3 und 4 zeigt das ältere Fernrohr mit Okularauszug und das Fernrohr mit Zwischenlinse nebeneinander. Man sieht auf beiden Abbildungen die wesentlichsten Elemente der Führungstriebe.

VII. Der Theodolit (64—74).

64. Historische Notizen über den Theodolit.

Wenn man heute aus einem Theodolit das Fernrohr herausnehmen und es durch ein Diopter ersetzen wollte, so würde der allgemeine Sprachgebrauch kaum dazu neigen, das neu entstandene Instrument noch als Theodolit zu bezeichnen. Das Fernrohr ist wesentlicher Bestandteil des Theodolits. Wenn man dieser Auffassung beipflichtet, so muß man sagen, daß für Grubenvermessungen der Professor Paris von Giuliani 1798 den ersten Theodolit entworfen hat. Er nannte ihn Catageolabium. Näheres über dieses Instrument s. S. 122. Aber es ist mir nicht bekannt, ob Giulianis Entwurf jemals ausgeführt worden ist. Daß für Tagevermessungen bereits 11 Jahre früher ein Theodolit gebaut worden war, wurde schon erwähnt. Einen der ersten Theodolite, die gebaut worden sind, hatte ich während meiner Lehrtätigkeit an der Freiberger Bergakademie in der Instrumentsammlung des Markscheideinstituts. Er ist abgebildet bei Studer 1801, Tafel 1. In größerem Umfange konnten Theodolite erst Verbreitung finden, nachdem Fraunhofer die Kunst gelehrt hatte, billige kleine optische Linsen zu schleifen, so daß nunmehr Fernrohre für die Messungszwecke der Feldmesser und der Markscheider möglich wurden. Fraunhofers Arbeitsgefährte Georg von Reichenbach erfand dazu für die im Verhältnis zu den astronomischen Meßinstrumenten kleinen Meßgeräte, die jetzt aufkamen, den Dreifuß, nachdem bis dahin 4 Stellschrauben oder Aufstellung im Nußgelenk üblich gewesen war[1]. 1851 machte Julius Weisbach in seiner „neuen Markscheidekunst" die Markscheider mit dem Gebrauch des Theodoliten bekannt.

Von dem Fernrohr des Theodoliten ist in Abschn. 47 bis 56 das Nötige gesagt worden. Die Handhabung des Theodoliten kann nicht aus Büchern gelernt werden. Wir setzen Kenntnis in der Handhabung des Instruments voraus.

65. Die Kreisteilungen.

Die Teilung des Horizontalkreises und des Höhenkreises liefern die Mechaniker heutzutage nach Wunsch zu 360° oder zu 400ᵍ. Die Nonagesimalteilung, deren gemeinsame Einführung in Deutschland, Österreich, der Türkei und Bulgarien währen des Krieges angestrebt wurde, hat sich bis jetzt nicht Bahn gebrochen.

---

[1] Vgl. Breithaupt: H. C. W. S. 43.

An sich wäre wohl die Nonagesimalteilung (360° zu hundert Minuten zu hundert Sekunden) im Gebrauch die angenehmste. Allein alle nötigen Rechentafeln sind bisher nur für Sexagesimalteilung (360°) und Zentesimalteilung (400^g) im Handel. Bei der Feinheit der heutigen Kreisteilmaschinen wird man die mittlere Ungenauigkeit eines Teilstrichs bei einem modernen Instrument auf wesentlich weniger als 1″ schätzen können. Bereits 1910 gab der Mechaniker Wanschaff die Genauigkeit seiner Teilungen zu 0,3″ bis 0,4″ an[1]. Den Teilungsfehler eines Wildschen Universaltheodolits fand Ackerl 1926 zu 0,2″.

66. Die Ablesevorrichtungen.

Für genauere Messungen hat man zwei Vorrichtungen nötig, welche die Ablesungen an zwei 180° weit auseinanderliegenden Teilkreisstellen vermitteln. Man liest bei jeder Zielung beide Teilkreisstellen an „Zeigern“ ab und mittelt das Ergebnis. Hierdurch macht man sich frei von dem Fehler, der entsteht, wenn die vertikale Drehachse des Theodoliten, die man Alhidadenachse nennt, die Teilkreisebene nicht genau im Mittelpunkt der Teilung durchstößt. Theodolite, die nur eine Ablesevorrichtung haben, sind daher nur für Messungen geeignet, bei denen es auf den Fehler, der aus der Exzentrizität der Alhidadenachse stammt, nicht ankommt.

Die Ablesevorrichtungen, die unsere Mechaniker heutzutage herstellen, sind hauptsächlich Nonien[2], Strichmikroskope (Tafel 4, 1), Skalenmikroskope (Tafel 4, 2; 10, 1; 11, 12, 1). Schraubenmikroskope (Tafel 4, 3; 7 bis 9) und Heydes Mikrometerablesung. Wir glauben, auch deren Einrichtung als bekannt voraussetzen zu dürfen bis auf Heydes Mikrometerablesung, die, 1888 veröffentlicht[3], trotz ihrer besonderen, vorzüglichen Brauchbarkeit für die Grubenmessungen, weniger bekannt geworden zu sein scheint. Es hat mit ihr folgende Bewandtnis: Beim Schraubenmikroskoptheodolit, den bereits Hunäus für die Messungen in der Grube empfiehlt, stehen die Ablesevorrichtungen, im besonderen die Trommelschrauben, etwas vor (vgl. Tafel 7 bis 9), und der gewöhnliche Schraubenmikroskoptheodolit wird dadurch für die Enge der Grubenräume etwas sperrig. Heyde gewinnt nun sehr viel Platz, indem er die Ablesevorrichtung, ohne an Genauigkeit einzubüßen, folgendermaßen ändert. Er entfernt die Schraubentrommel und den Schlittenkasten von ihrer Stelle und bringt den Doppelfaden im Ablesefernrohr fest an. Die Trommelschraube wird oberhalb des Teilkreises angebracht, so daß sie den Umfang des Instruments nicht vergrößert, und mit ihrer Hilfe wird nun das ganze Ablesefernrohr mit dem festen Doppelfaden auf den nächstvorhergehenden Limbusstrich zurückgedreht. Die Größe der Drehung liest man an der Trommelschraube ab. Durch diese Einrichtung kann man die Vorteile der Schraubenmikroskop-Ablesung zur Anwendung bringen, ohne den Umfang des Instruments zu vergrößern.

Beim Ablesen der Nonien, Strichmikroskope, Skalenmikroskope und Schraubenmikroskope stößt man bei manchen Theodolitenkonstruktionen leicht aus Versehen mit der Stirn an das Instrument. Daher setzen manche Mechaniker-

[1] Z. Instrumentenk. 1910, H. 2.
[2] Einige Typen von Nonientheodoliten heutiger Bauart zeigt Tafel 13
[3] Z. Instrumentenk. 1888, Mai-Heft.

firmen kleine Glasprismen auf die Ablesevorrichtungen auf, die eine bequeme Kopfhaltung ermöglichen. Diese Prismen werden Ableseprismen genannt. Sie finden sich bereits bei Hunäus 1864 und seit 1903 in den Katalogen der Firma Max Wolz in Bonn[1]. Es sei noch über die Genauigkeit der genannten Ableseeinrichtungen etwas gesagt.

Vor einigen Jahren hat H. Wild eine neue Ableseart eingeführt, die sogenannte Spiegel-Koinzidenz-Ablesung, s. Tafel 5. Von dieser wird unten (S. 82 u. 83) die Rede sein.

Wenn man mit einem heutigen Theodolitfernrohr einen gut markierten Punkt anzielen will, so wird man wegen der Unvollkommenheit des menschlichen Auges natürlich ein wenig daneben geraten, es entsteht ein „Zielfehler". Denkt man sich, ein Beobachter führe mit ein und demselben Instrument sehr viele (n) Zielungen aus und sei auch jedesmal in der Lage, den begangenen Zielfehler $\varepsilon_{z1} \ldots \varepsilon_{zn}$ festzustellen, so nennt man dann den Ausdruck

$$\pm \sqrt{\frac{[\varepsilon_z \varepsilon_z]_1^n}{n}} = m_z \qquad (54)$$

den mittleren Zielfehler des Beobachters bei Benutzung des betreffenden Instruments. Die eckige Klammer dient hier, wie überall im Vermessungswesen, als Zeichen für „Summe". Mit unseren heutigen Theodolitfernrohren hat ein mäßig geübter Beobachter einen mittleren Zielfehler etwa zwischen $\pm 1''$ und $\pm 3''$*. Wenn man bedenkt, daß die Gesichtseinheit (Abschn. 57b) rund 60″ beträgt, bei einem 24fach vergrößernden Fernrohr also 2,5″, so wird man die Grenzen $\pm 1''$ und $\pm 3''$ plausibel finden.

Nun entsteht noch ein Ablesefehler ε_i — wir wollen ihn Intervallfehler nennen —, der daher rührt, daß der Zeigerstrich, an dem abgelesen wird, an derjenigen Stelle der Teilung, der er gerade gegenübersteht, eine ganz bestimmte Ablesung zwangsweise herbeiführt. Diese Zwangsablesungen folgen nun aber nicht stetig aufeinander, sondern in bestimmten Intervallen. So folgen bei den heute am meisten gebräuchlichen Nonientheodoliten die Koinzidenzen des Nonius, bei denen abgelesen wird, in Abständen von 30″ aufeinander. Sogenannte „halbe Koinzidenzen" (s. Abb. 57) kann man aber noch mit Sicherheit schätzen. Die Ablesungen springen daher von 15″ zu 15″. Entsprechendes gilt für die anderen vier Ablesearten, bei denen der Zeigerstrich an irgendeiner Stelle des Teilungsintervalls erscheint. Bei dieser Art Ablesung kann man stets die Zehntel-Intervalle mit Sicherheit schätzen. Die Ablesungen springen also von Zehntel-Intervall zu Zehntel-Intervall. Die Sprungweite der Ablesungen sei allgemein a. Dann hat man:

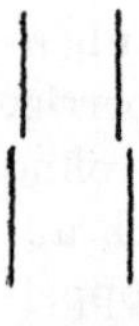

Abb. 57. Halbe Koinzidenz.

1. für den Nonientheodolit mit 30″ Koinzidenzen bei Schätzung von halben Koinzidenzen:

$$a = 15'',$$

2. für das Strichmikroskop mit 20^c Teilungsintervall bei Schätzung von Zehntel-Intervallen:

$$a = 2^c,$$

[1] Hunäus S. 83.

* Eversmann in Z. Instrumentenk. 1927, S. 479.

3. für das Skalenmikroskop mit 20′ Teilungsintervall und 10teiliger Skala bei Schätzung von Zehnteln des Skalen-Intervalls:

$$a = 0{,}2',$$

4. beim Schraubenmikroskop mit 10″ Trommelintervall bei Schätzung von Zehnteln des Trommel-Intervalls:

$$a = 1'',$$

5. bei Heydes Mikrometerablesung ebenso, wie bei 4.:

$$a = 1''.$$

Nun kann z. B. die Richtung der Zielachse des Theodolitfernrohrs derart sein, daß man eigentlich am Horizontalkreis eine Ablesung machen müßte, die auf 23″ ausgeht. Wenn man aber durch die Konstruktion des Instruments gezwungen ist, nur ganze Vielfache von 15″ abzulesen, so wird man 30″ statt 23″ ablesen. Man macht einen Intervallfehler ε_i von $-$ 7″. Man übersieht leicht, daß, wenn a die Sprungweite des Ableseintervalls ist, $\pm\frac{a}{2}$ alsdann der größte Intervallfehler ist, der noch vorkommen kann. Und man übersieht auch, daß zwischen $+\frac{a}{2}$ und $-\frac{a}{2}$ alle Intervallfehler gleich wahrscheinlich sind. Wenn man nun entsprechend der Formel (54) für m_z einen Ausdruck m_i für den mittleren Intervallfehler bilden will, so darf man jetzt nicht die Summe $[\varepsilon_i\,\varepsilon_i]$ bilden wollen, sondern muß statt ihrer den Ausdruck bilden

$$\int_{-\frac{a}{2}}^{+\frac{a}{2}} \varepsilon_i\,\varepsilon_i\,d\,\varepsilon_i\,,$$

da die zwischen $-\frac{a}{2}$ und $+\frac{a}{2}$ möglichen Intervallfehler keine springende, sondern eine stetige Reihe bilden. Man erhält auf diese Weise:

$$m_i = \int_{-\frac{a}{2}}^{+\frac{a}{2}} \varepsilon_i\,\varepsilon_i\,d\,\varepsilon_i : \int_{-\frac{a}{2}}^{+\frac{a}{2}} d\varepsilon_i = 0{,}6\cdot\frac{a}{2}\,.$$

Für unsere 5 Ablesevorrichtungen haben wir dementsprechend:

$$m_i = \pm\,4{,}5'', \quad \pm\,60^{cc}, \quad \pm\,3{,}6'', \quad \pm\,0{,}3'', \quad \pm\,0{,}3''. \tag{55}$$

Hierzu tritt aber noch die Unsicherheit, mit der das menschliche Auge die Stellung der Ablesevorrichtung erkennt. Wir wollen dies den Augenfehler nennen, seinen Mittelwert m_0. Wir wollen 1′45″ ablesen, wenn die Stellung des Zeigerstrichs — z. B. des Nullstriches des Nonius — 1′37,5″ bis 1′52,5″ erfordern würde. Erst bei 1′37″ und bei 1′53″ wollen wir 1′30″ und 2′00″ ablesen. Aber die Unvollkommenheit des menschlichen Auges verwischt diese Grenzen etwas. Wir können die Zielunsicherheit des Auges bei gewöhnlichen Zielen zu $\pm\frac{40''}{v}$ schätzen. Aber wenn man nun etwa sagen wollte: die Nonienlupen unserer Theodolite haben eine 3- bis 4fache Vergrößerung. Folglich sehen wir die Koinzidenzen und halben Koinzidenzen mit der Unsicherheit $\pm\frac{40''}{3} = \pm\,13''$ bis $\pm\frac{40''}{4} = \pm\,10''$, so würde das ein Trugschluß sein. Denn gegenüber so fein durchgebildeten Zielen, wie sie die scharf begrenzten Teilstriche eines heutigen Teilkreises und des Nonius bei guter Beleuchtung darstellen, ist der Augenfehler viel kleiner. Ob die Größe dieses Augenfehlers für die auf S. 79 angegebenen 5 verschiedenen Arten von Ablesevorrichtungen jemals zahlenmäßig festgestellt worden ist, ist mir nicht bekannt. Es könnte offenbar leicht geschehen, wenn man z. B. den Abstand der beiden Zeiger eines Theodoliten etwa 21 mal bestimmte und aus den Abweichungen vom arithmetischen Mittel den mittleren Fehler einer derartigen Bestimmung des Zeigerabstandes berechnete. Da sich dieser mittlere Fehler aus dem Augenfehler m_0 und der Größe m_i der Formel (55) zusammensetzt, wäre es mithin leicht, den Augenfehler m_0 zu bestimmen.

Für einen kleinen Schraubenmikroskoptheodolit von 8 cm Durchmesser, dessen Mikroskope 21- bis 22 mal vergrößerten, wurde für die Unsicherheit, mit der man den Doppelfaden auf einen Limbusstrich einstellt, also für den Augenfehler m_0 gefunden:

1. von Dr. Kappes bei natürlichem Licht: $m_0 = \pm 1{,}7'' = \pm \frac{36{,}5''}{v}$,
2. von Dr. Eversmann bei künstlichem Licht: $m_0 = \pm 1{,}5'' = \pm \frac{32''}{v}$,
3. von Dr. Kappes bei künstlichem Licht: $m_0 = + 1{,}2'' = \pm \frac{26''}{v}$.

Für einen großen Schraubenmikroskoptheodolit, dessen Mikroskope nur 10fache Vergrößerung hatten, fanden dieselben Beobachter für den Augenfehler m_0 die Werte:

1. Dr. K. bei natürlichem Licht: $m_0 = \pm 3{,}4'' = \pm \frac{34''}{v}$,
2. Dr. E. bei künstlichem Licht: $m_0 = \pm 2{,}0'' = \pm \frac{20''}{v}$,
3. Dr. K. bei künstlichem Licht: $m_0 = \pm 2{,}4'' = \pm \frac{24''}{v}$.

Für die Einstellung des Doppelfadens auf einen Teilungsstrich hat man danach im Mittel etwa:

$$\left.\begin{array}{l} \text{1. bei natürlichem Licht } \pm \frac{35''}{v}, \\ \text{2. bei künstlichem Licht } \pm \frac{23''}{v}. \end{array}\right\} \tag{56}$$

Für die mittlere Zielunsicherheit des menschlichen Auges ist offenbar die Gestaltung des Zieles, sowie dessen Beleuchtung von wesentlicher Bedeutung. Daher die großen Verschiedenheiten der Angaben: Vogler $\pm 50'':v$, Kappes und Eversmann $35''$ bis $23'':v$, Stampfer $15'':v$, Hering $10''$ bis $2''$[1]. Offenbar hatten die Beobachter wesentlich verschiedene Zielformen und Zielbeleuchtung, so daß man aus ihren verschiedenen Ergebnissen vielleicht rückwärts einen Schluß ziehen kann, welches die besten Zielformen und die besten Beleuchtungsverhältnisse sind. Sehr eingehend untersucht hat diese Verhältnisse A. Nötzli. Nötzli findet als beste Zielform eine keilförmige Zielmarke. Aber auch für rechteckige Felder, die durch einen etwas schmaleren rechteckigen Streifen derart überdeckt werden, daß jederseits nur ein Lichthaar bleibt, findet Nötzli Einstellfehler von kleinen Bruchteilen einer Sekunde.

Mit der neuen, von Wild eingeführten Ableseart hat es folgende Bewandtnis. Wegen einer möglichen Exzentrizität zwischen Teilkreismittelpunkt und Alhidadenachse liest man ja an zwei Zeigern ab, die um 180° einander gegenüberstehen. Wir denken uns nun die beiden Zeiger in Form von 2 radialen Strichen, welche

[1] Boßhardt: Der neue Reduktionstachymeter, Sd.dr. S. 16.

sich zwischen die Teilungsstriche einlegen. Diese beiden Teilungsstellen spiegelt Wild durch ein System von Prismen so zusammen, daß sie zu beiden Seiten einer geraden Linie gegenläufig einander gegenüberstehen. Darauf werden durch Drehen zweier planparalleler Glasplatten die beiden Teilungstellen so weit gegeneinander verschoben, bis in unmittelbarer Nähe der Zeigermarke entsprechende Teilstriche, deren Bezifferung also um 180° differiert, zur Koinzidenz gelangen. Die Größe der Drehung der planparallelen Glasplatten gegeneinander wird abgelesen, und zwar gleich so, daß die Drehung in Minuten und Sekunden im Ablesefernrohr oberhalb der Teilkreisablesung erscheint. Die Ablesung ist so eingerichtet, daß man auf diese Weise gleich das Mittel aus beiden Zeigern erhält. Das Ablesefernrohr, in welchem diese Ablesung und auch die des Höhenkreises erscheint, ist so angebracht, daß man gleich neben dem Fernrohr-Okular Horizontalkreis und Höhenkreis abliest, ohne seine Stellung zu verändern.

Das erste Instrument dieser Art stellte Wild 1920 für die Firma Zeiß her. 1924 berichtet O. Eggert in der Z. Instrumentenk., H. 15 und 16 darüber[1].

Diese Art Instrumente werden heute hergestellt von der Firma Carl Zeiß in Jena und Heinrich Wild in Heerbrugg in der Schweiz. Die heutigen Wildschen Theodolitformen s. Tafel 6; die Zeißsche Theodolitform Tafel 10, 2.

Die von seiten der Firma Zeiß in den Handel gebrachte Ablesung ist auf Tafel 5 dargestellt.

An dem von Wild konstruierten Präzisionstheodolit, dessen Horizontalkreis einen Durchmesser von 140 mm hat, liest man diesen Kreis unmittelbar auf 0,2″ ab. Hierzu tritt aber die Unsicherheit, mit der man die Koinzidenz herbeiführt. Nach eingehender Untersuchung kommt Dr. Ackerl in Wien[2] zu dem Schluß: „Bei ziemlicher Übung und unter Anwendung großer Sorgfalt dürfte es immer gelingen, den Ablesefehler in der Nähe von 0,3″ zu halten, sofern man nur besonderes Augenmerk auf eine gleichbleibende, nicht allzu helle Beleuchtung der Teilung legt.“ Die von Ackerl angegebenen 0,3″ entsprechen also dem Grad von Sicherheit, mit dem man die Koinzidenz der beiden zusammengespiegelten Teilkreisstellen vermittels Drehen der planparallelen Glasplatten herbeiführen kann. Werkmeister findet für diesen Betrag $\pm$ 0,64″ bis $\pm$ 0,45″[3].

Der mittlere Zielfehler eines Fernrohrs wird selbst bei 40facher Vergrößerung, also bei der stärksten Vergrößerung, die wir heutzutage bei unseren geodätischen Fernrohren glauben in Anwendung bringen zu dürfen, nach dem Bau des menschlichen Auges wohl kaum jemals unter 0,75″ herunterzubringen sein. Also hat Wild mit seiner Koinzidenzmethode die mittlere Ableseungenauigkeit bereits erheblich unter die mittlere Ungenauigkeit des Zielens heruntergebracht.

Aber so bewunderungswürdig auch diese neuen, von den Firmen Wild und Zeiß hergestellten Instrumente sind, so erinnern sie doch gleichwohl an einen Ausspruch Stampfers aus dem Jahre 1845: „eine Verstellung des Fadenkreuzes . . . von nur $\frac{1}{10000}$ Zoll bewirkt einen Fehler von beinahe 2″. Solche Veränderungen sind aber ganz unvermeidlich und können bei den besten Instrumenten durch zufällige Erschütterungen, durch starke oder ungleichförmige

[1] Vgl. auch Z. Instrumentenk. 1925, H. 1 und Schweiz. Z. f. V. u. Kult. 1925: Wild: Der neue Theodolit.

[2] Z. Instrumentenk. 1928, S. 517—523.

[3] Z. Instrumentenk. 1928, S. 114 ff.

Temperaturwechsel u. dgl. eintreten; deshalb ist bei jedem guten Instrument die Einrichtung getroffen, wonach der Geometer jeden Augenblick sein Instrument prüfen und berichtigen kann. Man kann hieraus abnehmen, welches Vertrauen die Arbeiten derjenigen sogenannten Geometer verdienen, deren es leider manche gibt, welche jedes Instrument, das ihnen in die Hand gerät, ohne weiteres als richtig annehmen und damit darauflos arbeiten, auch wohl die nötigen Prüfungen nicht einmal verstehen, die begangenen Fehler aber dem Instrument zur Last legen“.

In ähnlichem Sinne sagt Boßhardt in der Schweiz. Z. f. V. u. Kult. 1925, S. 31: „Da man nie sicher ist, ob der Gehilfe das Diopter nicht irgendwo angeschlagen hat, so wird ein vorsichtiger Beobachter gut tun, dasselbe von Zeit zu Zeit nachzuprüfen.“

Es dürfte dem Praktiker immerhin nicht ganz leicht werden, die neuen Wildschen Instrumente von Zeit zu Zeit nachzuprüfen und zu berichtigen.

67. Wesentlichste gemeinsame Anforderungen für Über- und Untertagemessung.

Beim Messen mit dem Theodolit soll das Instrument folgende Anforderungen erfüllen:

a) Die Stehachse (Alhidadenachse) soll lotrecht sein. Eine Abweichung der Stehachse von der Lotrechtstellung wird Aufstellfehler genannt. Wir bezeichnen ihn mit v. Statt zu sagen: „Die Stehachse des Theodoliten wird lotrecht gestellt“, wollen wir künftig etwas kürzer sagen: „Der Theodolit wird angerichtet.“ Es ist auch vielfach üblich, dafür zu sagen: „Der Theodolit wird horizontiert.“

b) Die zwischen den Fernrohrträgern befindliche Dosenlibelle soll die Lotrechtstellung der Stehachse in der Weise anzeigen, daß sie einspielt. Sind statt der Dosenlibelle zwei Kreuzlibellen vorhanden, so sollen diese bei lotrechter Stellung der Stehachse beide einspielen.

c) Hinsichtlich der Kippachse ist es erwünscht, wenn auch nicht gerade nötig, daß sie recht genau senkrecht zur Stehachse sei. Eine Abweichung vom rechten Winkel zwischen Kippachse und Stehachse wird Kippachsenfehler genannt. Wir bezeichnen ihn mit k_0.

Dreht man den Oberteil des Theodoliten, die sogenannte Alhidade, um die Alhidadenachse, so ändert sich dabei k_0 natürlich nicht. Wohl aber ändert sich, wenn ein Aufstellfehler v vorhanden ist, der Winkel, den die Kippachse jeweils mit dem Horizont bildet. Dieser Winkel heißt die Kippachsenneigung. Wir bezeichnen ihn mit k.

Die Reitlibelle soll, wenn $k = 0$ ist, einspielen.

d) Hinsichtlich der Zielachse ist es erwünscht, wenn auch nicht gerade nötig, daß sie senkrecht zur Kippachse sei. Eine etwaige Abweichung von dieser Lage nennt man Zielachsenfehler oder Kollimationsfehler. Wir bezeichnen den Zielachsenfehler mit γ.

e) Die Okularlupe soll in solche Stellung zum Fadenkreuz gebracht sein, daß das Fadenkreuz deutlich sichtbar ist. Hierüber s. Abschn. 48.

f) Der Höhenkreis hat zwei 180^{0} weit auseinander stehende Zeiger, und die Höhenkreisalhidade, d. i. die kleine drehbare Vorrichtung, welche die beiden

Höhenkreiszeiger trägt, ist mit einer Röhrenlibelle verbunden, der sogenannten Alhidadenlibelle, welche sich mitdreht, wenn die Höhenkreisalhidade gedreht wird. Wir wollen annehmen, daß die Teilung des Höhenkreises Zenitdistanzen gibt. Dann sollen die Zeiger des Höhenkreises bei einspielender Alhidadenlibelle und wagrechter Sicht genau auf 90^0 und 270^0 stehen. Ist das nicht der Fall, sondern wird bei einspielender Alhidadenlibelle $90^0 + i$, $270^0 + i$ abgelesen, so nennt man $-i$ den Indexfehler des Höhenkreises. Dieser wird nun der bequemeren Berechnung willen möglichst vor Beginn der Messungen beseitigt. Bei umfangreicheren Messungen wird durch die Beseitigung des Indexfehlers Zeit gespart. Bei kleineren Messungsarbeiten ist es bequemer, ihn nicht erst zu beseitigen, sondern ihn rechnerisch zu berücksichtigen.

g) Die Röhrenlibelle, welche manche Mechanikerfirmen auf dem Fernrohr selber in dessen Längsrichtung anbringen, die sogenannte Fernrohrlibelle, wird für die eigentlichen Theodolitmessungen nicht gebraucht. Sie dient aber dazu, den Theodolit an Stelle eines Nivellierinstruments gebrauchen zu können, so daß gelegentlicher Transport eines besonderen Nivellierinstruments erspart werden kann, was zuweilen für den Markscheider bei Grubenmessungen von erheblichem Nutzen ist. Diese Einrichtung findet sich bereits bei dem S. 78 erwähnten Studerschen Theodolit von 1801[1].

68. Berichtigung des Theodolits.

Unter Berichtigung eines Theodolits versteht man die Gesamtheit der Handgriffe, die den Theodolit für eine längere Reihe von Tagen gebrauchsfähig machen. Eine sorgfältige Berichtigung führt dazu, daß der Theodolit die in Abschn. 67b bis 67f angegebenen Anforderungen so lange erfüllt, bis die Metallteile des Instruments infolge von Wärmeänderungen und Erschütterungen so viel gegeneinander gearbeitet haben, daß der Theodolit wieder in Unordnung geraten ist.

(Zu 67b). Berichtigen der Stehachsenlibellen.

Man stellt den Theodolit so vor sich auf, daß man von seinen 3 Fußschrauben die eine links, eine andere rechts vor sich hat. Die Muttern, in denen die Fußschrauben sitzen, pflegen der Länge nach geschlitzt zu sein. Die beiden Backen, die durch den Schlitz abgeteilt werden, gehen gewöhnlich in Flanschen aus, und durch diese geht eine Bremsschraube hindurch. Damit der Theodolit während des Gebrauches ganz fest steht, zieht man die Bremsschraube an.

Es seien 2 Kreuzlibellen vorhanden. Dann dreht man die Alhidade so, daß eine der beiden Kreuzlibellen parallel liegt zu der lotrechten Ebene, welche durch die Spindeln jener beiden Fußschrauben geht. Jetzt bringt man mit den beiden Fußschrauben diese Kreuzlibelle zum Einspielen. Darauf dreht man die Alhidade nach Augenmaß 180^0 weit um die Stehachse, so daß die Kreuzlibelle wieder parallel wird zur Ebene der beiden Fußschrauben. Man liest jetzt an der Kreuzlibelle einen Ausschlag v_1 ab. Hierauf beseitigt man mit Hilfe der beiden Fußschrauben den halben Ausschlag, also $\frac{v_1}{2}$. Die Mitte der Luftblase der Kreuzlibelle befinde sich

[1] Vgl. Studer: 1801, S. 155, wo auch der Zweck ausdrücklich angegeben wird.

jetzt bei der Ablesung A_1. Nun dreht man die Alhidade 90° weit und bringt mit der dritten Fußschraube die Kreuzlibelle zur Ablesung A_1.

Wenn alle Handgriffe, namentlich die Drehung 180° weit um die Stehachse, fehlerlos wären, so würde jetzt die Stehachse lotrecht, der Theodolit also angerichtet sein. Aber tatsächlich wird nur angenäherte Lotrechtstellung erreicht sein. Man geht jetzt mit dem Justierstift an die Neigungsschraube der benutzten Kreuzlibelle und bringt diese Libelle auf ihrer Mittelmarke zum Einspielen.

Darauf wiederholt man den ganzen Vorgang, bis bei langsamer Drehung um die Stehachse die Libelle überhaupt keinen Ausschlag mehr zeigt, sondern stehen bleibt. Alsdann ist die Stehachse in aller Strenge lotrecht, der Theodolit also in aller Strenge angerichtet, und es werden jetzt beide Kreuzlibellen mittels ihrer Neigungsschrauben zum Einspielen auf der Mittelmarke gebracht.

(Zu 67c). Berichtigen der Kippachse und der Reitlibelle.

Um k_0 zum Verschwinden zu bringen, also einen rechten Winkel zwischen Kippachse und Stehachse hervorzubringen, braucht die Stehachse nicht vorher genau lotrecht gestellt zu sein. Man setzt die Reitlibelle auf die Kippachse und bringt sie mittels der Fußschrauben des Theodolits zum Einspielen. Hierauf hebt man sie von der Kippachse ab und dreht die Kippachse unter ihr weg um 180°, so daß das vorher linke Kippachsenende jetzt das rechte Ende wird und umgekehrt. Um genau 180° Drehung zu erhalten, benutzt man zur Hilfe am besten den Horizontalkreis. Jetzt setzt man die Reitlibelle wieder auf die Kippachse auf so, daß derjenige Fuß der Reitlibelle, den der Beobachter erst links vor sich hatte, auch jetzt wieder links vor ihm ist. Nun zeigt sich ein Ausschlag der Reitlibelle, der gleich $2\,k_0$ ist. Man beseitigt die Hälfte des Ausschlages mit Hilfe der Kippachsenlagerschrauben. Hierdurch ist der Winkel zwischen Stehachse und Kippachse ein genau rechter geworden[1].

Jetzt macht man die Stehachse genau lotrecht, wobei man statt einer Kreuzlibelle am besten die Reitlibelle benutzt, weil diese eine schärfere Lotrechtstellung gestattet. Sie pflegt etwa 20″ Angabe zu haben, die Kreuzlibellen 60″. Nach Lotrechtstellung der Stehachse bringt man darauf die Reitlibelle mit Hilfe ihrer Neigungsschraube zum Einspielen. Darauf setzt man die Reitlibelle zur Sicherheit noch auf der Kippachse um, und wenn sich dabei ein kleiner Ausschlag zeigen sollte, so beseitigt man die Hälfte mittels der Neigungschraube der Reitlibelle. Damit hat man dann der Reitlibelle die Eigenschaft erteilt, daß sie bei wagrechter Lage der Kippachse, also wenn $k = 0$ ist, einspielt.

(Zu 67d). Berichtigung des Zielachsenfehlers.

Im Hinblick auf Abschn. 58 muß man mit der Möglichkeit rechnen, daß für verschiedene Entfernungen verschiedene Zielachsen vorhanden sind. Alle kann man nicht senkrecht zur Kippachse machen. Man wählt am besten die Zielachse für ∞ aus.

---

[1] Dieses überraschend einfache Verfahren hat Verf. ungefähr 1914 im Gespräch mit Vogler kennen gelernt. Vogler gab auf mehrfache Fragen, wem denn dieser schöne Gedanke gekommen sei, ausweichende Antworten. Danach ist fraglos Vogler der Urheber dieses Verfahrens.

Erstes Verfahren: Man stellt das Fadenkreuz ein auf ein Ziel, das wenigstens etwa 1 km entfernt ist, und liest einen Zeiger des Horizontalkreises ab (α). Hierauf legt man das Fernrohr in den Kippachsenlagern um, stellt das Ziel jetzt nochmals ein und liest an demselben Zeiger nochmals ab (β). Hierauf dreht man die Alhidade des Theodolits so weit, bis man am selben Zeiger $\frac{1}{2}(\alpha+\beta)$ abliest. Dann verschiebt man das Fadenkreuz im Fernrohr mit Hilfe der Fadenkreuzschräubchen so weit, bis die Zielachse wieder auf das Ziel gerichtet ist. Dann sind Zielachse für ∞ und Kippachse aufeinander senkrecht.

Zweites Verfahren: Man stellt das Fadenkreuz ein auf ein Ziel, das wenigstens etwa 1 km entfernt ist, und liest beide Zeiger des Horizontalkreises ab. Das Mittel, die Grade von Zeiger 1 genommen, sei α. Hierauf schlägt man das Fernrohr durch, stellt nochmals auf das Ziel ein und liest wieder beide Zeiger ab. Das Mittel beider Ablesungen, die Grade von Zeiger 2 genommen, sei jetzt β. Nun dreht man die Alhidade so weit, bis man die Ablesung $\frac{1}{2}(\alpha+\beta)$ erhält als Mittel beider Zeiger, die Grade von Zeiger 2 genommen. Nun verschiebt man bei festgeklemmter Alhidade das Fadenkreuz mittels der Fadenkreuzschräubchen, bis es wieder auf das Ziel zeigt.

(Zu 67e). Richtige Einstellung der Okularlupe.

Hierüber ist in Abschn. 48 alles Nötige gesagt.

(Zu 67f). Beseitigung des Indexfehlers.

Die Stehachse braucht nicht genau lotrecht zu sein. Man stellt das Fernrohr auf ein scharf bezeichnetes Ziel ein. Es kommt dabei nicht darauf an, ob das Ziel nahe oder fern ist; hoch, wagrecht oder tief gelegen. Darauf bringt man die Alhidadenlibelle des Höhenkreises zum Einspielen und liest jetzt Zeiger A des Höhenkreises ab (α). Hierauf schlägt man das Fernrohr durch, stellt nochmals auf das Ziel ein, bringt wieder die Alhidadenlibelle des Höhenkreises zum Einspielen und liest am Höhenkreis Zeiger A wiederum ab (β). Ist kein Indexfehler vorhanden, so zeigt sich, daß

$$\alpha + \beta = 360^0$$

ist. Statt dessen ergebe sich aber ein positiver oder negativer Überschuß $2i$ über 360^0:

$$\alpha + \beta = 360^0 + 2i. \tag{57}$$

Dann ist ein Indexfehler $-i$ vorhanden. Und es ist also:

$$-i = \frac{1}{2}(360^0 - \alpha - \beta). \tag{58}$$

Die richtigen Ablesungen, die man bei nicht vorhandenem Indexfehler erhalten haben würde, sind:

$$\alpha - i, \quad \beta - i.$$

Um den Indexfehler zu beseitigen, dreht man die Höhenkreisalhidade mit Hilfe der für diesen Zweck vorgesehenen Schraube, bis man bei Zeiger A $\beta - i$ abliest. Darauf bringt man mit Hilfe des Justierstiftes die Alhidadenlibelle mittels ihrer Neigungsschraube zum Einspielen.

Hierdurch ist Zeiger A vom Indexfehler befreit. Für die meisten Messungen des Markscheiders ist Ablesung an nur einem Zeiger, also am Zeiger A, ausreichend, z. B. in der Grube, wenn das Gefälle von Polygonseiten oder Schnuren mittels des Höhenkreises bestimmt werden soll und über Tage vor allen Dingen bei allen tachymetrischen Aufnahmen.

In dem in der Praxis seltener auftretenden Falle der trigonometrischen Höhenmessung liest man allerdings beide Höhenkreiszeiger A und B ab. Also beseitigt man dann auch am besten den Indexfehler für das arithmetische Mittel der beiden Zeiger. Für diesen Fall gilt das besprochene Verfahren der Beseitigung des Indexfehlers ebenfalls, doch muß man unter α und β dann nicht Ablesungen an Zeiger A verstehen, sondern die Mittel aus Zeiger A und Zeiger B, die Grade von Zeiger A genommen.

69. Der Grubentheodolit.

Verhältnismäßig wenig Markscheidereien werden in der pekuniär so angenehmen Lage sein, für die Tagemessungen einen besonderen Theodolit zu besitzen und für Grubenmessungen einen anderen Theodolit. Meistens wird ein und derselbe Theodolit über und unter Tage Dienst tun müssen, also Tagetheodolit und Grubentheodolit zugleich sein. Man stelle sich aber den für den Markscheider angenehmen Fall vor, daß er in der Lage sei, sich einen Theodolit bestellen zu können, der lediglich zu Grubenmessungen verwendet werden soll. Welche Anforderungen wird er an diesen Theodolit stellen?

a) Der Theodolit muß noch für Zielweiten brauchbar sein bis herab zu etwa 1,0 m. Handelt es sich um einen Theodolit mit Okulartrieb, so muß also der Okulartrieb entsprechend weit mit Präzision herausgeschraubt werden können. Bei einem Zeiß-Wild-Fernrohr muß die Führung der verstellbaren Zwischenlinse weit genug gehen, um solche kleine Zielweiten noch zu ermöglichen. Aber beide Anforderungen sind schwer zu erfüllen. Man hilft sich daher am besten durch einen Satz Vorstecklinsen für die kleinen Entfernungen, wie sie die Mechanikerfirmen vorrätig haben. Vgl. hierzu Abschnitt 159.

b) Da in der Grube weit schwächeres Licht herrscht als über Tage, so ist die Augenpupille des Beobachters weiter geöffnet. Man wird sich daher nicht mit dem winzigen Durchmesser d begnügen, den manche Mechaniker der Austrittspupille des Fernrohrs geben. Denn ohne zwingende Ursache werden dadurch Fernrohrbilder von mangelhafter Lichtstärke erzeugt. Man wird vielmehr eine Austrittspupille von etwa 2 bis 2,5 mm Durchmesser verlangen. Um durch diese Wahl der Austrittspupille die Vergrößerung nicht zu schwächen, wird man den Objektivdurchmesser entsprechend groß wählen, so daß $D : d$ gleich der gewünschten Vergrößerung wird. Eine etwa 25fache Vergrößerung wird man für unsere Grubenmessungen als erwünscht ansehen. Man wird daher für den Objektivdurchmesser etwa 50 mm wählen.

c) Man kommt bei Grubenmessungen häufig in die Lage, den Theodolit „unter einem Firstenpunkt zentrieren" zu müssen. Hierzu gehört eine kleine Zentriermarke, die auf der Mitte der Kippachse angebracht ist. Das Zentrieren ist aber ein zeitraubendes lästiges Geschäft, das sich vermeiden läßt. Man bringt auf der Kippachse in ihrer Längsrichtung eine Millimeterskala an und läßt vom Firstenpunkt ein kleines Handlot herabhängen. Nach Einstellung des Fernrohrs auf ein Ziel sieht man an Lotschnur und Skala, wie viele mm Querabweichung vorhanden sind. Es seien e mm. Die Länge der Sicht sei s mm. Dann hat man als Verbesserung v, die an der Sicht anzubringen ist:

$$v = \frac{e}{s} \varrho .$$

Diese Kippachsenskala wird man sich in einer Länge von vielleicht 4 cm also ebenfalls anbringen lassen.

Ist aber die Firste so hoch über dem Beobachter, daß man ein Handlot nicht von ihr herabhängen lassen kann, so bedient man sich zum Zentrieren des auf Tafel 12, 2 dargestellten Firstenabloters.

d) Auf eine besondere Vorrichtung zur Beleuchtung des Fadenkreuzes verzichtet man am besten, falls ihr Einbau ins Instrument gerade die mittleren durch das Fernrohr hindurchgehenden Lichtstrahlen abfangen würde, oder falls die Vorrichtung etwa wie eine Verkleinerung des Objektivdurchmessers wirken müßte, also die Helligkeit des Fernrohrbildes wesentlich schwächen müßte. Man sieht die Fäden recht gut, wenn man mit einem gewöhnlichen Grubengeleucht von vorne her, aber etwas von der Seite, auf das Objektiv Licht auffallen läßt. Das kann der Beobachter zur Not selber tun, indem er das Geleucht im ausgestreckten Arm hält.

e) Der Hauptfehler der in der Grube üblichen Winkelmessung rührt daher, daß Mittelpunkt des Theodolits und Zielpunkt des Grubensignals nicht nacheinander an ein und dieselbe Stelle des Raumes gelangen. Man nennt diesen Fehler den Zentrierfehler. Um ihn möglichst klein zu halten, hat man die sogenannten Zwangzentrierungen, deren es mehrerlei gibt. Eine Anwendungsmöglichkeit für Zwangzentrierungen ist aber nicht in allen Grubenverhältnissen gegeben. Dort wo ein Markscheider mit Zwangzentrierung arbeitet, muß dann aber der Grubentheodolit meist mit einer kleinen Vorrichtung versehen sein, die es möglich macht, ihn auf der betreffenden Zwangzentrierung zu verwenden. So z. B. behufs Benutzung des Grubentheodolits auf der Freiberger Aufstellung muß der Theodolit an seinem unteren Ende zwischen den 3 Stellfüßen mit der „Freiberger Kugel" ausgerüstet sein. Bei Benutzung von Steckhülsen muß der Dreifuß des Theodoliten abnehmbar sein und der Theodolit unten in einen Steckzapfen auslaufen, der in die Steckhülse eingesetzt wird usw.

f) Im Dunkel der Grube sind die Ziele zuweilen mit dem Fernrohr schwer zu finden, namentlich bei steilen Sichten. Eine ausgezeichnete Hilfe nach dieser Richtung hin bietet sich dem Beobachter, wenn das Fernrohr mit dem Aubellschen Sucher ausgestattet ist, einer Erfindung des Professors Dr. Franz Aubell in Leoben.

70. Der Brandenbergsche Hängetheodolit.

Für Winkelmessungen in der Grube, bei denen es auf besondere Genauigkeit nicht ankommt, bediente man sich etwa bis zum Jahre 1912 allgemein des Kompasses. In dem genannten Jahre veröffentlichte der Markscheider Brandenberg eine von ihm herrührende Theodolitkonstruktion, die er Hängetheodolit nannte, und die von da ab als Ersatz für den Kompaß ziemliche Verbreitung gefunden hat. Der Konstrukteur knüpfte an den Hängetheodolit die Erwartung, daß er sich auch zu feinen Winkelmessungen eignen würde.

Für Einzelheiten der Konstruktion und der Handhabung sei auf die Schrift Brandenbergs in Mitt. a. d. M. 1912 verwiesen. Tafel 14 zeigt die neueste Form dieser Theodolitart.

Man kann den Hängetheodolit im Sinne des Erfinders so verwenden, daß man das Streichen, dessen Richtung zuerst mit dem Fernrohr eingestellt werden soll, am Horizontalkreis zur Ablesung bringt. Darauf erhält man durch Messung des von hier ausgehenden Polygonwinkels mechanisch das nächste Streichen und unter Addition von $\pm 180^0$ entsprechend die nächsten Streichen und schließlich bis auf $\pm 180^0$ genau mechanisch das Endstreichen: bei gerader Anzahl der Polygonwinkel auf $\pm 180^0$ genau; bei ungerader Anzahl, ohne daß $\pm 180^0$ hinzugefügt werden müßte. Um das Endstreichen zu erhalten, braucht man eigentlich die einzelnen Polygonwinkel nicht ablesen, aber da Polygonseitenmessungen gemacht werden, ist für die spätere Zeichnung der Brechpunkte die Ablesung auch der einzelnen Streichen erforderlich.

Die zugehörigen Längen mißt man am besten optisch mittels aufgehängter Distanzlatte, ebenso die Höhenunterschiede. Ein Höhenkreis ist am Instrument vorgesehen.

Wenn man am Horizontalkreis nur einen Zeiger abliest, so ist das natürlich noch immer weit genauer als eine Kompaßablesung. Aber wenn man innerhalb eines Kompaßzuges am Kompaß einen groben Ablesefehler begeht, so wird ja allerdings das Endstreichen dadurch nicht falsch, aber ein Teil des Zuges erleidet dadurch eine Verschiebung. Ebenso ist es beim Hängetheodolit, wenn man ihn in der angegebenen Weise benutzt. Es entsteht daher die Frage, ob beim Hängetheodolit vielleicht die Möglichkeit gegeben ist, sich gegen grobe Messungsfehler eine Sicherung zu verschaffen. Der in der Markscheiderei der Limburger Staatsgruben zu Heerlen in Holland tätige Dr. A. Grond hat ein einfaches Verfahren der Sicherung ausgedacht: der Teilkreis wird nicht in 360^0 beziffert, sondern in 180 Doppelgrade. Man mißt den Winkel in einer Fernrohrlage und liest ab, als wären es Grade und nicht Doppelgrade. Darauf schlägt man durch, mißt mechanisch addierend in der zweiten Fernrohrlage und liest wieder ab. Man prüft, ob die beiden Messungen übereinstimmen, und addiert sie dann. Auf diese Weise erhält man jeden Winkel durch zweimalige Messung, also mit einer Kontrolle.

Ohne die Messung in 2 Fernrohrlagen würde mit einem exzentrischen Fernrohr nicht viel anzufangen sein. Bei Anwendung der Heerlener Doppelgrad-Teilung ist dagegen die Beigabe eines exzentrischen Fernrohrs insofern günstig, als man sich mit exzentrischem Fernrohr auch in etwas steileren Abbauen des Hängetheodoliten bedienen kann.

Beim Messen eines Winkels mit einem Theodoliten muß dessen Alhidadenachse möglichst unverändert in ihrer Stellung verbleiben. Bei den gewöhnlichen Standtheodoliten ruht die Alhidadenachse in einem Hohlkegel, der ihre Führung bildet, und der Hohlkegel ist fest und sicher in einen standfesten Dreifuß eingebaut. Bei Standtheodoliten liegt daher kein Grund vor, wegen Veränderung in der Stellung der Stehachse irgendwie besorgt zu sein. Der Hängetheodolit endet dagegen oben in eine kleine Kugel, und diese wird zwischen zwei Backen eingeklemmt. Auf dieser Klemmung allein beruht die Hoffnung des Beobachters, daß die

Alhidadenachse des Hängetheodoliten bei der Hantierung mit dem Instrument ihre Lage immer unverändert beibehalten werde. Dabei wirken noch die unvermeidlichen kleinen Seitendrucke, die bei der Hantierung auftreten, an einem langen Hebelarm.

Man könnte in diesem Sachverhalt einen Nachteil des Hängetheodoliten vor dem Standtheodoliten sehen und zu dem Wunsche kommen, daß ebenso, wie beim Hängenivellier[1], ein Beruhigungsstab vorhanden sein möchte. Doch wird von Praktikern versichert, daß die Aufhängung sich als sehr stabil bewährt habe und zu Beunruhigungen keine Veranlassung biete. Nur wird als lästig empfunden, daß in der Nähe von Schüttelrutschen das Vibrieren des Gesteins sich dem Theodolit mitteile, auch wenn der Theodolit in einem ganz freistehenden Stempel angebracht sei, der keine Verbindung mit der sonstigen Zimmerung habe. Ob sich dieser Übelstand irgendwie beseitigen läßt, vielleicht durch Einschaltung einer Federung, ist zur Zeit eine offene Frage.

71. Größe der Theodolite.

Die ersten Theodolite, die in den Handel kamen, waren recht groß. Sie hatten Teilkreisdurchmesser von 20 cm und mehr. Im Laufe der Jahrzehnte nahm der Durchmesser des Horizontalkreises immer mehr ab. Schon 1866 baute eine unserer großen Mechanikerfirmen einen Theodolit von 6 cm Teilkreisdurchmesser. 8,5 cm; 8; 7,5; 7 cm findet man heute in den Katalogen der führenden Firmen angegeben. Es entsteht die Frage, ob die Zukunft vielleicht den Instrumentchen mit den kleinen Horizontalkreisdurchmessern gehört, oder ob der günstigste Durchmesser vielleicht ein größerer ist.

Die Feinheit unserer Messungen hat zur Vorbedingung, daß die beim Theodolit vorgesehenen Drehungen Präzisionsdrehungen sind. Deformierungen der kreisrunden Achsen oder Buchsen dürfen nicht vorkommen. Es liegt daher auf der Hand, daß es eine bestimmte Grenze geben muß, unter die man mit den Dimensionen des Theodoliten nicht herabgehen darf, weil zu dünne Instrumententeile der Deformierung ausgesetzt sind.

Am augenfälligsten wird dieser Sachverhalt, wenn man sich etwa den Dreifuß des Theodoliten für sich allein vorstellt mit dem eingebauten Hohlkegel, in welchen die Achse des Limbus eingesetzt werden soll. Die Limbusachse ist wieder ihrerseits zentrisch durchbohrt zur Herstellung eines Hohlkegels, in welchem die Alhidadenachse einzusetzen ist. Die Limbusachse bildet also eine konische Röhre. Wird nun deren Wandung zu dünn, so deformiert sich die Röhre bereits beim Einsetzen der Alhidadenachse, sie weitet sich aus, und es entsteht Pressung an der Dreifußachse, durch welche die Drehung behindert wird.

Die Frage, ob die Präzisionsdrehung durch zu dünne Werkteile gefährdet ist, tritt bei jedem neuen Instrument auf, das kleiner ist als bewährte Vorgänger. Die Erfahrungen, die die Gebraucher mit den neuen Instrumenten machen, geben in solchen Fällen den Ausschlag.

Vereinzelte Klagen über Behinderung beim Drehen bei 8-cm-Instrumentchen sind dem Verfasser bekannt geworden, aber nicht gerade viele. Man wird etwa

---

[1] S. Abschnitt 124.

8 cm als kritische Grenze anzusehen haben, bei der und unterhalb deren die Brauchbarkeit sehr von der sonstigen Konstruktion abhängt.

Will man z. B. die beim Schraubenmikroskoptheodolit vorgesehene Verschiebung eines Doppelfadens und Ablesung der Verschiebung an einer Schraubentrommel für Grubenmessungen verwenden, mit Rücksicht auf die Enge der Grubenräume aber kleine Instrumentdimensionen haben, so bietet dann die Heydesche Mikrometer-Ablesung vor der Ablesungsart beim Schraubenmikroskoptheodoliten offenbar den Vorzug, daß bei gleichen Gesamtdimensionen der beiden Instrumente bei der Heydeschen Ableseart der Teilkreisdurchmesser etwas größer gehalten werden kann, als beim Schraubenmikroskoptheodolit.

72. Satzmessung mit dem Theodoliten.

a) Der Messungsvorgang.

Die Horizontalwinkelmessung mit dem Theodoliten geschieht entweder auf dem Wege der Satzmessung oder der Repetitionsmessung. Über letztere siehe Abschn. 73. Hier sei an einem Beispiel der Vorgang der Satzmessung erklärt, die man übrigens auch Richtungsmessung nennt.

Es seien etwa in 1 bis 3 km Entfernung vom Instrument 5 Ziele gegeben, und es sollen auf dem Wege der Satzmessung oder Richtungsmessung die Winkel zwischen diesen Zielen bestimmt werden. Wir stellen uns vor, das solle geschehen zum Zwecke des sogenannten Rückwärtseinschneidens. Die Ziele seien in ihrer Reihenfolge am Horizont im Sinne des Uhrzeigers numeriert mit 1, 2, .. 5. Der Messungsvorgang vollzieht sich alsdann wie folgt:

1. Zunächst wird mit Hilfe der Dosenlibelle oder der beiden Kreuzlibellen der Theodolit angerichtet.

Hierauf werden die Ziele in der Reihenfolge 1, .. 5 mit dem Fernrohr eingestellt; 2. bei jeder Zielung an beiden Zeigern des Horizontalkreises abgelesen, die Ablesungen (α_1, β_1, γ_1, δ_1, ε_1) aufgeschrieben und 3. sogleich das Mittel aus beiden Zeigern gebildet, wobei die Grade nicht mitgemittelt werden. Sondern es werden die Gerade des Zeigers I beibehalten. Diese einmalige Abkreisung des Horizonts nennen wir „den ersten Satz“. 4. Hierauf wird das Fernrohr durchgeschlagen und 5. der Teilkreis verstellt. Und zwar, wenn man n Sätze zu machen beabsichtigt, verstellt man um ungefähr $\frac{180^0}{n}$, so daß man bei Zeiger I ungefähr $\varepsilon_1 + \frac{180^0}{n}$ abliest. Man richtet es dabei aber absichtlich so ein, daß 6. in $\varepsilon_1 + \frac{180^0}{n}$ die Einer der Grade, die Minuten und die Sekunden ganz andere werden, als sie bei ε_1 waren. Bei einem Rückwärtseinschnitt, wie ihn die bergmännischen Vermessungsinteressen mit sich bringen, wird man 4 oder 6 Sätze machen, wenn mit Nonientheodolit gearbeitet wird; zwei mit Schraubenmikroskoptheodolit. Wir wollen für unser Beispiel $n = 6$ annehmen.

7. Wenn die Dosenlibelle nicht mehr einspielen sollte, kann man sie jetzt erneut mit den drei Stellschrauben des Theodolits zum Einspielen bringen.

8. Nunmehr dreht man Teilkreis und Alhidade zusammen so weit, bis im Fernrohr Ziel 5 eingestellt ist, und klemmt jetzt mit den dafür vorgesehenen Schrauben den Teilkreis an dem Dreifuß an. Man liest darauf für Ziel 5 ab und findet annähernd $\varepsilon_1 + 30^0$.

9. Bei allen Aufgaben des Vermessungswesens, also auch für unser Beispiel dreht man nun die Alhidade gegen den Teilkreis stets im Sinne des Uhrzeigers, niemals entgegengesetzt. Also drehen wir auch nach Erledigung des Zieles 5, um zu Ziel 4 zu gelangen, im Sinne des Uhrzeigers, also an den Zielen 1, 2, 3 vorüber und lesen dann für Ziel 4 ab. Darauf ebenso der Reihe nach Ziel 3, Ziel 2, Ziel 1.

Hiermit ist der zweite Satz erledigt.

10. Der Schreiber vergleicht jetzt, soweit ihm der Beobachter Zeit läßt, die Mittel des Satzes 1 mit den Mitteln des Satzes 2, indem er von beiden „reduzierte" Mittel bildet, d. h. er zieht Ablesung für Ziel 1 in beiden Sätzen von allen übrigen Ablesungen ab. Es müssen dann in beiden Sätzen ziemlich genau die gleichen reduzierten Mittel herauskommen.

11. Hierauf wird abermals durchgeschlagen und der Teilkreis um ungefähr 30^0 verstellt in der Weise, daß man ungefähr die Ablesung $\alpha_1 + 60^0$ am Zeiger I einstellt. Darauf stellt man Teilkreis und Alhidade zusammen auf Ziel 1 ein und mißt, wie bei Satz 1 angegeben, in der Reihenfolge der Ziele 1, 2 bis 5.

Alsdann ist der dritte Satz gemessen. Ganz ebenso erfolgt die Messung der noch übrigen 3 Sätze, indem vor jedem Satz das Fernrohr durchgeschlagen und der Teilkreis um rund 30^0 verstellt wird. Dazu wird von Satz zu Satz die Zielfolge gewechselt.

Die reduzierten Mittel müssen für alle 6 Sätze berechnet sein, ehe man den Standpunkt verläßt. Die Mittelung aller Sätze zusammen kann man auf später verschieben.

b) Die Gründe für die Einzelheiten (1.—11.) des Messungsvorganges.

1. ist natürlicherweise nötig, weil man sonst keine Horizontalwinkel erhalten würde.

2. Die beiden Zeiger müssen abgelesen werden, um eine möglicherweise vorhandene Exzentrizität der Alhidadenachse gegen den Teilkreismittelpunkt unschädlich zu machen.

3. ist in Verbindung mit 10. notwendig, um etwa untergelaufene Messungsfehler noch rechtzeitig zu erkennen und Ersatzmessungen ausführen zu können.

4. dient dazu, etwa vorhandene Zielachsenfehler und Kippachsenfehler unschädlich zu machen.

5. bietet den Vorteil, daß sämtliche für ein Ziel gemachte Ablesungen sich symmetrisch über den Horizontalkreis verteilen. Ungleichmäßige Erwärmung und entsprechende Audsehnung könnte periodisch an- und abschwellende Teilungsfehler hervorgerufen haben. Diese Teilungsfehler werden durch die symmetrische Verteilung der Ablesungen nach Möglichkeit unschädlich gemacht.

6. bietet Schutz gegen grobe Ablesefehler.

7. Während der Messung des ersten Satzes könnte das Stativ unter der einseitigen Wirkung der Sonnenstrahlen sich etwas verzogen haben. Auch könnte ein kleiner fehlerhafter Winkel vorhanden sein zwischen der Achse des Limbus und der Alhidadenachse. In diesem Falle würde die Verstellung um 30^0 zu einem Aufstellfehler der vorher lotrecht gewesenen Alhidadenachse führen.

8. Durch die Umkehr der Zielfolge wird das Mitdrehen des Stativs eliminiert, das sich unter dem Einfluß der am Himmel wandernden Sonne einstellen könnte.

9. Wenn die Alhidade an den Teilkreis angeklemmt war, und nun die Klemmung gelöst und die Alhidade gegen den Teilkreis verdreht wird, so wird von der sich drehenden Alhidade der Teilkreis immer etwas mitgerissen. Man nennt diese Erscheinung „Mitschleifen des Limbus“. Der fehlerhafte Einfluß auf die Winkelmessung wird eliminiert, wenn man die Alhidade stets in ein und demselben Drehungssinn gegen den Limbus bewegt[1].

10. siehe unter 3.

11. Zur Eliminierung der Instrumentalfehler würde einmaliges Durchschlagen nach dem dritten Satz ausreichen. Es ist aber sicherer, nach jedem Satz durchzuschlagen, weil man bei Ausführung der Messung niemals weiß, welche unvorhergesehene Störungen der Messung ein vorzeitiges Ende bereiten könnten.

73. Repetitionsmessung mit dem Theodoliten.

Mit dem Theodolit mißt man nur Horizontalwinkel und Zenitdistanzen oder Höhenwinkel, also nur Winkel, deren Ebene horizontal oder lotrecht ist. Die Astronomie kennt aber auch die Messung von Winkeln, deren Ebene schräg liegt, der sogenannten Positionswinkel. Um die Mitte des 18. Jahrhunderts benutzte der Astronom zu diesen Messungen ein sogenanntes Astrolabium. Das Wesentliche ist an diesem Instrument eine mit Winkelteilung versehene Scheibe, an der entlang sich 2 Absehen drehen, mit welchen die Ziele eingestellt werden. Nun waren die Teilungen damals noch mit ziemlich großen Fehlern behaftet, so daß ein Winkel nicht ohne weiteres mit befriedigender Genauigkeit zu erhalten war. Diesem Übelstand half der Göttinger Astronom Joh. Tobias Mayer der Ältere im Jahre 1752 durch ein von ihm erfundenes Meßverfahren ab, das man Repetitionsverfahren genannt hat. Er bediente sich dazu des in Abb. 58 dargestellten Instrumentes, das er Recipiangle nannte. In seines Sohnes prakt. Geometrie ist das Recipiangle beschrieben, und danach auch bei Lempe 1785 (S. 457 u. Tab. 27a) abgebildet. Nach Repsold S. 77 schildern wir Einrichtung und Benutzung des Recipiangle: „Zwei unabhängig voneinander um einen senkrechten Zapfen drehbare Lineale, an deren Enden, in gleichem Abstande vom Mittelpunkte, sich feine Bohrungen befinden. Das obere Lineal trägt ein Fernrohr. Um nun den Winkel zwischen zwei Objekten zu bestimmen, werden zunächst die beiden Bohrungen zur Koinzidenz gebracht und das Fernrohr auf das erste Objekt eingestellt. Während dann das untere Lineal unverrückt stehen bleibt, wird das obere (mit Fernrohr) auf das zweite Objekt einvisiert, und die beiden Bohrungen würden

Abb. 58. Tobias Mayers d. Ä. Recipiangle (nach Repsold, Gesch.).

[1] Um das Mitschleifen des Limbus zu vermindern, legen unsere Mechaniker unter den Achszapfen der Alhidade eine Entlastungsfeder, die das Gewicht des Achszapfens vermindert. Diese Einrichtung geht nach Israel, S. 7 auf K. F. Gauß zurück, der sie um 1844 eingeführt hat.

die Sehne des gesuchten Winkels geben. Mayer mißt ihn aber nicht unmittelbar, sondern führt beide Lineale in unveränderter, gegenseitiger Stellung so weit zurück, daß das Fernrohr wieder auf das erste Objekt gerichtet ist, um dann das untere Lineal stehen zu lassen, das obere aber wieder auf das zweite Objekt zu führen. Wenn dieses Verfahren $n$mal wiederholt wird, bis die angebohrten Punkte in (durch ein Chorden-Lineal) bequem meßbaren Abstand kommen, so erfolgt die Messung des gesuchten Winkels, die Unveränderlichkeit der Lage des jedesmal ruhenden Lineals vorausgesetzt, aus der Messung des Abstandes $+ x \cdot 360^0$ mit $n$facher Vergrößerung."

Diese Methode haben Julius Weisbach und Karl Friedrich Gauß auf die inzwischen aufgekommenen Theodolitmessungen ausgedehnt, und seitdem sind die Repetitionsmessungen des Markscheiders bis heute üblich geblieben.

Die großen Teilungsfehler von 1752, welche die Veranlassung zur Erfindung der Repetition gaben, bestehen heute nicht mehr. Wir wissen auch, daß bei der Feinheit des heutigen Instrumentenbaues die Hauptfehler der Winkelmessung nicht mehr im Winkelmeß-Instrument liegen, sondern in dem sogenannten Exzentrizitätsfehler, d. h. in dem Umstande, daß Theodolit und Signal natürlich nur mit einer gewissen Ungenauigkeit zentriert werden können.

Der heutige Markscheider, der die unvermeidliche Ungenauigkeit seiner Winkelmessung in der Grube zu verringern wünscht, wird daher auch, um dem Vorwurf des rivulos consectari, fontes rerum non videre zu entgehen, in erster Linie sein Augenmerk darauf richten, die Zentrierung zu verbessern. Aber wenn er in zweiter Linie dann auch noch zur Repetitionsmethode greift, so hat er dabei den Vorteil, den heutzutage ja ziemlich kleinen Ablesefehler noch etwas herabzudrücken. Jedenfalls ist $n$fache Repetitionsmessung etwas genauer als $n$fache Satzmessung. Von der Größe des Ablesefehlers war in Abschn. 65 die Rede.

Nachstehend sei das Schema einer 8fachen Repetition nach K. F. Gauß gegeben.

∢ 43 — 44 — 45.

Ziel u. Repetitionsanzahl	Zeiger I	Zeiger II	Mittel	Winkel	Bemerkungen
43 (0)	187° 31′ 00″	31′ 00″	187° 31′ 00″		
45 (1)	(231° 01′)			(43° 30′)	einfach
45 (4)	1° 33′ 00″	32′ 00″	1° 32′ 30″	174° 01′ 30″	vierfach
45 (8)	187° 30′ 45″	30′ 30″	187° 30′ 38″	174° 01′ 52″	vierfach
			Mittel:	174° 01′ 41″	
			∢ 43 — 44 — 45 =	43° 30′ 25″	

Der einmalige Winkel (231° 01′) wird roh abgelesen, zum Schutz gegen grobe Versehen. Man könnte vielleicht später versehentlich fünfmal repetieren, statt viermal. Nach der vierten Winkelrepetition wird durchgeschlagen. Aber auch die fünfte bis achte Repetition wird so ausgeführt, daß die Alhidade stets im Uhrzeigersinn am Teilkreis entlang geführt wird[1]. Dagegen ist die Zielfolge bei

[1] Vgl. dagegen Anweis. IX, § 16.

Repetition 5 — 8 nicht mehr 1 — 2, sondern 2 — 1. Es muß also die Endablesung (187°30′45″) ungefähr mit der Anfangsablesung (187°31′00″) übereinstimmen.

Nach der halben Anzahl der Repetitionen (4) wird scharf abgelesen, und dann von dieser Ablesung sowohl die Anfangsablesung, als die Endablesung abgezogen, so daß man den vierfachen Winkel zweimal erhält.

Daß durch den immer sich gleichbleibenden Drehungssinn der Alidade gegenüber dem Teilkreis das Mitschleifen des Limbus eliminiert wird, wurde bereits in Abschn. 72 b) (9) angegeben.

74. Reduktion exzentrisch gemessener Richtungen.

Wenn man über einem in die Erde eingelassenen Vermessungszeichen, etwa einem lotrecht eingegrabenen Drainrohr oder über einem vierkantig behauenen Stein, wie er für Dreieckspunkte üblich ist, eine Signalpyramide errichtet (Abb. 59), so wird sich diese in der Regel in den ersten Wochen verziehen, und erst allmählich tritt ein Beharrungszustand ein. Die Folge wird sein, daß sich die zum Anzielen bestimmte Spitze der Pyramide nicht mehr lotrecht über dem Rohre oder Stein befindet, sondern um einige cm exzentrisch liegt. Ähnliche Exzentrizitäten kommen auch bei anderen Zielen vor.

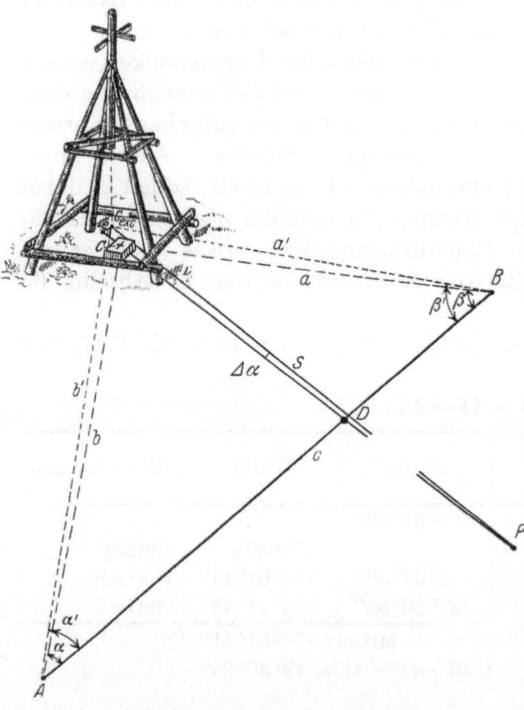

Abb. 59. Exzentrische Zielung.

Bei der Winkelmessung zielt man in solchen Fällen die exzentrisch liegende Zielmarke an und bestimmt nachträglich die Exzentrizität, um diese dann rechnerisch zu berücksichtigen. In vielen Fällen wird es genügen, mit einem Handlot und einem Gliedermaßstab festzustellen, um wie viele cm die Zielmarke quer zur Sicht exzentrisch ist. Mißt man z. B. 6 cm Exzentrizität quer zur Sicht, und ist diese s km lang, so hat man an der Horizontralkreisablesung eine Verbesserung in ″ anzubringen im Betrage

$$\frac{6\,\varrho}{100000\,s},$$

wo ϱ rund gleich 200000 gesetzt werden kann[1]. Die Exzentrizität kann aber auch

[1] Man sieht in der Markscheidekunde am besten den Quotienten „Bogen dividiert durch Radius“ als „den Winkel“ an, obschon es auch üblich ist, diesen Quotienten als „den Arcus des Winkels“ zu bezeichnen, wobei es dann dahingestellt bleibt, was denn unter dem Winkel selber verstanden werden soll. Wird der Quotient „Bogen durch Radius“ als unechter oder

so groß sein, daß man schärfer messen und rechnen muß. Man verfährt daher, wo sehr genau gemessen werden muß, folgendermaßen (Abb. 59): Von P sollte nach C eine Sicht genommen werden. Wegen Exzentrizität des Signals wurde aber C_{exz} angezielt. Es ist zunächst e zu bestimmen. Man steckt senkrecht zu PC etwa mit dem Winkelprisma die kleine Basis AB ab, derart, daß $DA = DB$ und nach Augenmaß ungefähr

$$AB = BC = CA$$

wird. Dann mißt man c, α, α', β, β'. Eine leichte Rechnung ergibt dann:

$$b' = c \sin\beta' : \sin(\alpha' + \beta'),$$

$$e = b' \cos\alpha - \frac{c}{2},$$

$$\Delta\alpha = \frac{e}{s}\varrho. \tag{60}$$

Wenn aber AD nicht ganz genau gleich DB geworden ist und α nicht genau gleich β, so rechnet man so:

$$b' = c \sin\beta' : \sin(\alpha' + \beta'),$$

$$b = c \sin\beta : \sin(\alpha + \beta),$$

$$c = b' \cos\alpha' - b \cos\alpha,$$

$$\Delta\alpha = \frac{e}{s}\varrho. \tag{61}$$

Sind die Sichten von A und B nach C und nach C_{exz} steil, so liest man zur Horizontalkreisablesung noch den Stand der Reitlibelle ab, deren Teilwert bekannt sein muß. Stellt man für eine Sicht mit der Zenitdistanz z eine Kippachsenneigung k'' fest, so ist die Horizontalkreisablesung um den Betrag

$$k'' \cdot \operatorname{ctg} z$$

zu verbessern. Über das Vorzeichen dieser Verbesserung wird man sich in jedem Einzelfall am besten auf Grund räumlicher Vorstellung klar.

---

echter Bruch angegeben, z. B. gleich $\frac{1}{2}$, so spricht man vom „analytischen Maß" des Winkels. Man kann aber auch als Maßeinheit für jenen Quotienten den Bruch wählen

$$\frac{2\pi}{360 \cdot 60 \cdot 60} = \frac{1}{206265} = 1''$$

und man nennt dann den als Multiplikat von dieser Maßeinheit ausgedrückten Quotienten „Winkel in Bogenmaß". Man pflegt bekanntlich $60'' = 1'$, $60' = 1^0$ zu nennen und bezeichnet die häufig gebrauchten Umwandlungskonstanten ϱ für Verwandlung von analytischem Maß in Bogenmaß zweckmäßig folgendermaßen:

$$\left.\begin{aligned} \frac{1}{1''} &= \frac{360 \cdot 60 \cdot 60}{2\pi} = 206\,265 = \varrho, \\ \frac{1}{1'} &= \frac{360 \cdot 60}{2\pi} = 3438 = \varrho_1, \\ \frac{1}{1^0} &= \frac{360}{2\pi} = 57{,}3 = \varrho_0. \end{aligned}\right\} \tag{59}$$

VIII. Stückvermessung (75—82).

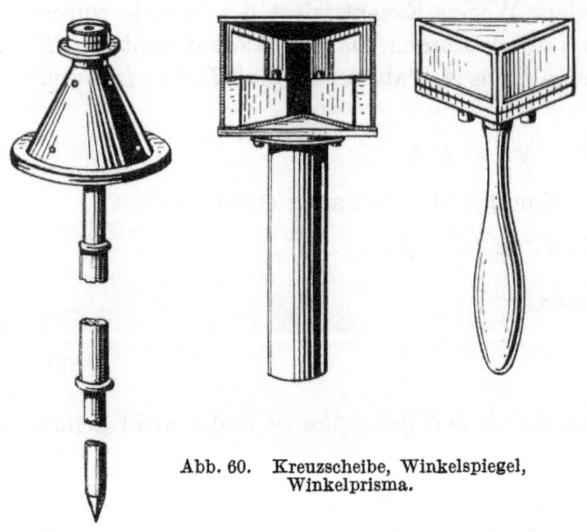
Abb. 60. Kreuzscheibe, Winkelspiegel, Winkelprisma.

Unter Stückvermessung versteht man die Vermessung eines Geländestückes mit Stahlmeßband oder Meßlatten und einem Instrument zur Absteckung rechter Winkel, also (Abb. 60) einem Winkelspiegel oder Winkelprisma oder der Kreuzscheibe. Es ist mithin eine Aufnahme, die ohne Theodolit ausgeführt wird. Eigentümlicherweise ist es diejenige Aufnahmemethode, welche die genauesten Pläne liefert und gleichzeitig am wenigsten Vorkenntnisse erfordert. Über das Längenmeßgerät und seine Handhabung ist in Abschnitt 14, S. 27—29 gesprochen worden.

75. Winkelspiegel und Winkelprisma.

Für die Handhabung des Winkelspiegels und des Winkelprismas ist die Kenntnis ihrer einfachen Theorie erforderlich (Abb. 61 und 62). Es sei (Abb. 61) AB eine durch Baken mit Fähnchen ausgesteckte Messungslinie. C sei ein Punkt außerhalb, z. B. eine Hausecke, eine Zaunecke oder dgl. Es soll mit Hilfe des Winkelspiegels der Punkt D gefunden werden derart, daß die $\sphericalangle\, ADC$ und BDC Rechte sind.

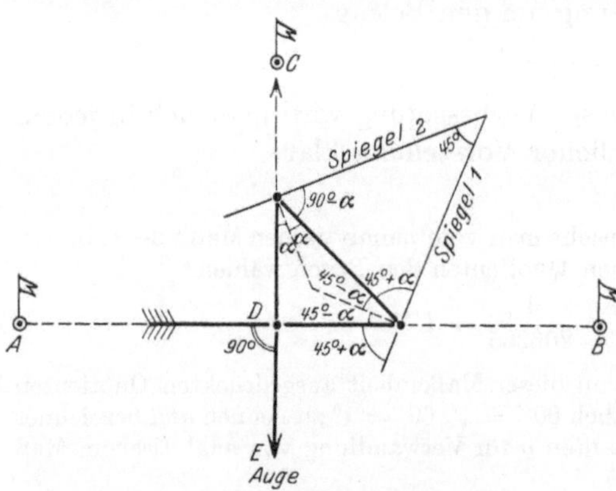

Abb. 61. Theorie des Winkelspiegels.

Der Messende tritt mit dem Winkelspiegel in der Hand, so wie in Abb. 61 grundrißlich angegeben, nach Augenmaß in die Nähe des gesuchten Punktes D. Die von A kommenden Lichtstrahlen treffen auf Spiegel *1*, werden reflektiert, gelangen auf Spiegel *2*, werden nochmals reflektiert und gelangen ins Auge in der Richtung DE. Es ist leicht einzusehen, daß, wenn der Winkel zwischen beiden Spiegeln 45^0 ist, der Winkel ADE, also der Winkel zwischen eintretendem und austretendem Lichtstrahl dann 90^0 sein muß. Während der Beobachter bei D mit dem Winkelspiegel beschäftigt ist, steht ein Gehilfe bei A oder B und achtet darauf, daß der Beobachter mit dem Winkelspiegel in der Linie AB bleibt. Durch Zurufe „Vor!“ und „Zurück!“ weist er ihn ein, wenn der Beobachter etwa versehentlich ausqueren sollte.

Über den beiden Spiegeln befinden sich Fensterchen. Der Beobachter blickt nun durch das Fenster über Spiegel *2* und sieht durch das Fenster den Punkt *C*. Er tritt dann versuchsweise seitwärts nach links oder nach rechts, bis Punkt *C* und das Spiegelbild von *A* sich decken. Zur Kontrolle wird der Spiegel noch so gedreht, daß die Lichtstrahlen zur Verwendung gelangen, die von *B* ausgehen.

Sobald der Fußpunkt der Senkrechten von *C* auf *AB* gefunden ist, erkennt man das daran, daß in der einen Lage des Spiegels sich *C* mit dem Spiegelbild von *A* deckt, in der anderen Lage des Spiegels mit dem Spiegelbild von *B*.

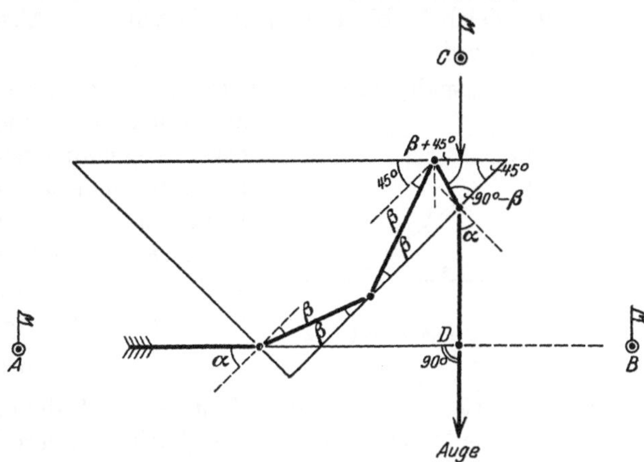

Abb. 62. Theorie des Winkelprismas.

In derselben Hand, mit der man den Winkelspiegel hält, kann man nun auch leicht noch ein kleines Handlot an einem kurzen Bindfaden halten, so daß das Lot einige cm über dem Erdboden schwebt. In dem Augenblick, wo der Punkt *D* gefunden worden ist, läßt man das Lot fallen und schlägt dort, wo es gefallen ist, einen Pfahl, um später die Längen *AD*, *DB* und *CD* messen zu können.

Ganz entsprechend wird das Winkelprisma benutzt. Aus Abb. 62 ersieht man ohne weiteres, daß auch beim Winkelprisma eintretender und austretender Lichtstrahl miteinander einen rechten Winkel bilden.

76. Die Kreuzscheibe.

Das Wesentlichste bei der Kreuzscheibe (s. Abb. 60) sind 4 ziemlich lange Schauschlitze, durch welche zwei Ebenen erhalten werden, die aufeinander senkrecht stehen. Die Kreuzscheibe ist also im wesentlichen nur eine moderne Form des alten Kreuzdopters, das sich z. B. 1824 bei H. C. W. Breithaupt abgebildet findet[1]. Die Kreuzscheibe wird auf einen Stab aufgesteckt, der in die Erde gesteckt wird. Sie trägt an ihrem oberen Ende eine Dosenlibelle, mit Hilfe deren die lotrechte Stellung der beiden Schauebenen gesichert wird. Ihre Benutzbarkeit zum Abstecken rechter Winkel liegt auf der Hand. Vor Winkelspiegel und Winkelprisma hat sie den großen Vorzug, daß die Länge ihrer Schauschlitze gestattet, mit sehr steilen Sichten zu arbeiten und daß trotzdem die mit ihrer Hilfe abgesteckten rechten Winkel im Grundriß wirkliche rechte Winkel sind. Beim Winkelspiegel und Winkelprisma besteht dagegen in geneigtem Gelände immer die Gefahr, daß man Winkel absteckt, die auf dem geneigten Gelände wohl als Rechte aufliegen, im wagerechten Grundriß aber keine Rechten sind.

[1] Breithaupt: Teil 1, Tafel 1.

77. Kontrolle der Abszissen.

Man legt die Messungslinien AB der Abb. 61 und 62 immer so, daß CD höchstens etwa gleich 10 bis 15 m wird, da sonst die Absteckung der rechten Winkel zu ungenau wird.

Ist man ausnahmsweise gezwungen, CD wesentlich größer als 10 bis 15 m zu wählen, so wendet man zur Verbesserung der etwas ungenau ausfallenden Absteckung von D folgende Sicherungsmessung an (Abb. 63): Man wählt auf AB einen Hilfspunkt E derart, daß $ED > h$ wird, und schlägt bei E einen kleinen Pfahl ein. Darauf mißt man $EC = c$ und $CD = h$. Jetzt rechnet man

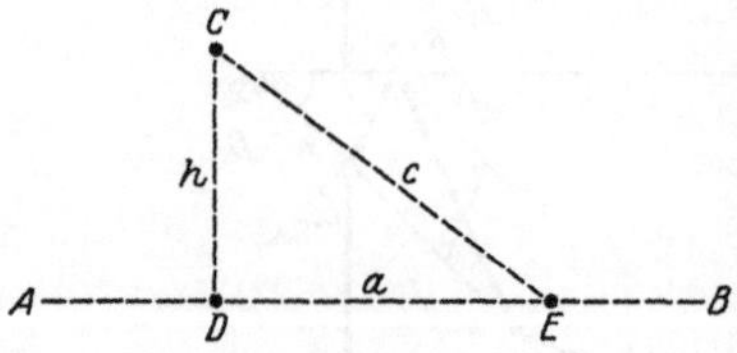

$$a = \sqrt{c^2 - h^2} \tag{62}$$

aus und ändert — etwa in roter Tinte — nach dem Ergebnis der Rechnung das für D erhaltene Maß derart, daß DE gleich dem berechneten Wert a wird. Im Gelände braucht die Länge von D nicht geändert zu werden.

Abb. 63. Sicherungshypotenuse.

78. Entwurf des Liniennetzes.

Vor Beginn einer Stückvermessung, wie sie im Rahmen der Interessen des Bergbaus vorzukommen pflegt, ist nun zunächst das Liniennetz zu entwerfen. Man zeichnet angesichts der Örtlichkeit nach Augenmaß die aufzunehmenden Gegenstände ungefähr in ihrer richtigen Lage zueinander auf ein Blatt nicht zu dünnen Papieres oder noch besser auf ein Blatt Karton auf. Eine gewisse Dicke ist notwendig, damit der Wind das Blatt nicht zerreißen kann. Ein solches Blatt Papier mit eingetragener Vermessung nennt man ein Feldbuch. Der Sprachgebrauch ist zumeist so, daß, wenn die Vermessung etwa 2 Blätter Papier benötigt, man nicht von einem aus 2 Blättern bestehenden Feldbuch spricht, sondern von den beiden Feldbüchern. Schon während man zeichnend das Gelände abgeht, entwirft man in Gedanken das Netz der Messungslinien, mit deren Hilfe man die topographischen Gegenstände aufnehmen will.

Der Anfänger wird dabei dieselbe Erfahrung machen, die auch ein älterer Praktiker immer wieder macht: man ändert seine Gedanken über das zu entwerfende Netz der Messungslinien so lange, bis man das letzte Fleckchen von dem Geländestück, das vermessen werden soll, wirklich gesehen hat. Das Netz der Messungslinien, das sogenannte „Liniennetz" muß einen Rahmen für die Einzelvermessung abgeben, der für sich allein kartiert werden kann, falls es nicht etwa in ein Polygonnetz eingehängt ist (s. Abschn. IX, S. 104). Die Punkte, in welchen zwei oder mehrere Messungslinien zusammentreffen, nennt man Kleinpunkte. Die Kleinpunkte numeriert man zweckmäßigerweise. Das Liniennetz trägt man mit Bleistift in gestrichelten Linien in die Feldbücher ein, um sie nach beendeter Messung später mit roter Tinte nachzuzeichnen.

79. Vermarkung für längere Zeiträume.

Von den Kleinpunkten vermarkt man so viele, daß man in späterer Zeit das Liniennetz ohne zu große Unbequemlichkeit wiederherstellen kann. Zur Vermarkung kann man zwei übereinander lotrecht in die Erde gelassene, nicht zu enge Drainröhren benutzen, die man mit Sand oder Erde ausfüllt, welche man vorher sorgfältig von Steinen gesäubert hat. Ein drittes gleichartiges Drainrohr verbirgt man vorsichtigerweise in der Nähe für den Fall, daß mutwilligerweise das oberste der beiden Rohre herausgezogen und zerschlagen wird. Oder auch man fertigt sich Betonsteine an, etwa 60 cm lang und 15 × 15 cm im oberen Querschnitt, im unteren Querschnitt vielleicht 25 × 25 cm. In der Mitte des Steines wird lotrecht ein Rundeisen eingelassen, das mit einem eingeschnittenen Kreuz versehen ist. Oder auch man schlägt einfach ein Stück Gasrohr in den Boden ein. Es sind noch viele andere Vermarkungsarten üblich, je nach Geschmack des betreffenden Fachmannes. Es kommt nur darauf an, daß dauerhafte Vermarkung stattfindet und daß sie mit dem Erdboden abschneidet und jedenfalls nicht über die Erdoberfläche übersteht, so daß Menschen darüber ins Stolpern kommen könnten. Vermessungsmerkzeichen, die man fehlerhafterweise einige cm über den Erdboden überstehen ließ, pflegen sehr rasch zu Schadenersatzforderungen zu führen.

80. Kenntlichmachen der Meßpunkte für die Dauer der Vermessung.

Zu Beginn der Vermessung stellt man nun über den Endpunkten der Meßlinien Baken auf, an die man Fähnchen anbindet. Man wird sich dabei manchmal mit Vorteil der im Handel befindlichen Bakengestelle bedienen (Abb. 64). Um die Bake lotrecht zu stellen, bedient man sich des Handlots oder der Bakenlibelle, die an die Bake angeklemmt wird oder noch besser des Lattenrichters, d. i. eine Bakenlibelle, die sich nicht anklemmen läßt, sondern mit der Hand angehalten werden muß. Der Lattenrichter hat vor der Bakenlibelle den Vorzug, daß er nicht, wie diese, versehentlich an der Bake belassen werden kann (Abb. 65).

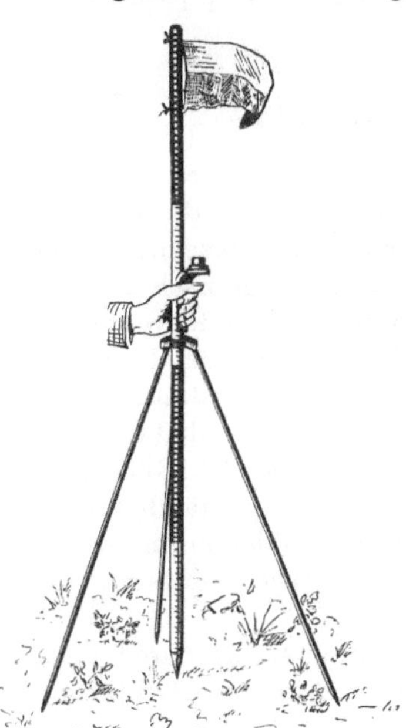

Abb. 64. Bakengestell.

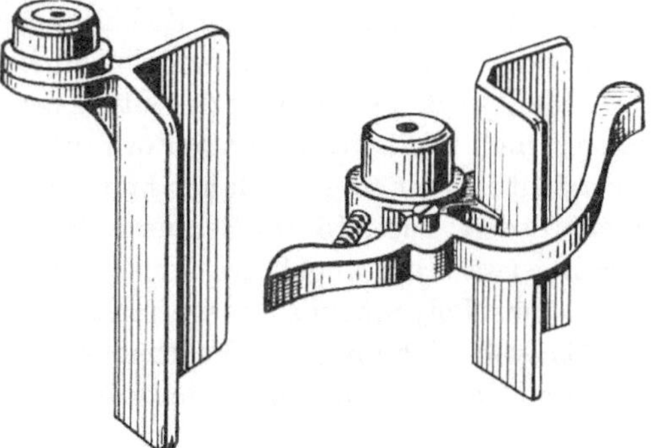

Abb. 65. Lattenrichter und Bakenlibelle.

Im wesentlichen hat bereits Julius Weisbach 1851, S. 6 den Lattenrichter angegeben und sogar abgebildet. Nur sind heutzutage die beiden Teile des Lattenrichters, Führungsgestell und Dosenlibelle fest miteinander verbunden, bei Julius Weisbach sind es zwei getrennte Teile.

Ehe man nun die Messungslinien mißt, bestimmt man für alle Hauskanten, Zaunecken, Wegebrechpunkte und sonstige aufzunehmende Objekte die Fußpunkte ihrer Ordinaten, also die Punkte D in Abb. 61, 62 und 63 und vermarkt sie für ein paar Stunden etwa mit kleinen Meßpfählen von vielleicht 30 cm Länge, die man einige cm tief in die Erde einschlagen läßt[1] oder, wo man auf Steine trifft, macht man mit Blaustift ein Kreuz dort, wo sonst der Pfahl zu schlagen wäre. Bei Entfernungen des Punktes C (Abb. 61, 62 und 63) von der Messungslinie von mehr als 2 m bedient man sich zum Abstecken der Ordinatenfußpunkte des Winkelspiegels oder des Winkelprismas oder der Kreuzscheibe. Bei kleinen Ordinaten, etwa von 2 m ab, pflegt man Absetzen des Punktes D nach Augenmaß für ausreichend zu halten.

81. Die Messung der Längen.

Nachdem alle Punkte D im Stückvermessungsgebiet deutlich bezeichnet sind, mißt man dann die Messungslinien ohne Unterbrechung von ihrem Anfang bis zu ihrem Ende und notiert unterwegs die Maße für die Punkte D. Das Maß für seitwärts abgehende andere Messungslinien pflegt man zu unterstreichen, das Maß für den Endpunkt der Linie wird doppelt unterstrichen. Danach mißt man sämtliche Ordinaten, wobei man sich zumeist eines kleinen Kapselmeßbandes bedient.

82. Ausarbeitung der Feldbücher.

Auf dem Feldbuch trägt man seinen Namen ein, das Datum und die Lage der Vermessung, sowie auch die ungefähre Nordrichtung, die etwa in die Vermessung einbezogenen Kulturarten, sowie die Zweckbestimmung der einzelnen Gebäude. Aus einer größeren Anzahl von Feldbüchern, welche der Lage nach zusammengehören, setzt man später in häuslicher Arbeit den sogenannten Stückvermessungsriß zusammen, eine skizzenartige Zeichnung, welche in ihren Grundzügen ziemlich maßstäblich gehalten ist, bei Einzelheiten aber Augenmaßzeichnung verwendet. Die Zweckbestimmung des Stückvermessungsrisses ist, daß auf ihm die Messungszahlen in übersichtlicher Form niedergelegt werden. Mit Rücksicht auf die Übersichtlichkeit müssen daher hier und da kleinere Gegenstände größer gezeichnet werden. Tafel 15 am Schlusse des Textes zeigt in der Form des Stückvermessungsrisses die ungefähre Anlage einer kleinen Stückvermessung, die im Rahmen eines Polygonzuges ausgeführt ist.

Die Bleistiftzeichnung des Feldbuches pflegt man zu Hause durch Tinte zu ersetzen und das Feldbuch mit Buntstiften zu kolorieren. Die in Bleistift ausge-

[1] „Wie leicht können diese Nummerpfähle von Mutwilligen oder aus Neid und Bosheit ausgezogen, auch wohl gar an andere Stellen wieder eingesetzt werden, um den Geometer irre zu leiten." — So klagt 1824 der Professor H. C. W. Breithaupt. Aber ganz so schlimm ist das in der heutigen Zeit nicht mehr.

Additional information of this book

(Lehrbuch der Markscheidekunde, 978-3-642-90582-7) is provided:

http://Extras.Springer.com

führte Punktnumerierung ersetzt man durch Numerierung in Tinte. Wegen der Unsicherheit der Witterung in unserem Klima ist es bei uns in dem Falle nicht zweckmäßig, gleich im Felde das Feldbuch in Tinte zu führen, wenn das Feldbuch während mehrerer Tage im Felde gebraucht wird. Bei den Maßzahlen, die bei der Vermessung erhalten werden, schreibt man ihres dokumentarischen Wertes wegen die Tintezahlen unter oder über oder neben die Bleizahlen, so daß diese erhalten bleiben.

Bei dieser Ausarbeitung der Feldbücher pflegt man Mauern, Zäune, Wege, Wohnhäuser, Wirtschaftsgebäude, Grenzsteine und sonstige Gegenstände der Vermessung mit besonderen, dafür üblichen Zeichen darzustellen. Besonders ansprechende Muster hierfür enthält die Preußische Vermessungs-Anweisung VIII von 1881.

Der Bergbau bietet aber der Vermessung besondere Gegenstände dar, die außerhalb des Bereiches des Bergbaus nicht auftreten und daher besondere Zeichen nötig machen. Daher hat auch der Bergbau besondere Muster für Signaturen geschaffen, z. B. Kliver: Situations- und Grubenzeichnen im Saarbrücker Bezirk, 1871; Schmidts Musterblätter, 1887; Schlickers Saarbrücker Signaturen 1921 (Administration des Mines usw.); Oberbergamt Dortmund: Signaturen f. Tage- und Grubenrisse, gez. v. Kapp, 1887; Lehmann, Dr. K.: Musterblätter usw., 1925. Was die Vermessungsgegenstände anlangt, die dem bergmännischen und dem übrigen Vermessungswesen gemeinsam sind, so ist kein rechter sachlicher Grund erkennbar, warum man etwa grundsätzlich verschiedene Zeichen schaffen sollte. Andererseits aber hat sich das bergmännische Vermessungswesen bereits in den ältesten Zeiten, von denen wir Kunde haben, in bemerkenswerter Absonderung vom übrigen Vermessungswesen entwickelt. Es liegt daher auch kein besonderes Bedürfnis nach Gleichartigkeit der Zeichen vor, und man findet daher in den bergmännischen Zeichenmustern und den Mustern des übrigen Vermessungswesens für viele gemeinsame Vermessungsgegenstände verschiedene Zeichen.

Die Stückvermessung bildet heutzutage fast allerorten die Kleinaufnahme im Rahmen des Dreiecknetzes und des Netzes der Polygonzüge. Die Schwerfälligkeit dieses Meßverfahrens ist aber oft empfunden worden. Der bayrische Geodät Oberarzbacher hat sie neuerdings mit Recht eine „unendliche Geduldsarbeit“ genannt[1]. Im letzten Jahrzehnt sind nun gleich 3 Präzisionsdistanzmesser erfunden worden, die in Verbindung mit einem Theodolit geeignet erscheinen, ohne Schaden für die Genauigkeit, die Stückvermessung in der Weise zu ersetzen, daß man vom Theodolitstandpunkt aus die Richtungen nach den Objekten der Kleinaufnahme mißt, sowie deren Entfernungen und Höhenunterschiede. Es sind dies der von H. Wild erfundene Präzisionsdistanzmesser, den die Firma H. Wild in Heerbrugg herstellt, der Boßhardtsche Tachymeter der Firma Carl Zeiß in Jena und der von dem Geometer Aregger erfundene Tachymeter, den die Firma Hildebrand in Freiberg herstellt. Es kann hier nur kurz auf diese Instrumente hingewiesen werden, denen vielleicht die Zukunft gehört. Die einschlägige Literatur erhält man von den Firmen. Das Boßhardt-Zeiß-Tachymeter zeigt Tafel 14.

[1] Z. f. Verm. 1927, Heft 21.

Ganz erreicht wird die Genauigkeit der Aufnahme mit Stahlband oder Meßlatten und Winkelspiegel oder Winkelprisma oder Kreuzscheibe auf seiten der drei Präzisionstachymeter allerdings wohl nicht. Das Gebiet der Schweiz ist in drei Geländeklassen eingeteilt: I, II, III. In Klasse I wird die größte Genauigkeit gefordert; in II werden mittlere Anforderungen gestellt; in III die geringsten. Dabei ist für Klasse I nur die Aufnahme mit Stahlband oder Meßlatten gestattet, die optische Distanzmessung nur für II und III.

IX. Polygonzug über Tage (83—88).

83. Messung des Polygonzugs über Tage.

Eine Reihe von Strecken, aneinandergereiht unter irgendwelchen Winkeln, wird, wenn Strecken und Winkel gemessen werden sollen, ein Polygonzug genannt. Schon in Belas Schemnitzer Bergrecht (1235—1270), im Iglauer Bergrecht und im Bergbuch Wenzels werden Messungen erwähnt, die man als primitive Polygonzüge über und unter Tage wird anzusehen haben. Näheres siehe Abschnitt 89 Seite 115. In der Grube ist die kunstmäßige Messung von Polygonzügen um die Mitte des 16. Jahrhunderts sicher üblich gewesen. Über Tage läßt sich diese Messungsart ungefähr für die gleiche Zeit nachweisen.

Besorgt geworden durch die Belagerung Wiens durch die Türken im Jahre 1529, ordnete der König Ferdinand I. an, daß auf Grund von Vermessungen ein genauer Plan von Wien hergestellt werde, auf welchem sich neue militärische Schutzanlagen entwerfen ließen. Der Dombaumeister Bonifacius Wolmuet und der Kriegsbaumeister Augustin Hirschvogel vermaßen hierauf unabhängig voneinander die Stadt und fertigten auch unabhängig voneinander, jeder auf Grund seiner Messungen, Stadtpläne an, die sie beide im Jahre 1547 dem König überreichten. Die Vermessung Hirschvogels beruht nun nach den Forschungen von S. Wellisch[1] auf mehreren konzentrischen, geschlossenen ringförmigen Polygonzügen, die Hirschvogel um Wien herumlegte und die er durch Querpolygonzüge versteifte. Der nächstältere Plan von Wien, der Albertinische Plan aus der Zeit 1453—1455 läßt nach Wellisch durch seine viel größere Ungenauigkeit erkennen, daß er nur auf Abschreiten beruhen kann. Hirschvogels Plan gibt die Entfernungen etwa mit einer Genauigkeit von $\pm$ 6%, der Albertinische Plan mit $\pm$ 17%!

Übrigens lag es auch noch nicht im Geiste der damaligen Zeit, Karten auf genauere Messungen zu gründen. Noch 1616 äußerte Kepler: „Verbesserung der vorhandenen Karten lasse sich ohne besondere Bereisung zu Hause ausführen. Es genüge, wenn man die Botten und Bauern oder jedes Orts Einwohner ausfrage „Denn also sind die meisten Mappen bis Dato gemacht worden[2].“ Also wird die erste Hälfte des 16. Jahrhunderts wohl die Zeit des Aufkommens der ersten kunstmäßig ausgeführten übertägigen Polygonzüge sein.

[1] Z. öst. Ing.-V. 1899, S. 336. — Vgl. noch die Fußnote bei Abschn. 110. Nach Wellisch sind übrigens die beiden Pläne von Wolmuet und Hirschvogel im historischen Museum der Stadt Wien ausgestellt (Z. f. Verm. 1899, S. 369ff.).

[2] Wellisch: Z. öst. Ing.-V. 1898, S. 539.

Es sei ein Geländestück gegeben, das in seinen Einzelheiten mittels Stückvermessung oder auf irgendeine andere Weise vermessen werden soll. Dabei könnte das Geländestück so groß sein, daß ein Rahmen für die Einzelvermessung in Gestalt eines Liniennetzes, wie er in Abschn. 78 besprochen wurde, ein zu ungenaues Gefüge abgeben würde. Denn die Längenmessung ist heutzutage bedeutend ungenauer als die Winkelmessung. Man kann einen Winkel wesentlich genauer mit dem Theodolit messen, als indem man ihn etwa aus den gemessenen drei Seiten eines Dreiecks berechnet[1]. Man wird daher um das aufzunehmende Geländestück einen ringförmigen Polygonzug herumlegen, die Seiten mit Meßband oder Meßlatten messen, die Brechungswinkel aber, die sogenannten Polygonwinkel, mit dem Theodolit feststellen.

Es kann aber auch folgender Fall vorkommen. Auf einem Geländestück seien die Einzelheiten in ihrer gegenseitigen Lage etwa mittels Stückvermessung aufzunehmen. Man wünscht aber nicht bloß ein richtiges Bild zu erhalten von der Lage der einzelnen Vermessungsgegenstände zu einander, sondern man möchte auch die Lage des ganzen Vermessungskomplexes in bezug auf die weitere Umgebung feststellen, um den Vermessungskomplex an der richtigen Stelle in eine Karte der Umgegend eintragen zu können. Auch hier wendet man den Polygonzug an. Ein Dreiecksnetz sei als vorhanden vorausgesetzt, und zwar ein so dichtes Netz, daß die Entfernung zweier benachbarter Dreieckspunkte höchstens ungefähr 1 km beträgt. Die Dreieckspunkte oder trigonometrischen Punkte sind dauerhaft im Gelände vermarkte Punkte, deren Lage genau bestimmt ist. Man sucht nun in der Nähe des zu vermessenden Geländestückes die nächstgelegenen Dreieckspunkte auf und verbindet je zwei von ihnen durch einen derart gestalteten Polygonzug, daß von den Seiten des Polygonzuges aus sich die einzelnen Vermessungsgegenstände leicht und sicher aufnehmen lassen.

Wenn man bedenkt, daß es ganz allein darauf ankommt, die einzelnen Vermessungsgegenstände möglichst sicher in die Karte zu bringen, so übersieht man auch leicht, daß für die anzuwendende Gestaltung der Polygonzüge unabweisbares Erfordernis ist, die Polygonseiten möglichst nahe an die einzelnen Gegenständder Vermessung heranzubringen. Dabei mag die Gestalt des Polygonzuges ause und einspringende Ecken bekommen, es kommt nicht darauf an.

Wollte man etwa in erster Linie darauf sehen, die Züge möglichst gestreckt zu gestalten, so würde man allerdings bei der Art, wie wir unsere Polygonzüge zu berechnen pflegen, die Lage der einzelnen Polygonpunkte aus der Rechnung etwas genauer erhalten als bei ausgebauchten Zügen. Aber wenn man dann etwa lang ausholende Linienkonstruktionen nötig hätte, um die einzelnen Vermessungsgegenstände aufzunehmen, so würde dadurch wieder die Lage der Vermessungsgegenstände wesentlich unsicherer werden, und man würde den Vorteil des gestreckten Polygonzuges wieder verlieren.

Die Längen der Polygonseiten wählt man kurz und lang durcheinander, wie es gerade die Bedürfnisse der Stückvermessung mit sich bringen. Es ist kein sachlicher Grund erkennbar, warum man die Polygonseiten etwa ungefähr gleich lang machen sollte. Aber man muß bei kurzen Zielungen natürlich auf sehr sorgfältige Zentrierung des Theodolits und der Zielmarken achtgeben.

---

[1] Eine eingehendere Untersuchung hierüber s. Parschin: Bd. 1, S. 32—38.

Die Vermarkung der Polygonpunkte wird grundsätzlich vor Beginn des Messens vorgenommen. Sie geschieht in derselben Weise, wie es S. 101 für die hauptsächlichsten Kleinpunkte der Stückvermessung angegeben wurde. Um die Längen der Polygonseiten und die Polygonwinkel messen zu können, setzt man auf die in die Erde eingelassenen Polygonpunktmarken Meßbaken mit Fähnchen auf und stützt die Baken nötigenfalls durch ein Bakengestell (Abb. 64). Bei längeren Polygonseiten, etwa von 80 bis 100 m ab, erleichtert es die Längenmessung wesentlich, wenn man zwischen den beiden Endpunkten noch eine oder zwei Baken einfluchtet. Wenn aber mit Winkelspiegel, Winkelprisma oder Kreuzscheibe Ordinatenfußpunkte auf der Polygonseite abzusetzen sind, empfiehlt sich unter allen Umständen, auch bei kürzeren Polygonseiten das Einfluchten von ein bis zwei Zwischenbaken, weil das die Handhabung der Rechtwinkelinstrumente wesentlich erleichtert.

Man mißt die Seiten zweimal, in jeder Richtung einmal. Man pflegt dabei im allgemeinen auf 2 cm genau abzulesen. Die Ausführung der Längenmessung mit Meßband oder Meßlatten wurde in Abschn. 14 besprochen.

Meßgeräte und Meßverfahren sind heute so durchgebildet, daß man darauf rechnen kann, bei zweimaliger sorgfältiger Messung zwischen beiden Messungsergebnissen in 95 von 100 Fällen keine größere Differenz d in Metern zu bekommen als etwa:

$$\left.\begin{aligned} d_m &= 0{,}02 + 0{,}0004\, s_m \text{ in günstigem Gelände,}\\ d_m &= 0{,}02 + 0{,}0006\, s_m \text{ in mittlerem Gelände,}\end{aligned}\right\} \qquad (63)$$

also etwa 6 oder 8 cm auf 100 m.

Etwas anders, und zwar etwas größer gibt Doležal in d. Z. d. ö. Ing.- u. Arch.-Vereins 1901 die unverdächtige Differenz an, in unserer Bezeichnungsweise:

$$d_m = 0{,}01 \sqrt{6\,[s_m] + 0{,}0075\,[s_m s_m]}\,.$$

Es kann vorkommen, daß ein Polygonzug quer über eine tiefe Schlucht hinübergeführt werden muß, z. B. um ihn auf einem jenseits der Schlucht gelegenen Dreieckspunkt zum Abschluß zu bringen. Dann führt man die Längenmessung am besten optisch aus, indem man diesseits oder jenseits der Schlucht an deren Rande eine Basis mißt und am anderen Rande der Schlucht einen Punkt markiert, der mit den beiden Endpunkten der Basis zusammen ein Dreieck bildet. In diesem mißt man alle drei Winkel und kann dann mit Hilfe der gemessenen Basislänge auch die anderen beiden Seitenlängen durch Rechnung finden. Man erhält diese beiden Seitenlängen dann wesentlich genauer, als wenn man sie etwa durch mühevolle unmittelbare Längenmessung feststellen wollte. Die Basiswinkel mißt man dabei in jeder Fernrohrlage nur einmal, den Winkel an der Spitze möglichst wenigstens 3 mal. Die Basislänge wählt man etwa zu $^1/_{10}$ bis $^1/_{20}$ der optisch zu messenden Seitenlänge.

Statt der Basis kann man auch eine wagerecht zu benutzende Distanzlatte verwenden, etwa von 1 oder 2 m Länge, wie sie im Handel sind[1]. Es ist dann nötig, daß die Enden der Distanzlatte so ausgebildet sind, daß sie sich scharf ein-

[1] Z. B. bei der Firma Carl Zeiß in Jena als Zubehör zur stereophotogrammetrischen Ausrüstung oder zum Streckenmeßtheodolit.

stellen lassen. Ferner muß die Länge der Distanzlatte sehr genau bekannt sein, eine Vorrichtung zu ihrer genauen Wagrechtstellung vorhanden sein, und ebenso muß die Latte in ihrer Mitte ein Absehen haben, das die Möglichkeit gewährt, die Latte genau senkrecht zur Zielrichtung zu stellen. Diese Anforderungen werden von den Zeißschen Distanzlatten bestens erfüllt. Bei der Kleinheit einer solchen Basis muß aber der Winkel an der Spitze, der sogenannte parallaktische Winkel, unter welchem die Lattenlänge gesehen wird, besonders scharf gemessen werden. Man wird bei einem Nonientheodolit etwa 10fache Repetition bevorzugen. Die Firma Zeiß hat für derartige Messung von Polygonlängen auf Anregung von P. Werkmeister auch einen besonderen Theodolit konstruiert, den sogenannten „Streckenmeßtheodolit", bei dem die Messung des parallaktischen Winkels mit Hilfe einer feinen Distanzschraube geschieht[1].

Die Winkelmessung eines Polygonzuges führt man gewöhnlich in 2 Sätzen aus, also in jeder Fernrohrlage einmal (vgl. Abschnitt 72). Der Theodolit wird dabei mittels eines kleinen Lotes über dem in die Erde eingelassenen Polygonpunktzeichen zentriert, die Baken als Zielobjekte mittels Bakenstativen und Lattenrichtern über den benachbarten Polygonpunktzeichen aufgerichtet.

Der Markscheider aber, der für seine Grubenmessungen eine sogenannte Zwangzentrierung (s. Abschn. 91 bis 95) besitzt, wird diese auch gern zur Erzielung größerer Genauigkeit für die Tagemessungen verwenden. In diesem Falle sind die Zentrierungsfehler der Winkelmessung so klein, daß es sich durchaus lohnt, durch Repetitionsmessung auch noch den Ablesefehler herabzudrücken.

Alles in allem rechnet man den mittleren Fehler eines über Tage durch zweimalige Satzmessung festgestellten Polygonwinkels etwa zu $\pm 15''$, d. h. also, wenn die Winkelmessung noch einmal ganz von neuem ausgeführt werden sollte, so ließe sich erwarten, daß von den neuen Ergebnissen im großen ganzen immer zwei von je dreien innerhalb von $30''$ mit dem älteren Ergebnis übereinstimmen würden, die dritte Messung innerhalb von $60''$.

84. Berechnung des übertägigen Polygonzuges.

Wir haben S. 105 zwei Arten von übertägigen Polygonzügen unterschieden, den ringförmigen Polygonzug, der nicht notwendigerweise an das Dreiecksnetz angeschlossen zu sein braucht, und den an das Dreiecksnetz angeschlossenen Polygonzug. Beiden Fällen gemeinsam ist eine Eigentümlichkeit, durch die sie sich wesentlich von den meisten Grubenpolygonzügen unterscheiden: Die Differenz zwischen Anfangsstreichen und Endstreichen ist in beiden Fällen gegeben, und zwar beim ringförmigen Polygonzug gleich 180^{0}.

Wir besprechen nur den an das Dreiecksnetz angeschlossenen Zug. Es ist leicht zu übersehen, daß der ringförmige Polygonzug sich ohne weiteres als ein Spezialfall des an das Dreiecksnetz angeschlossenen Zugs behandeln läßt. In Abb. 66 seien die 4 Punkte *17*, *13*, *14*, *22* gegebene trigonometrische Punkte. Zu bestimmen ist die Lage der Punkte *35* und *36*. Gemessen werden die Seiten s_1, s_2, s_3 und die Winkel β_1, β_2, β_3, β_4.

---

[1] Werkmeister: Z. f. V. 1922, S. 321 u. 353.

Aus den Koordinaten x, y von $\overset{\triangle}{\odot}$ *17* und $\overset{\triangle}{\odot}$ *13* wird zunächst das Streichen $\nu_{17\cdot13}$ berechnet, d. h. derjenige Winkel zwischen der $+x$-Achse und der Richtung *17—13*, den man erhält, wenn die $+x$-Achse sich in der Richtung des Uhrzeigers aus ihrer Lage *17* bis (N) bis in die Richtung *17* bis *13* drehen würde. Ebenso wird das Streichen $\nu_{14\cdot22}$ berechnet. Man hat für die beiden Streichen die Formeln:

$$\left.\begin{aligned}\operatorname{tang}\nu_{17\cdot13} &= \frac{y_{13}-y_{17}}{x_{13}-x_{17}},\\ \operatorname{tang}\nu_{14\cdot22} &= \frac{y_{22}-y_{14}}{x_{22}-x_{14}}.\end{aligned}\right\} \quad (64)$$

$\nu_{17\cdot13}$ nennt man das Anfangstreichen oder Anschlußstreichen, $\nu_{14\cdot22}$ das Endstreichen oder Abschlußstreichen des Polygonzuges.

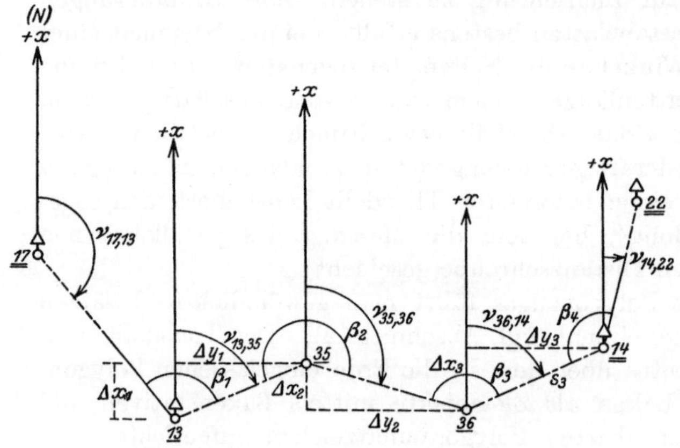

Abb. 66. Schema eines Polygonzuges über Tage.

Man liest nun ohne weiteres aus der Abbildung ganz allgemein die Beziehung ab:

$$\nu_{a\cdot b} = \nu_{b\cdot a} \pm 180^0. \quad (65)$$

$\nu_{b\cdot a}$ nennt man das Gegenstreichen von $\nu_{a\cdot b}$ und umgekehrt. Ferner hat man:

$$\left.\begin{aligned}\nu_{13\cdot35} &= \nu_{17\cdot13} \pm 180^0 + \beta_1,\\ \nu_{35\cdot36} &= \nu_{13\cdot35} \pm 180^0 + \beta_2,\\ \nu_{36\cdot14} &= \nu_{35\cdot36} \pm 180^0 + \beta_3,\\ \nu_{14\cdot22} &= \nu_{36\cdot14} \pm 180^0 + \beta_4.\end{aligned}\right\} \quad (66)$$

Man erhält also schließlich aus den gemessenen Polygonwinkeln $\beta_1, \ldots \beta_4$ das Endstreichen $\nu_{14\cdot22}$. Das ist aber schon bekannt aus den Koordinaten von Punkt 14 und 22. Es ergebe sich infolge der unvermeidlichen Messungsungenauigkeiten eine kleine Differenz f_b, dem Vorzeichen nach in dem Sinne, daß:

$$\nu_{17\cdot13} + [\beta]_1^4 \pm k\cdot 180^0 + f_\beta = \nu_{14\cdot22} \quad (67)$$

wird, unter $\nu_{14\cdot22}$ hier den aus den Koordinaten berechneten Wert des Streichens verstanden und unter k irgendeine ganze Zahl, auf die es nicht weiter ankommt. Dann sieht man zunächst nach, ob f_β auch nicht zu groß herausgekommen ist. In diesem Falle müßte man annehmen, daß ein grober Fehler vorgekommen ist, und die Messungen wären dann zur Berechnung der Koordinaten für die Polygonpunkte nicht ohne weiteres brauchbar. Wir wollen uns an die Vermessungsanweisung IX halten, welche vorschreibt, daß, wenn im ganzen n Polygonwinkel in dem Zuge zu messen waren, daß dann

$$f''_\beta \leqq 90''\sqrt{n} \quad (68)$$

sein muß. Wir nehmen an, daß diese Differenz innegehalten worden ist, und verteilen jetzt die Abschlußdifferenz f_β zu gleichen Teilen auf die gemessenen Polygonwinkel. Hierauf berechnen wir nach den Gleichungen (66) die Streichen der Polygonseiten. Die auf diese Weise erhaltenen Streichen betrachten wir als endgültig.

Mit diesen endgültigen Streichen und den gemessenen Polygonseitenlängen s_1, s_2, s_3 berechnen wir jetzt sogenannte „vorläufige Koordinatenunterschiede" wie folgt:

$$\left.\begin{aligned} \Delta y_1 &= s_1 \cdot \sin \nu_{13\cdot35} \\ \Delta x_1 &= s_1 \cdot \cos \nu_{13\cdot35} \\ \Delta y_2 &= s_2 \cdot \sin \nu_{35\cdot36} \\ \Delta x_2 &= s_2 \cdot \cos \nu_{35\cdot36} \\ \Delta y_3 &= s_3 \cdot \sin \nu_{36\cdot14} \\ \Delta x_3 &= s_3 \cdot \cos \nu_{36\cdot14} \end{aligned}\right\} \tag{69}$$

Diese Größen Δx und Δy pflegt man zur Sicherheit auf zweierlei Weise zu berechnen mit Logarithmen und numerisch. Für die Logarithmenrechnung wählt man 5- oder 6stellige Tafeln. Die numerische Berechnung geschieht sehr bequem z. B. mit Clouths Koordinatentafeln, welche das 1-, 2- bis 9fache der sinus und cosinus aller Winkel geben, fortschreitend von 1^c zu 1^c oder ungefähr 32,5″ zu 32,5″.

Derartige Tafelwerke für die Vielfachen von sinus und cosinus gibt es ziemlich viele. Das erste derartige Tafelwerk gab 1686 der Markscheider Nikolaus Voigtel heraus. Bei fehlerloser Messung müßte nun sein:

$$y_{13} + [\Delta y]_1^3 = y_{14}$$
$$x_{13} + [\Delta x]_1^3 = x_{14}.$$

Aber infolge der unvermeidlichen Messungsungenauigkeiten werden sich fast immer kleine Unstimmigkeiten ergeben, f_y und f_x derart, daß:

$$\begin{aligned} f_y &= y_{14} - y_{13} - [\Delta y]_1^3, \\ f_x &= x_{14} - x_{13} - [\Delta x]_1^3. \end{aligned} \tag{70}$$

Man überzeugt sich zunächst wieder, ob auch nicht die f_y, f_x zu groß herauskommen. Wir benutzen als bequemes Hilfsmittel für diese Feststellung wieder die oben erwähnte Vermessungsanweisung IX, und zwar in folgender Weise: Aus Tafel 5 dieser Anweisung entnehmen wir zunächst zu f_x, f_y den Ausdruck:

$$f_s = \sqrt{f_x^2 + f_y^2}. \tag{71}$$

Wir bilden ferner:

$$[s] = s_1 + s_2 + s_3.$$

Darauf suchen wir zu $[s]$ in Tafel 3 der Anweisung den Betrag d auf, der den größten Betrag darstellt, der bei einwandfreier Messung für f_s erwartet werden kann. Nachdem wir uns überzeugt haben, daß f_s nicht zu groß herausgekommen ist, bilden wir jetzt im Kopf oder mit dem Rechenschieber, mit den Crelleschen Tafeln oder mit anderen bequemen Rechenhilfsmitteln die Beträge:

$$\xi_1 = s_1 \cdot \frac{f_x}{[s]}, \qquad \eta_1 = s_1 \cdot \frac{f_y}{[s]},$$
$$\xi_2 = s_2 \cdot \frac{f_x}{[s]}, \qquad \eta_2 = s_2 \cdot \frac{f_y}{[s]},$$
$$\xi_3 = s_3 \cdot \frac{f_x}{[s]}, \qquad \eta_3 = s_3 \cdot \frac{f_y}{[s]}.$$

Darauf bilden wir dann:

$$\begin{aligned} &\varDelta x_1 + \xi_1, \qquad \varDelta y_1 + \eta_1, \\ &\varDelta x_2 + \xi_2, \qquad \varDelta y_2 + \eta_2, \\ &\varDelta x_3 + \xi_3, \qquad \varDelta y_3 + \eta_3. \end{aligned} \tag{72}$$

Diese Beträge sehen wir als definitive Koordinatenunterschiede an und berechnen damit die Koordinaten von ⊙ 35 und ⊙ 36 sowie von $\overset{\triangle}{\odot}$ 14. Man hat dann eine Kontrolle insofern, als sich für $\overset{\triangle}{\odot}$ 14 die von vornherein gegebenen Koordinaten wiederergeben müssen.

Am einfachsten ist es, diese im Bergbaubetriebe häufig wiederkehrenden Rechnungen in gedruckten Formularen zu erledigen. Solche Formulare sind in der mehrfach genannten Anweisung IX abgedruckt und sind in Geschäften für Vermessungsbedarf käuflich.

85. Bemerkungen zur Berechnung des übertägigen Polygonzuges.

Wenn unsere Messungen fehlerlos wären, so würden keine Differenzen f_β, f_x, f_y auftreten können. Wir haben aber tatsächlich Widersprüche f_β, f_x, f_y gegen das Soll erhalten und dann mit ihnen Verbesserungen berechnet für die gemessenen Winkel und für die berechneten Koordinatenunterschiede. Aus den berechneten Verbesserungen für die Koordinatenunterschiede könnte man rückwärts Verbesserungen herleiten für die Seitenmessungen s_1, s_2, s_3. Doch würde eine solche Rechnung kein praktisches Interesse bieten.

Wegen der vorgekommenen unvermeidlichen kleinen Messungsfehler können wir nun die wirkliche Lage der Punkte 35 und 36 nicht genau bestimmen, da die einzelnen Messungszahlen einander etwas widersprechen. Wir könnten uns aber auch bei der Kleinheit der bei guter Messung vorkommenden Fehler damit begnügen, nach einer bestimmten Regel, die man das Grundprinzip der Methode der kleinsten Quadrate nennt, die wahrscheinlichste Lage der Punkte 35 und 36 zu finden. Oder auch wir könnten diejenige Lage der Punkte 35 und 36 zu berechnen suchen, die rechnungsmäßig mit der kleinsten Unsicherheit behaftet ist. Denn die Unsicherheit läßt sich berechnen, wie in der Methode der kleinsten Quadrate gezeigt wird.

Beide Aufgaben, die wahrscheinlichste Lage festzustellen und die mit der kleinsten Unsicherheit behaftete Lage zu berechnen, führen übrigens zu dem gleichen Ziel.

Diese Rechenmethode hat E. Doležal in dem von ihm neu herausgegebenen Handbuch der niederen Geodäsie von Hartner-Wastler, Bd. 1, 2, S. 857ff. 1910 in allen Einzelheiten theoretisch streng durchgeführt. Dieses Rechenverfahren ist aber immerhin von einer gewissen Umständlichkeit, so daß in der Fachwelt das Bestreben wach geblieben ist, statt dieser strengen Rechnung sich mit einem Näherungsverfahren zu begnügen.

Das in Abschn. 84 besprochene Verfahren ist seit Jahrzehnten das am weitesten verbreitete Verfahren. Aber es läßt sich nicht leugnen, daß es einen inneren Widerspruch enthält. Denn man hatte die 4 gemessenen Polygonwinkel mit der

Verbesserung $\frac{1}{4} f_\beta$ versehen und dann mit den verbesserten Winkeln die endgültigen Streichen der Polygonseiten berechnet. Nun könnte man aber das Streichen auch noch auf eine zweite Weise erhalten, indem man es aus den endgültigen Koordinaten zweier benachbarter Polygonpunkte berechnet, und im allgemeinen werden die beiden Streichenberechnungen eine Differenz aufweisen.

Der Ingenieur Leo Candido hat in der österr. Z. Verm. 1925, S. 97 bis 105 ein beachtenswertes Rechenverfahren gezeigt, das von diesem inneren Widerspruch frei ist. Doležals strenge Ausgleichung der Messungsfehler nach der Methode der kleinsten Quadrate ist durchgeführt ganz allgemein für einen beliebigen Genauigkeitsgrad der Winkelmessung und ebenso der Längenmessung. Das geht über die heutigen praktischen Bedürfnisse hinaus. Denn die heutige Vermessungspraxis sowohl der Landmeßkunde wie der Markscheidekunde ist charakterisiert durch ein ganz bestimmtes Verhältnis beider Genauigkeiten zueinander: sehr genaue, scharfe Winkelmessung mit dem Theodolit und rohe Längenmessung. Der praktische Rechner trägt diesem Verhältnis der Genauigkeiten am einfachsten Rechnung, indem er das „Gewicht" der Winkelmessung gleich „unendlich" setzt, das Gewicht der Längenmessung durch eine endliche Zahl bezeichnet. Das heißt, in die Sprache der praktischen Rechenkunst übersetzt: man soll die Winkel für sich ausgleichen, ohne Mitbenutzung der Längenmessungen.

Setzt man nun in den Doležalschen Formeln das Gewicht der Winkelmessung gleich unendlich, so erhält man im wesentlichen die Formeln von Candido. Im wesentlichen, aber nicht ganz. Candido nimmt nämlich an, daß alle Seitenmessungen als gleich genau behandelt werden können. Das ist aber bedenklich, denn zufolge dieser Annahme erhält er für lange und für kurze Polygonseiten, wenn sie nur vom gleichen Streichen sind, die gleichen Verbesserungen. Aber das ist schließlich nicht so wesentlich. Denn man könnte ja Candidos Rechenweise durch Einführung verschiedener Gewichte für verschiedene Seitenlängen etwas erweitern. Dann wäre das in Ordnung, und mit dieser Ergänzung entsprechen dann Candidos Formeln in aller Strenge der Methode der kleinsten Quadrate unter der Voraussetzung, daß das Gewicht der Winkelmessung gleich unendlich gesetzt werden kann.

Diese Voraussetzung liegt ja stillschweigend auch dem allgemein verbreiteten Näherungsverfahren des Abschn. 84 zugrunde. Aber so bestechend die Annahme des unendlichen Gewichtes für die Winkelmessung auch erscheint, so bildet sie doch gerade eine Klippe für das Candidosche Verfahren, einen großen Vorteil dagegen für das verbreitete Näherungsverfahren des Abschn. 84. Denn wenn man das Gewicht der Winkelmessung gleich unendlich setzt, so nimmt man damit an, die mittlere Unsicherheit der Winkelmessung sei null, also mindestens die verbesserten Winkel müßten fehlerlos sein. Für das Beispiel des Abschn. 84 würde die Annahme des unendlichen Gewichtes für die Winkelmessung also bedeuten, daß der mit den verbesserten Winkeln, aber noch unverbesserten Seitenlängen berechnete Zug 13—14 auf einem Punkte $\overline{14}$ enden müßte, der auf der geraden Linie zwischen 13 und 14 liegt. Durch Verbesserung der Seitenlängen würde $\overline{14}$ dann zum Zusammenfallen mit 14 gebracht. Nun sind aber die Winkel, auch die verbesserten Winkel, in Wirklichkeit nicht fehlerlos, die Annahme des unendlichen Gewichts für die Winkelmessung ist ja doch nur eine rechnerisch bequeme Annahme, aber keine Wirklichkeit. Infolgedessen kommt $\overline{14}$ durchaus nicht immer auf die gerade Linie 13, 14 zu liegen, und dann ist es z. B. bei einem völlig gestreckten Zuge ganz unmöglich, auf Grund von Seitenverbesserungen den Punkt $\overline{14}$ nach 14 zu verschieben. Hierauf hat zuerst Herr Dr. Döbritzsch in Bonn aufmerksam gemacht[1].

Man sieht, wie vorteilhaft in dieser Hinsicht das verbreitete Näherungsverfahren arbeitet, das einfach die Koordinatendifferenzen ausgleicht.

Dieses Näherungsverfahren hat also folgendes für sich: es verlangt den geringsten Aufwand an Rechenarbeit. Es arbeitet nicht mit beliebigem Genauigkeitsverhältnis zwischen Winkelmessung und Seitenmessung, sondern berücksichtigt, sehr zum Nutzen der Vereinfachung der Rechnung, das heutzutage bestehende bedeutende Genauigkeitsübergewicht der Winkelmessung. Übertreibend setzt es freilich das Gewicht der Winkelmessung stillschweigend gleich unendlich. Aber an der Klippe, die in dieser Übertreibung verborgen ist, scheitert das Näherungsverfahren nicht, sondern es umgeht sie sehr geschickt, indem nicht Seitenverbesserungen, sondern Koordinatenverbesserungen berechnet werden. Auf diese Weise werden nach dem Näherungsverfahren die Streichen sehr scharf berechnet, die Koordinaten weniger scharf. Beides ist zu begrüßen. Denn die Praxis braucht die Streichen scharf, und die Koordinaten weniger scharf.

86. Künstliche Streckung ausgebauchter Züge.
(Schleswig-Holsteinisches Verfahren.)

Das Näherungsverfahren des Abschn. 84 liefert für die Polygonpunktberechnung Ergebnisse, die den Erfordernissen strenger Rechnung um so mehr entsprechen, je gestreckter, je geradliniger der Zug ist. Mit Rücksicht auf diesen Sachverhalt bürgerte sich bei den Katasterneumessungsarbeiten, die 1868—1878 in der Provinz Schleswig-Holstein ausgeführt wurden, das folgende Verfahren zur künstlichen Streckung solcher Polygonzüge ein, die mit Rücksicht auf die immer in erster Linie maßgebenden Bedürfnisse der Stückvermessung starke Ausbauchungen erhalten hatten. Es sei (Abb. 67) der Polygonzug zu messen: 8, 17, 18 ... 23, 12. Zwischen 17 und 19 und ebenso zwischen 20 und 23 liege etwa ein Teich oder ein Blumengarten oder sonst ein Hindernis, das der unmittelbaren Messung der Seiten 17—19 und 20—23 im Wege ist, so daß die Ausbauchungen bei 18 und bei 21, 22 nötig wurden. Man maß dann die Sichten 17—19 oder 19—17 und 20—23, 21—23. Darauf berechnete man mit Hilfe der Dreiecke 17—18—19, 20—21—23, 21—22—23 die Seitenlängen 17—19 und 20—23 sowie die Winkel 8—17—19, 17—19—20, 19—20—23, 20—23—12. Hierauf wurde dann der ge-

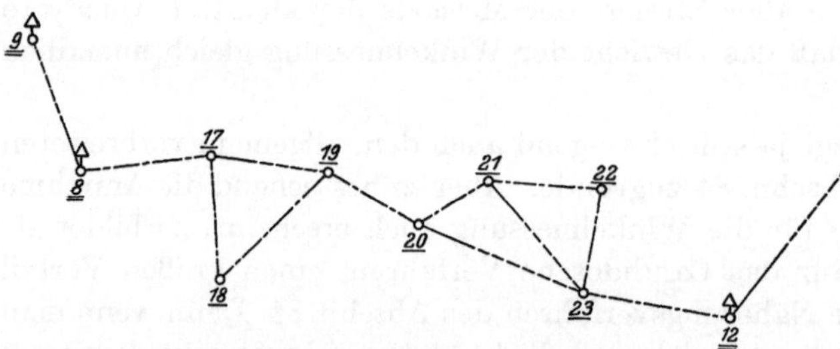

Abb. 67. Ausgebauchter und rechnerisch künstlich gestreckter Polygonzug über Tage.

[1] Österr. Z. Verm. 1927, S. 29.

streckte Polygonzug 8—17—19—20—23—12 nach dem Näherungsverfahren des Abschn. 84 berechnet. Nachher wurden dann die beiden besonderen Polygonzüge berechnet: 17—18—19 und 20—21—22—23.

Es ist unmittelbar einleuchtend, daß eine derartige Abschnürung der Ausbauchungen zu genaueren Ergebnisse führen muß, als die Berechnung sämtlicher Punkte zusammen in einem einzigen Zuge.

Als Urheber dieser Methode der künstlichen Streckung wurde dem Verfasser gelegentlich von einem Teilnehmer der schleswig-holsteinischen Vermessungen F. Wilski bezeichnet, in dessen Händen von 1868—1878 die technische Leitung jener Vermessungen lag. Doch hat F. Wilski selber in Gesprächen mit dem Verfasser seine Urheberschaft in Abrede gestellt.

87. Verringerung der Polygonseitenzahl zur Erzielung größerer Genauigkeit.

Es seien zwei Dreieckspunkte gegeben in einem Abstand von etwa 1600 m. Man kann recht gut von einem zum andern sehen. Das Gelände zwischen ihnen ist flach wie der Tisch. Zudem läuft noch ein von Sträuchern freier, ebener, breiter Grenzrain von dem einen Punkt zum andern, geradlinig bis auf einen kleinen Knick, der sich in der Mitte befindet. Auf dem Grenzrain stehen Grenzsteine, die aufgemessen werden sollen. Es liegt auf der Hand, daß man unter so günstigen Geländeverhältnissen bei dem Knick des Grenzrains einen Polygonpunkt vermarken und dann zwischen den beiden Dreieckspunkten einen Polygonzug messen wird, der nur diesen einen Polygonpunkt enthält. Die beiden Polygonseiten werden dann also jede rund 800 m lang sein. Wenn nun jemand auf den

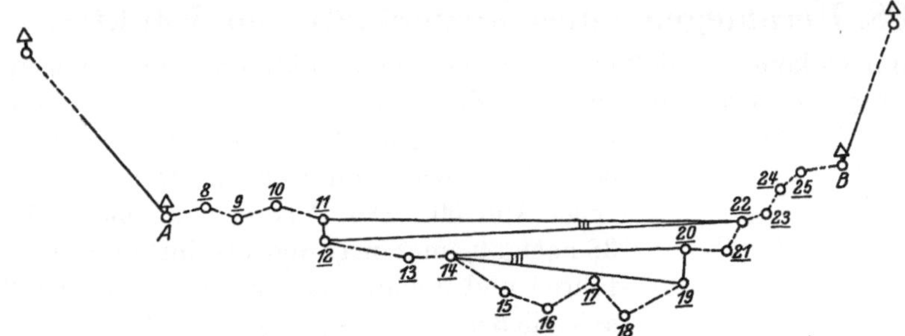

Abb. 68. Künstliche rechnerische Verringerung der Polygonseitenzahl.

Gedanken käme, statt des einen Polygonpunktes deren zwei zwischen die Dreieckspunkte einzuschalten, so ist ohne weiteres einzusehen, daß die Genauigkeit der Festlegung der Grenzsteine darunter leiden würde. Denn die Längenmessung mag zwar im wesentlichen die gleiche bleiben, aber die Winkelmessung auf einem Polygonpunkt ist doch immer mit einer gewissen Unsicherheit behaftet. Im ersten Fall hatten wir aber bloß eine solche Unsicherheitsursache, diesmal aber zwei.

Man sieht daraus: die Genauigkeit in der Festlegung der Polygonpunkte ist um so größer, je kleiner die Anzahl der Polygonpunkte zwischen 2 Festpunkten ist.

Dieser Umstand führt noch zu folgendem Meßverfahren. Es sei ein schmales Flußtal gegeben, beide Talränder dicht mit Hochwald bestanden. Auf den Höhen beiderseits läßt sich je ein Dreieckspunkt festlegen. Im Tal ist das aber praktisch unmöglich. Gerade aber auf der Talsohle ist eine Gebäudeanlage entstanden, die eingemessen und an der richtigen Stelle in die Karte eingetragen werden soll. Es ist also nur ein Polygonzug zwischen den beiden Dreieckspunkten möglich: auf der einen Seite vom Dreieckspunkt A durch den Hochwald hinunter zur Talsohle und dann auf der anderen Talseite durch den Hochwald hinauf zum Dreieckspunkt B. Im Hochwald sind aber nur kurze Polygonseiten möglich, mithin werden es recht viele Punkte, und die Befürchtung entsteht daher, daß die Festlegung der Polygonpunkte recht ungenau geraten wird.

Man hilft sich da, wie Abb. 68 anzudeuten sucht. Man sucht von Zeit zu Zeit quer über das Tal hinüber eine lange Polygonseite mittelbar zu messen, indem man in einem langgestreckten Hilfsdreieck eine Seite und wenigstens 2 Winkel mißt. Wenn irgend möglich, soll sich unter diesen beiden Winkeln derjenige Dreieckswinkel befinden, der der kurzen direkt gemessenen Dreiecksseite gegenüber liegt. Diesen letzteren Winkel mißt man recht oft, am besten durch Repetitionsmessung, vielleicht 8 bis 12mal und mittelt die Ergebnisse. In Abb. 68 würden das also die Winkel 12—22—11 und 20—14—19 sein. Dann berechnet man im Dreieck 12—11—22 die beiden Seiten 11—22 und 12—22 und im Dreieck 14—20—19 die Seiten 14—20 und 14—19. Hierauf rechnet man der Reihe nach folgende Züge:

A. 8. 9. 10. 11. 22. 23. 24. 25. B.;
11. 12. 22.
12. 13. 14. 20. 21. 22;
14. 19. 20.
14. 15. 16. 17. 18. 19.

88. Herablegen eines unzugänglichen Punktes.

Es kann vorkommen, daß ein oder beide Endpunkte eines übertägigen Polygonzuges für den Beobachter unzugänglich sind. Es sind vielleicht Kirchturmknöpfe oder die Mittellinien von Schornsteinen oder Blitzableiter auf Gebäuden oder dgl. Wie man sich in diesem Falle hilft, zeigt Abb. 69. Der Polygonzug komme über 37, 38 nach 39, und man möchte ihn nun noch bis 24 führen und ihn an das gegebene Streichen 25—24 anschließen. Man legt noch den Polygonpunkt 40 derart, daß $\varDelta$ 39, 40, 24 nach Möglichkeit gleichseitig oder wenigstens ungefähr gleichschenklig wird. Dann mißt man $c, \alpha, \beta, \varphi$. Hieraus findet man durch leichte Rechnung die Länge s der unmittelbar nicht meßbaren Polygonseite 39—24

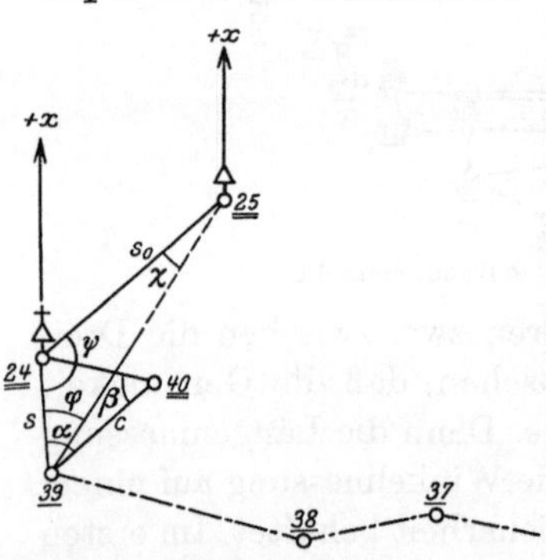

Abb. 69. Herablegen eines unzugänglichen Punktes.

$$s = c \sin\beta : \sin(\alpha + \beta) \tag{73}$$

und da $s_0 = 24—25$ aus den Koordinatenunterschieden von Punkt 24 und Punkt 25 bekannt ist, so hat man noch

$$\sin\chi = \sin\varphi \cdot s : s_0\,, \qquad \chi = \cdots, \tag{74}$$

$$\psi = 180^0 - \varphi - \chi. \tag{75}$$

Man erhält also durch leichte Rechnung die beiden Stücke s und ψ, die unmittelbar nicht gemessen werden konnten.

X. Polygonzug unter Tage (89—100).

89. Historische Notizen zum Polygonzug unter Tage.

In welcher Zeit zuerst ein Polygonzug unter Tage erwähnt wird, wird sich erst sagen lassen, wenn einmal die alte bergmännische Literatur auf ihren Inhalt an Markscheidekunde systematisch durchsucht sein wird. In Belas Schemnitzer Bergrecht aus der Zeit 1235—1270 finden sich zwei Stellen, an denen offenbar von Polygonzügen, sowohl unter Tage, wie über Tage, die Rede ist. Dieses sind die ältesten mir bekannten Erwähnungen von Polygonzügen[1].

In dem Abschnitt „vom Recht der Erbstollen" wird der Fall besprochen, daß jemand „mit des Raths und des Bergmeisters Gunst" einen Erbstollen baut. Er findet an einer Stelle im Stollen Erz. Von dieser Stelle an gehören ihm „für sich vierthalb Lehen und hinter sich vierthalbs". So war es nicht bloß bei Erbstollen, sondern auch bei Suchstollen.

Auf diese 7 Lehen oder 49 Lachter Stollenlänge darf der Stöllner also das Erz abbauen. Es gehört ihm, soweit er es, auf der Stollensohle stehend, mit dem ortsüblichen Gezäh, Keilhaue oder Kratze, über sich und unter sich erreichen konnte. Aber nun kreuzen sich zuweilen zwei Gänge, und es kann vorkommen, daß ein anderer Bergmann auf einem kreuzenden Gang ebenfalls einen Stollen vortreibt, ebenfalls Erz findet und dieses abbaut. Der erste Stöllner fürchtet, daß ihm der zweite Stöllner in sein Erz einbricht. Er ruft daher die Entscheidung der Behörde an.

Oder auch auf dem Gange, auf dem der Erbstöllner seinen Stollen vortreibt, baut in einiger Entfernung eine Grube. Der Stöllner fürchtet, daß diese Grube ihm von seinem Erz wegnimmt. Er ruft auch in diesem Fall die Entscheidung der Behörde an.

Jetzt treten 4 Mannen zu einer Untersuchung des Falls zusammen, und zwar „drei Erbermannen und ein Mann von des Grafen Teil". Eine Untersuchung ist nur denkbar auf dem Wege der Messung. Die Bergordnung sagt: „sie nehmen ob dem Raasen ein Winkelmaß". Hier kann das Wort „Winkelmaß" nicht anders verstanden werden, als „Meßgebilde mit Winkeln", d. h. als Polygonzug „ob dem Raasen", d. h. über Tage. Die gewöhnliche Tagespraxis des Bergmanns erforderte nur gelegentliche Längenmessungen. Man maß Lachter und Lehen ab. Ein Lehen, das waren 7 Lachter. Ein System von Messungen, bei welchem auch Winkel durch Messung festzulegen waren, ergab einen ganz wesentlich verwickelteren Begriff und forderte zu einer entsprechenden neuen Wortbildung heraus. Auf diese Weise entstand wohl für ein solches Messungsgebilde das Wort Winkelmaß. Auf welche Weise die Winkel gemessen wurden, wird in Belas Bergrecht nicht gesagt. Vielleicht bediente man sich hierzu der Schnurdreiecke[2].

Nun gelang aber die Schlichtung des Streitfalls durch die 4 Mannen nicht immer. In diesem Fall war der Durchschlag abzuwarten, und die 4 Mannen hatten

[1] Ähnliche Stellen enthält das Iglauer Bergrecht und Wenzels Bergbuch.

[2] Mir ist nicht bekannt, welche Art Winkelmessung sonst noch etwa in Frage kommen könnte. Die behelfsmäßige Feststellung von Winkeln durch Schnurdreiecke hat sich in der Markscheidekunde lange gehalten. Sie wird noch 1856 von Beer beschrieben (Beer, S. 108), und auch Miller von Hauenfels bespricht noch 1868 — wenn auch tadelnd — diese Methode der Winkelfeststellung (M. v. H., S. 48).

alsdann „im Durchschlag ober ein Winkelmaß zu ziehen“. Das war also offenbar eine primitive Art Polygonzug unter Tage.

Noch etwas klarer tritt der Begriff eines allerdings sehr kleinen Polygonzuges an einer anderen Stelle des Belaschen Bergrechts hervor. In dem Abschnitt „von Lehenschaften“ heißt es:

„Ist, daß Bergleut nebeneinander bauen, es sey an Bergen, Stollen, Lehen, oder Lehenschachten, einer mag den andern enthauen und angewinnen seiner Gäng oder seines Erz, das meiste, als er mag, bis das sie gegeneinander durchschlagen, und so das geschieht, so sollen sie an beiden Theilen von dem Durchschlag entweichen, bis das die geschworen, und der Bergmeister darzu kommen, und einem jeglichen bescheiden, wo er in den seinen mag arbeiten an Hindernuss.“

Das galt für größere Abstände der auf einem Gange nebeneinander bauenden Gruben. Aber gelegentlich wurden Gruben auf einem Gange auch ziemlich dicht nebeneinander angesetzt. Dann sollte der Abstand zweier Gruben voneinander wenigstens ein Lehen, also 7 Lachter, von Schacht zu Schacht sein, und die gleiche Ausdehnungsmöglichkeit wurde den Gruben dann auch unter Tage gewährleistet. Einem jeglichen sollte „ein Gericht gestrakt Lehen gezogen werden“. Hier sind unter einem „gestreckten Lehen“ (gestrakt Lehen) 7 Lachter Luftlinie gemeint. Denn es heißt: „Einem jeglichen soll ein Gericht gestrakt Lehen gezogen werden, und ob etliche krum vorhanden weren, die sollen die Geschwornen des Raths mit dem Bergmeister abbinkheln, und absaigeren, und darnach ein Recht gestrakt Lehen gezogen werden.“ Hier haben wir es also mit einem kleinen Polygonzug zu tun. Die Krümmungen des Ganges werden „abgewinkelt“ und zudem „abgesaigert“. Wozu hätte man die Krümmungen abwinkeln sollen, wenn man etwa einfach 7 Lachter Ganglänge entlang den Krümmungen gemessen verleihen wollte! Wozu wurde auch noch abgesaigert? Man wollte offenbar 7 Lachter söhlige Luftlinie verleihen. Dazu der Polygonzug von etwa 14 m Länge, für die damalige Zeit anscheinend eine, schweres Nachdenken verursachende Arbeit. Die Geschworenen des Rats und der Herr Bergmeister selber waren dazu nötig.

Das Wort „Winkelmaß“ tritt uns auch 1490 in der Schwatzer Erfindung in einem Sinne entgegen, der sich nur als „Polygonzug“ auffassen läßt. Es heißt da: „so Zween neben Paw auf Clufft unnd Genngen mit durchschlegen zu einander komen, Und die Jünger die ölter Grueb umb das Veldort anstrenngt, So soll ... der Schiner miten an dem munntloch des Stollens der Eltern Grueben an heben, und dieselb miten durch das winncklmaß hinein Brinngen zum Durchschlag oder wo das wennt (d. h. wendet!) und ain Eisen oder steende marchschaid shlahen.“

Das altertümliche Deutsch ist wohl so zu verstehen: der Schiner soll „dieselb miten durch“, d. h. „mitten durch die ältere Grube hindurch“ den Polygonzug hineinbringen bis zum Durchschlag „oder wo das wendet“, d. h. wo etwa sonst die Berechtsame der älteren Grube „wenden“, d. h. zu Ende sind. Die stehende Markscheide bildet den Gegensatz zur flachen Markscheide. Die st. M. trennt zwei auf einem Gange nebeneinander bauenden Gruben, die fl. M. zwei auf einem Gange unter einander bauende Gruben.

In der Sammlung Henning Grossen des Jüngeren „Ursprung und Ordnungen der Bergwerge“, Leipzig 1616, gibt ferner das erste Buch eine Sammlung alleräItester Rechtsbestimmungen, den „Ursprung gemeiner Bergrecht, wie die lange Zeit von den alten erhalten worden, darauß die Königlichen und Fürstlichen Bergks Ordnungen uber alle Bergrecht geflossen ...". Diese Sammlung enthält einen kurzen Abschnitt „Von Winckelmaß Recht". In diesem Abschnitt heißt es: „Bawet jemandt auff dem hangenden oder liegenden also, das man nicht weiß, ob es zum Berg gehöret oder frey ist, das sol man dreyen gemeinen Männern geben auff ihren Eydt, den vierdten von des Erbarers wegen, also daß ihr keiner da Theil habe an dem Gebirg. Die sollen oben auff dem Rasen die Schnur ziehen auff von dem höchsten der Geng. Mögen sie es scheiden, es soll krafft haben. Wo aber nicht, so sol man von den Gängen der sieben Lehen einen Durchschlag führen an die Newen gäng. Weme er dann recht giebt mit der Schnur und mit dem Winckelmaß, des ist das Ertz ..."

Hier könnte man den Ausdruck „mit der Schnur und mit dem Winckelmaß" zunächst so auffassen, als handele es sich um zwei verschiedene Meßgerätschaften. Aber der Sinn der Bestimmung läßt diese Deutung kaum zu. Schon die Überschrift „von Winckelmaß Recht" wäre schwer verständlich. Zu erwarten wäre dann „von Schnur und Winckelmaß Recht". Ist man noch nicht durchschlägig, so sollen die vier erkorenen Männer „oben auf dem Rasen von dem Ausbiß der Gänge aus die Schnur ziehen". Ist man durchschlägig, so wird unter Tage „mit der Schnur und mit dem Winckelmaß" gemessen.

Auch hier wird „Winckelmaß" wohl am einfachsten im Sinne von Polygonzug verstanden. „Schnur und Winckelmaß" fasse ich als eine pleonastische Ausdrucksweise auf, entsprechend „Schnur und Maß' 'im ganz gleichen Sinne wie „Schnur oder Maß", wie es in der alten bergmännischen Literatur öfters vorkommt.

Die sächsischen Bergordnungen des 16. Jahrhunderts nennen als Aufgaben des Markscheiders den gemeinen Zug, Währzug und den verlornen Zug, in der Sprechweise unserer Zeit: Zug, Gegenzug und Tagezug. Wir haben für das 16. Jahrhundert unter anderem noch das Büchlein des Arztes und Bürgermeisters von Freiberg Ulrich Rülein von Kalbe, enthaltend den Dialog Daniels des Bergverständigen mit dem Bergjungen Knappius 1505 und ferner die 12 Bücher vom Bergbau von Agricola 1556 und den „Kurtzen und gründlichen unterricht vom Marscheiden" des Doktor Erasmus Reinhold 1574. Aus allen zusammen gewinnt man den Eindruck, daß es sich damals bei der Tätigkeit des Markscheiders in erster Linie darum handelte, die vom Bergmeister über Tage abgesteckten Grenzen in die Grube zu übertragen, sodann aber auch den Gewerken von Zeit zu Zeit anzugeben, wie viele Lachter noch im Stollen und im Schacht aufzugewältigen seien, bis man durchschlägig werden würde, und wo man über einem längeren Stollen im Interesse der Bewetterung und der Materialförderung Lichtlöcher anzusetzen habe. Der Markscheider hatte damals Verziehschnur und Lachterschnur, Winkelscheibe, Kompaß, Gradbogen, „Donlegebrettlein" (s. S. 118) und sogar eine Pendelwage, um die Winkelscheibe wagrecht stellen zu können. Damit konnte der damalige Markscheider Grubenpolygonzüge ausführen, und das tat er auch. Aber es war doch noch so unbehilflich, daß man, wo es ging, sich auch gern anderweit half. So hat Agricola für die Aufgabe, die abzusinkende Teufe eines Schachtes und die Länge des Stollens festzustellen, bis beide miteinander durchschlägig werden würden, folgende Lösung (Abb. 70). Man spannt eine Schnur vom Rundbaum A bis zum Stollnmundloch B geradlinig und mißt ihre Länge s mit der Lachterschnur. Bei A hängt man eine kurze zweite Schnur AC

mit einem Gewicht beschwert in den Schacht hinein und daneben eine dritte Schnur $A'D$, ebenfalls vom Rundbaum in den Schacht hinein so, daß sie die donlegige Schnur berührt. Dann mißt man recht genau die 3 Seiten des rechtwinkligen Dreiecks ACD und hat dann mit Hilfe von s durch einfache Proportionsrechnung die Längen AE und BE. In einem derartigen lotrecht stehenden rechtwinkligen Dreieck nannte man übrigens die Hypotenuse AD die Donlege oder Danlegte[1], die stehende und die liegende Kathete AC und DC Seigerteufe und Sohle oder auch Ebensohle[2]. Befand sich die liegende Kathete oberhalb der stehenden Kathete, so nannte man letztere auch Rösche und den Fallwinkel der Hypotenuse Röschenwinkel.

Gestattete das Gelände keine geradlinige Verbindung AB, so wurde die Strecke in mehrere Teildreiecke zerlegt, deren Gestalt ebenso mittels Schnuren festgestellt wurde.

Aber Agricola gab auch noch folgendes Meßverfahren an. Mittels des Donlegebrettleins — eines gradbogenartigen hölzernen Halbkreises, der von unten her an die Schnur angehalten wurde — stellte man zunächst den Fallwinkel φ der Schnur AB fest. Nun wird ein unbefangener Leser der heutigen Zeit vielleicht denken: „Nun ja! dann hatte man ja einfach: $BE = s \cdot \cos\varphi$ und $AE = s \cdot \sin\varphi$." Allein, es war doch nicht an dem. Denn der Markscheider des 16. Jahrhunderts konnte, wie wir S. 14 u. 15 gesehen haben, noch nicht mit sinus und cosinus rechnen. Aber Agricola war ein Gelehrter. Er entwarf einen Maßstab, dessen Teilung der Funktion „1 Lachter mal $\sin^2\frac{\varphi}{2}$" entsprach, sicher damals noch eine sehr geheimnisvolle Rechnung, und nun gab er die Regel: man liest den Fallwinkel ab, sucht dazu auf dem Maßstab das zugehörige Stück auf und trägt es auf der donlegigen Schnur so oft ab, als die Schnur halbe Lachter enthält. Der übrig bleibende Teil der Schnur ist dann die Stollnlänge. Die Schachttiefe erhielt er dann so: die donlegige Schnur wurde in einer aequata planities vel montis, vel vallis, vel campi, also auf eingeebneter wagrechter Fläche ausgespannt, dazu von ihrem „unteren" Ende aus als Stollnsohle eine Schnur von der soeben ermittelten Länge des Stollens. Dann wurde eine dritte Schnur so gespannt, daß sie vom „oberen" Endpunkt der Donlege ausging und die „Sohle" rechtwinklig berührte. Die Sohle mußte man dabei also probierend schwenken. War die richtige rechtwinklige Lage gefunden, konnte man dann die Schachttiefe an der ausgespannten Schnur abmessen. Agricola, der dieses Meßverfahren be-

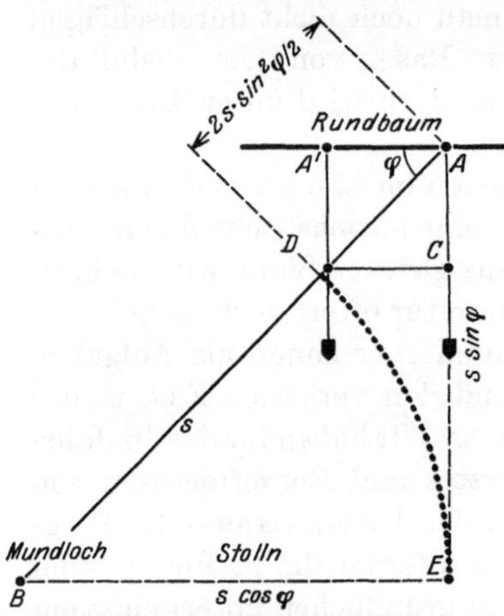

Abb. 70. Bestimmung von Schachtteufe und Stollenlänge nach Agricola 1556.

[1] In einem seigeren Schacht schwebt die „Tonne" frei, in einem schrägen Schacht „liegt die Tonne auf". Nach Berginf. B. Red. S. 29 ist das die Erklärung für den Ausdruck.

[2] Ebensohle im Gegensatz zur Sohle, auf die der Bergmann tritt und die zumeist etwas Gefälle hat. Von Ebensohle ist das Wort ebensöhlig gebildet, gleich „wassereben", „wasserrecht" oder wagrecht.

schreibt, berichtet dazu, daß manche Markscheider hanfene Schnüre zwar ausspannten, an ihnen entlang aber teils mit den sich weniger längenden Lindenbastschnüren mäßen, teils mit Maßstäben. Agricola, der diese und ähnliche Meßverfahren schildert, sagt stets: „manche Markscheider machen es so, einige machen es wieder so.“ Das sind offenbar bescheidene rhetorische Wendungen. Er wollte sich nicht als Lehrer geben, sondern wollte nur als Berichterstatter gesehen werden. Als solchen hat ihn übrigens Lempe auch aufgefaßt[1]. In Wirklichkeit will Agricola aber sagen: „die Markscheider könnten es so machen oder auch so.“ Denn wie wäre es möglich, für die damalige Zeit anzunehmen, daß eine so urgelehrte Einrichtung, wie der Maßstab mit der Einteilung nach $\sin^2 \frac{\varphi}{2}$, unter den Markscheidern verbreitet gewesen wäre!

All das sind keine Polygonzüge. Aber nun erörtert Agricola die Möglichkeit, daß ein Stolln nicht ganz gerade sei, eine vom Mundloch aus in ihn hineingezogene Schnur also stellenweise Ecken zu umgehen habe. Das gibt dann einen Grubenpolygonzug. Die Schnur wird längs der Sohle gespannt. Wo sich eine Ecke ergibt, wird ein dickes Brett gelegt und auf diesem wird mit einem starken Bohrer eine runde Holzscheibe — der Orbis — befestigt. Den Bohrer läßt man stecken. In die Holzscheibe sind 5 konzentrische Ringe eingeschnitten, und diese sind mit buntem Wachs gefüllt. An den Bohrer werden die Schnuren angebunden, welche die Polygonseiten bilden. Nachdem die Schnuren straff gezogen sind, werden ihre Richtungen in dem bunten Wachs abgestochen. Auf diese Weise erhält man die Polygonwinkel. An den straff gespannten Hanfschnüren mißt man mit Lachterschnur oder mit Lachterstab entlang und erhält so die Länge der Polygonseiten.

Ungefähr zu derselben Zeit (1547) fanden übrigens gelegentlich der Vermessung der Stadt Wien durch Augustin Hirschvogel auch die S. 104 erwähnten ersten übertägigen Polygonzüge statt, von denen wir nähere Kenntnis haben.

Es ist bei Agricolas untertägigem Polygonzugverfahren noch eine Merkwürdigkeit zu erwähnen. Agricola legte bereits Wert darauf, daß die gemessenen Polygonwinkel auch Horizontalwinkel seien und keine donlegigen Winkel. Daher gibt er noch eine libella stativa oder Pendelwaage an, mit deren Hilfe die Holzscheiben wagrecht gestellt werden müssen. Diese Pendelwaage bildet Agricola ab[2]. Er nennt sie „Aufsatz“. Wir heutigen, die wir nur noch handliche, praktische kleine Pendelwaagen kennen, staunen über die Ungeschicklichkeit der alten Konstruktion. Zwei von den drei Abbildungen von Agricola sind ohne Setzfläche. Die dritte Abbildung zeigt die Setzfläche, ohne die man natürlich mit der Pendelwaage nichts anfangen konnte. Sie wird durch zwei dicke, aufeinander rechtwinklige Balken gebildet, zwischen denen die Pendelwaage offenbar mit Stricken befestigt werden sollte. Auf diese Stricke deuten die Löcher in den abgebildeten Balken. Nach Agricola sind die Stolln seiner Zeit etwa $3^3/_4$ Fuß breit, d. h. etwa 1,20 m. Es ist schwer auszudenken, wie man in dieser Enge mit den sperrigen schweren Balken hantiert haben könnte, etwa gar in zwei aufeinander senkrechten Richtungen. Der Gefahr, daß die hölzerne Winkelscheibe unter dem gewaltigen Gewicht der Balken zerdrückt werden könnte, ließ sich

[1] Lempe: 1785, S. 4. [2] Agricola: S. 114.

begegnen, indem man die libella stativa mit etwas Zwischenraum über der Winkelscheibe aufstellte und dann durch Kippen der Winkelscheibe gleiche Abstände herstellte. Darüber sagt Agricola nichts.

Nun war zu Agricolas Zeiten der Kompaß im Bergbau bereits eingebürgert. Wir kennen den Kompaß in der Hand des Markscheiders seit 1490[1]. Rülein von Kalbe bildet in der Schrift „Daniel der Bergverständige" bereits ziemlich entwickelte Kompaßformen ab[2]. Auch die Bergordnung Kaiser Maximilians I. von 1517 kennt den Kompaß in der Hand des Schiners. Auch Agricola spricht vom Bergkompaß und bildet ihn ab[3]. Die Holzscheibe mit Wachsringen und eingesetztem Kompaß beschreibt Agricola ebenfalls und bildet sie auch ab[4]. Aber die Kompasse jener Zeit waren immerhin doch noch etwas ungefüge, und Agricola erkennt ihnen durchaus keinen Vorzug zu vor den von ihm besprochenen Wachsscheiben ohne Magnetnadel. Diese nennt er meist „orbis", den Kompaß nur „instrumentum cui index est," zuweilen auch „instrumentum" cui index est, quem regit magnes", ohne mit einem Wort zwischen beiden Instrumenten Partei zu ergreifen. Aber der Kompaß verdrängte in der Folgezeit doch den orbis. Schon Erasmus Reinhold (1574) kennt den orbis nicht mehr. Nachdem gar 1633 der Hängekompaß erfunden worden war, war die Herrschaft des Kompaß im Grubenvermessungswesen eine vollständige, und man maß daher selbstverständlich stets Horizontalwinkel. Man hing übrigens den Kompaß keineswegs immer an die von Polygonpunkt zu Polygonpunkt ausgespannte Schnur, sondern bediente sich eines 1686 von Nicolaus Voigtel angegebenen kleinen Visierinstruments, das Voigtel „Winkelweiser" genannt hat. An dieses konnte man den Hängekompaß anhängen, so daß Absehen und Hängelinie parallel waren. Noch 1785 war dieser Winkelweiser so beliebt, daß die Siegener Markscheider ihn zu Tageszügen und Grubenzügen benutzten[5]. Schon 1739 war aber der eiserne Ausbau der Gruben so weit vorgeschritten, daß Kompaßmessungen mehr und mehr unmöglich erschienen. Man ging zu den Eisenscheiben über, Messingscheiben, die zumeist mit einem kleinen an ihnen angebrachten Pendel wagrecht gestellt wurden[6] und entweder 2 Diopter hatten „einem Astrolabio gleich"[7] oder zwei drehbare Hakenarme, an welche die Meßschnüre angehängt wurden, so daß man die Winkel gerade so, wie bei Agricolas orbis, durch den mechanischen Zug der Schnüre erhielt. Lempe schildert 1785 wie man mit diesen Eisenscheiben auf umständliche Art bei donlegigen Schnuren doch Horizontalwinkel erhielt[8]. Die Eisenscheiben, auch Stundenscheiben genannt, seien gar nicht brauchbar, würden aber gleichwohl noch hin und wieder verwandt, gibt Lempe[9] an.

In manchen Gegenden maß man mit den Eisenscheiben nicht Horizontalwinkel, sondern donlegige Winkel. Durch sehr mühselige Reduktionsrechnung erhielt man dann aus ihnen die Horizontalwinkel. Diese Mühsal führte dazu, daß manche Markscheider bei ihren Grubenzügen zur Winkelmessung lieber das auf

[1] Schwatz: Erf. VII, 3. [2] C. Krause: Kompasse, S. 16.
[3] Agricola: S. 41 u. 43. [4] Agricola: S. 112.
[5] Lempe: 1785, S. 872.
[6] Beer, G.: 1739, Kap. 18, pars 11 u. Lempe: 1785, S. 439 u. 516, Abb. 193 u. 194.
[7] Iugel 1773, S. 408 u. Tab. VIII, 6.
[8] Lempe: S. 516. [9] Lempe: S. 437—438.

einem Dreifußstativ wagrecht gestellte Astrolabium verwandten, dessen Diopter so eingerichtet waren, daß in ziemlich weiten Grenzen ansteigende und fallende Sichten möglich wurden[1], so daß sich also Horizontalwinkel messen ließen.

Wie es scheint, ist etwa gleichzeitig mit den Eisenscheiben auch der Meßtisch in der Grube aufgekommen, der über Tage etwa 100 Jahre früher in Gebrauch gekommen war[2]. v. Oppel kennt ihn bereits bei den schwedischen Markscheidern[3]. Er war mit Papier überspannt, und für jeden Standort gab es ein besonderes Blatt. Die söhlige Lage der Meßtischplatte wurde mittels Pendelwaage hergestellt. Durch mechanischen Schnurzug ergaben sich die Polygonwinkel und wurden graphisch festgelegt. Wie man verfuhr, wenn die Schenkel des Polygonwinkels nicht wagrecht lagen, ist nicht überliefert, aber man wird es sich so vorstellen können, wie es für die Eisenscheiben ausdrücklich bezeugt ist: man hing Handlote, die die Meßschnuren und den Rand des Meßtisches berührten und projizierte so die beiden Winkelschenkel auf die Meßtischplatte. Auch die Fallwinkel ermittelte man mit der Meßtischplatte, indem man diese lotrecht hielt[4]. 1835 sagt von Hanstadt[5] ... „Ist der Raum unterirdisch nicht so beschränkt, so kann der Meßtisch auch da, jedoch nur zu Aufnahmen söhliger Strecken gebraucht werden, denn in tonnlägigen Schächten und Schutten ist keine Aufstellung des Tisches möglich. Aber auch auf söhligen Strecken fordern Aufnahmen mit dem Meßtisch eine Geduld, die sich niemand vorstellen kann, der das Mühsame nicht selbst erfahren hat.“ Trotzdem war nach Beer und Niederrist 1856 und 1858 der Meßtisch in der Grube noch üblich[6].

Zwei Grubenmeßtische als schöne Museumsstücke sah ich 1911 im Markscheide-Institut der montanistischen Hochschule zu Leoben.

Wir kennen heutzutage den Meßtisch nur noch als Hilfsmittel topographischer Vermessungen. Doch wurde er noch in der ersten Hälfte des 19. Jahrhunderts auch in der Feldmeßkunst viel verwendet.

Um die Wende des 18. zum 19. Jahrhundert kamen dann neue Instrumente von Studer[7] und von Komarzewski[8] auf, Winkelmeßinstrumente, die einen Horizontalkreis und einen Höhenbogen hatten. Die Dosenlibelle war damals bereits bekannt. Sie wurde benutzt, um den Horizontalkreis horizontal zu stellen. Die Winkel erhielt man durch mechanischen Schnurzug, wie beim orbis und bei den primitiveren Eisenscheiben. Einen weiteren Fortschritt für die Messung der Polygonwinkel bildete ein von W. Breithaupt[9] abgebildetes Instrument, mit welchem H. C. W. Breithaupt aus Bückeburg 1798 bei Riechelsdorf in Hessen einen Grubenzug maß. Es hatte Horizontalkreis und Höhenbogen, wie die Instrumente Studers und Komarzewskis. Aber der Schnurzug war ersetzt durch ein Diopter. Hier tritt also wieder, wie beim Winkelweiser, optische Feststellung der Winkel auf, wenn auch noch ohne optische Linsen. Im Jahre 1800 wurde das Instrument veröffentlicht. Aber schon 2 Jahre zuvor hatte der Professor Paris

[1] Giuliani: S. 78.
[2] Der Meßtisch ist eine Erfindung des Johann Richter (Praetorius) 1537—1616.
[3] v. Oppel: S. 401—404. [4] Lempe: 1785, S. 868—869. [5] Marksch: S. 181.
[6] Beer: S. 102 u. 108; Niederrist: S. 58.
[7] Studers Instrument ist abgebildet bei Studer 1801, Tafel II und bei Uhlich S. 140, Abb. 237.
[8] Komarzewski: graph. sout. [9] Breithaupt, W.: S. 4.

von Giuliani seine „Markscheidekunst“ herausgegeben, in welcher er ein Instrument angab, das er als Catageolabium bezeichnete (Abb. 71). Es hatte einen Horizontalkreis, der mittels einer auf ihn gesetzten Dosenlibelle D_1 wagrecht gestellt wurde. Er war in 24 Stunden zu 60 Minuten eingeteilt. Ein Höhenbogen, der auf 2 Minuten abgelesen wurde, trug ein Fernrohr E mit Objektiv, Okularlupe und Fadenkreuz. Letzteres war auf einem Glasplättchen eingeritzt. Für steile Sichten war ein auswechselbares, geknicktes Okular B beigegeben. Da die beiden Okularlupen auswechselbar waren, so waren sie also auch verschiebbar, wie es für Sichten auf verschiedene Entfernungen erwünscht ist. Giuliani spricht sich allerdings im Text über die Verschiebungsmöglichkeit nicht aus, was immerhin auffällig ist. Es ist daher auch nicht ganz sicher, ob er Verschiebbarkeit gegenüber dem Objektiv auch für das Fadenkreuzplättchen in Aussicht genommen hatte. Wir Heutigen sind geneigt zu sagen: „Wenn man nicht auf verschiedene Entfernungen einstellen konnte, so taugte das Instrument nichts.“ Und wir denken daran, daß bereits der Augsburger Mechaniker Brander das Okularrohr auf verschiedene Entfernungen eingestellt hat[1]. Aber wie Brander, dachte man früher nicht allgemein. Noch 1867 gab der Oberbaudirektor Hagen, Mitglied der Akademie der Wissenschaften zu Berlin, für das Nivellieren die Regel an: man solle das Okular so weit ausziehen, wie es derjenigen Zielweite entspreche, mit der man hauptsächlich nivellieren wolle, dann aber solle man am Okularauszug nichts mehr ändern, so daß man dann bei anderen Entfernungen allerdings unscharfe Bilder erhalte.

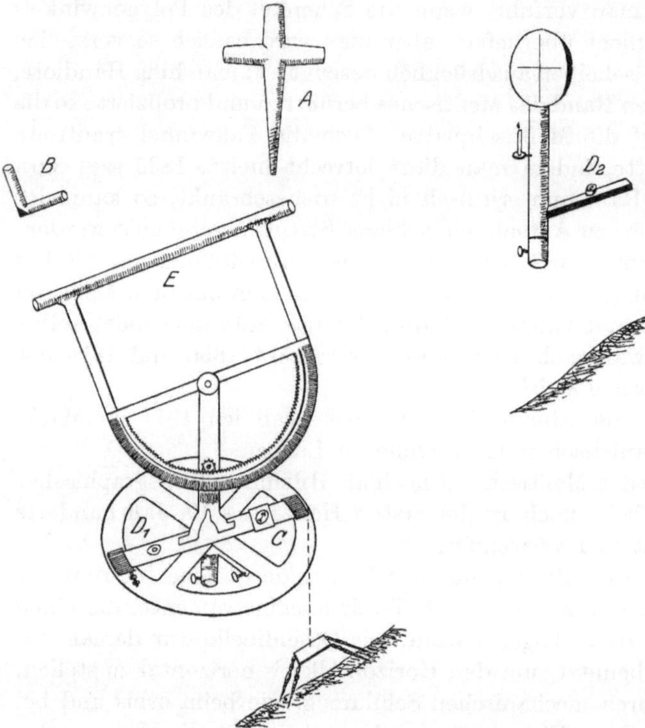

Abb. 71. Giuliani's Catageolabium (nach Giuliani, Markscheidekunst, 1798).

Giulianis Catageolabium bildet, wie bereits Abschn. 64 erwähnt wurde, den ersten für Grubenmessungen aufgestellten Theodolitentwurf, von dem wir Kenntnis haben. Doch hat Giuliani das Instrument wohl kaum gebaut, sondern es nur vorgeschlagen. Um 1846 kam für die Grubenpolygonzüge das erste Hilfshängezeug auf und 1852 die Methode der Kreuzschnüre, von denen unten eingehender

[1] Vgl. Lempe: 1785, S. 455.

die Rede sein wird. Dadurch wurde es wieder möglich, auch bei eisernem Ausbau in der Grube Polygonwinkel mit dem Kompaß zu messen. Ungefähr um die gleiche Zeit gelangte aber auch, namentlich durch die zielsicheren Bemühungen von Julius Weisbach, der Theodolit in die Grube. Mit ihm mißt man heutzutage alle Grubenpolygonzüge, bei denen größere Genauigkeit erwünscht ist, und die Kompaßmessungen werden nur noch für Messungen verwandt, bei denen man mit geringerer Genauigkeit zufrieden ist. In welcher Weise sich

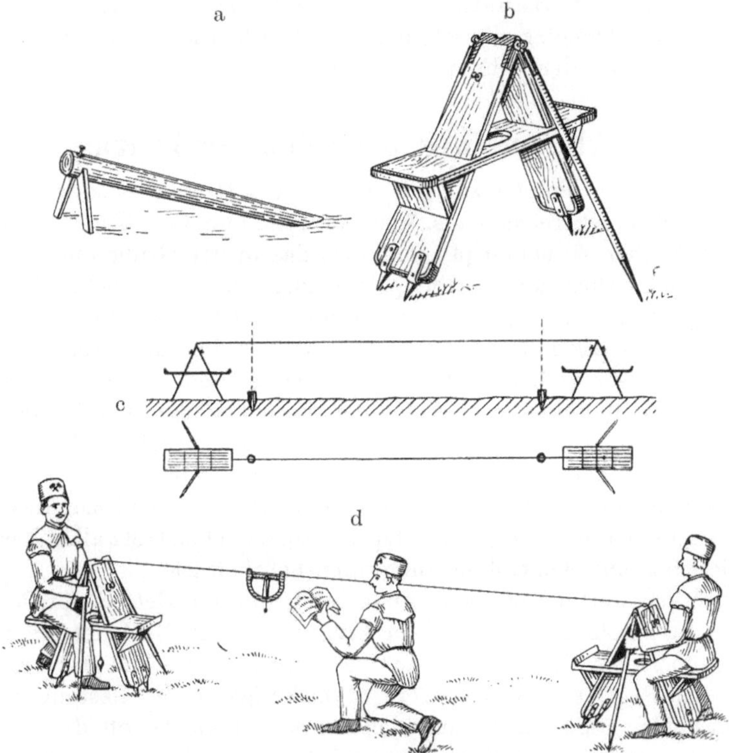

Abb. 72. Markscheideböcke und Schemel. a) Bock (nach Beer); b) Schemel nach v. Hanstadt; c) Handhabung der Schemel nach Szentistvanyi; d) nach Beer.

bei Grubenzügen die Messung der Polygonseitenlängen seit Agricola entwickelt hat, s. unter „Längenmessung" S. 21.

Die Brechpunkte des untertägigen Polygonzuges wurden zu Agricolas Zeit noch etwas umständlich markiert, indem der Orbis an ein schweres Brett angeschraubt wurde. Später kamen die Verziehschrauben oder Markscheiderschrauben auf, die in die Zimmerung der Grube eingelassen wurden. Im Bergbauspiegel, der um 1650 abgefaßt wurde, wird Buch 4, Kapitel 1, § 6 das Messen auf Spreizen bereits erwähnt. Auch für 1686 ist es durch Voigtel bezeugt. Es wird dann noch 1749 von Beyer und 1785 von Lempe angegeben und ist bis heute dort üblich geblieben, wo die Verhältnisse des Bergbaus diese beschauliche Messungsart gestatten[1]. Zwischen 1782 und 1798 kamen dann die Markscheiderböcke und Markscheiderschemel auf (Abb. 72). Voigtel 1686 kannte sie noch nicht. 1782 und

[1] Lempe: 1785, S. 696.

1785 empfiehlt Lempe Böcke oder auch „Zimmerböcke" für übertägige Messungen, für Untertage Verziehschrauben[1]. 1798 nennt Giuliani Böcke und Schemel für Über- und für Untertagemessungen gebräuchlich. Die Böcke werden dann noch 1829 empfohlen, die Schemel 1835. Julius Weisbach 1851 und 1859 hat weder Schemel noch Böcke. Dagegen werden die Schemel 1856 von Beer und 1876 von Liebenam empfohlen, die Böcke 1876 und 1885 von Liebenam und Borchers. 1894 empfiehlt sie auch Cséti, 1911 Szentistvanyi. Abb. 72 zeigt nach v. Hanstadt, Beer und Szentistvanyi zweierlei Benutzungsart der Schemel, zentrisch und exzentrisch. Die Länge einer Seite wurde mit Maßstab entlang der Schnur gemessen.

90. Allgemeines über den Grubenzug.

Beim untertägigen Polygonzug geht man in der Regel ebenso, wie über Tage, von einem gegebenen Streichen aus. Aber während man über Tage auch auf einem gegebenen Streichen zu enden pflegt, bildet das in der Grube eine seltene Ausnahme. Es fehlt daher dem Grubenpolygonzug eine wesentliche Meßkontrolle, die dem Tagepolygonzug eigen ist. Infolgedessen ist unter Tage viel schärfere Zentrierung üblich, als man sie zumeist über Tage für nötig ansieht. Auch die im Markscheidewesen vielfach übliche Ablesung der Seitenlängen auf mm gegenüber den 2 cm, mit denen man sich über Tage begnügt, beruht wohl letzten Grundes auf diesem Unterschied der beiden Polygonzugarten. Und in gleichem Sinne ist auch der Brauch aufzufassen, die Polygonwinkel durch Repetition zu messen. Schließlich ist noch der heutige Gegenzug — der Währzug des 16. Jahrhunderts — offenbar der Erwägung entsprungen, daß eben trotz allen Verfeinerungen der Messung eine Kontrollmessung unentbehrlich ist.

Ein bemerkenswerter Unterschied hat sich herausgebildet bei der Polygonzugmessung in Steinkohlengruben und in Erzgruben. Der Nachgiebigkeit des Gesteins gegenüber dem Gebirgsdruck in Steinkohlenbergwerken steht in Erzbergwerken in der Regel eine viel größere Standfestigkeit des Gesteins gegenüber. Der Markscheider weiß im Steinkohlenbergwerk niemals, ob die drei voriges Vierteljahr von ihm in der Firste eingeschlagenen Zeichen, mit denen er den letzten von ihm gemessenen Winkel vermarkte, sich dieses Vierteljahr noch in unveränderter Lage vorfinden. Er schließt daher seine neuen Messungen nicht ohne weiteres an das früher festgelegte Streichen an, wie es der Erzmarkscheider meistens unbesorgt tun kann, sondern er mißt zur Sicherheit den ganzen letzten Winkel noch einmal, und wenn er nicht mehr stimmt, holt er weiter aus, bis er etwa innerhalb des Sicherheitspfeilers, der um den Schacht herum stehen geblieben ist, einen noch stimmenden Winkel findet, den er zum Anschluß benutzen kann. Aus der Druckhaftigkeit der Steinkohlenbergwerke ergibt sich für die Vermessung noch ein weiterer Unterschied gegen die Vermessung in Erzbergwerken. Der Druckhaftigkeit wegen läßt der Kohlenbergbau eine aufgefahrene Strecke nur so lange bestehen, wie sie gebraucht wird. Wenn auf der Strecke kein Begängnis mehr stattfindet, läßt man sie unter der Einwirkung des Gebirgsdrucks zu Bruch gehen. Der Markscheider mißt daher fast immer auf Strecken, auf denen

[1] Lempe: 1785, S. 714 u. 1023, sowie Tab. 28b.

Begängnis besteht. Er muß hierauf Rücksicht nehmen und kann daher fast immer nur so messen, daß er von der Firste Lote herabhängen läßt und abwechselnd sie als Ziele benutzt oder sich unter ihnen aufstellt. Dieses Verfahren nennt man das „Ziehen unter hängenden Loten". Die nebenhergehende Förderung, die nicht aufgehalten werden darf, treibt den Markscheider zu eiliger Hantierung an. Der Wetterzug treibt das hängende Lot etwas ab, und die Erreichung der wünschenswerten Genauigkeit wird etwas beeinträchtigt.

Im Erzbergbau dagegen pflegen sich die aufgefahrenen Strecken, noch nachdem ihre Benutzung vorüber ist, Jahrhunderte hindurch zu halten. Der Markscheider kann hier in aller Ruhe so sorgfältig messen, als es ihm nur irgend erwünscht erscheint. Der Erzbergbau bildet daher vorzugsweise die Stätte, auf welcher die sogenannten Zwangzentrierungen Anwendung finden, Einrichtungen, die dazu dienen, die schlimmste Fehlerquelle der Polygonwinkelmessung möglichst unschädlich zu machen, d. h. die Exzentrizität, die zwischen Mittelpunkt des Theodolits und Zielpunkt des Grubensignals auftritt, wenn beide nacheinander auf einem Polygonpunkt aufgestellt werden. Von den mancherlei Zwangzentrierungen, die erfunden worden sind, seien im folgenden einige besprochen.

91. Ältere Zwangzentrierungen.

Die älteste Zwangzentrierung hat vielleicht Giuliani 1798 angegeben (siehe Abb. 71, S. 122). Zylindrische Steckzapfen nehmen abwechselnd das Grubensignal und das Winkelmeßinstrument auf. Giuliani war ein scharfsinniger Kopf. Aber die Zeichnung der von ihm entworfenen Aufstellung setzt uns heute in Erstaunen durch die flüchtige Behandlung der Idee. Das Stativ ist nach dem Text dreibeinig, in der Abbildung vierbeinig. Auf das Stativ wird die „Anrichtung" aufgeschraubt, die nach dem Text

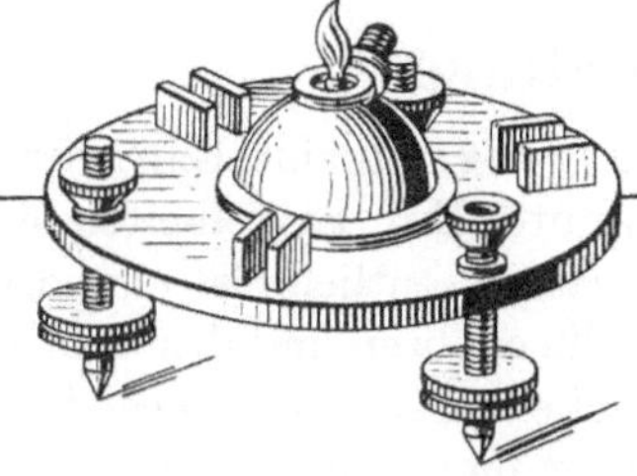

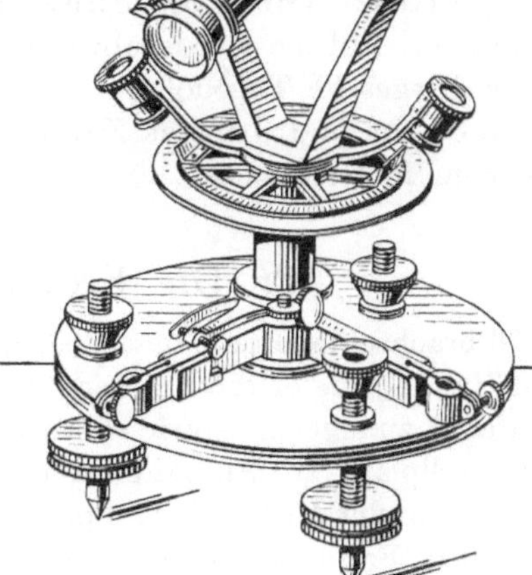

Abb. 73. Julius Weisbachs Zwangszentrierung.

oben und seitwärts in zylindrische Zapfen endet. In der Abbildung sind die Zapfen konisch. Am Fernrohr suche man einmal die Stellen, wo Objektiv, Fadenkreuzplatte und Okularlupe sitzen! Die Anrichtung A wird auch als Konsolarm in die Zimmerung geschraubt, wie in der Abb. 71 rechts angedeutet.

Die beiden Abbildungen zeigen den Hauptarm der „Anrichtung“ einmal vierkantig, einmal rund! Mit einer Dosenlibelle soll übrigens der Konsolarm, der in die Zimmerung eingeschraubt wird, wagrecht gemacht werden. Das ist im einzelnen auch nicht leicht auszudenken.

Ob nun Giulianis Zwangzentrierung wirklich die älteste nachweisbare Zwangzentrierung ist, muß als zweifelhaft dahingestellt bleiben. Dem Verfasser ist in Erinnerung — leider nur in undeutlicher Erinnerung, — in einem Museum einmal eine Eisenscheibe mit zugehörigem Grubensignal gesehen zu haben, die älter als Giulianis Instrument sein muß. Für Eisenscheibe und Signal war wechselweises Aufstecken auf zylindrische Zapfen vorgesehen. 61 Jahre nach Giuliani wurde dann von dem Freiberger Professor Julius Weisbach in Teil 2 seiner neuen Markscheidekunst 1859, S. 25 eine andere Art Zwangzentrierung angegeben. Ein mit 3 Stellfüßen versehener Teller wurde lose auf eine brettförmige Spreize gestellt (s. Abb. 73). In der Mitte des Tellers war kreisförmig eine Flansche angearbeitet, in welche ein Lämpchen hineinpaßte, das als Ziel diente. Am Rande des Tellers in gleichen Abständen voneinander befinden sich 3 kleine Lager, in welche die 3 Füße des Theodoliten hineinpaßten, nachdem man die 3 Fußschrauben aus den Füßen herausgeschraubt hatte. So konnte man den Teller abwechselnd zur Aufnahme der Signallampe und des Theodoliten benutzen. Es ist merkwürdig, daß Julius Weisbach den Teller nicht irgendwie auf der Spreize befestigte. Zeitgenossen haben es ihm nahegelegt, aber er wollte nicht.

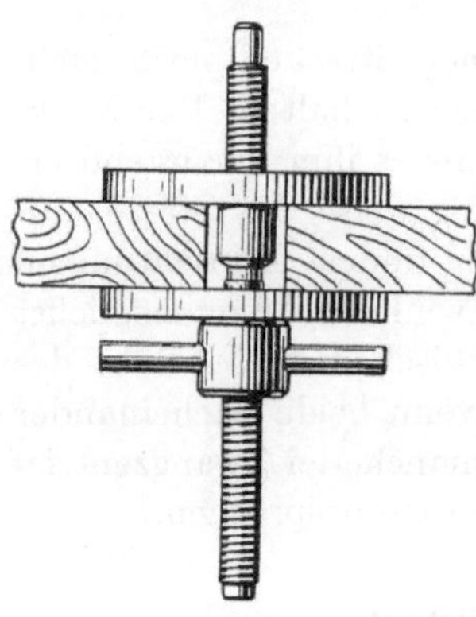

Abb. 74. Junges Aufstellschraube.

Weisbachs Nachfolger im Amt als Professor der Markscheidekunde war A. Junge (1852—1869). Von Junge rührt die in Abb. 74 dargestellte Aufstellschraube her. Auf sie wurde abwechselnd Junges Grubensignal aufgeschraubt und der Jungesche Theodolit.

Weisbachs und Junges Zwangzentrierung sind in Deutschland wohl nirgends mehr in Gebrauch.

92. Die Freiberger Aufstellung.

1876 brachte der Freiberger Mechaniker Max Hildebrand eine Einrichtung in den Handel, die er die Freiberger Aufstellung nannte. Ihre Einzelheiten sind aus Tafel 17 zu ersehen, sowie aus Abb. 75 und 76. Das Wesentliche ist eine dreilappige Stellplatte zur Aufnahme der 3 Stellfüße des Theodoliten und des Grubensignals und in der Mitte der Stellplatte eine zylindrische Aussparung. Diese Stellplatte wird „Freiberger Flügel“ genannt. Die Äquatorzone einer Kugel, welche am unteren Ende des Theodoliten und des Grubensignals sich zwischen deren drei Stellfüßen befindet, paßt genau in die zylindrische Aussparung hinein. Theodolit und Signal werden derart auf den Freiberger Flügel aufgesetzt, daß das Kugelstück in den Hohlzylinder hineintaucht. Dann wird mit Hilfe ihrer Dosenlibelle oder der Kreuzlibellen die Stehachse aufgerichtet. Könnte nun dieses Aufrichten fehlerfrei geschehen, so leuchtet ein, daß dann Zielpunkt des Signals und Mittelpunkt des Theodolits nacheinander genau an dieselbe Stelle des Raumes gelangen würden. Aber man arbeitet mit den Libellen nicht ganz fehlerfrei, man begeht zweimal den Aufstellfehler. Infolgedessen ist die Zentrierung nicht ganz voll. kommen. Es bleibt eine kleine fehlerhafte Exzentrizität. Nach einer Untersuchung von Dr. Th. Eversmann beträgt diese jedoch im Mittel nur 0,05 mm.

Da man sich am Anfange und am Ende eines Grubenzuges unter Festpunkten zentrieren muß, so liefert die Firma sogenannte Zentrierkonsole, d. s. Wandarme mit einer Art Teller, in welchem für den Freiberger Flügel reichliche Verschiebungsmöglichkeit vorgesehen ist (s. Abb. 75). Da diese Zentrierkonsole aber etwas teuer sind, so liefert die Firma für die Aufstellungen, bei denen keine Zentrierung

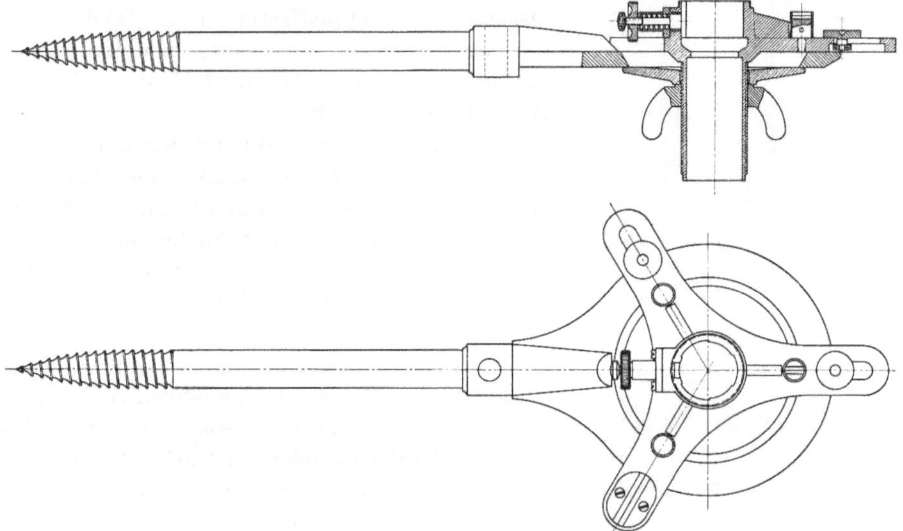

Abb. 75. Freiberger Zentrierkonsol.

nötig ist, das sind die sogenannten verlornen Punkte, einfache Wandarme oder Konsole, welche ein lotrecht zu stellendes Prisma tragen[1]. Auf dieses Prisma wird zunächst eine Libelle aufgesteckt und das Prisma damit lotrecht gemacht. Alsdann wird die Libelle wieder weggenommen und der Freiberger Flügel auf das Prisma gesteckt. Auf diesen kommen dann nacheinander Theodolit und Signal. Für den Fall, daß man auf Spreizen arbeiten will, ohne daß Zentrierung nötig ist, sind wieder andere Prismen vorgesehen. Die Spreize erhält eine dünne Durchbohrung. Durch diese wird der dünne Stiel des Spreizenprismas hindurchgesteckt, und das Prisma dann von unten her mit einem Knebel an die Spreize angepreßt. Oben sind zwischen Spreize und Prisma zwei Keilscheiben eingeschaltet, mit deren Hilfe unter Anwendung der aufgesteckten Stecklibelle das Prisma lotrecht ge-

[1] Diese Wandarme sind heutzutage teils mit, teils ohne einen eigenartigen Flansch im Handel. Der Flansch pflegt dort angebracht zu ein, wo das Schraubengewinde des Wandarms aufhört. Die herstellenden Firmen verfolgen offenbar die Absicht, daß sich der Flansch nach dem Einschrauben des Wandarms an die Zimmerung anlegen soll. Der Flansch legt sich aber häufig im ungeeigneten Moment an, wenn das Prisma noch schief steht. Es empfiehlt sich daher, sich die Wandarme ohne den Flansch zu bestellen.

macht wird (Abb. 76). Eine merkwürdige Eigentümlichkeit der Freiberger Aufstellung besteht darin, daß Kugel und Hohlzylinder, die anfangs gut zueinander paßten, nach einigen Jahren zuweilen etwas schwer gehen. Man sollte eher meinen, daß die Abnutzung zu einem Schlottern führen müßte. Es scheint aber, daß sich an den Oberflächen des Hohlzylinders und der Kugel eine nicht für das Auge, wohl aber für das Gefühl wahrnehmbare Oxydschicht ansetzt, die etwas mehr Raum einnimmt als das blanke Messing.

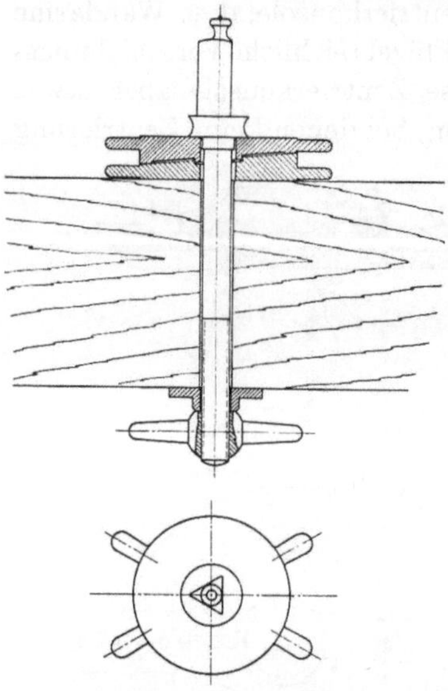

Abb. 76. Freiberger Prisma mit Keilscheiben.

Zum Anhängen des Meßbandes ist an das Freiberger Prisma ein Hals angearbeitet. Merkwürdigerweise findet sich dieser Hals am oberen Ende des Prismas, wo er für die Längenmessung am ungünstigsten sitzt. Doch liefert ihn die Firma auf besondere Bestellung auch am unteren Ende, wo er aus Gründen, die nahe genug liegen, hingehört.

Eine innere Notwendigkeit für die Anwendung eines Prismas ist nicht erkennbar. Im Gegenteil, man kann P. Uhlich nur zustimmen, wenn er S. 188 seines Lehrbuches sagt: „Nach Ansicht des Verfassers wäre ein kegelförmiger Teil sowohl vom Standpunkte der mechanischen Herstellung als auch vom Standpunkte der Genauigkeit aus bei weitem vorzuziehen.“ Uhlich schlug also 1901 einen kegelförmigen Steckzapfen vor, was bereits Cséti in seinem Lehrbuch der Markscheidekunde 1894 getan hatte[1].

Aus einer Geschäftsdrucksache der Firma Hildebrand geht hervor, daß auch Max Hildebrand neben dem prismatischen Steckzapfen einen konischen Steckzapfen ins Auge gefaßt hatte, dem Prisma aber den Vorzug gab.

Gelegentlich hat man daran gedacht, das Eisen der Prismen durch Aluminium zu ersetzen. Wenn aber ein Aluminiumprisma auf eine Spreize aufgeschraubt wird, so wird der mit Schraubengewinde versehene Stiel des Prismas, weil das Aluminium sehr weich ist, leicht abgedreht und zersprengt, so daß Aluminium als Material nicht zu empfehlen ist.

93. Breithaupts Steckhülsen.

Die Firma Breithaupt in Kassel hat zuerst eine Zwangzentrierung in den Handel gebracht, deren Einzelheiten aus Tafel 16 leicht zu erkennen sind: in der Mitte eines Dreifußes ist ein Hohlkegel eingearbeitet[2]. Mit einem Vollkegel, der in den Hohlkegel hineinpaßt, werden nacheinander Theodolit und Signal in den Hohlkegel eingesetzt. Der Dreifuß mit dem Hohlkegel wird Steckhülse genannt.

[1] Vgl. Doležal: 1907, S. 6.

[2] Wir wollen den Hohlraum wenigstens der Kürze wegen einen Hohlkegel nennen. Bei genauerer Betrachtung sieht man allerdings, daß der Hohlraum durch 2 konzentrische Hohlkegelflächen gebildet wird, zwischen denen konzentrisch noch eine Zylinderfläche eingeschaltet ist.

Die Steckhülse wird von unten her an Stativ oder Spreize angeschraubt. Wenn man nun das Signal in der Steckhülse um 180° dreht, so dreht man um die Achse des genannten Hohlkegels. Dreht man aber den Theodolit in der Steckhülse 180° weit, so dreht man um eine andere Achse, da sich um die Stehachsen des Theodolits — Alhidadenachse und Limbusachse — noch eine konische Röhre herumlegt, die ihrerseits in die Steckhülse paßt. Beim Drehen der Stehachse des Theodolits dreht aber diese konische Röhre sich nicht mit.

Aber es besteht freilich für die heutige Feinmechanik kein Hindernis, die äußere und die innere Kegelfläche jener konischen Röhre mit hoher Vollkommenheit konzentrisch abzudrehen. In Übereinstimmung mit den Ansprüchen der heutigen Markscheidekunst liefert daher auch die Steckhülsenaufstellung sehr annehmbare Ergebnisse.

In Steinkohlenbergwerken und in Braunkohlenbergwerken pflegt die Grubenluft ziemlich viel Staub zu enthalten. Bei der Freiberger Aufstellung wird die Zwangzentrierung nun in der Weise erreicht, daß die Äquatorlinie einer Kugel sich an einen Querschnitt eines Hohlzylinders anlegt. Es findet also Berührung nur längs einer Linie statt. Bei den Steckhülsen legen sich 2 Kegelflächen aneinander. Die Gefahr der Störung durch sich ansetzende Staubteilchen ist daher bei den Steckhülsen etwas größer als bei der Kugelzylinder-Berührung.

Für die Längenmessung mit dem Grubenband setzt man in die Steckhülsen die auf Tafel 17 unter 2 abgebildeten Meßköpfe ein[1].

Die älteste mir bekannt gewordene Beschreibung der Breithauptschen Steckhülseneinrichtung findet sich in Breithaupts Magazin Heft IV, 1860. Die erwähnte konische Röhre kommt in dieser Beschreibung noch nicht vor und ebenso noch nicht der Name „Steckhülse". Wann die konische Röhre zuerst auftritt und wann der Name Steckhülse, ist mir nicht bekannt. Uhlich kennt 1901 die konische Röhre noch nicht und nennt den Dreifuß Steckhülse. Brathuhn 1908 erwähnt die konische Röhre und bezieht den Namen Steckhülse auf sie.

94. Waldenburger Aufstellung.

Im Jahre 1911 wurde in den Mitt. a. d. M. S. 105 bis 114 eine Art Zwangzentrierung veröffentlicht, die der Vermessungsobersekretär Mitschka in Waldenburg in Schlesien erfunden hat und die unter dem Namen „Waldenburger Aufstellung" bekannt geworden ist. Das Wesentlichste ist ein Wandarm, der eine kurze zylindrische Achse trägt, die mittels Stecklibelle lotrecht gemacht wird. Eine Platte zur Aufstellung des Theodoliten hat eine entsprechende zylindrische Durchbohrung, so daß sie auf den zylindrischen Zapfen aufgestülpt werden kann. Obermarkscheider Schmalenbach, der die Aufstellung bespricht, hebt hervor, daß die Konstruktion die Eliminierung der Exzentrizitätsfehler gestatte. Denn man könne den Winkel zunächst bei beliebig aufgestülpter Standplatte messen. Alsdann werde die Standplatte um die zylindrische Achse 180° weit gedreht und der Winkel nochmals gemessen. Das Mittel beider Messungen sei dann von den Exzentrizitätsfehlern frei. Entsprechend werde mit den Grubensignalen verfahren.

---

[1] Vgl. Allg. Verm.-Nachr. 1923, S. 195.

Mit diesen Ausführungen Schmalenbachs kommt ein ganz neues Prinzip in die Zwangzentrierungen, das vorher noch nicht erkannt worden war, und das allerdings sehr geeignet ist, die Polygonwinkelmessung von ihrer Hauptfehlerquelle[1], den Exzentrizitäten, zu befreien. Wir wollen dies Prinzip, um einen kurzen Ausdruck zu haben, das Waldenburger Prinzip nennen. Einen zylindrischen oder konischen Zapfen, der für genaue Drehung um 180° eingerichtet ist, wollen wir Drehzapfen nennen im Gegensatz zum Steckzapfen, der nur als Träger für eine aufzusteckende Standplatte dient. Die auf den Drehzapfen aufzustülpende Standplatte sei Drehplatte genannt.

Mit der Waldenburger Aufstellung wurden nun in den Jahren 1922 und 1923 im Institut für Markscheidekunde an der Aachener Hochschule eine große Anzahl von Dreiecksabschlüssen gemessen. Es zeigte sich, daß bei Verwendung von Zwischenstücken zwischen Wandarm und Drehplatte, sogenannter „Schellen", sämtliche Dreieckswinkelsummen größer herauskamen als 180°, und außerdem wuchs der Überschuß vom ersten bis zum letzten Dreieck. Es lag also starke fortschreitende Durchbiegung vor. Nachdem die Schellen weggelassen worden waren, waren die Dreiecksabschlüsse bald positiv, bald negativ. Es mußten also die zwischengeschaltet gewesenen Schellen die Ursache der Durchbiegung gewesen sein. Aber die Dreiecksabschlüsse waren noch immer sehr schlecht. Insbesondere ergab sich aber auch noch die Differenz zweier Fernrohrlagen trotz wagrechter Sichten ganz auffallend groß und dabei von unregelmäßig wechselnden Beträgen. Dies kann kaum anders erklärt werden als dadurch, daß eben keine Präzisionsdrehung vorlag. Entweder gaben die Achsen für Präzisionsdrehung eine zu kurze ungenügende Führung, oder auch sie waren vielleicht von zu weichem Metall und deformierten sich beim Klemmen, oder auch die über die Achsen gestülpten zylindrischen Hülsen waren zu dünn und verbogen sich, oder auch es fand vielleicht alles zugleich statt.

Alles in allem muß man daher sagen: die Grundidee war glänzend. Aber die Ausführung wurde der Idee nicht gerecht.

95. Drehzapfenaufstellung.

Die Erfahrungen, die mit der Waldenburger Aufstellung gemacht worden waren, regten das Aachener Markscheide-Institut dazu an, eine Drehzapfenaufstellung anfertigen zu lassen mit längeren konischen Zapfen aus gehärtetem Werkzeugstahl, die sich beim Klemmen nicht deformieren würden. Über einige Vorversuche, die mit Drehzapfen aus weicherem Material gemacht worden sind, hat Th. Eversmann berichtet[2]. Die Versuche Evermanns haben zwar im Verhältnis zu den Tagesbedürfnissen der Markscheiderpraxis günstige Ergebnisse gezeitigt, aber deutlich gezeigt, daß die Messung mit der weichen Drehzapfenaufstellung noch von mindestens einer regelmäßig wirkenden Fehlerursache beeinflußt war. Es hatten sich die zu weichen Drehzapfen beim Klemmen deformiert, oder auch der verwendete Theodolit, ein 8-cm-Theodolit, war von zu kleinen

[1] Den großen Einfluß dieser Exzentrizitäten auf die Güte der Winkelmessungen betonte schon Helmert: Z. f. V. 1877, S. 15; 1910 führte dann Reeh in den Mitt. a. d. M. den Beweis, daß diese Exzentrizität die Hauptfehlerquelle der Winkelmessung ist.

[2] Z. Instrumentenk. 1927, S. 465 ff.

Dimensionen gewesen, so daß sich mit ihm keine präzise Messung ausführen ließ. Die Untersuchungen über die Drehzapfenaufstellung, für die die Notgemeinschaft der deutschen Wissenschaft mir die notwendigen Geldmittel gewährt hatte, sind inzwischen zum Abschluß gekommen und haben ergeben, daß längere Drehzapfen aus hartem Werkzeugstahl und dazu Arbeit mit größerem Theodolit eine einwandfreie Anwendung des Waldenburger Prinzips ergeben. Die Einzelheiten zeigt Tafel 19.

96. Zentrierung der Grubensignale.

Als Ziele benutzt der Markscheider beim Messen von Polygonwinkeln in der Grube, wenn es auf Geschwindigkeit mehr ankommt als auf die peinlichste Genauigkeit, von der Firste herabhängende kleine Lote. Wo es im praktischen Interesse liegt, daß vielleicht etwas weniger geschwind, dafür aber mit größerer Genauigkeit gearbeitet wird, benutzt man als Ziele besondere kleine Zielgestelle, die man Grubensignale nennt (Abb. 77 und Tafel 20) und welche für Benutzung auf einer Zwangzentrierung eingerichtet sind. In jedem Signal befindet sich ein leicht erkennbarer Punkt, der zum Anzielen bestimmt ist. Wir wollen ihn den Zielpunkt des Signals nennen. Wesentlich ist nun die Anforderung an die Konstruktion, daß beim Messen der Zielpunkt des Signals und der Mittelpunkt des Theodoliten nacheinander an dieselbe Stelle des Raumes gelangen müssen. Um dieser Anforderung willen soll das Signal nachstehende Bedingungen erfüllen:

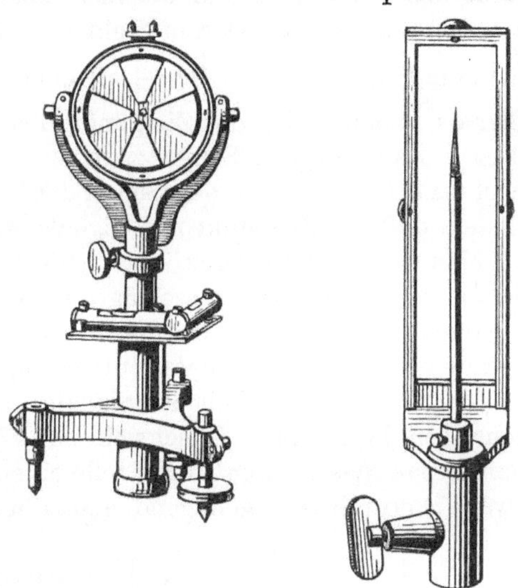

Abb. 77. Grubensignale: Scheibensignal und Spitzensignal.

1. Es muß für dieselbe Zwangzentrierung passend eingerichtet sein, wie der Theodolit.
2. Das Signal muß eine Stehachse haben, um welche es drehbar ist.
3. Die Stehachse muß mit einer Libelle lotrecht gestellt werden können.
4. Der Zielpunkt des Signals soll über der Aufstellung gleiche Höhe haben wie der Theodolitmittelpunkt. Es muß mithin, um das Signal für verschiedene Theodolite benutzen zu können, eine Verschiebung des Zielpunkts der Höhe nach vorgesehen sein. Es ist leicht einzusehen, daß dies im Interesse der Horizontalwinkelmessung gefordert werden muß, weil die Drehachse, die den eigentlichen Festpunkt bildet, sei es nun die Achse eines Drehzapfens oder einer Drehhülse, stets mit Aufstellfehlern behaftet sein wird, zu verschiedenen Höhen auf dieser Achse also verschiedene Horizontalprojektionen gehören.
5. Ist die Zielmarke, die den Zielpunkt des Signals bildet, auf einer Scheibe angebracht, so muß die Scheibe um eine horizontale Achse durchschlagbar sein.

6. Das Signal muß so eingerichtet sein, daß der Zielpunkt im Dunkel der Grube bis auf etwa 500 m Entfernung mittels künstlicher Beleuchtung deutlich sichtbar gemacht werden kann.

Der Anforderung 5 wird von den heutigen Mechanikern zumeist in der Weise entsprochen, daß die horizontale Achse der Zielscheibe in ihrer Längsrichtung etwas verschiebbar ist. Hierdurch wird dem Beobachter die Möglichkeit in die Hand gegeben, das Signal selber zu zentrieren, d. h. den Zielpunkt des Signals in die Verlängerung der Stehachse des Signals zu bringen. Man stellt zu diesem Zwecke das Signal wenige Meter vor dem Theodoliten auf, stellt den Zielpunkt des Signals ein und liest am Horizontalkreis ab. Die Ablesung sei α. Hierauf schlägt man die Zielscheibe des Signals durch, dreht dessen Stehachse 180^0 weit, stellt den Theodoliten auf die neue Lage des Zielpunktes ein und liest jetzt am Horizontalkreis β ab. Darauf dreht man das Fernrohr des Theodoliten so weit, bis man am Horizontalkreis $\frac{1}{2}(\alpha + \beta)$ abliest und verschiebt jetzt die Zielscheibe des Signals so lange, bis der Zielpunkt des Signals sich mit dem Fadenkreuzpunkt deckt. Dann ist das Signal zentriert. Zur Probe schlägt man die Zielscheibe nochmals durch, dreht das Signal 180^0 weit um seine Stehachse und muß nun finden, daß der Zielpunkt des Signals wieder im Fadenkreuzpunkt erscheint.

Man kann sich auch gewöhnen, jedesmal, wenn man beim Winkelmessen in der Grube das Fernrohr durchschlägt, auch die Grubensignale durchzuschlagen und die Signale 180^0 weit um die Stehachse zu drehen. Und in diesem Falle ist es nicht gerade nötig, daß die Signale zentriert sind, da der Fehler der Winkelmessung, der aus der Nichtzentriertheit der Signale entsteht, aus dem Mittel der beiden Fernrohrlagen herausfällt. Gleichwohl ist aber Zentriertheit immerhin erwünscht, damit man gleich an Ort und Stelle einen Überblick erhalten kann, ob erste und zweite Fernrohrlage genügend genau miteinander übereinstimmen.

97. Festpunktmarken.

Die Festpunkte der Grubenpolygonzugsvermessung bringt man heutzutage in der Firste an, wenn nicht besondere Umstände eine anderweitige Anbringung erfordern. Besteht die Firste aus festem Fels oder Mauerwerk, so kann man ein vielleicht 6 cm tiefes Loch einschlagen lassen. In das Loch treibt man einen Pfropfen aus hartem Holz ein, und in das Holz schlägt man dann eine sogenannte Krampe, in welche nach Bedarf ein Lot eingehängt wird (Abb. 78).

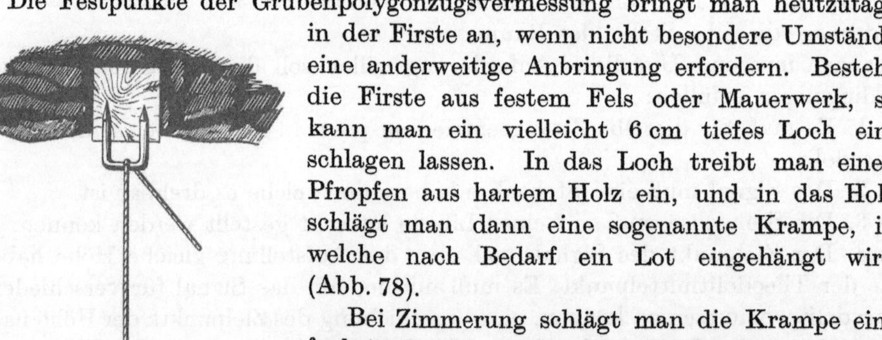

Abb. 78. Lotkrampe (Festpunktmarke).

Bei Zimmerung schlägt man die Krampe einfach in die Zimmerung ein. Bei eisernem Ausbau schraubt man einen eisernen Lothalter an den Ausbau an (Abb. 79). Diese einfache und schöne Vermarkungsart rührt meines Wissens von dem Markscheider R. Heisig her. Wo die Verletzung der Firste vermieden werden muß, hilft man sich durch Anmalen etwa eines weißen Kreises von 10 cm Durchmesser mit schwarzem Kreuz.

Außer den in Abb. 78 und 79 dargestellten Festpunktvermarkungen gibt es noch viele andere, die hier nicht weiter angegeben werden sollen.

Zum Zentrieren des Theodolits unter einem Festpunkt läßt man in der Regel von der Festpunktmarke ein Handlot herabhängen und bringt die Zentriermarke, die sich auf der Kippachse befindet, darunter, wenn nicht genau, so doch annähernd, indem man die quer zur Sicht verbleibende Exzentrizität mit einem Maßstäbchen mißt (vgl. Abschn. 69, c) und in Rechnung stellt.

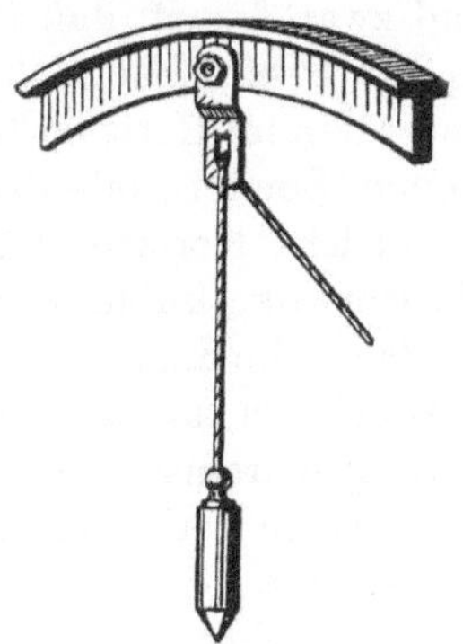

Abb. 79. Lothalter an eisernem Ausbau (Festpunktmarke nach R. Heisig).

Bei größerer Höhe der Firste über dem Beobachter und entsprechender Länge des Lotfadens würde aber die Gefahr entstehen, daß das Lot durch den Wetterstrom etwas abgetrieben sein könnte. Daher zentriert man sich in solchen Fällen optisch mit Hilfe eines lotrecht gestellten, aber geknickten kleinen Fernrohres mit horizontalem Einblick, das unter dem Namen Firstenabloter im Handel ist (s. Tafel 12, 2).

98. Steilschachtmessung.

Unter einem steilen Schacht sei ein Schacht verstanden von 30^0 und mehr Einfallen. Wenn nun ein Grubenpolygonzug durch einen steilen Schacht hindurchgeführt werden muß, so entstehen für die Horizontalwinkelabmessung zwei Schwierigkeiten.

1. Exzentrizität des Grubensignals. In Abb. 80 sei S' der Punkt, in dem sich soeben der Mittelpunkt des Theodoliten befunden hatte. Jetzt müßte der Zielpunkt des Grubensignals sich dort befinden[1]. Aber der Zielpunkt des Grubensignals ist wegen unvermeidlicher Zentrierfehler nach S gelangt, so daß quer zur Sicht eine Exzentrizität

$$SS' = e$$

entstanden ist. Ist ζ die Zenitdistanz der Sicht $Th-S'$, s die Zielweite, so sieht man leicht, daß dann in der Horizontalkreisablesung α ein Fehler $\Delta\alpha$ entsteht vom Betrage:

$$\left.\begin{aligned} \Delta\alpha'' &= \varepsilon'' \cdot \frac{1}{\sin\zeta}, \\ \varepsilon'' &= \frac{e}{s} \cdot \varrho. \end{aligned}\right\} \qquad (76)$$

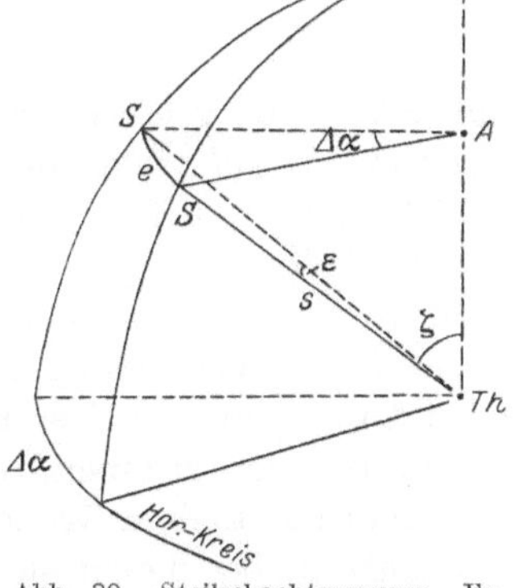

Abb. 80. Steilschachtmessung. Exzentrizität des Grubensignals.

Der Fehler ε'' wegen Exzentrizität zwischen Theodolit und Signal geht also mit einem Vergrößerungsfaktor in die Horizontalkreisablesung α ein!

2. Kippachsenneigung. Ferner werden bei horizontaler Kippachse zwei Ziele, welche genau übereinander liegen, die gleiche Horizontalkreisablesung α haben. Ist

[1] Abbildung eines für Steilschachtmessung eingerichteten Grubensignals s. Tafel 20.

aber z. B. beim Anzielen eines hochgelegenen Zieles P ein kleiner Winkel k'' zwischen Kippachse und Horizont vorhanden — sogenannte Kippachsenneigung —, und zwar derart, daß das rechte Ende der Kippachse höher liegt als das linke, so hat P offenbar nicht die gleiche Horizontalkreisablesung α, wie ein lotrecht unter ihm im Horizont liegender Punkt P_0, den wir kurz die Ortung von P nennen wollen. Sondern offenbar gibt ein rechts von der Ortung P_0 liegender Punkt P_1 die gleiche Horizontalkreisablesung wie P. Man erhält also für P eine zu große Horizontalkreisablesung. Es ist an ihr noch eine Verbesserung $-\Delta\alpha$ anzubringen. Ist das linke Kippachsenende das höhere, so ist offenbar eine Verbesserung $+\Delta\alpha$ anzubringen, um auf diejenige Horizontalkreisablesung zu kommen, die mit der Ortung übereinstimmt. Bei einem tief liegenden Ziel und tiefem linken Kippachsenende ist die Verbesserung offenbar $+\Delta\alpha$, bei tiefem Ziel und hohem linken Kippachsenende $-\Delta\alpha$. Etwas künstlich kann man immerhin die 4 Fälle doch leicht dem Gedächtnis einprägen. Man denke sich dem hohen Ziel das $+$-Zeichen zugeordnet, ebenso das $+$ dem hohen linken Kippachsenende. Entsprechend sei das $-$-Zeichen dem tiefen Ziel und dem tiefen linken Kippachsenende zugeordnet. Dann führen die verschiedenen möglichen Kombinationen zu folgenden Vorzeichen von $\Delta\alpha$:

$$\left.\begin{matrix} + & + \\ - & - \end{matrix}\right\} \text{gibt } +\Delta\alpha,$$

$$\left.\begin{matrix} + & - \\ - & + \end{matrix}\right\} \text{gibt } -\Delta\alpha.$$

Ist die gemessene Zenitdistanz des angezielten Punktes P gleich ζ, so ergibt eine einfache mathematische Betrachtung

$$\varrho \cdot \operatorname{tang} \Delta\alpha'' = k'' \cdot \operatorname{ctg} \zeta \tag{77}$$

oder ausreichend für alle praktisch in Betracht kommenden Verhältnisse:

$$\Delta\alpha'' = k'' \cdot \operatorname{ctg} \zeta .$$

Man mißt daher gelegentlich der Horizontalwinkelmessung in steilen Schächten ganz roh, bis auf vielleicht 1^0 genau, die Zenitdistanzen ζ mit. So genau, wie möglich, mißt man dazu mit Hilfe der Reitlibelle die Kippachsenneigung. Sollte die Reitlibelle keine Bezifferung ihrer Teilstriche haben, so trägt man sich vor der Messung am besten selber eine Bezifferung auf, nur nicht etwa mit $+$ und $-$, was leicht zu Verwirrung und Vorzeichenfehlern führt, sondern durchlaufend. Dabei kann man den leeren Raum in der Mitte der Libelle ohne weiteres zu 5 Teilintervallen rechnen, ohne Rücksicht darauf, ob das auch genau stimmt, wenn man nur an dem Grundsatz festhält, die Luftblase nur in solchen Stellungen zu benutzen, bei denen sich ein Blasenende links, das andere sich rechts vom leeren Raum befindet. Zwischen beiden Fernrohranlagen setzt man die Reitlibelle um.

Später, wenn $\Delta\alpha''$ und sein Vorzeichen berechnet werden sollen, könnten Zweifel entstehen, wie denn die Reitlibelle auf der Kippachse aufgesetzt gewesen sei. Daher macht man es sich am besten zum Grundsatz, die Libellenbezifferung stets von den Kreuzungsschrauben zur Neigungsschraube wachsen zu lassen und zudem die Reitlibelle so zu benutzen, daß bei der Benutzung die Neigungsschraube sich stets rechts vom Beobachter befindet. Macht man sich diese Grundsätze zu eigen, so können Vorzeichenzweifel niemals entstehen.

3. Kollimation. Die unter 1. und 2. erörterten Schwierigkeiten kann man, falls man zwei Theodolite zur Verfügung hat, auch mittels Kollimierung der beiden Theodolite überwinden. Man stellt einen Theodolit am oberen Ende des Schachtes auf, den anderen am unteren Ende, vorausgesetzt, daß der Schacht nicht sehr lang ist, d. h. höchstens vielleicht 60 m, und die Luft in ihm ruhig ist. Wenn man nun die Zielachsen der beiden Theodolite auf ∞ einstellt, und sie dann kollimiert wie in Abschn. 55 S. 60 besprochen worden ist, so werden die beiden Zielachsen dadurch parallel. In Abb. 81 sei $Th_1 - Th_2$ der Steilschacht. Oben sei der Horizontalwinkel $C - Th_1 - A = \alpha$ gemessen, dessen wagrechter Schenkel also Th_1A ist. Unten sei entsprechend der Winkel $D - Th_2 - B = \beta$ gemessen worden. $C\,Th_1$ und $D\,Th_2$ seien die durch Kollimierung parallel gewordenen Schenkel der beiden Winkel. Dann ist offenbar:

$$\nu_2 - \nu_1 = \beta - \alpha,$$

von welcher Größe auch α und β einzeln sein mögen. Ändert man α um $\Delta\alpha$, indem man das Fernrohr des Theodoliten Th_1 im Azimut etwas dreht, so wird der untere Beobachter bei Th_2, um Fadenkreuz mit Fadenkreuz zur Deckung zu bringen, auch sein Fernrohr etwas drehen, so daß sich β um $\Delta\beta$ ändert. Offenbar ist dann auch dem Vorzeichen nach

$$\Delta\beta = \Delta\alpha.$$

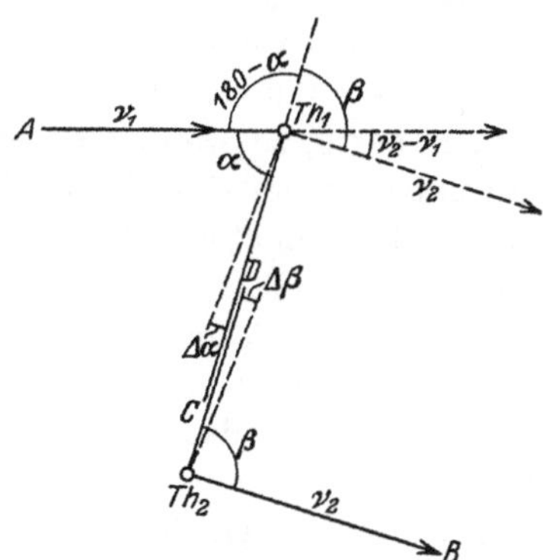

Abb. 81. Steilschachtmessung mit Kollimatoren.

Wenn daher α und β etwa wegen Kippachsenneigung beträchtlich fehlerhaft sein sollten, so wird darum $\nu_2 - \nu_1$ dennoch frei von diesem Fehler erhalten.

Staubreiche Luft könnte bei größerer Länge des Schachtes das Kollimieren erschweren. Starker Wetterzug könnte unberechenbare Refraktionsverhältnisse herbeiführen. In solchen Fällen müssen dann innerhalb des Schachtes noch einige Zwischenaufstellungen vorgenommen werden, so daß eine Folge von Kollimationen entsteht.

Da beim Kollimieren die Zielachsen der beiden Theodolite nur parallel werden, aber nicht etwa die eine Zielachse die Fortsetzung der anderen wird, so entsteht nach Abb. 81 allerdings eine kleine fehlerhafte Verschiebung des Punktes Th_2 gegen Th_1. Und bei einer Folge von Kollimierungen entsteht natürlich auch eine Folge derartiger Verschiebungen. Aber es seien beim Kollimieren die beiden Objektive nicht voll aufeinander gerichtet, sondern gegeneinander etwas verschoben, so daß vielleicht nur $^2/_3$ der aus dem einen Fernrohr hervordringenden Lichtmenge auf das Objektiv des anderen Fernrohrs auftrifft. Dann merkt man bereits deutlich die Lichtschwächung und bessert nach. Man kann daher annehmen, daß bei der praktischen Ausführung jede einzelne Verschiebung weniger betragen wird, als der halbe Objektivdurchmesser. Derartige kleine Verschiebungen sind aber praktisch belanglos, zumal gegenüber der wesentlichen Verdrehung, die ein Grubenzug nach Ziffer 1 und 2 dieses Abschnittes erleiden kann, wenn er durch einen steilen Schacht hindurchgeführt werden muß.

99. Berechnung des Untertagezuges.

Zu jedem untertägigem Polygonzug gehört seit wenigstens 4 Jahrhunderten der früher Währzug genannte Gegenzug, also der Zug vom Endpunkt zum Anfangspunkt zurück. Für die Berechnung vereinigt man am besten den Zug — in der Ausdrucksweise der früheren Jahrhunderte den „gemeinen Zug“ — und den Gegenzug zu einem einzigen Zuge, bei dem dann Anfangstreichen und Endstreichen um 180° auseinander liegen. Man kann dann den ganzen Zug behandeln wie einen Übertagezug, insofern man jetzt, wie beim Übertagezug, eine Winkelbedingung und zwei Koordinatenbedingungen erhält. Die Berechnung erfolgt dann am besten nach demselben Näherungsverfahren, das in Abschn. 84 und 85 für die Tagezüge besprochen worden ist. Man führt, im besonderen auch, wie beim Tagezuge, eine Koordinatenberechnung[1] mit Logarithmen aus und eine zweite numerisch, etwa mit Clouths Koordinatentafeln. Benutzte der Gegenzug einen oder mehrere Punkte, die man bereits für die Messungen des gemeinen Zuges gebraucht hatte, so werden für diese Punkte die Koordinaten doppelt erhalten. Man mittelt dann einfach die Ergebnisse, und diese Mittel bilden dann die endgültigen Koordinaten. Ebenso werden Streichen, die sich etwa doppelt ergeben, einfach gemittelt.

Wie es bei Besprechung des Tagepolygonzuges bereits erörtert worden ist (Abschn. 85 S. 110), so könnte auch beim Grubenpolygonzug jemand auf den Gedanken kommen, das Streichen einer Polygonseite einmal aus den Koordinaten ihrer Endpunkte zu berechnen und das Ergebnis mit der üblichen Streichenberechnung zu vergleichen. Natürlich würde er im allgemeinen eine beträchtliche Differenz finden. Verweisend auf die Erörterungen des Abschn. 85 können wir uns hier auf die Feststellung beschränken, daß man die Streichen der Polygonseiten in der Grube sehr genau braucht, und man sie daher grundsätzlich nur aus den präzisen Theodolitmessungen bestimmen darf unter völligem Ausschluß der Benutzung der viel roheren Längenmessungen, während dagegen die Koordinaten der Polygonpunkte nur auf einige cm genau gebraucht werden, und es daher dem Bedürfnis des Bergbaus gerade angemessen ist, wenn sie unter nicht voller Ausnutzung der Schärfe der Theodolitmessung nach dem Näherungsverfahren des Abschn. 84 berechnet werden.

100. Genauigkeitsbetrachtungen für den Polygonzug unter Tage.

Wenn ein Praktiker in der Grube mit dem Theodolit Polygonwinkel mißt, bei denen es auf Genauigkeit ankommt, so wird er immer in beiden Fernrohrlagen messen, und er wird sich dabei die Frage vorlegen, innerhalb welcher Grenzen die beiden Fernrohrlagen übereinstimmen müssen. Diese Frage läßt sich zunächst einigermaßen beantworten für den Fall, daß beide Winkelschenkel annähernd wagrecht liegen. Der mittlere Zielfehler mit den gebräuchlichen Theodoliten kann bis zu $\pm 3''$ betragen, der äußerste, praktisch noch zu erwartende Zielfehler

[1] Berechnung des Grubenzuges nach Koordinaten (lengen und breiten) findet sich bereits 1574 bei Erasmus Reinhold (Marscheiden Kap. 13). Reinhold gibt dazu in Teil 2, Kapitel 19 eine Sinustafel, fortschreitend von 10′ zu 10′.

also $\pm 6''$. Gibt der Nonius $30''$ her, so liest man mit Sicherheit noch halbe Koinzidenzen ab, also $15''$. Der größte mögliche Ablesefehler ist dann also $\pm 7{,}5''$. Im Höchstfall liest man also auf $13{,}5''$ falsch ab und die äußerste mögliche Differenz der beiden Fernrohrlagen wird also, wenn keine groben Fehler untergelaufen sind, $27''$. Hierzu tritt allerdings noch, wenn hängende Lote angezielt werden, die Möglichkeit, daß der in kleinen Grenzen sich beständig verlagernde Wetterstrom die Lote etwas abgetrieben haben könnte. Werden Grubensignale angezielt, so könnte etwaiges Arbeiten der Zimmerung einen kleinen Exzentrizitätsfehler hervorgerufen haben. Daß solches Arbeiten vorkommt, erkennt man daran, daß die Libellen sowohl des Theodolits, wie der Signale von Zeit zu Zeit nachgestellt werden müssen.

Mit wie hohen Beträgen die beiden zuletzt genannten Fehlerursachen zu veranschlagen sind, entzieht sich heute noch unserer Kenntnis. Schätzt man sie auf denselben Betrag, wie die beiden zuerst genannten Fehlerquellen, so kann man schätzungsweise sagen:

Bei wagrechter Lage beider Schenkel eines in der Grube gemessenen Polygonwinkels läßt sich erwarten, daß die Messungen des Winkels in erster und zweiter Fernrohrlage bis zu etwa $60''$ gegeneinander differieren können.

Vorausgesetzt ist hierbei, daß die Grubensignale Scheibensignale sind und daß die Scheiben zentriert sind, wie in Abschn. 96 angegeben wurde. Bei Zapfensignalen ist Zentrierung des Zielpunktes des Zapfens in bezug auf die Stehachse des Signals zumeist nicht möglich. In solchem Falle ist es natürlich unmöglich, über die zu erwartende Differenz der Ablesungen in beiden Fernrohrlagen etwas auszusagen.

Wünscht man auch beim Messen stärker geneigter Sichten einen Überblick zu haben, in welchen Grenzen die beiden Fernrohrlagen etwa stimmen müssen, so muß man vor Beginn der Messung den Zielachsenfehler beseitigt haben, ebenso den Kippachsenfehler (s. Abschn. 68 S. 85), und man muß außerdem dann noch während der Messung stets mit einer Stehachse arbeiten, die man so scharf wie möglich, lotrecht gestellt hat. Da die Reitlibelle des Theodolits ungefähr $20''$ Angabe zu haben pflegt, die Kreuzlibellen ungefähr $60''$, so benutzt man zur Lotrechtstellung der Stehachse bei stärker geneigten Sichten am besten nicht die Kreuzlibellen, sondern die Reitlibelle, während bei ziemlich wagrechten Sichten die Kreuzlibellen oder die Dosenlibelle genügt.

Da die meisten der genannten Fehlerquellen bei einer Zenitdistanz ζ mit dem Vergrößerungsfaktor $\frac{1}{\sin\zeta}$ auf die Horizontalkreisablesung einwirken (Abschn. 98, 1 S. 133), so wird man bei Neigungen der Sichten unter 45^0 als äußerste zu erwartende Differenz der beiden Fernrohrlagen alsdann den Betrag ansehen können

$$60''\sqrt{2} = 85''.$$

Wenn ein Winkel in jeder der beiden Fernrohrlagen einmal gemessen worden ist und dann das Mittel aus beiden Fernrohrlagen berechnet wurde, so sieht man dieses Mittel dann als das Ergebnis einer Winkelmessung an, nicht etwa als das Ergebnis zweier Winkelmessungen, weil die Einflüsse mehrerer regelmäßiger Fehler erst aus dem Mittel herausfallen.

Liegen nun **zwei** Winkelmessungen vor, so entsteht die Frage, bis zu welchem Betrage sie bei guter Messung wohl noch differieren können. Wegen der Unbestimmtheit mancher Fehlereinflüsse läßt sich die Frage nicht a priori beantworten. Man muß vielmehr die Erfahrung zu Rate ziehen. Man wird $\pm 15''$ als mittlere Unsicherheit des in jeder Fernrohrlage einmal gemessenen Winkels ansehen und daher $4 \cdot 15 = 60''$ als äußerste zu erwartende Differenz zweier Winkelmessungen, oder wie wir uns kurz ausdrücken wollen: als **unverdächtige Differenz**. Bei größerer Differenz muß man dem Verdacht Raum geben, daß ein gröberes Versehen vorgekommen sein könnte, und man mißt dann lieber noch einmal nach.

Der Wunsch nach etwas größerer Genauigkeit bleibt bei $\pm 15''$ ohne Frage bestehen. Aber wenn jemand um dessentwillen etwa zur Winkelrepetition greifen wollte, so würde er mit diesem Verfahren die Hauptfehlerquelle nicht treffen, nämlich die Exzentrizität zwischen Theodolit und Signal, welche auftritt, wenn beide nacheinander an eine und dieselbe Stelle des Raumes verbracht werden sollen. Das Streben nach größerer Genauigkeit muß sich daher in erster Linie auf die Verbesserung der Zentrierung richten.

Für die zweimalige Messung der Grubenpolygonzugseiten kann man heutzutage als unverdächtige Differenzen d die nachstehenden Werte ansehen:

$$\left.\begin{array}{ll} d = 0{,}002\sqrt{s + 0{,}01\,s^2} & \text{für 0 bis} \pm 5^0 \text{ Steigerung} \\ d = 0{,}002\sqrt{2\,s + 0{,}01\,s^2} & \text{,, 5 ,,} \pm 45^0 \text{ ,,} \\ d = 0{,}002\sqrt{3{,}5\,s + 0{,}01\,s^2} & \text{,,} \pm 45^0 \text{ u. mehr ,,} \end{array}\right\} \begin{array}{c} d \text{ und } s \\ \text{in Metern} \end{array} \qquad (78)$$

Wenn man die drei Seiten eines Dreiecks mißt und aus ihnen einen der drei Dreieckswinkel berechnet, so bekommt man ihn wesentlich ungenauer, als wenn man den Winkel mit dem Theodolit unmittelbar gemessen hätte. Man kann diesen Sachverhalt so ausdrücken, daß man sagt: die Längenmessung ist heutzutage wesentlich ungenauer als unsere Winkelmessung. Gleichwohl muß man sagen: gemessen an den praktischen Bedürfnissen des Bergbaus reicht die Genauigkeit der heutigen Längenmessung aus, während man bei der Winkelmessung den Wunsch nach weiterer Verfeinerung empfindet. Denn aus den unvermeidlichen kleinen Fehlern der Längenmessung folgen immer nur unschädliche kleine Verschiebungen; aus kleinen Fehlern der Winkelmessung können dagegen bedenkliche Verschwenkungen hervorgehen.

Ein praktisches Bedürfnis nach Erhöhung der Genauigkeit unserer heutigen Längenmeßmethoden besteht daher nicht, wohl aber ein Bedürfnis nach größerer Bequemlichkeit. Der Durchhang der schweren Stahlbänder, der starke horizontale Zug, den sie dort ausüben, wo man sie anhängt, werden als lästig empfunden. Für den Durchhang des längs einer straff gespannten Schnur angehaltenen schweren Stahlbandes fehlt es an einem bequemen Täfelchen mit zwei Eingängen, das die Beschickung der gemessenen Länge ergibt als Funktion der Pfeilhöhe des Durchhangs und der ausgespannten Meßbandlänge, zunächst nur für wagrechte Schnur; sodann noch ein Täfelchen mit Zusatzgliedern für verschiedene Schnurneigung.

Will man Ersatz der heutigen Stahlbandmessung durch optische Distanzmessung ins Auge fassen, so richtet sich die Aufmerksamkeit in erster Linie auf die

3 optischen Präzisionsdistanzmesser von Wild, Boßhardt und Aregger, die im letzten Jahrzehnt bekannt geworden sind. Sie wurden bereits S. 103 erwähnt. Wollte man sie für den Gebrauch in der Grube zurecht machen, so wäre wohl auf folgendes zu achten:

1. um eine Verbesserung herbeizuführen gegenüber dem, was wir für die Grubenmessung schon haben, wäre zunächst zwischen Standpunkt und Zielpunkt eine Präzisions-Zwangzentrierung unerlässlich;

2. die Ziellatte könnte entsprechend der Geräumigkeit der heutigen Grubenbaue zwar nicht unter Tage die über Tage benutzte Länge von ca. 1,5 m erhalten, aber immerhin doch etwa 1,0 m;

3. für gleichzeitige sehr helle Beleuchtung eines größeren Teiles der Ziellatte in der Grube müßte gesorgt werden;

Zu beachten ist aber, daß in der Grube meistens von den Polygonseiten aus Quermessungen auszuführen sind. Hierfür bietet das Bandmaß jedenfalls eine etwas bequemere Gelegenheit. Nach S. 138 Formel 78 ist nun für die übliche Bandmessung in der Grube bei 100 m Polygonseitenlänge in annähernd wagrechter Lage die unverdächtige Differenz 28 mm, der mittlere Fehler also $\pm$ 7,0 mm. Für den Boßhardtschen Tachymeter wird der entsprechende mittlere Fehler zu $\pm$ 6,3 mm angegeben[1]. — Bei 80 m Seitenlänge hat man beim Bandmaß eine unverdächtige Differenz von 24 mm, einen mittleren Fehler also von $\pm$ 6 mm. Für den Areggerschen Tachymeter wird auf diese Entfernung ein mittlerer Fehler von ca. $\pm$ 16 bis 20 mm angegeben[2]. Bei 50 m Seitenlänge beträgt die unverdächtige Differenz für das Bandmaß $\pm$ 17 mm, der mittlere Fehler also $\pm$ 4,1 mm. Für den Wildschen Distanzmesser hat man nach den Wildschen Geschäftsdrucksachen etwa $\pm$ 10 mm mittleren Fehler.

Die Genauigkeit der 3 Tachymeter ist also von der Genauigkeit des Meßbandes nicht allzusehr verschieden, und es würde nicht aussichtslos sein, eines der drei Instrumente nach den oben angegebenen Gesichtspunkten für Grubengebrauch zurecht zu machen.

Auch von dem Zeißschen Streckenmeßtheodolit könnte man nach Werkmeisters Untersuchung, die für Übertageverhältnisse ausgeführt ist[3], vermuten, daß seine Genauigkeit auch für Untertage ausreichend sein werde. Jedoch kann man den mittleren Zielfehler eines geodätischen Fernrohrs für die beim Messen gewöhnlich auftretenden Ziele rund zu $\frac{40''}{v}$ annehmen, wenn v die Vergrößerung des Fernrohrs ist[4]. Eine Untersuchung darüber, mit welcher Genauigkeit sich die Zielzeichen an den beiden Enden der Zeiß'schen Distanzlatte bei dem in der Grube gebräuchlichen künstlichem Licht einstellen lassen, ist mir nicht bekannt. Aber wie S. 82 ausgeführt wurde, beträgt die mittlere Unsicherheit, mit der man den Doppelfaden eines Schraubenmikroskops auf einen Teilstrich einstellt, bei künstlichem Licht etwa $23'' : v$. Es sei angenommen, daß man mit derselben Unsicherheit auch die Zielzeichen der Zeiß'schen Distanzlatte einstellen könnte, obgleich die Strahlenbrechung auf dem langen Wege vom Fern-

[1] Boßhardt: „Das neue Reduktionstachymeter" in Schweiz. Z. f. Verm. u. Kulturtechnik 1926.

[2] Lüdemann: Kat.-Messg. Allg. V. N. 1928.

[3] Z. f. V. 1922.

[4] Die Zahl „rund 40" ergibt sich aus der Zusammenstellung bei Eversmann: S. 479.

rohr bis zur Distanzlatte allerdings eine größere Unsicherheit der Zielungen wahrscheinlich macht. Bei 40facher Vergrößerung des Theodoliten hätte man dann also

$$m_z = \pm 23'' : 40 = \pm 0{,}6''.$$

Mäße man den parallaktischen Winkel p, unter welchem die Ziellatte erscheint, mit 10facher Repetition und würde dabei die Anfangsablesung und die Endablesung am Horizontalkreis ganz fehlerlos machen, so erhielte man p mit dem mittleren Fehler:

$$m_p = \pm 0{,}1 \sqrt{20 \cdot 0{,}36} = \pm 0{,}27''$$

und hätte für eine gemessene Entfernung $s = 50$ m bei einer Basislänge von 1 m den mittleren Fehler:

$$m_s = \pm 3{,}4 \text{ mm}.$$

Die unverdächtige Differenz d wäre daher

$$d = \pm 13{,}6 \text{ mm},$$

während man für Stahlbandmessung den nicht sehr verschiedenen Betrag hat

$$d = \pm 17 \text{ mm}.$$

XI. Durchschlagberechnung (101—104).

101. Berechnungsformeln.

Dem Markscheider der ersten Hälfte des 16. Jahrhunderts bot sich immer wieder die Aufgabe dar, einen Stollen zu vermessen und über Tage seine lotrechte Projektion, seine Ortung auszustecken, um die Orte für Lichtlöcher angeben zu können zur Bewetterung und zur Materialförderung. Man brauchte mit diesen Lichtlöchern nicht gerade durchschlägig werden. Im Gegenteil, das Begängnis auf den Stollen wurde am wenigsten gestört, wenn das Lichtloch etwas seitwärts niedergebracht wurde und vom Stollen ein kurzes Flügelort zu ihm hinführte. Es entstand also noch keine kunstvolle Durchschlagsangabe. Aber schon in der zweiten Hälfte des Jahrhunderts arbeitete man im Ort- und Gegenortbetrieb, und vom Markscheider wurden Durchschlagsangaben verlangt. Erasmus Reinhold sagt 1574: „da man durchschlege machen und einander entgegen arbeiten sol, da sind warlich ein bar lachter, jha auch ein viertel einer lachter nicht zu verachten . . .“

Seitdem hat die Aufgabe, Durchschläge anzugeben, den Markscheider nicht mehr verlassen. Wir können heute einen Durchschlag genauer als auf „ein viertel einer lachter“ angeben. Aber eigentümlicherweise bedarf auch die heutige hochentwickelte Bergbaukunst nur in Ausnahmefällen einer größeren Genauigkeit[1]. Jedoch sind die Längen der aufzugewältigenden Zwischenmittel zwischen Ort und Gegenort heutzutage bedeutend größer geworden, als sie es zu Erasmus Reinholds Zeiten waren. Einen Durchschlag auf „ein viertel einer lachter“ anzugeben, erfordert daher heute eine kunstvollere Messung als damals.

Den in der Regel zugrunde liegenden Sachverhalt veranschaulicht die schematische Abb. 82.

---

[1] Für Eisenbahntunnel erklärt Doležalek noch 1 m Querfehler für erträglich.

Es ist ein Grubenpolygonzug gemessen worden: ⊙1 — ⊙2 — ⊙3 — . . . ⊙6. Die Koordinaten x, y, h der 6 Punkte sind berechnet. Zudem ist ein Winkel w gegeben — der sogenannte Abgabewinkel — unter welchem in ⊙6 ein Ort angesetzt werden soll, um bis zur Strecke ⊙1 — ⊙2 einen Querschlag vorzutreiben. Gesucht ist der Punkt R, in welchem die Strecke ⊙1 — ⊙2 getroffen wird, und von dem aus zur Beschleunigung der Arbeit ein Gegenort angesetzt werden soll. Es ist daher auch $\sphericalangle \psi$ gesucht, unter welchem, wie der Bergmann sagt, in R die „Stunde“ oder die „Brahne“ gehängt werden muß, ferner die Länge des Zwischenmittels ⊙6 — R und das Ansteigen oder Fallen φ des Querschlages.

Der mathematische Kern der Aufgabe ist einfach. Um so mehr umsichtige, sachverständige Sorgfalt erfordert die Ausführung der Vermessung, damit die unvermeidlichen Messungsfehler sich in erträglichen Grenzen halten und sich nicht in verhängnisvoller Weise summieren können. Hier soll nur der einfache mathematische Kern besprochen werden, da über die Ausführung des Grubenpolygonzuges in Teil 10 alles Nötige gesagt ist.

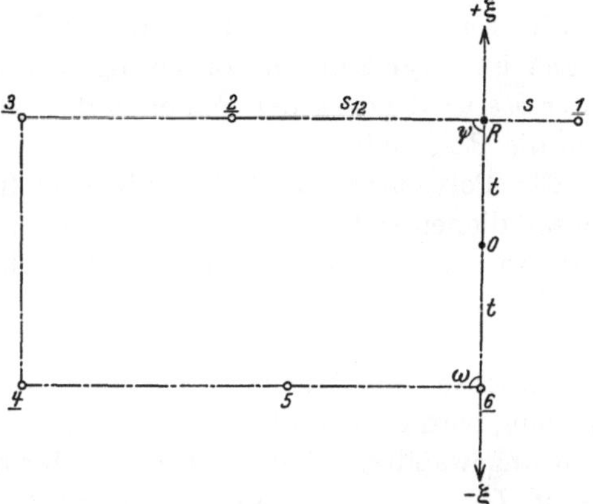

Abb. 82. Durchschlagberechnung bei zugrunde liegendem Polygonzug.

Aus der Abb. 82 liest man unmittelbar die Beziehungen ab:

$$\operatorname{tang} \nu_{2\cdot 1} = \frac{y_2 - y_1}{x_2 - x_1} = \frac{y_r - y_1}{x_r - x_1}. \tag{79}$$

$$\operatorname{tang} \nu_{6\cdot r} = \frac{y_r - y_6}{x_r - x_6}. \tag{80}$$

$$\nu_{6\cdot r} = \nu_{6\cdot 5} + w. \tag{81}$$

Es sind also tang $\nu_{2\cdot 1}$ und tang $\nu_{6\cdot r}$ zahlenmäßig bekannt. Wir bezeichnen die beiden Ausdrücke mit a und b.

$$a = \frac{y_r - y_1}{x_r - x_1} \qquad b = \frac{y_r - y_6}{x_r - x_6}. \tag{82}$$

Das sind zwei Gleichungen für die beiden Unbekannten y_r, x_r. Man erhält:

$$y_r = \frac{-(y_2 - a x_2)\, b + (y_6 - b x_6)\, a}{a - b}. \tag{83}$$

$$x_r = \frac{y_6 - y_2 + a x_2 - b x_6}{a - b}. \tag{84}$$

Jetzt hat man zur Berechnung von s, d. i. der söhligen Entfernung zwischen ⊙1 und R:

$$s = \sqrt{(y_1 - y_r)^2 + (x_1 - x_r)^2}. \tag{85}$$

Hierauf erhält man h_r:

$$h_r = h_1 + (h_2 - h_1) \cdot \frac{s}{s_{12}} \qquad s_{12} = \sqrt{(y_2 - y_1)^2 + (x_2 - x_1)^2}. \tag{86}$$

Die Länge $2t$ des Zwischenmittels ist offenbar:

$$2t = \sqrt{(y_r - y_6)^2 + (x_r - x_6)^2}. \tag{87}$$

Für das Ansteigen oder Fallen φ von ⊙6 nach R hat man demnach:

$$\operatorname{tang} \varphi = (h_r - h_6) : 2t. \tag{88}$$

Schließlich hat man noch für ψ:

$$\psi = \nu_{12} - \nu_{r6}. \tag{89}$$

Dabei kann man ν_{r6} entweder aus den Koordinaten von $\odot 6$ und R berechnen oder auch einfacher:

$$\nu_{r6} = \nu_{65} + w \pm 180^0.$$

102. Durchschlagsgenauigkeit bei einem Polygonzug.

Wenn der Markscheider für Ort- und Gegenortbetrieb die beiden Durchschlagsachsen abgesteckt hat, so entsteht für ihn die Frage, mit welcher Genauigkeit er wohl das Aufeinandertreffen der beiden Durchschlagsachsen zu erwarten hat, welches also der höchste zu erwartende Durchschlagsfehler ist. Es kann vorkommen, daß der Durchschlag vielleicht schon einige Zentimeter früher erfolgt, als nach den Messungen des Markscheiders zu erwarten war, oder auch einige Zentimeter später. Dann lag ein Durchschlagsfehler in der Längsrichtung vor. Dieser ist bergmännisch von geringem praktischen Interesse. Von wesentlichem Interesse ist dagegen der Fehler in der Querrichtung. Im folgenden soll nur von ihm die Rede sein.

Ein Polygonzug, der als Unterlage für die Absteckung von Durchschlagsachsen dienen soll, wird ein Durchschlagzug genannt. Es werde nun zum Zweck einer Durchschlagsangabe ein und derselbe Durchschlagzug mehrmals gemessen. Wenn man dann in der Mitte zwischen den beiden Ansatzpunkten — bei O in Abb. 82 — durchschlägig wird, so wird man dabei finden, daß die beiden Durchschlagsachsen nicht ganz genau aufeinander gerichtet waren, sondern die eine Messung wird diesen, die andere jenen Querfehler D aufweisen. Der äußerste bei dem angewandten Meßverfahren noch zu erwartende Querfehler sei D_*. Man nennt D_* auch die Durchschlagsgenauigkeit. Man kann D_* schätzungsweise voraus berechnen wie folgt:

Wir führen ein neues Koordinatensystem ein, dessen Nullpunkt in O liege. OR und $O6$ seien die $+\xi$- und die $-\xi$-Achse. Denkt man sich die $+\xi$-Achse im Uhrzeigersinne gedreht, bis sie parallel der Polygonseite AB wird, so möge der bei der Drehung überstrichene Winkel mit ν_{ab} bezeichnet werden. Ferner sei m_β in Sekunden der mittlere Fehler, mit welchem die Polygonwinkel gemessen worden sind, und m_s sei der mittlere Fehler, mit dem die durchschnittliche Seitenlänge des Polygonzuges festgestellt wurde. ξ und m_s sind dabei in derjenigen Maßeinheit gedacht, in welcher man die Durchschlagsgenauigkeit D_* zu erhalten wünscht. Ist schließlich noch

$$\varrho = \frac{360 \cdot 60 \cdot 60}{2\pi} = 206265,$$

so hat man

$$D_* = 4\sqrt{\frac{1}{\varrho\varrho} \cdot m_\beta^2 [\xi_i \xi_i] + [\sin^2 \nu_i] \cdot m_s^2}. \tag{90}$$

Um die ξ und ν zu erhalten, genügt es, wenn der Durchschlagzug etwa im Maßstab 1: 5000 nach Längen und Winkeln zu Papier gebracht wird, und die ξ dann abgegriffen, die ν mit einer Winkelscheibe entnommen werden. m_β und m_s schätzt man[1].

[1] Vgl. Wilski: Durchschlagsgenauigkeit.

103. Durchschlagsgenauigkeit bei einer Dreieckskette.

Es kann dem Bergmann vorkommen, daß ein Stolln so abzustecken ist, daß er am Anfang und am Ende zu Tage ausmündet, also zwei im voraus gegebene Mundlöcher hat, A und B in Abb. 83. Dies ist eine Aufgabe, die schon in Herons Vermessungslehre behandelt worden ist. Heutzutage wird man die beiden Achsen für Gegenortsbetrieb auf Grund einer Dreieckskette abstecken (vgl. Abschn. 114). Die Dreieckskette sei die in Abb. 83 skizzierte: A, *1*, *2*, *3*, *4*, *5*, B. Die Genauigkeit, mit welcher der Durchschlag zu erwarten ist, hat Dr. Th. Kappes eingehend untersucht. Man kann Kappes' Untersuchung folgendes entnehmen: Die beiden Durchschlagsachsen seien AO und BO. Der äußerste Querfehler, der beim Durchschlag in der Mitte zwischen A und B zu erwarten ist, sei D. Die mittlere lineare Unsicherheit bei O, mit der die Durchschlagsachse BO abgesteckt wird, sei m_a. Die mittlere lineare Unsicherheit, mit der die Durchschlagsachse BO abgesteckt wird, sei bei O m_b. Dann wollen wir annehmen:

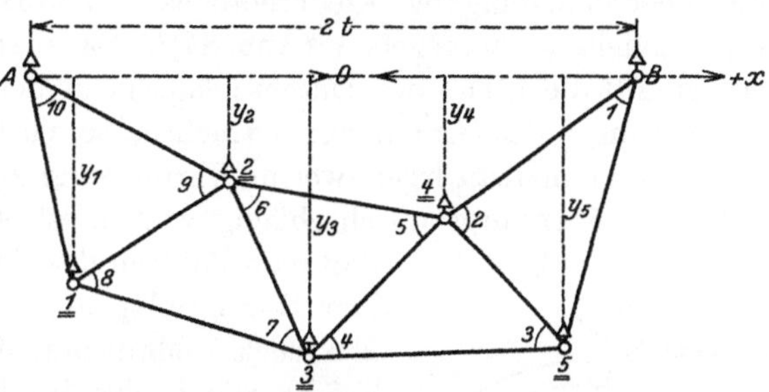

Abb. 83. Durchlaggenauigkeit bei einer Dreieckskette.

$$D = 2\,m_a + 2\,m_b\,. \tag{91}$$

Denkt man sich ein rechtwinkliges Koordinatensystem mit O als Nullpunkt, OB als $+x$-Achse, OA als $-x$-Achse, so hat man dann, wenn noch der mittlere Fehler des auf 180^0 abgestimmten Dreieckswinkels mit $\pm m$ bezeichnet wird:

$$\left.\begin{aligned} D = \frac{m}{\varrho}\sqrt{(x_1+t)^2+(x_2+t)^2+\cdots+(x_5+t)^2+5\,S^2} \\ +\frac{m}{\varrho}\sqrt{(x_1-t)^2+(x_2-t)^2+\cdots+(x_5-t)^2+5\,S^2}. \end{aligned}\right\} \tag{92}$$

Hierbei ist zur Abkürzung gesetzt:

$$\left.\begin{aligned} S^2 = y_1\,y_1\,(\mathrm{ctg}^2 10+\mathrm{ctg}^2 9)+y_2\,y_2\,(\mathrm{ctg}^2 8+\mathrm{ctg}^2 7)+y_3\,y_3\,(\mathrm{ctg}^2 6+\mathrm{ctg}^2 5) \\ +\,y_4\,y_4\,(\mathrm{ctg}^2 4+\mathrm{ctg}^2 3)+y_5\,y_5\,(\mathrm{ctg}^2 2+\mathrm{ctg}^2 1)\,. \end{aligned}\right\} \tag{93}$$

104. Historische Bemerkungen zum Durchschlag.

Es ist nicht ohne Reiz, zu sehen, wie man sich in alten Zeiten gegenüber der Aufgabe, unter der Erde einen Durchschlag herbeizuführen, verhalten hat. 727 bis 699 vor Christo regierte in Jerusalem König Hiskias. Die Quellen des Landes reichten damals, wie heute, für die Bedürfnisse der Bevölkerung nicht aus, und man war auf Teiche und Zisternen angewiesen. Daneben wurde dann das Quellwasser, das „lebende Wasser" besonders geschätzt. Jerusalem liegt auf dem Berge Zion, und an dessen Ostabhang liegt das Tal des Baches Kidron. Von den Abhängen des Berges Zion hinab fließt in den Bach Kidron die Gihonquelle. An dieser Quelle pflegten die jüdischen Frauen und Mädchen Wasser zu holen. Aber die Quelle lag außerhalb der Befestigungsmauern. Das war, wenn die Feinde im

Lande waren, übel. Daher ließ Hiskias den Bergrücken des Zion durchtunneln und die Gihonquelle in den Teich Siloah leiten, der im Süden Jerusalems noch innerhalb der Befestigungsmauern lag. In der Luftlinie betrug die Länge des „Siloah-Tunnels“ 335 m. Die tatsächliche Länge war 535 m. Die Höhe des Berges Zion über dem Tunnel betrug 45 m. Der Querschnitt des Tunnels war 60 × 80 cm. Der Tunnel wird in der Bibel mehrfach erwähnt[1]. 1880 wurde die Tunnelanlage durch badende Jünglinge wiederentdeckt. Nach Benzinger sei hier der Grundriß des Tunnels wiedergegeben (Abb. 84)[2]. Da man einander entgegenschlegelte, ist bei *AB* die Stelle des Durchschlags noch heute kenntlich. Wenn man die Ausquerungen des Grundrisses betrachtet, so wird es einem schwer, anzunehmen, daß dem Tunnelbau irgendwelche Vermessung zugrunde gelegen haben könnte. Daß man überhaupt durchschlägig wurde, ist vielleicht dadurch zu erklären, daß man Klüften des Gesteins nachgegangen sein wird. Der Durchschlag machte damals offenbar einen tiefen Eindruck. Man brachte an der Ausmündung beim Teiche Siloah eine Inschrift an, die wir nach Guthe[3] hier wiedergeben, indem wir einige Ausdrücke Guthes in die Sprache des Bergmanns übertragen:

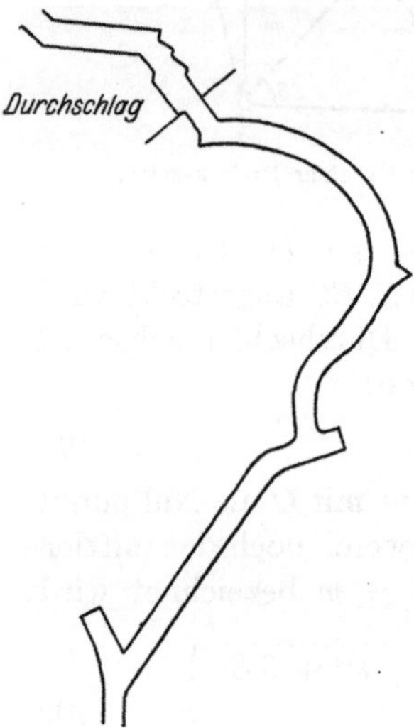

Abb. 84. Grundriß des Siloah-Tunnels nach Benzinger.

„Vollendet ist der Durchschlag. Und dieses war der Hergang beim Durchschlag: als sie noch schlegelten einer gegen den andern, und als noch 3 Ellen festes Zwischenmittel waren, vernahm man die Stimme des einen, der zurief dem andern. Denn es war eine Spalte im Fels vom Ort zum Gegenort. Und nachdem am Tage des Durchschlags die Häuer Gezäh auf Gezäh einander entgegengeschlegelt hatten, da floß das Wasser von der Quelle bis zum Teich 1200 Ellen weit. Und 100 Ellen war die Höhe des Felsens über dem Kopf der Häuer.“

Nur die Sache wird mit andächtiger Breite dem Leser der Inschrift vorgeführt. Die ausführenden leitenden Personen bleiben ganz im Hintergrund. So macht man in unserer Zeit wohl nur noch selten eine Inschrift.

Einen Abguß der Siloah-Inschrift verkauft die Buchhandlung J. C. Hinrichs in Leipzig.

Es läßt sich wohl annehmen, daß, wenn im Lande des Hiskias Bergbau umgegangen wäre, Hiskias dann Bergleute zur Aufgewältigung des Tunnels herangezogen haben würde, und der Grundriß des Tunnels hätte dann wohl weniger den Ausdruck bergmännischer Hilflosigkeit gewonnen.

Im Gegensatz zum Durchschlag des Siloahtunnels liegen dem Durchschlag der Wasserleitung des Eupalinos auf Samos offensichtlich Messungen zugrunde. Um 540 bis 523 v. Chr. herrschte auf der Insel Samos der König Polykrates. Seine Hauptstadt lag an der Südküste der Insel. In ihrem Rücken, nach Norden hin, lag ein 228 m hoher Bergrücken, der jetzt Kastro heißt. Nördlich vom Kastro befand sich eine ergiebige Quelle. Diese leitete Eupalinos damals in dieStadt des Polykrates, indem er den Bergrücken Kastro durchtunnelte. Der Tunnel ist geradling geführt, etwa 1000 m lang und hat einen Querschnitt von 1,75 × 1,75 m.

[1] II. Königl. 20, V. 20; II. Chronika 32, V. 30; Jesus Sirach 48, *v.* 19.
[2] Benzinger: S. 286.
[3] Guthe: Bibelwörterbuch 1903 und Z. d. Deutsch. morgenländ. Ges. Bd. 36.

Er zerfällt in einen Südstollen und einen Nordstollen. Vom nördlichen Mundloch aus führt bis zur Quelle hin eine unterirdische Anschlußleitung von 800 m Länge, südlich bis zur Stadt hin war eine 400 m lange Anschlußleitung geführt. Von Norden und von Süden her hatte man im Ort- und Gegenortbetriebe den Tunnel gebaut. Dabei traf man in der Mitte um 5 bis 10 m aneinander vorbei. Die beiden Durchschlagachsen divergierten also nur um 0,6 bis 1,2°. An der Durchschlagstelle lag ferner die Sohle des Nordstollens um 1 m höher als die Firste des Südstollens. Daher mußte die Sohle des Nordstollens nachträglich entsprechend vertieft werden[1].

Diese großartige Bauleistung, die die Alten unter die sieben Weltwunder rechneten, ist nur auf der Grundlage einer exakten Messung denkbar.

Noch von einem Durchschlag aus dem frühen Altertum, nämlich aus dem Jahre 513 v. Chr., berichtet Herodot, einem rein akustischen Durchschlag aber, dem keinerlei Messung zugrunde lag[2]. Als die Perser unter Amasis neun Monate lang die hellenische Stadt Barka in Afrika belagerten, entdeckte ein Schmied in der belagerten Stadt feindliche Minen durch das Dröhnen eines Schildes. Die Barkaner trieben Gegenminen vor, wurden durchschlägig und töteten die Feinde.

In neuerer Zeit (1846) hat E. Borchers ein Verfahren angegeben, wie man mit Hilfe eines kräftigen Magneten die Durchschlagsrichtung zweier Gegenörter ermitteln könne, wenn die Länge des Zwischenmittels 18 m nicht übersteigt. Außer in der Schrift „Borchers, Anwendung usw." findet sich eine eingehende Beschreibung des Verfahrens noch in Brathuhn: Lehrbuch d. M., Schlußkapitel. Jedoch sagt Brathuhn mit Recht: „Das Verfahren ist wissenschaftlich sehr interessant, hat aber, weil seine Anwendung mit Mühe, Zeit und Kosten verbunden ist, keine Verbreitung bei den praktischen Markscheidern gefunden und wird sie auch nicht finden."

Wir sehen von einer Beschreibung des Verfahrens ab, zumal die hohe Vervollkommnung, bis zu der sich die heutigen Durchschlagzüge entwickelt haben, ein Bedürfnis nach magnetischer Kontrolle der Durchschlagzüge nicht aufkommen läßt.

XII. Dreiecksnetz (105—115).

105. Anlage des Netzes.

Es sei in einem kartographisch noch ganz unerschlossenen Gebiet ein Geländestück zu vermessen, das für den Bergbau von Interesse ist. Gleichviel, ob das Geländestück groß oder klein ist, wird man dann zunächst für einige wenige Punkte ihre gegenseitige Lage recht genau bestimmen, und diese Punkte werden dann später eine Art Rahmen bilden, in welchen man die Einzelaufnahme ge-

---

[1] Die Mitt. über die Wasserl. d. Eup. sind entnommen einem Bericht von E. Fabricius in den Mitt. d. deutsch. archäol. Instituts zu Athen. Vgl. auch Herodot: Buch 3, S. 39—60.

[2] Herodot: Buch 4, S. 200.

wissermaßen einhängt. Nun läßt sich die gegenseitige Lage von Punkten um so genauer bestimmen, je weniger Punkte es sind. Am günstigsten ist es also, wenn die Örtlichkeit es erlaubt, mit 3 Punkten auszukommen. Diese bilden dann ein Dreieck, dessen Seiten das aufzunehmende Gebiet sozusagen einrahmen. Man mißt dann in ihm die 3 Dreieckswinkel und bestimmt auf eine besondere Art die Länge einer der 3 Seiten. Diese besondere Art, die Länge einer Dreieckseite zu bestimmen, nennt man Basismessung. In Abschn. 109 wird von ihr eingehend die Rede sein.

Da die Durchsichtigkeit der Luft mit der Höhe über dem Erdboden rasch zunimmt, so kann man Dreieckseiten von 100 km und mehr nehmen, wenn es möglich ist, die Endpunkte des Dreiecks auf hohen Bergen derart unterzubringen, daß man die Punkte voneinander sieht. Doch ist man bei sehr langen Dreieckseiten allerdings der Gefahr ausgesetzt, daß die Winkelmessung unter der sogenannten Lateralrefraktion oder seitlichen Lichtbrechung in der Atmosphäre leidet. Aus diesem Grunde schlug der Astronom Struve vor, man solle die Länge der Dreieckseiten nicht über 20 bis 30 km wählen[1]. Da die Temperatur von Äquator nach den Polen abnimmt, so liegt ja auf der Hand, daß infolge der dadurch bedingten Dichtigkeitsänderung eine Seitenrefraktion vorhanden sein muß, die aber infolge ihrer Kleinheit im Rahmen der Vermessungsbedürfnisse des Bergbaus ausschließlich nach der Richtung in Frage kommt, daß sie eine Mahnung bildet, Dreieckseiten nicht zu lang zu wählen, d. h. nicht über 20 bis 30 km.

Kommt man mit einem Dreieck nicht zurecht, so versucht man, ob man mit zweien auskommt. Wenn das auch noch nicht geht, mit dreien usw., jedenfalls so wenig Dreiecke, wie möglich. Auf diese Weise erhält der Messende sein Dreiecksnetz erster Ordnung, dessen Punkte Dreieckspunkte erster Ordnung genannt werden, und die Berechnung der Lage dieser Punkte zueinander bildet dann eine Rechenaufgabe für sich.

Handelt es sich nun um ein kleineres Geländestück, das vermessen werden soll derart, daß die Dreieckseiten höchstens bis zu etwa 1 km Länge haben, so legt man in der Regel weiter keine Dreieckspunkte, sondern schaltet zwischen die Dreieckspunkte nur Polygonzüge ein und zwischen diese die Einzelaufnahme auf dem Wege der Stückvermessung oder der Tachymetrie.

Sind die Seiten des Dreiecksnetzes aber wesentlich größer als etwa 1 km, so schaltet man zwischen die Dreieckspunkte erster Ordnung weitere Dreieckspunkte ein, so daß das Dreiecksnetz gewissermaßen engere Maschen bekommt. Man richtet es dabei so ein, daß man den Zweck, engere Maschen des Netzes zu erhalten, wieder mit so wenig wie möglich Punkten erreicht. Diese Punkte bilden dann das Dreiecksnetz zweiter Ordnung, und die Berechnung ihrer Lage zu den Punkten erster Ordnung und zueinander bildet dann wieder eine Rechenaufgabe für sich. Auf dieselbe Weise steigt man nach Bedarf zu Netzen 3. und 4. Ordnung usw. herab, bis die zuletzt bestimmten Dreieckspunkte nur noch etwa 1 km voneinander entfernt sind.

---

[1] Helmert: rat. S. 177. Näheres über die Theorie der Seitenrefraktion findet sich Jordan Bd. 3, 5. Aufl., S. 56—63. 1907; Helmert: Höh. Geod. Bd. 2, S. 564—566 u. G. Förster in Gerlands Beitr. 1912, S. 414—469.

106. Vermarkung der Dreieckspunkte.

Die Vermarkung der Dreieckspunkte führt man so dauerhaft aus, wie möglich. Holzgerüste werden in den Tropen leicht von Ameisen zerfressen. In den Erdboden eingelassene Flaschen sind der Entwendung ausgesetzt. In vielen Fällen genügen sogenannte Steinmandeln, aus Lesesteinen erbaute Steintürme, die man möglichst noch ankalkt (Abb. 85). Beim Bau der Steintürme muß man aufpassen, daß nur Steine, aber nicht etwa Erde mitverwendet wird. Der Regen wäscht die Erde aus, und der Bau stürzt dann zusammen. Am besten ist es natürlich, wenn man die Möglichkeit hat, Steinpfeiler aus Mörtelwerk zu bauen.

Abb. 85. Steinmandel.

In Deutschland sind für die Vermarkung der Dreieckspunkte im allgemeinen vierkantig behauene Steine üblich mit eingemeißeltem Kreuz und mit den eingemeißelten Buchstaben T. P. (trigonometrischer Punkt). Darüber baut man Signalpyramiden (Abb. 59).

Die Dreieckspunkte letzter Ordnung vermarkt man bei uns oftmals mittels zweier Drainrohre, die man lotrecht übereinander in die Erde einläßt (Abschn. 79, S. 101).

107. Das Heliotrop.

In den Tropen ist während der Trockenzeit die Luft so wenig durchsichtig, daß man schon von 10 km ab die gewöhnlichen gebauten Signale nicht mehr scharf erkennen kann. In der Regenzeit, wenn Staub- und Rauchteilchen aus der Luft herausgewaschen sind, sind die Signale indessen noch auf 80 bis 100 km Entfernung einstellbar.

Auf der griechischen Insel Thera im Ägäischen Meer sah Verfasser, auf dem 566 m hohen Eliasberge stehend, mit dem 24fach vergrößernden Theodolitfernrohr an einem besonders klaren Tage noch die Signalpyramide auf dem Dreieckspunkt 1. Ordnung der 70 km weit entfernten Nachbarinsel Amorgos. Aber das Mittelmeerbecken gehört dem Subtropengürtel der Erde an, der vor allen übrigen Gegenden der Erde durch hohe Durchsichtigkeit der Luft ausgezeichnet ist. Im großen ganzen muß man, zumal im Tiefland, mit weit geringerer Durchsichtigkeit der Luft rechnen. Um auch in solchen Gegenden mit weiten Zielentfernungen arbeiten zu können, ist Karl Friedrich Gauß darauf gekommen, das Sonnenlicht als Zielobjekt zu verwerten.

Um 550 n. Chr. wird eine militärische Spiegelvorrichtung beschrieben[1], welche gestattet, um den Feinden zu schaden, das Sonnenlicht nach ihren Reihen zu lenken. Eine solche Vorrichtung nennen wir heute Scheinwerfer.

[1] Westermann: Paradoxographen, Anthemii fragmenta Buch 2, S. 152—156.

1820 erfand **Karl Friedrich Gauß** das Heliotrop, das eine Art Scheinwerfer für Vermessungszwecke ist. Die Einrichtung des Geräts ist aus Abb. 86 zu ersehen. Durch ein Loch im Spiegel und den Fadenkreuzpunkt K wird eine Zielachse gebildet, und diese richtet man zunächst auf den Punkt, der Licht empfangen soll, auf den Punkt also, auf welchem man Beobachter und Theodolit vermutet. Darauf läßt man dann die Leuchtklappe bei K herab, so daß für denjenigen, der durch das Loch des Heliotropspiegels nach dem Fadenkreuz K hin blickt, hinter dem Fadenkreuz eine helle Fläche erscheint. Jetzt wird der Heliotropspiegel so lange gedreht, bis das von ihm zurückgeworfene Sonnenlicht auf die helle Fläche der Leuchtklappe fällt. Der dunkle Fleck, der dem Loch im Spiegel entspricht, muß auf den Fadenkreuzpunkt fallen. Dann hat auch das reflektierte Sonnenlicht die Richtung nach dem Theodoliten hin. Jetzt klappt man die Leuchtklappe hoch, und alsbald empfängt der Beobachter am Theodolit das Lichtsignal.

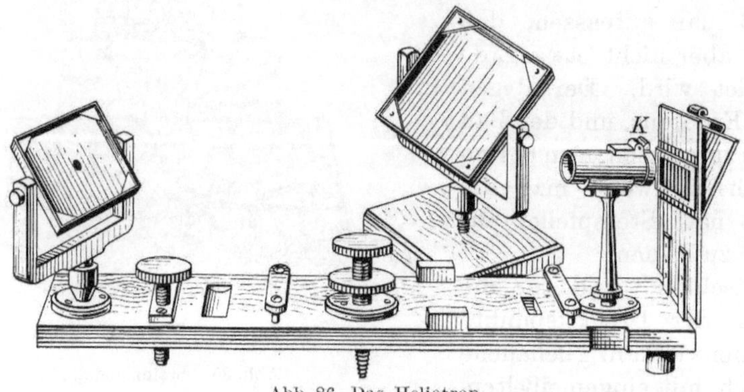

Abb. 86. Das Heliotrop.

Zumeist hat der Beobachter am Theodolit auch seinerseits einen Heliotropen, mit dem er durch ein Antwortsignal den Empfang des Lichtes signalisiert. Durch Vorschalten bunter Gläser und vor allem durch Anwendung des Morse-Alphabets kann sich der Theodolitbeobachter mit dem Heliotropwärter noch weiter verständigen.

108. Winkelmessung.

Für die Messung der Winkel im Dreiecksnetz wird im Rahmen der bergmännischen Interessen im allgemeinen 6fache Satzmessung mit dem Nonientheodolit ausreichen. Wenn besondere Zwecke verfolgt werden, wie z. B. Beobachtung sehr kleiner rezenter Bodenbewegungen, muß man im Einzelfall überlegen, mit welcher Genauigkeit die einzelnen in Frage kommenden Winkel zu messen sind.

109. Basismessung.

Das älteste bekannte Kartenwerk, bei dem nach Lage des Falls anzunehmen ist, daß ihm eine Dreiecksmessung zugrunde liegt, sind Ph. **Apians** bayrische Landtafeln von 1565. Nach S. **Günther** S. 391 haben Nachmessungen **Gassers** dies außer Zweifel gesetzt. Ein Dreiecksnetz wäre ohne zugehörige Basismessung nicht denkbar.

Der holländische Gelehrte Willebrord Snellius legte um 1615 in den Niederlanden ein Dreiecksnetz, und dieses Dreiecksnetz ist das erste, von dem wir mehr wissen. Snellius maß dazu 5 Basislinien. Die Verbindung der einen Basis mit dem Dreiecksnetz ist so merkwürdig, daß wir sie hier nach Jordans Handbuch d. V. abbilden (Abb. 87). Zwischen der kleinen Pasis tc und der Dreieckseite LS ist ein besonderes kleines Dreiecksnetz eingeschaltet, das sogenannte Basisentwicklungsnetz. In diesem werden außer tc keine Längen gemessen, sondern nur Winkel. Die Basis ist also wesentlich kleiner als eine Dreieckseite, und der Messung liegt offenbar die Vorstellung zugrunde, daß die zwischen tc und LS eingeschaltete Winkelmessung die Länge LS genauer liefert, als unmittelbare Längenmessung LS liefern würde. Das zeigt, daß schon damals, ebenso wie heutzutage, von Snellius die Winkelmessung im Verhältnis zur Längenmessung als das genauere Meßverfahren angesehen wurde. Da man zu jener Zeit wesentlich anderes Winkelmeßgerät und wesentlich anderes Längenmeßgerät hatte als wir heutzutage, so ist diese Abschätzung beider Messungsarten gegeneinander keineswegs etwa selbstverständlich.

Gerade so ein rhombisches Entwicklungsnetz, wie Snellius, fügen wir auch heutzutage in der Regel zwischen Basis und Dreieckseite ein. Dabei wird das Vergrößerungsverhältnis zwischen großer und kleiner Diagonale des Rhombus am genauesten erhalten, wenn die Winkel, welche der kleinen, bekannten Diagonale gegenüber liegen, etwa 33° betragen[1].

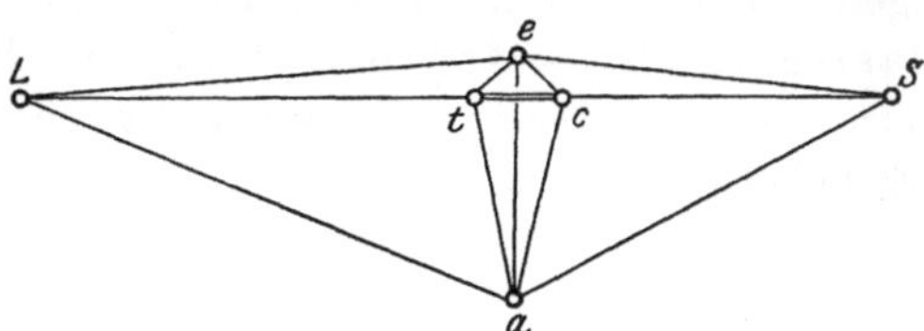

Abb. 87. Basisnetz des Snellius nach Jordan: Hdb. d. V. Bd. 3, S. 143. 1907.

Snellius war seiner Zeit voraus. Noch zwei Jahrhunderte nach ihm maß man als Basis eines Dreiecksnetzes die Länge einer Dreieckseite unmittelbar mit Längenmeßgerät. So maß z. B. der Oberst Bonne als Basis des Dreiecksnetzes von Bayern 1801 eine 21 km lange Dreieckseite zwischen München und Aufkirchen. Er war mit dieser Arbeit mit 31 Gehilfen 10 Wochen lang beschäftigt. Erst 1819 kam der Gymnasiallehrer Schwerd in Speyer von neuem auf den Gedanken des Snellius, eine kurze Basis mit einem Basisentwicklungsnetz zu benutzen, um die Länge einer Dreieckseite festzustellen. Seitdem ist das Verfahren üblich geblieben.

Bei sehr kleinen Dreiecksnetzen, etwa bis zu 500 m Seitenlänge, ist es indessen im allgemeinen am vorteilhaftesten, anstatt eine ganz kleine Basis mit Entwicklungsnetz zu entwerfen, einfach eine ganze Dreieckseite unmittelbar mit Längenmeßgerät aufzunehmen, es sei denn, daß das Dreiecksnetz derart liegt, daß der unmittelbaren Längenmessung einer Dreieckseite Geländehindernisse im Wege stehen.

Die Länge der gemessenen Basis sei nun $a + \varepsilon_a$ derart, daß a der bei der Messung herausgekommene Betrag der Länge ist, und ε_a sei die kleine unbekannte Verbesserung, welche hinzugefügt werden müßte, um die wahre Länge zu erhalten. Beide Werte seien bereits nach Abschn. 12 S. 26 auf den Meereshorizont

[1] Helmert: rat. S. 175.

reduziert gedacht. Irgendwo im Dreiecksnetz befinde sich nun eine Länge s, welche das $(\sigma + \varepsilon_\sigma)$fache der Basislänge ist. Durch die für die Basis ausgeführte Längenmessung und durch eine Reihe von Winkelmessungen ist man in den Stand gesetzt, s zu berechnen. Aber die Winkelmessung ist auch mit unvermeidlichen kleinen Fehlern behaftet. Man bekommt aus ihr daher nicht den sogenannten Übertragsfaktor $\sigma + \varepsilon_\sigma$, sondern nur σ. Und ε_σ stellt den unbekannten kleinen Betrag vor, welcher zugefügt werden müßte, um das wahre Verhältnis zwischen s und a zu erhalten. Statt des wahren Wertes für s

$$s = (a + \varepsilon_a)(\sigma + \varepsilon_\sigma) = \sigma a + \sigma \cdot \varepsilon_a + a \cdot \varepsilon_\sigma$$

bekommt man daher den fehlerhaften Wert σa. Den winzigen Betrag $\varepsilon_a \cdot \varepsilon_\sigma$ vernachlässigen wir, da er neben den viel größeren Beträgen der übrigen 3 Addenden praktisch nicht in Betracht kommt.

Nun sei beispielsweise

$$s = 10\,a\,.$$

Dann wird infolge des Fehlers ε_a der Wert von s falsch erhalten um $10\,\varepsilon_a$, und es ist dabei ohne Belang, ob a innerhalb des Dreiecksnetzes liegt, ob inder Mitte oder irgendwo am Rande. Die Rücksicht auf die Fehlerhaftigkeit der Basismessung erfordert daher nicht, daß die Basis an einer bestimmten Stelle des Dreiecksnetzes liege. Die Lage ergibt sich vielmehr als beliebig.

Dagegen wird der Betrag σ offenbar um so fehlerhafter, aus je mehr Winkelwerten er sich zusammensetzt. ε_σ wächst offenbar mit der Anzahl der Winkel, die zur Herstellung des Wertes σ beigetragen haben. Die Werte ε_σ werden also am wenigsten anwachsen können, wenn a in der Mitte des Dreiecksnetzes liegt.

Die Rücksicht auf die Fehlerhaftigkeit des Übertragungsfaktors macht daher Wahl der Basis möglichst in der Mitte des Dreiecksnetzes wünschenswert.

Nun kann es aber vorkommen, daß ein Gelände, das mit einem Dreiecksnetz überzogen wurde, in der Mitte ganz von Weingärten durchzogen ist. Am Rande befinden sich vielleicht Berge mit weniger kostbaren Kulturen, aber mit vielen Unebenheiten; ein Rand aber sei vom Meeresstrand eingenommen, der einen viele km langen, breiten ebenen Sandstreifen darbietet. Dann kann man um der Vermessung willen natürlich nicht Kulturen zerstören wollen, sondern man nutzt die vorzügliche Meßgelegenheit des flachen Strandes aus und legt die Basis des Dreiecksnetzes dorthin.

Oder auch in der Mitte eines Geländes, das mit einem Dreiecksnetz überzogen werden soll, befindet sich ein fieberreiches breites sumpfiges Flußtal. Auch dann opfert man natürlich nicht um eines verhältnismäßig kleinen vermessungstechnischen Vorteils willen Zeit, Kosten und sogar Menschenleben, um dort eine Basismeßgelegenheit zu schaffen, sondern man verlegt die Basis nach dem Rande des Netzes zu.

Im Jahre 1898 war der Landmesser Heinrich Böhler vom damaligen Reichskolonialamt damit beschäftigt, das im damaligen Deutsch-Ostafrika gelegene Ostusambaragebirge zu vermessen und für sein Dreiecksnetz eine Basis auszusuchen. Die theoretische Überlegung führte auf die ungefähre Mitte des Vermessungsgebiets. Aber gerade im dortigen Gebirgsland bot sich nicht die Möglichkeit, eine gerade Linie von der für die Basis erforderlichen Länge und Lage durch Längenmessung festzulegen. Da kam Böhler auf den vorbildlichen Gedanken, an Stelle der geraden Strecke einen Polygonzug als Basis zu wählen, den er, den Schwierigkeiten des gebirgigen Geländes ausweichend, zwischen die beiden Basisendpunkte legte. Die Längen wurden mit dem Meßband gemessen, die Winkel mit einem Repetitionstheodolit von 20″ Nonienangabe.

Abb. 88. Böhlerscher Rhombus.

Nun äußerte bereits 1883 Helmert in den Vorlesungen, die er an der Technischen Hochschule in Aachen hielt, den Gedanken, daß man eine Polygonseite von nicht zu großer Länge besser als durch unmittelbare Längenmessung in der Weise müsse erhalten können, daß man etwa in ihrer Mitte eine kurze Distanzlatte AB (Abb. 88) quer zur Richtung der Polygonseite CD stellt und dann in einer rhombusähnlichen Figur, wie Abb. 88 zu veranschaulichen sucht, 4 Winkel α, β, γ, δ mißt. Aus der Länge a der Distanzlatte und den 4 Winkeln wäre dann

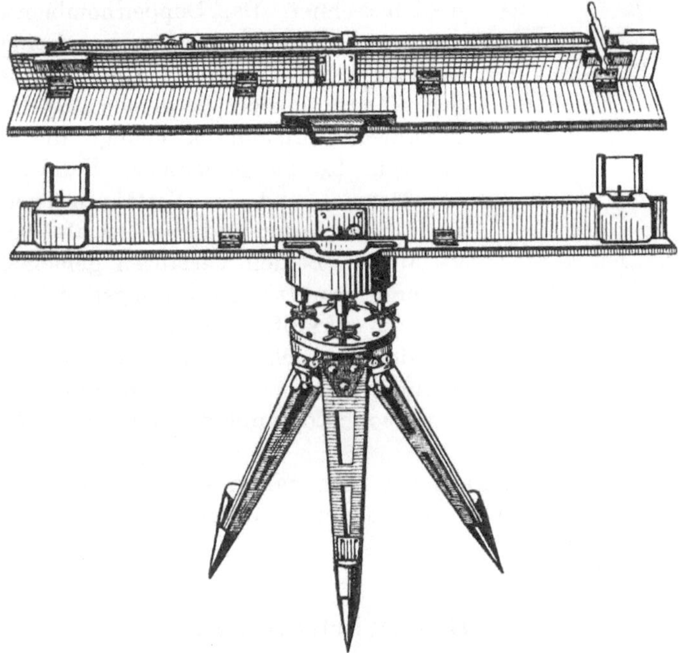

Abb. 89. Böhlersche Distanzlatte.

CD zu berechnen. Einen ähnlichen Gedanken äußerte Jordan 1892 in der Z. f. V. S. 525: quer zu der Entfernung, die gemessen werden soll, soll an dem einen Endpunkt eine kurze Distanzlatte AB horizontal aufgestellt werden. Ungefähr in ihrer Mitte befinde sich der ebenso wie A und B gut markierte Punkt M. Vom anderen Endpunkt C der zu ermittelnden Entfernung CM messe man die Winkel $\alpha = ACM$ und $\beta = MCB$. Dann kann man aus den Längen AM, MB und den Winkeln α, β die Entfernung CM berechnen. In der Z. f. V. 1895, S. 393ff.

behandelte dann L. Krüger die Unsicherheit des Verfahrens. Später wurde dann Böhler im Helmertschen Sinne durch Ch. A. Vogler angeregt, sein Basismeßverfahren durch Hinzunahme einer Distanzlatte auszubauen. Böhler wählte (Abb. 89) eine ungefähr 4,02 m lange Distanzlatte und hat das Verfahren in einer besonderen Schrift eingehend behandelt[1].

Das Verfahren, das sich namentlich auch für Aufnahmen im Rahmen bergmännischer Interessen sehr empfiehlt, wurde kurz nach Bekanntwerden bei der Deutschen Reichsmarine eingeführt. Der Kapitänleutnant Kurtz nahm an der Böhlerschen Basismessung ein besonderes Interesse, und von der Vorstellung ausgehend, daß die Genauigkeit des Böhlerschen Verfahrens über die Bedürfnisse der Deutschen Reichsmarine hinausging, schlug er eine Abänderung des Verfahrens vor, das man, wenn man Böhlers Verfahren das Rhombenverfahren nennt, das Doppelrhombenverfahren nennen kann. Abb. 90 sucht das Kurtzsche Doppelrhombenverfahren zu veranschaulichen. AB ist die Distanzlatte, EF wird berechnet. Das Doppelrhombenverfahren ist aber, wenn der Doppelrhombus wenigstens etwa die Länge von 3 einfachen Rhomben hat, in Wirklichkeit sogar noch etwas genauer als das Rhombenverfahren[2]. Jedenfalls genügt die Genauigkeit durchaus für die praktischen Vermessungszwecke der Marine, und das Verfahren arbeitet zudem auch noch bedeutend rascher als das Rhombenverfahren. Beiden Verfahren gemeinsam ist die bewundernswerte Anpassungsfähigkeit an jede noch so zerklüftete und schwer zugängliche Gebirgsform. Auch das Kurtzsche Verfahren dürfte sich bei ausgedehnteren Aufnahmen für bergmännische Zwecke, z. B. als Grundlage für eine größere stereophotogrammetrische Aufnahme geradezu prachtvoll eignen.

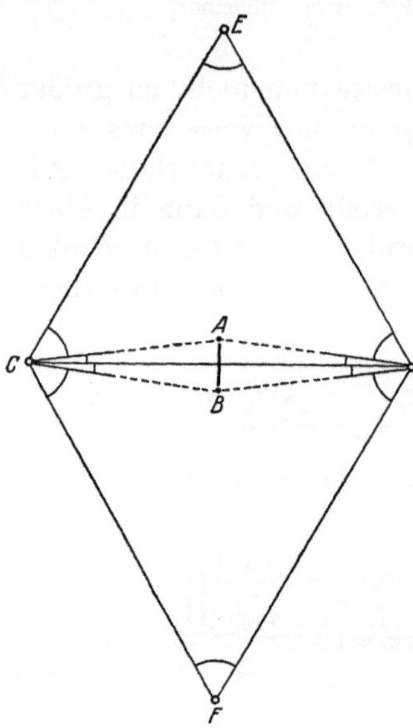

Abb. 90. Kurtzscher Doppelrhombus.

Für das Verhältnis der kleineren Diagonale des rhombusähnlichen Vierecks zur größeren kann man etwa 1 : 10 als günstig annehmen.

110. Rückwärtseinschnitt.

Wenn man sein Dreiecksnetz erster Ordnung geschaffen hat, wie in Abschn. 105 und 106 angegeben worden ist, so steht man dann je nach dem Umfang der Vermessungsarbeit vor der weiteren Aufgabe, zwischen die Maschen des Netzes I. Ordnung ein Netz II. Ordnung, III. Ordnung usw. einzuschalten. Hierbei kann man in verschiedener Weise verfahren. Das einfachste Mittel zur Einschaltung von Punkten in ein gegebenes Netz bietet der Rückwärtseinschnitt, eine Aufgabe, deren Lösung nach Wieleitner S. 101 Snellius 1617 in seinem zu Leiden

[1] Böhler: Basismeßverfahren. 1905.
[2] Jordan: Hdb. Bd. 3, S. 148. 1916.

erschienenen Werke „Eratosthenes Batavus" gegeben hat[1]. 1692 behandelt dieselbe Aufgabe der Franzose Pothenot. Nach ihm wird die Aufgabe in Deutschland häufig das Pothenotsche Problem genannt (Abb. 91).

Der einfache mathematische Kern der Aufgabe ist der folgende. Gegeben sind drei Punkte im Gelände:

$$P_1(x_1, y_1) \qquad P_2(x_2, y_2) \qquad P_3(x_3, y_3)$$

Gesucht sind die Koordinaten x, y für einen Punkt P, auf dem die Winkel α, β gemessen worden sind.

Man hat zunächst die Hilfsunbekannten φ und ψ zu bestimmen:

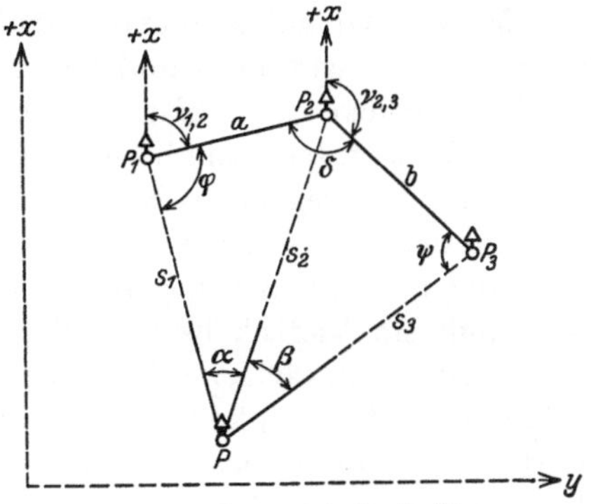

$$\operatorname{tang} \nu_{12} = \frac{y_2 - y_1}{x_2 - x_1} \qquad \operatorname{tang} \nu_{23} = \frac{y_3 - y_2}{x_3 - x_2}$$

$$\delta = 180^0 + \nu_{12} - \nu_{23}$$

$$a = \frac{y_2 - y_1}{\sin \nu_{12}} \qquad b = \frac{y_3 - y_2}{\sin \nu_{23}}$$

$$s_2 = a \cdot \frac{\sin \varphi}{\sin \alpha} = b \cdot \frac{\sin \psi}{\sin \beta}$$

$$\frac{\sin \varphi}{\sin \psi} = \frac{b \cdot \sin \alpha}{a \cdot \sin \beta} = m$$

Abb. 91. Rückwärtseinschnitt.

$$\frac{\frac{\sin \varphi}{\sin \psi} + 1}{\frac{\sin \varphi}{\sin \psi} - 1} = \frac{m+1}{m-1} = \operatorname{tang} \frac{\varphi + \psi}{2} \cdot \operatorname{ctg} \frac{\varphi - \psi}{2}$$

$$\left.\begin{aligned} \operatorname{ctg} \frac{\varphi - \psi}{2} &= -\frac{m+1}{m-1} \cdot \operatorname{ctg} \frac{\alpha + \beta + \delta}{2} \\ \frac{\varphi + \psi}{2} &= 180^0 - \frac{1}{2}(\alpha + \beta + \delta) \end{aligned}\right\} \qquad (94)$$

Mithin sind zunächst φ und ψ bekannt, und man hat jetzt:

$$\left.\begin{aligned} & s_1 = a \cdot \frac{\sin(\varphi + \alpha)}{\sin \alpha} \qquad s_3 = b \cdot \frac{\sin(\psi + \beta)}{\sin \beta} \\ & \left.\begin{aligned} x &= x_1 + s_1 \cos \nu_{12} = x_3 + s_3 \cos \nu_{32} \\ y &= y_1 + s_1 \sin \nu_{12} = y_3 + s_3 \sin \nu_{32} \end{aligned}\right\} \nu_{32} = \nu_{23} \pm 180^0 \end{aligned}\right\} \qquad (95)$$

Der Sicherheit wegen wird man nicht bloß 3 bekannte Punkte anzielen, sondern, wenn irgend möglich, vier. Wem die Methode der kleinsten Quadrate nicht geläufig ist, greift sich dann aus den 4 gemessenen Richtungen eine andere Kombination von 3 Strahlen heraus und rechnet x, y auch noch aus diesen 3 Strahlen. Stimmen beide Berechnungen innerhalb einiger Dezimeter, so mittelt man beide Berechnungen, und das Ergebnis ist dann zwar nicht das beste, was man hätte erhalten können, aber es wird für viele praktischen Zwecke genügen. Wenn die

[1] Nach S. Günther: S. 392, hat außer Wellisch auch Oberhummer die Auffassung vertreten, daß schon 1547 Augustin Hirschvogel bei der Vermessung Wiens den Rückwärtseinschnitt angewandt hat. Aber man lese darüber die Darstellung von Wellisch nach. Die Messungen auf Hirschvogels Mühlsteinpunkten waren wohl einem Rückwärtseinschnitt sehr ähnlich, doch erinnert die nachfolgende zeichnerische Ausarbeitung mehr an den Vorwärtseinschnitt. Hirschvogels Messung ist schwer in unsere heutigen Verfahren einzureihen.

Ergebnisse aber nicht stimmen, ist es insofern schlimm, als man nun zwar weiß, daß mindestens eine der 4 Richtungen falsch sein muß, aber man weiß leider nicht, welche. Daher ist es am besten, man zielt nicht nur 4, sondern, wenn möglich, sozusagen auf Vorrat noch einen fünften Punkt an. Ist bei einer Richtung ein Fehler vorgekommen, so wird man dann doch immer zwei Kombinationen zu je dreien finden, deren Ergebnisse miteinander übereinstimmen, so daß man hinsichtlich der berechneten Kombinationen beruhigt sein kann. Mehr als 5 Strahlen benutzt auch der Kenner der Methode der kleinsten Quadrate nicht, da es bei allen Messungsaufgaben am vorteilhaftesten ist, so wenig überschüssige Messungen wie möglich auszuführen und lieber, wenn Geld und Zeit vorhanden ist, die notwendigen Stücke desto öfter zu messen.

Der Rückwärtseinschnitt ist unter allen Verfahren, die zur Einschaltung von Punkten in ein gegebenes Netz üblich sind, bei weitem das bequemste und wird daher in der Praxis sehr häufig ausgeführt.

Bildet man aus den gegebenen Punkten, wenn es 3 sind, ein Dreieck; wenn es 4 sind, ein Viereck usw., und liegt der Neupunkt innerhalb dieser Figur, so ist der Rückwärtseinschnitt dem Vorwärtseinschnitt bei gleichem Arbeitsaufwand an Genauigkeit stets überlegen. Ebenso ist es, wenn der Neupunkt weit außerhalb dieser Figur liegt. Dazwischen liegt eine Zone, innerhalb deren er sich ungünstiger stellt, als der Vorwärtseinschnitt[1]. Über eine Anwendung des Rückwärtseinschnitts, die in der Grube versucht worden ist, hat 1914 Parschin berichtet[2].

111. Vorwärtseinschnitt.

Die Einschaltung eines Dreieckspunktes in ein gegebenes Netz mit Hilfe des Vorwärtseinschnitts vollzieht sich folgendermaßen: Gegeben sind im allgemeinen vier Festpunkte $P_1(x_1, y_1)$, $P_2(x_2, y_2)$, $P_{17}(x_{17}, y_{17})$, $P_{18}(x_{18}, y_{18})$. Doch sind P_{17} und P_{18} in dem Falle nicht nötig, wenn P_1 und P_2 voneinander gesehen werden können. Kann man P_1 und P_2 nicht voneinander sehen, so genügt auch statt P_{17} und P_{18} einer von diesen beiden Punkten, falls er von P_1 und auch von P_2 aus angezielt werden kann.

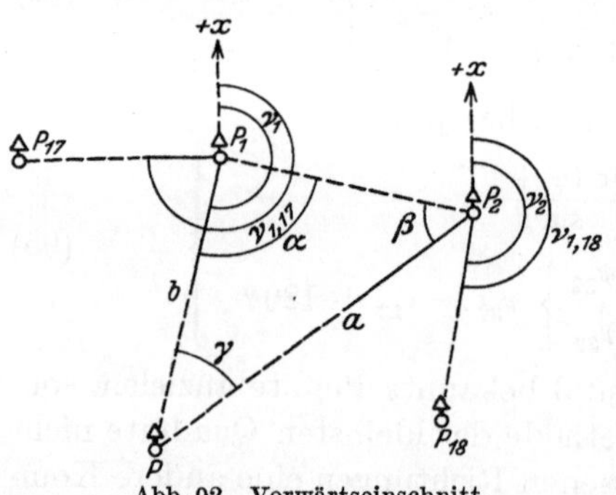

Abb. 92. Vorwärtseinschnitt.

Gemessen wurde auf P_1 der Winkel $P P_{17} P_1$ und auf P_2 der Winkel $P_{18} P_2 P$. Gesucht sind die Koordinaten x, y des Neupunktes P. Man hat zunächst:

$$\left.\begin{aligned} \operatorname{tang} \nu_{1\cdot 17} &= \frac{y_{17} - y_1}{x_{17} - x_1} & \operatorname{tang} \nu_{2\cdot 18} &= \frac{y_{18} - y_2}{x_{18} - x_2} \\ \operatorname{tang} \nu_{12} &= \frac{y_2 - y_1}{x_2 - x_1} & \nu_{21} &= \nu_{12} \pm 180^0 \\ \nu_1 &= \nu_{1\cdot 17} - \sphericalangle P P_1 P_{17} & \nu_2 &= \nu_{2\cdot 18} + \sphericalangle P_{18} P_2 P \end{aligned}\right\} \quad (96)$$

[1] Helmert: rat. S. 99. [2] Parschin: I S. 39.

$$\left.\begin{aligned} \sphericalangle\,\alpha &= \nu_1 - \nu_{12} \\ \sphericalangle\,\beta &= \nu_{21} - \nu_2 \\ \sphericalangle\,\gamma &= \nu_2 - \nu_1 \end{aligned}\right\} \tag{97}$$

$$c = \frac{x_2 - x_1}{\cos\nu_{12}} = \frac{y_2 - y_1}{\sin\nu_{12}}$$

$$a = c \cdot \frac{\sin\alpha}{\sin\gamma} \qquad b = c\,\frac{\sin\beta}{\sin\gamma}$$

$$\begin{aligned} x &= x_1 + b\cos\nu_1 = x_2 + a\cos\nu_2 \\ y &= y_1 + b\sin\nu_1 = y_2 + a\sin\nu_2. \end{aligned} \tag{98}$$

Der Sicherheit wegen ist es üblich, von den Standpunkten P_1 und P_2 möglichst nicht nur je einen Festpunkt anzuzielen, sondern, wenn das Gelände irgend die Möglichkeit bietet, je 2 oder 3. Diese Sichten von Festpunkt zu Festpunkt nennt man Orientierungsstrahlen. Man bekommt dann 2 bis 3 Werte für ν_1, die man mittelt, und ebenso 2 bis 3 Werte für ν_2, die dann ebenfalls gemittelt werden.

Aber auch mit dieser Sicherung pflegt man sich nicht zu begnügen. Sondern, wenn möglich, mißt man zur Sicherheit auch noch den Winkel γ oder man nimmt zu P_1 und P_2 noch einen dritten Standpunkt P_3 hinzu, so daß man die Punkte P_1, P_2, P_3 auf dreifache Weise zu je zweien kombinieren kann, also auch x, y auf dreifache Weise erhalten kann.

Wer mit den Rechnungsgängen der Methode der kleinsten Quadrate vertraut ist, verwertet die überschüssigen Messungen auf andere Weise, was wir hier aber nicht näher ausführen können.

Auch der Vorwärtseinschnitt wird in der Praxis häufig angewandt.

112. Aufgabe der zwei Punktpaare.

Die Aufgabe der zwei Punktpaare tritt in der Praxis selten auf. Doch ist es gleichwohl wichtig, sie zu kennen, damit man sich vorkommenden Falles zu helfen weiß.

Nach Wieleitner S. 101 hat bereits Snellius in seiner Doctrina triangulorum canonica, Leiden 1627, die ein Jahr nach Snellius' Tode herauskam, die Aufgabe der zwei Punktpaare gelöst. Nach Vogler: Geod. Üb. Bd. 1, S. 195. 1910 hat später Delambre in den Méthodes analytiques S. 149 die Aufgabe behandelt, und 1851 schrieb der Gothaer Astronom Hansen über sie. Nach Hansen wird sie in Deutschland oftmals als „das Hansensche Problem" bezeichnet.

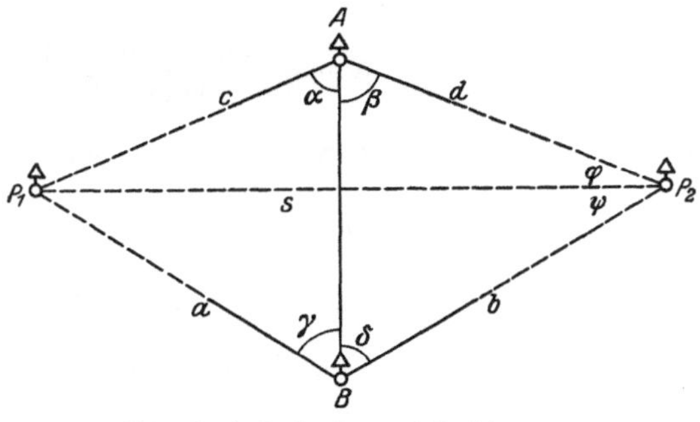

Abb. 93. Aufgabe der zwei Punktepaare.

Die Aufgabe ist die folgende. Gegeben sind nur zwei Dreieckspunkte $P_1(x_1, y_1)$ und $P_2(x_2, y_2)$, die noch dazu unzugänglich sind. Ein Vermessungsgebiet soll auf möglichst einfache Weise an die beiden Punkte angeschlossen werden. Man vermarkt zwei passend gelegene Neupunkte $A(x_a, y_a)$ und $B(x_b, y_b)$ und mißt auf ihnen gemäß Abb. 93 die Winkel α, β, γ, δ. Dann ergeben sich leicht die folgenden Gleichungen:

$$\begin{array}{c} AP_1 : s = \sin\varphi : \sin(\alpha+\beta) \\ BP_1 : s = \sin\psi : \sin(\gamma+\delta) \\ \hline AP_1 : BP_1 = \dfrac{\sin\varphi\cdot\sin(\gamma+\delta)}{\sin\psi\cdot\sin(\alpha+\beta)} \end{array}$$

Es ist aber auch:

$$AP_1 : BP_1 = \sin\gamma : \sin\alpha$$

$$\frac{\sin\varphi\cdot\sin(\gamma+\delta)}{\sin\psi\cdot\sin(\alpha+\beta)} = \frac{\sin\gamma}{\sin\alpha}$$

$$\frac{\sin\varphi}{\sin\psi} = \frac{\sin\gamma\cdot\sin(\alpha+\beta)}{\sin\alpha\cdot\sin(\gamma+\delta)} = \operatorname{tang}\theta$$

$$\frac{\sin\varphi+\sin\psi}{\sin\varphi-\sin\psi} = \frac{\operatorname{tang}\theta+1}{\operatorname{tang}\theta-1} = \operatorname{ctg}(\theta-45^0)$$

$$\operatorname{tang}\frac{\varphi+\psi}{2}\cdot\operatorname{ctg}\frac{\varphi-\psi}{2} = \operatorname{ctg}(\theta-45^0)$$

$$\left.\begin{array}{l} \dfrac{\varphi+\psi}{2} = 90^0 - \dfrac{\beta+\delta}{2} \\ \operatorname{ctg}\dfrac{\varphi-\psi}{2} = \operatorname{ctg}(\theta-45^0)\operatorname{tang}\dfrac{\beta+\delta}{2} \end{array}\right\} \tag{99}$$

Mithin sind φ und ψ jetzt bekannt, und man hat nunmehr:

$$\left.\begin{array}{l} s = \sqrt{(x_2-x_1)^2+(y_2-y_1)^2} \\ a = s\cdot\dfrac{\sin\psi}{\sin(\gamma+\delta)} \\ b = s\cdot\dfrac{\sin(\gamma+\delta+\psi)}{\sin(\gamma+\delta)} \\ c = s\cdot\dfrac{\sin\varphi}{\sin(\alpha+\beta)} \\ d = s\cdot\dfrac{\sin(\alpha+\beta+\varphi)}{\sin(\alpha+\beta)} \end{array}\right\} \tag{100}$$

Hierauf erhält man die Streichen der Seiten a, b, c, d wie folgt:

$$\operatorname{tang}\nu_{1\cdot 2} = \frac{y_2-y_1}{x_2-x_1} \qquad \nu_{2\cdot 1} = \nu_{1\cdot 2} \pm 180^0$$

$$\nu_{1\cdot b} = \nu_{1\cdot 2} + 180^0 - \psi - \gamma - \delta$$

$$\nu_{2\cdot b} = \nu_{2\cdot 1} - \psi$$

$$\nu_{1\cdot a} = \nu_{1\cdot 2} - 180^0 + \varphi + \alpha + \beta$$

$$\nu_{2\cdot a} = \nu_{2\cdot 1} + \varphi$$

Somit hat man schließlich

$$\left.\begin{array}{l} x_a = x_1 + c\cdot\cos\nu_{1\cdot a} = x_2 + d\cdot\cos\nu_{2\cdot a} \\ y_a = y_1 + c\cdot\sin\nu_{1\cdot a} = y_2 + d\cdot\sin\nu_{2\cdot a} \end{array}\right\} \tag{101}$$

113. Seitwärtseinschnitt.

Der Seitwärtseinschnitt ist eine in der Praxis selten vorkommende Art des Einschaltens eines Neupunktes in ein gegebenes Dreiecksnetz. Abb. 94 zeigt die Aufgabe schematisch.

Gegeben sind die Dreieckspunkte P_1, P_2, P_{23}; zu bestimmen sind die Koordinaten x, y des Punktes P. Die Bestimmung geschieht in der Weise, daß auf P_1 Winkel α und auf P Winkel β gemessen wird.

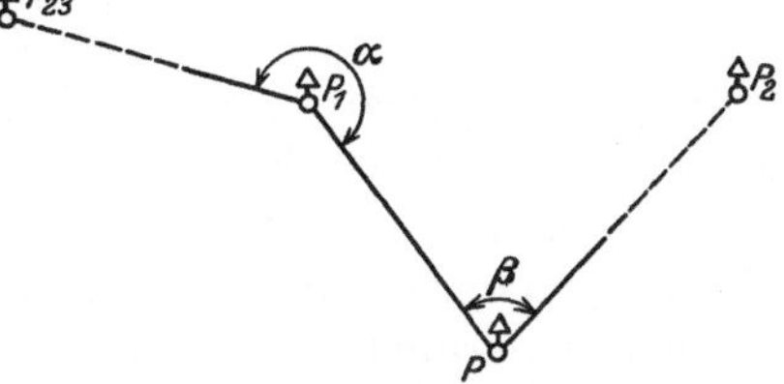

Abb. 94. Seitwärtseinschnitt.

Die Formelentwicklung ist so einfach, daß hier wohl nicht weiter auf sie eingegangen zu werden braucht. In dem Dreieck $P_1 P_2 P$ kennt man die Seite $P_1 P_2$ und die beiden Winkel $P_2 P_1 P$ und β, so daß sich die Koordinaten von P leicht berechnen lassen.

114. Einketten.

Zwischen 2 gegebene Dreieckspunkte A und B soll eine Kette von neuen Dreieckspunkten P_1, P_2, ... P_n eingeschaltet werden (Abb. 95). Man mißt in jedem der Dreiecke die drei Dreieckswinkel und stimmt sie auf 180^0 ab. Bei der Berechnung der Kette setzt man dann die Länge einer der Dreieckseiten, z. B. $A P_1$ gleich a und berechnet mit diesem Werte die Dreieckseiten $P_1 P_2$, $P_2 P_3$, $P_3 P_n$, $P_n B$, die dann also sämtlich als Produkte herauskommen von a und einem Zahlenwert. Jetzt setzt man das Streichen $A P_1$ gleich einem beliebigen Wert, z. B. gleich 0^0, indem man ein Hilfskoordinatensystem ξ, η derart annimmt, daß die $+\xi$-Achse in die Richtung $A P_1$ fällt und A Koordinatennullpunkt wird. In diesem Koordinatensystem berechnet man sodann die Streichen von $P_1 P_2$, $P_2 P_3$, $P_3 P_n$, $P_n B$. Hierauf berechnet man von $A P_1$ ausgehend den Polygonzug $A P_1 P_2 P_3 P_n B$, so daß man schließlich die Koordinaten ξ, η für Punkt B erhält. Darauf berechnet man im System ξ, η auch das Streichen ν_0 der Linie AB. Das Streichen ν_{ab} dieser Linie im System x, y läßt sich aber aus den Koordinaten x_a, y_a und x_b, y_b berechnen. Man bildet nun die Differenz

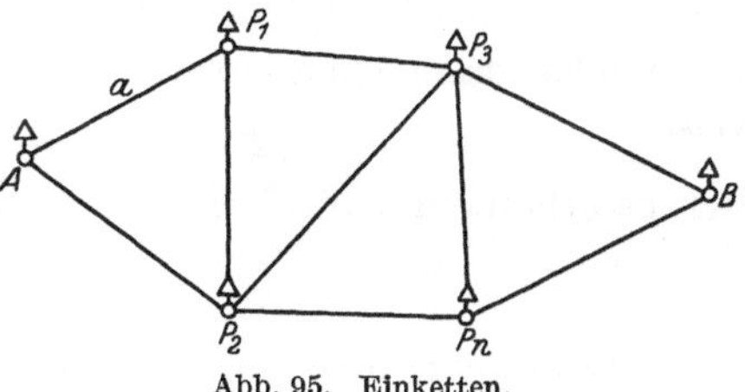

Abb. 95. Einketten.

$$\delta = \nu - \nu_0$$

und zählt darauf δ zu jedem einzelnen der im System ξ, η berechneten Streichen hinzu. Hierdurch erhält man die endgültigen Streichen der Dreieckseiten im System x, y.

Nun berechnet man auch noch die Länge AB im System der x, y und im System der ξ, η. Diese beiden Längen seien s und σ. Setzt man alsdann

$$s : \sigma = q$$

und multipliziert mit q sämtliche im System ξ, η berechneten Seitenlängen, so hat man die definitiven Seitenlängen im System x, y.

Hierauf rechnet man den Polygonzug $A P_1 P_2 P_3 P_n B$, der erst im System ξ, η berechnet worden war, mit den neuen Streichen und Längen im System x, y und erhält dadurch die endgültigen Koordinaten von P_1, P_2, P_3, P_n.

115. Nagelsche Aufgabe.

In der Zeitschrift „Der Zivilingenieur“, Bd. 26, 1880 behandelt Nagel die Aufgabe, in eine sehr lange Gerade, deren beide Endpunkte unzugänglich sind, einen Punkt einzuschalten ohne Zuhilfenahme eines Dreiecksnetzes. Diese Aufgabe kann in der Praxis des Bergmanns von besonderer Wichtigkeit werden, wenn es sich z. B. darum handelt, auf einem in Vortrieb befindlichen langen geradlinigen Stollenbau Lichtlöcher zur Bewetterung und zur Materialförderung, sowie auch zur Inangriffnahme des Baus von mehreren Punkten aus niederzubringen.

Die Aufgabe ist später auch von Vogler in „Geod. Üb. I“ S. 56, 1910 behandelt worden. Man stellt sich zwischen den beiden gegebenen Endpunkten P_1 und P_2 (Abb. 96) der geraden Linie in der Gegend, in welcher man den einzuschaltenden Punkt P braucht, auf einem Punkt A auf, den man so gut wie möglich in der Nähe der Geraden $P_1 P_2$ wählt. Auf A schätzt man, etwa in km oder in Hunderten von Metern, die Entfernungen a, b von A nach P_1 und nach P_2. Darauf mißt man recht genau den $\sphericalangle \gamma$ entweder mit einem Schraubenmikroskoptheodolit oder, wenn kein derartiger Theodolit zur Verfügung ist, etwa mittels 4facher Repetition mit einem Nonientheodolit.

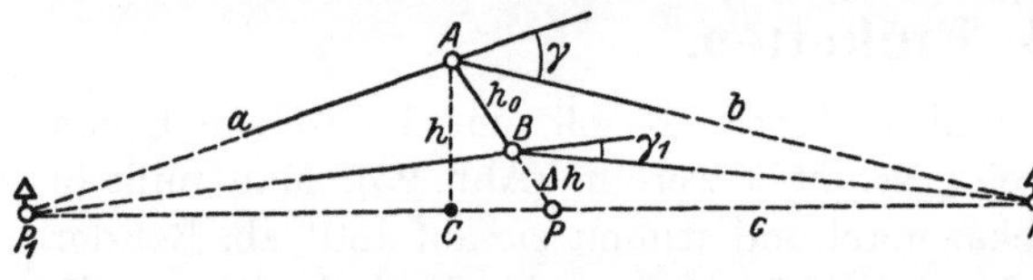

Abb. 96. Nagelsche Aufgabe.

Schätzungsweise kann man unbedenklich setzen:

$$P_1 P_2 = c \overset{n}{=} a + b,$$

und man hat dann den doppelten Flächeninhalt des Dreiecks $P_1 P_2 A$ auf zweierlei Weise:

$$2 \triangle P_1 P_2 A = h \cdot c = a b \sin \gamma .$$

Hieraus erhält man für h in erster Annäherung:

$$h_0 = \frac{a b}{a + b} \sin \gamma . \tag{102}$$

Diesen Wert setzt man ab. Die Richtung, in welcher man absetzen will, wählt man dabei nach Augenmaß. Hauptsächlich wegen der fehlerhaften Schätzung von a und b gelangt man jetzt aber nicht nach C, sondern nach B. Nun mißt man auf B den Winkel γ_1, und erhält Δh auf folgende Weise:

$$\triangle P_1 P_2 B : \triangle P_1 P_2 A = \sin \gamma_1 : \sin \gamma = \Delta h : (h_0 + \Delta h),$$

$$\Delta h = (h_0 + \Delta h) \cdot \frac{\sin \gamma_1}{\sin \gamma},$$

$$\Delta h = h_0 \frac{\sin \gamma_1}{\sin \gamma - \sin \gamma_1}.$$

Da es sich in der Praxis fast immer um sehr kleine Winkel γ und γ_1 handeln wird, so kann man dann auch schreiben:

$$\Delta h = h_0 \cdot \frac{\gamma_1}{\gamma - \gamma_1}, \tag{103}$$

wo γ und γ_1 etwa in Minuten zu denken sind.

XIII. Geometrisches Nivellement (116—133).

116. Die verschiedenen Arten von Nivellements.

Wenn man für eine Folge von Punkten $P_1, \ldots P_n$ in einem zusammenhängenden einheitlichen Meßverfahren die Höhenunterschiede bestimmt, so sagt man, man habe ein Nivellement über die Punkte ausgeführt. Man kann da verschiedene Meßverfahren zur Anwendung bringen. Z. B. seien die Höhenunterschiede mit dem Barometer festgestellt, wie später näher ausgeführt werden wird. Alsdann spricht man von einem barometrischen Nivellement. Oder die Höhenunterschiede seien mittels trigonometrischer Höhenmessung bestimmt (s. unten). Dann ist es ein trigonometrisches Nivellement. Bei Anwendung des tachymetrischen Meßverfahrens (s. unten) ist das Ergebnis ein tachymetrisches Nivellement. Im Bereich der höheren Geodäsie tritt hierzu noch das sogenannte astronomische Nivellement, durch das längs eines Meridians der Verlauf der wirklichen mathematischen Erdgestalt — also des sogenannten Geoids — gegenüber einem Vergleichs-Ellipsoid bestimmt wird. Unter einem hydrostatischen Nivellement versteht man ferner die Feststellung von Höhenunterschieden unter Benutzung der Eigenschaft von Flüssigkeiten, in kommunizierenden Röhren gleich hohe Flüssigkeitsoberflächen zu erzeugen. Nach diesem Prinzip untersuchte Seibt z. B. seit 1903 die Senkungserscheinungen am Dom zu Königsberg[1] und das Geodätische Institut in Potsdam seit 1894 eine rezente Bodenbewegung am Potsdamer Telegraphenberg[2]. Hauptsächlich aber und zumeist versteht man unter Nivellement schlechthin die Bestimmung von Höhenunterschieden mit Hilfe eines Nivellierinstruments. Um diese Art des Nivellierens durch irgendein Beiwort von den anderen genannten Nivellementsarten zu unterscheiden, hat man das Nivellieren mit Nivellierinstrument das „geometrische Nivellement“ genannt.

Man unterscheidet auch Feinnivellement und technisches Nivellement, indem man unter Feinnivellements die grundlegenden Nivellements versteht, durch welche mit besonderer Genauigkeit Festpunkte geschaffen werden, welche alsdann zum Anschluß für alle Bedürfnisse der Technik und zu wissenschaftlichen Zwecken benutzbar sind. Technische Nivellements sind die weniger genauen Nivellements, die für einzelne Bedürfnisse der Praxis mit der gerade für dieses Bedürfnis hinreichenden Genauigkeit ausgeführt werden. Man kann auch so sagen: als brauchbare Feinnivellements sah man noch vor etwa 2 Jahrzehnten Nivellements an, die bei 1 km Abstand zwischen Anfangspunkt und Endpunkt des Nivellements eine mittlere Unsicherheit des Höhenunterschiedes von höchstens $\pm$ 7,4 mm ergaben. Inzwischen haben sich aber Instrumente und Meßverfahren derart vervollkommnet, daß man seit 1912 bei den gebräuchlich gewordenen Instrumenten und Verfahren höchstens noch mit $\pm$ 1,5 mm als mittlerer Unsicherheit für 1 km Nivellementslänge zu rechnen hat.

Die mittlere Unsicherheit für 1 km Nivellementslänge nennt man den mittleren Kilometerfehler eines Nivellements. Wir wollen ihn mit m_k bezeichnen.

[1] Bureau f. d. Hauptniv., Dom in Kgsbg. 1909, zweite Mitt. 1921.

[2] Direktor d. Geod. Inst. in Potsdam, Jahresberichte 1896—97, 1899—1900, 1900—01.

Für ein Nivellement von s km Länge beträgt dann die mittlere Unsicherheit $m_k \cdot \sqrt{s}$. Und als höchste, noch als unverdächtig anzusehende Differenz zweier Nivellements sieht man an:

$$d = 4\, m_k \sqrt{s}\,. \tag{104}$$

Für die neueren Feinnivellements wird man daher als höchste unverdächtige Differenz zweier Nivellements einer Strecke von 1 km Länge ansehen 6 mm, falls nicht etwa für das besondere Meßverfahren, das gewählt wurde, ein noch kleinerer mittlerer Kilometerfehler aus vielfachen Erfahrungen anderer Fachleute oder aus eigenen Erfahrungen von vornherein bekannt ist.

Diejenigen Feinnivellements, deren mittlerer Kilometerfehler $\leqq 1{,}5$ mm ist, nennt man „Nivellements hoher Genauigkeit".

Bei technischen Nivellements hat man heutzutage die Beträge:

Unverdächtige Differenz für technische Tagenivellements

$$d_{mm} = \sqrt{50 + 400\, s_{\text{km}} + 0{,}2\, \Delta\, h_m^2}\,. \tag{105}$$

Unverdächtige Differenz für Grubennivellements

$$d_{mm} = \sqrt{50 + 2000\, s_{\text{km}} + 0{,}2\, \Delta\, h_m^2}\,. \tag{106}$$

117. Nivellierinstrumente oder Nivelliere.

Unter einem Nivellierinstrument oder Nivellier versteht man ein Gerät mit einem Absehen, das wagrecht gestellt und in jedes beliebige Azimut verbracht werden kann.

Schon 1785 werden von dem Freiberger Professor Lempe in dessen „Markscheidekunst" zwei derartige Nivellierinstrumente angegeben, die beide bereits Objektiv, Fadenkreuz und Okularlupe haben: das eine Nivellier von Liesgang[1], das andere von Brander. Beide waren bereits hochentwickelt. Das Liesgangsche Fernrohr war sogar amphidioptrisch, d. h. es hatte 2 Objektive, 2 Fadenkreuze und eine umsteckbare Okularlupe, wie es heutzutage bis vor kurzem das Wild-Zeißsche Nivellier III hatte[2]. Aber doch erst etwa seit der Zeit Fraunhofers, also ungefähr seit 100 Jahren, stellt man allgemein an ein Nivellierinstrument die Anforderung, daß das Absehen ein Fernrohr mit Objektiv und Fadenkreuz sein muß und daß die Wagrechtstellung mittels einer Röhrenlibelle erfolgt, die in der Längsrichtung des Fernrohrs benutzt wird. Um etwaiges Schlottern des Okulargangs möglichst unschädlich zu machen, bringt man die Okulartriebstange nach einem Vorschlage von Professor Doergens seitlich an, sowie man beim Theodolit die Lage der Triebstange oben oder unten bevorzugt. Wesentlich sind für den Bau eines Nivelliers drei mathematische Linien: die Zielachse, die Libellenachse und die Stehachse. Alle drei Achsen können beim Gebrauch des Instruments starr miteinander verbunden sein. Dann nennt man das Instrument ein norddeutsches Nivellier. Solche Instrumente zeigt Tafel 21, 1; 23, 1 und 25, 1. Oder Libellenachse und Zielachse sind starr miteinander verbunden, miteinander aber werden sie beweglich gegenüber der Stehachse benutzt. Solche Nivellierinstrumente

[1] Repsold erwähnt S. 93 einen Professor der Mathematik Liesganig 1719—1799. Verf. muß es unentschieden lassen, ob dies der bei Lempe erwähnte L. ist.

[2] Lempe: 1785, S. 453—457 und Abb. 208—210.

werden nach ihrem ersten Hersteller Sicklersche Nivelliere genannt. Ein solches Nivellier s. Tafel 23, 2. Drittens können auch alle 3 mathematischen Linien im Gebrauch gegeneinander beweglich sein. Dies ist der Typus der Ertelschen Instrumente, eine Instrumentgattung, die namentlich bei dem bayrischen Feinnivellement Verwendung fand, das 1868—1889 unter der Leitung von Karl Max von Bauernfeind ausgeführt wurde[1]. Die anderen an sich möglichen Kombinationen haben bisher keine wesentliche praktische Bedeutung erlangt.

Ein vierter Typus von Nivellierinstrumenten ist das Nivellier mit Wendelibelle. Die Stehachse trägt, wie beim Ertelschen Nivellier, zwei Lager, in welche das Fernrohr eingelegt wird. Doch war für den Gebrauch des Ertelschen Nivelliers Drehbarkeit der beiden Lager gegen die Stehachse vorgesehen, während beim Nivellier mit Wendelibelle die beiden Lager oftmals mit der Stehachse starr verbunden sind. Das Fernrohr ist demnach um seine Längsachse drehbar, wie das auch beim Ertelschen Nivellier der Fall ist, und zwar sind an den roh kreisförmigen Querschnitt des Fernrohrs, wie beim Ertelschen Nivellier, zwei sorgfältig abgedrehte genau kreisförmige Ringe angearbeitet, welche in die Lager passen, so daß Präzisionsdrehung gewährleistet ist. Durch die Mittelpunkte der beiden Ringe kann man sich eine gerade Linie hindurchgelegt denken. Diese nennt man die Ringachse des Fernrohrs. Mit der Ringachse starr verbunden ist eine in der Längsrichtung des Fernrohrs angebrachte Röhrenlibelle, welche bei der vorgesehenen Drehung des Fernrohrs um die Ringachse bald über, bald unter dem Fernrohr erscheint und dementsprechend zwei Teilungen hat. Eine solche Libelle nennt man Wendelibelle.

1778 bis 1816 erschien in mehreren Auflagen das Lehrbuch der praktischen Geometrie von Joh. Tobias Mayer d. Jüngeren. In ihm findet sich im Teil II d. 2. Auflage 1793 zum erstenmal eine Beschreibung der Wendelibelle, die Joh. T. Mayer d. J. daher wohl erfunden und auch als erster benutzt haben wird. Aber die Erfindung blieb unbeachtet, und 1859 wurde diese Art Libelle von Amsler neu erfunden und in Dinglers Polytechnischem Journal beschrieben.

Von der Notwendigkeit, die Röhrenlibelle des Nivelliers mittels Libellenspiegels abzulesen oder einzustellen, wurde bereits gesprochen. Man kann nun aber natürlich den Libellenspiegel ersetzen durch Prismen, die bei der Libelle so angebracht werden, daß man die Stellung der Luftblase vom Fernrohrokular aus übersehen kann. Man kann die Prismen auch so anbringen, daß durch die Prismen gesehen, die beiden Luftblasenenden nebeneinander erscheinen (Abb. 97, 1) und dann wird es natürlich eine bestimmte Neigung der Libellenachse gegen den Horizont geben, bei der die beiden Blasenenden einander zu berühren scheinen (Abb. 97, 2). Diese Stellung läßt sich nach Hugershoff mit einer Genauigkeit von $\pm 0{,}3''$ beobachten, während Reinhertz für das gewöhnliche Einspielenlassen der Libelle eine Genauigkeit von $\pm 0{,}5''$ berechnet hatte[2]. Man kann es natürlich auch so einrichten, daß bei dieser Neigung der Libellenachse die Zielachse des Fernrohrs wagrecht wird. Und auch das läßt sich erreichen, daß bei wagrechter Lage der Fernrohrzielachse die Neigung der Libellenachse gegen den Horizont null wird. Diese

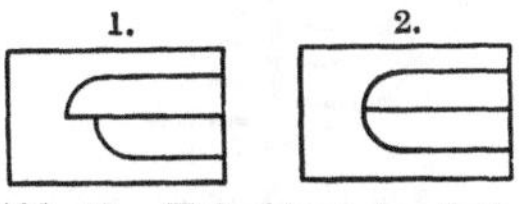

Abb. 97. Koinzidenz der Luftblasenenden.

[1] Z. f. V.: 1880, S. 172.

[2] Hugershoff in Z. f. V. 1912, S. 327.

Einrichtung findet sich bei den Nivellierinstrumenten der Firma Carl Zeiß in Jena (Tafel 22, 1). Die Einrichtung bietet gegenüber dem einfachen Libellenspiegel den Vorteil, daß man das Auge nur auf einen Punkt der Luftblase zu richten hat, beim Libellenspiegel auf zwei Stellen, nämlich auf beide Blasenenden. Hierdurch wird offenbar die Schärfe der Libelleneinstellung erhöht. Eine Libellenskala wird durch die Einrichtung überflüssig. Das Zeißsche Nivellier bietet aber auch noch weit wesentlichere Neuerungen im Instrumentenbau dar. Es ist mit der verschiebbaren negativen Zwischenlinse ausgerüstet, von der in Abschn. 63 die Rede war, so daß der Okulartrieb in Wegfall gekommen ist. Die Stehachse des Instruments ist zylindrisch im Gegensatz zu den in den letzten Jahrzehnten sonst allgemein üblich gewordenen konischen Achsen. Sie läuft auf Stahlkugeln.

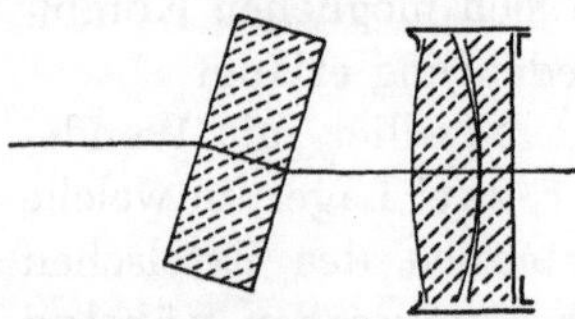

Abb. 98. Optische Verschiebung der Zielachse.

Die zylindrische Achse findet sich übrigens bereits bei der Zwangzentrierung Giulianis 1798, bei Instrumenten Reichenbachs und bei einigen Grubensignalen des Professors Junge († 1869). Aber sie muß sich damals nicht bewährt haben. Sonst wären die konischen Achsen nicht allgemein üblich geworden. Doch scheinen die zylindrischen Achsen der Zeiß-Instrumente sich vorzüglich zu bewähren.

Die Firma stellt das Instrument in 4 Ausführungen her, von denen III die feinste ist. Vor dem Objektiv des Nivellierinstruments III hat die Firma einen planparallelen ca. 2 cm dicken Glasklotz angebracht, der um eine wagrechte Achse drehbar ist. Hierdurch wird (Abb. 98) die Zielachse nach ihrem Austritt aus dem Instrument gehoben oder gesenkt, so daß der Beobachter die Möglichkeit hat, sie auf einen der schmalen Striche der Nivellierlatte einzustellen, den schmalen Strich dabei mittels des Horizontalfadens halbierend. Die Größe der Hebung oder Senkung wird in Zwanzigstelmillimetern an einer Trommel abgelesen. Die Striche auf der Latte sind in Abständen von 0,5 cm angeordnet, und um diesen Betrag kann man auch die Zielachse heben oder senken. Zur noch feineren Einstellung der Striche hat die Werkstatt vor einigen Jahren die Gestalt des Fadenkreuzes etwas abgeändert und die sogenannte Keil-Strich-Ablesung geschaffen (Abb. 99). Nötzli gelangt in seiner gründlichen Studie über die Genauigkeit des Zielens zu der Meinung, daß zwei im Zentrum des Bildfeldes in Form eines Keiles zusammenlaufende Fäden eine größere Genauigkeit gewährleisten, als etwa zwei Parallelfäden. Mir persönlich fällt allerdings das Einstellen eines Zieles mit Hilfe zweier Parallelfäden leichter. Schließlich sei noch erwähnt, daß das Fernrohr des Instruments in Ringlagern um seine Längsachse drehbar und die Libelle als Wendelibelle benutzbar ist. Auch kann man das Fernrohr in seinen Lagern umlegen.

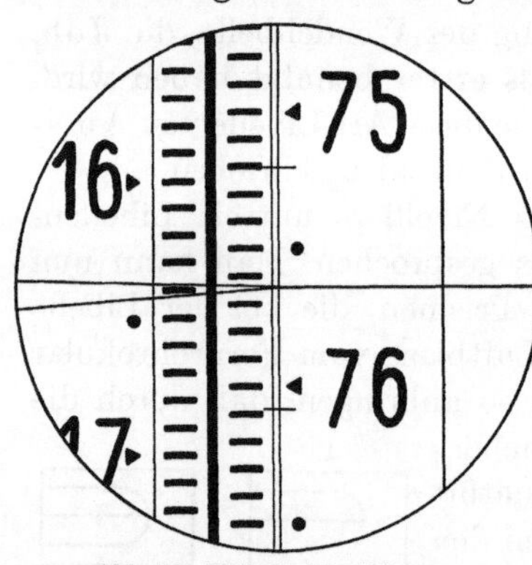

Abb. 99. Keil-Strich-Ablesung.

Sodann ist noch ein Nivellierinstrument zu nennen, das sich wesentlich von allen bisher genannten Gattungen unterscheidet und an Genauigkeit das Zeißnivellier noch übertrifft: Voglers Schiebfernrohr. Das Schiebfernrohrnivellier nebst Zubehör ist in der Z. f. V. 1902 von O. Eggert und in Schulz, zuf. u. syst. Niv. f. 1906 abgebildet und beschrieben worden, so daß wir uns hier auf die Bemerkung beschränken können, daß das Fernrohr mit einem kleinen Hilfsfernrohr starr verbunden ist, dessen Längsachse der des Nivellierfernrohrs parallel ist. Beide Fernrohre können zusammen an einer Säule um mehr als einen Dezimeter auf und ab verschoben werden, und die Größe der Verschiebung wird im Hilfsfernrohr abgelesen, das an einer Kathetometerskala entlanggleitet und Ablesungen auf Hundertstelmillimeter zuläßt. Durch die Verschiebung wird erreicht, daß man an der zugehörigen Nivellierlatte nur Dezimetermarken einzustellen braucht, deren gegenseitige Lage durch besondere feine Untersuchungen festgestellt wird. Eine Nivellierlibelle von 3″ Angabe gestattet, kleine Neigungen der Sichten mit großer Feinheit zu messen. Später hat Vogler, als er sah, daß beim Schiebfernrohrnivellement der Libellenfehler den hauptsächlichsten Anteil am Fehler des Blickes hatte, zur Verfeinerung der Ergebnisse noch eine zweite Libelle hinzugefügt[1].

Erwähnt sei schließlich noch Tichýs Präzisionsnivellier mit zugehörigen Latten. Wir werden noch bei Besprechung der Tachymetrie den österreichischen Regierungsrat Tichý († 1923) als genialen Konstrukteur kennen lernen. Tichý hat nun 1902 ein Feinnivellier erfunden, das noch immer unveröffentlicht ist. Hanák veröffentlicht 1929 einen ebenfalls bis dahin unveröffentlicht gebliebenen Aufsatz von Tichý, den man wohl so auffassen darf, daß Tichý sein Instrument für geeignet hielt, mit den gebräuchlichen Feinnivellierinstrumenten in Wettbewerb zu treten. Dem Vernehmen nach läßt sich erwarten, daß Wiener Gelehrte Tichýs Erfindung demnächst der Vergessenheit entreißen werden.

118. Nivellierlatten.

Zum geometrischen Nivellieren gehören außer dem Nivellierinstrument noch eine oder besser zwei Nivellierlatten. Das sind zumeist hölzerne Maßstäbe von 3 m Länge, in cm oder halbe cm eingeteilt, die Bezifferung zumeist von unten nach oben wachsend. Abbildungen von Nivellierlatten s. Tafeln 20, 21, 24, 26. Die Latten werden in lotrechter Stellung benutzt. In früheren Jahrhunderten führte man die Lotrechtstellung mittels eines Handlotes herbei[2]. Etwa seit 1867 hat sich statt dessen die Dosenlibelle eingebürgert, die an der Latte angebracht ist und die Lotrechtstellung nach Samel auf 6 bis 7′ genau vermittelt[3]. Eine größere Länge als 3 m hat die Unbequemlichkeit, daß der Wind die ruhige Stellung der Latte stark stört. Nach Vogler muß man auf etwa 25′ Schiefstellung bei windigem Wetter gefaßt sein, wenn die Latte nicht mit Lattenstützen, sondern von Hand gehalten wird. In der Grube macht die Niedrigkeit der Grubenräume es nötig, die Nivellierlatten nur höchstens halb so lang zu benutzen.

Man hat für die Nivellierlatten besondere Untersätze, für die sich stellenweis der Name Kröten oder Frösche eingebürgert hat[4]. Eine solche Kröte ist in der Regel (s. Tafel 20) eine gußeiserne Scheibe von 10 bis 15 cm Durchmesser, nach

[1] Schulz: S. 48.

[2] So z. B. bei der Nivellierlatte, die Erasmus Reinhold 1574 abbildet.

[3] Samel in Z. f. V. 1914.

[4] Frosch z. B. Doležal: Grub. niv. v. Cseti, S. 3.

oben etwas gewölbt, unten mit 3 spitzen Füßen und außerdem mit einem Anfasser versehen. Die Kröte wird fest auf den Boden gedrückt oder noch besser mit einem Holzhammer fest in den Boden geschlagen, und die Latte darauf gestellt. Meist steht aus der Mitte der Kröte noch ein kurzer Zapfen heraus, der oben halbkugelig geformt ist, und die Latte trägt an ihrer unteren Stirnfläche eine entsprechende Vertiefung, mit der sie auf den Zapfen aufgesetzt wird. Die Kröten dienen zwei Zwecken. Einmal könnte die Latte während der Dauer ihres Gebrauches im Boden etwas einsinken, und die festgetretene oder festgeschlagene Kröte vermindert das Einsinken nach Möglichkeit. Sodann wird beim Nivellieren die Latte erst in einer Richtung gebraucht, dann 180^0 weit um ihre Längsachse gedreht und nun auch noch in dieser Stellung benutzt. Die Kröte vermittelt, daß die Latte nach der Drehung noch auf genau demselben Punkte steht, wie vorher. Doch hat man allerdings die Erfahrung gemacht, daß auch die Kröten noch etwas einzusinken pflegen und dadurch eine Fehlerquelle bilden.

Man kann unter Umständen aber auch ohne Kröten auskommen. Bei Chaussierung oder Pflasterung der Wege, auf denen man entlang nivelliert, kann man etwa mit einem Blaustift Kreuze machen auf Steinen, die fest gelagert sind und am besten etwas über ihre Umgebung hervorragen. Oder auch man treibt starke dickköpfige Nägel in den Boden ein, sogenannte Ankernägel, und setzt auf diese die Nivellierlatte auf. Bei lockerem Boden treibt man hölzerne Pfähle von etwa 30 cm Länge in die Erde ein, auf die man dann die Latte aufsetzt. Man wählt für die Pfähle natürlich solche Stellen, die den Fußgängerverkehr nicht stören können, da man sonst bald Schadenersatzforderungen ausgesetzt sein würde von Leuten, die geltend machen, über die Pfähle gestolpert zu sein und dabei Schaden erlitten zu haben.

Nivellierlatten, die dem Beobachter eine maßstäbliche Einteilung zum Ablesen mit Fernrohr zukehren, sind erst seit rund 100 Jahren üblich geworden, d. h. seit der Zeit, wo durch Fraunhofers Tätigkeit statt der bis dahin zumeist üblichen Diopter Fernrohre aufkamen, mit denen sich an eingeteilten Skalen bei einiger Entfernung noch Ablesungen machen ließen. Mit den Diopteren zusammen hatte man Latten benutzt, an denen eine Zielscheibe auf und ab geschoben wurde. Ihre Stellung an der Latte wurde auf der Rückseite der Latte abgelesen. Diese Latten werden Schiebelatten genannt. Die mit Teilung auf der Vorderseite zum Ablesen bestimmten Latten nannte man zum Unterschiede sprechende Latten. Da man jetzt schon lange fast nur noch sprechende Latten hat, ist das Beiwort „sprechende" ganz außer Gebrauch gekommen. Nur in der Form der Borchersschen Hängelatte (s. Abschn. 124, S. 173 ff.) ist die Schiebelatte noch auf unsere Zeit gekommen.

Das Holz der Nivellierlatte ändert unter dem Einfluß der Wärme seine Länge wenig, mehr aber bei Feuchtigkeitsaufnahme. Zuerst wurde man auf diese Schwankungen des hölzernen Lattenmeters aufmerksam beim Präzisionsnivellement der Schweiz[1]. Beim bayrischen Präzisionsnivellement betrug 1883 die Veränderlichkeit der Länge des Lattenmeters nach Bischoff S. 20 nur 0,14 bis 0,20 mm. Doch hat man anderwärts allerdings allein durch die Änderung des Feuchtigkeitsgehalts eine Längenänderung bis zu $\pm$ 0,5 mm auf 1 m festgestellt[2]. Anfang

[1] Vogler in Z. f. V. 1877, S. 81. [2] Z. f. V. 1928, S. 647.

der siebziger Jahre des vorigen Jahrhunderts kam man erst in München, dann in Holland darauf, Metall-Latten zu verwenden. Auch Vogler trat 1877 für Metall-Latten ein. Er sprach dabei das prophetische Wort aus: „Wie jede Maßregel, die von der Zustimmung vieler abhängt, wird auch diese erst spät und für viele Arbeiten zu spät durchdringen“ [1]. Doch dauerte es immerhin nur 2 Jahrzehnte, bis es ihm möglich wurde, Metall-Latten bauen zu lassen. Die ungleichmäßige Erwärmung der Metall-Latten und die Schwierigkeit, ihre Temperatur festzustellen, führten dazu, daß man zunächst zu den Holzlatten zurückkehrte. Cohen-Stuart baute damals zur Prüfung ihrer Länge einen Apparat, der Feldkomparator genannt wird und noch heute dort üblich ist, wo man Feinnivellements mit hölzernen Latten ausführt.

Am besten prüft man für feinere Messungszwecke die Länge hölzerner Nivellierlatten täglich [2], wie das bei der preußischen Landesaufnahme 1878 Brauch wurde [3]. Der Feldkomparator ist in Vogler, Abb. geod. Instr., Tafel 16 und 17 abgebildet und mit Einzelheiten im zugehörigen Text S. 59—62 besprochen [4]. Vogler wandte wegen der Unbequemlichkeit, die die Längenänderung der hölzernen Latten infolge Feuchtigkeitsaufnahme mit sich bringt, seit 1897 für seine Schiebfernrohrnivellements wieder metallene Wendelatten an. Auf zwei Stahllamellen waren kreisförmige Dezimetermarken angebracht. Die Verschiebung der Dezimetermarken auf den beiden Seiten der Latten gegeneinander betrug 3,065 cm. Zwischen den beiden Stahllamellen befand sich eine Zinklamelle. Am oberen Ende der Latte waren die drei Lamellen miteinander verbunden. Am unteren Ende der Latte wurde dann mit Hilfe eines Meßkeils die verschiedene Ausdehnung von Stahl und Zink festgestellt, und daraus erhielt man dann leicht, wenn auch nicht gerade bequem, die thermische Längenänderung der Latte.

Als dann 1896 die Stahl-Nickel-Legierung erfunden worden war, die man Invar nennt, war es Voglers Absicht, zu Invarlatten überzugehen. Aber der Mechaniker, der die Ausführung übernommen hatte, starb 1901, und die Ausführung unterblieb [5]. Als erster wählte Schell für das von ihm konstruierte Feinnivellierinstrument eine Invarlatte, die von Rud. und Aug. Rost in Wien ausgeführt wurde [6]. Sie war ebenfalls als Wendelatte ausgebildet und in Dezimeter geteilt. Doch waren die Dezimetermarken der beiden Lattenseiten nicht gegeneinander verschoben. Etwa seit 1914 sind Invarlatten von Zeiß im Handel, (s. Tafel 21, 4.) Diese sind nicht mehr Wendelatten, sondern zwei um 5,925 gegeneinander verschobene Skalen sind nebeneinander angeordnet. Das Latteninterval ist 5 mm breit. Ein bedeutender Fortschritt ist die Invarlatte insofern, als sie praktisch als von unveränderlicher Länge angesehen werden kann, und daher die täglichen Bestimmungen der Lattenlänge ganz wegfallen. Doch tut man gut, wenigstens einmal die Lattenlänge zu prüfen, da Untersuchungen in der Physikalisch-Technischen Reichsanstalt in Übereinstimmung mit Untersuchungen

---

[1] Z. f. V. 1877, S. 14.

[2] Vgl. Vogler: Pr. Geom. Bd. II, 1, S. 316.

[3] Harbert: Feldkomparator, S. 195.

[4] Es gibt noch eine andere Art Feldkomparator, bestehend aus einem Meßband aus Stahl oder Invar, der von der Firma C. Sickler in Karlsruhe hergestellt wird, s. Z. f. V. 1912, S. 11 und 601.

[5] Z. f. V. 1902, S. 1.

[6] Doležal in Z. f. V. 1905, H. 22 u. 23.

von Schermerhorn gezeigt haben, daß die Länge der Zeißschen Invarlatten gelegentlich um etwa 0,35 mm zu groß war[1].

Über die Wendelatte s. Abschn. 121, über Seibts Nivellierlatte Abschn. 125, c. Die Grubenlatten sind in Abschn. 124 besprochen.

Die Genauigkeit, mit der man auf der Nivellierlatte die Lage des Horizontalfadens im Latteninterwall abschätzen kann, ist namentlich von Reinhertz und Kummer gründlich untersucht worden. Reinhertz findet für die verschiedenen Stellen des Intervalls das nachstehende Schaubild (Abb. 100), das erkennen läßt, daß man in der Mitte des Intervalls bei weitem am genauesten schätzt, bei etwa $^1/_4$ und $^3/_4$ mehr als doppelt so ungenau und in der Nähe der Ränder etwa 1,8mal so ungenau als in der Mitte. Innerhalb des roten Intervalls schätzt man 1,3—1,4mal so ungenau als im weißen Felde[2]. Daher empfiehlt es sich, Latten mit Schachbrettteilung zu benutzen (Tafel 21, 2), damit man stets die Möglichkeit hat, den Horizontalfaden auf ein weißes Feld zu bringen.

Versuche, die Genauigkeit der Lattenablesung zu steigern, haben zum Bau von Latten mit schräg angeordneter Teilung geführt, so die Latten von Hänel (Tafel 21, 3) und von Dieperink[3]. Zu einem sicheren Urteil über diese Neuheiten kann erst längere Erfahrung führen. Einstweilen kann man nur sagen: die Ablesegenauigkeit wird in der Tat gesteigert, wie Hänel und später Dieperink es angestrebt haben. Anderseits wird allerdings auch die Aufmerksamkeit des Beobachters stärker angestrengt, was zu rascher Ermüdung führen muß und daher das Aufkommen grober Versehen etwas begünstigt. Es kommt aber auch noch, wenn die Latte, wie vielfach in der Praxis, ohne Stützstäbe nur mit der Hand gehalten wird, durch unruhiges Halten der Latte ein Fehler in die Sicht hinein, welcher mit dem Ablesefehler hinsichtlich seiner Größe mindestens auf gleicher Stufe steht, wenn er ihn nicht gar übertrifft. Die Herabdrückung des Ablesefehlers kommt daher erst zur vollen Auswirkung, wenn die Wirkung dieser Fehlerquelle gleichzeitig entsprechend herabgesetzt wird.

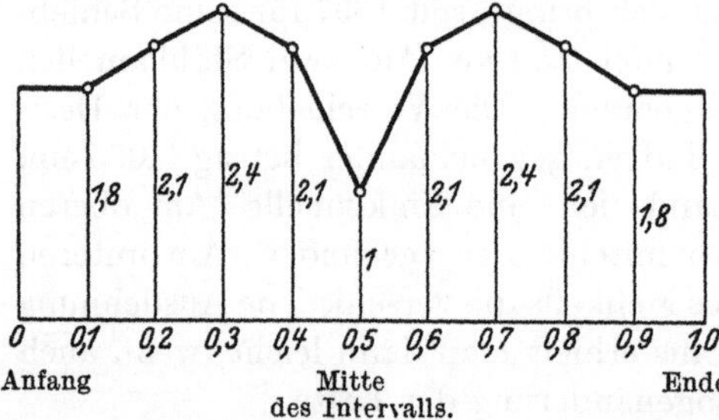

Abb. 100. Schätzungsgenauigkeit im Latteninterwall nach Reinhertz.

Für ruhiges Lotrechthalten der Latte hat man die Lattenstützstäbe, wie sie die preußische Landesaufnahme seit langem verwendet. Auch Schell wandte sie bei seiner Invarlatte an, ebenso Vogler beim Schiebfernrohrnivellement. Schell brachte oben an den Stützstäben weite Ösen an, die sich leicht über zwei Knöpfe an den Stirnseiten der Latte legen ließen (Abb. 101). Diese Stützstäbe empfiehlt auch Szentistvanyi[4]. Stützstäbe sollte man daher bei Benutzung der Hänelschen Latte und der Dieperinklatte stets mitverwenden.

[1] O. Niemczyk in Z. f. V. 1928, S. 561ff. Nach einer brieflichen Mitteilung der Firma Zeiß von 1929 hat die Firma Maßnahmen getroffen, die Teilung ihrer Invarlatten so durchzuführen, daß der im Preisverzeichnis angegebene Fehler von 0,02 mm je Strich eingehalten wird. Die Pysik.-Techn. RA habe den mittleren Fehler des Strichs zu $\pm$ 0,013 gefunden.

[2] Nova Acta S. 167.

[3] Hänels Latte: Allg. V.-N. 1923, S. 152—155; Dieperinklatte s. Lüdemann in Allg. V-N. 1925, S. 281.

[4] Szentistvanyi: S. 72.

Den Fehler der Abschätzung im Latteninterval hat man zuerst in Holland (1875 bis 1876) auch auf andere Weise stark herabzusetzen gelernt, indem man überhaupt nicht mehr an zufällig getroffener Stelle des Intervalls schätzte, sondern das Latteninterval (1 cm) durch den Horizontalfaden halbieren ließ, dazu die Libelle ablas und für Neigung der Sicht eine Beschickung berechnete (vgl. Abschn. 125, b).

Bei den Feinnivellements in der Beuthener Mulde hat man vor einigen Jahren Latten verwendet, bei denen die zu halbierenden Felder quadratisch und so gestellt waren, daß der Horizontalfaden eine Diagonale des Quadrats traf. Die Diagonalen der Quadrate waren 1 cm lang. Wie Klenczar berichtet, hat man mit dieser Lattenart gute Erfahrungen gemacht[1].

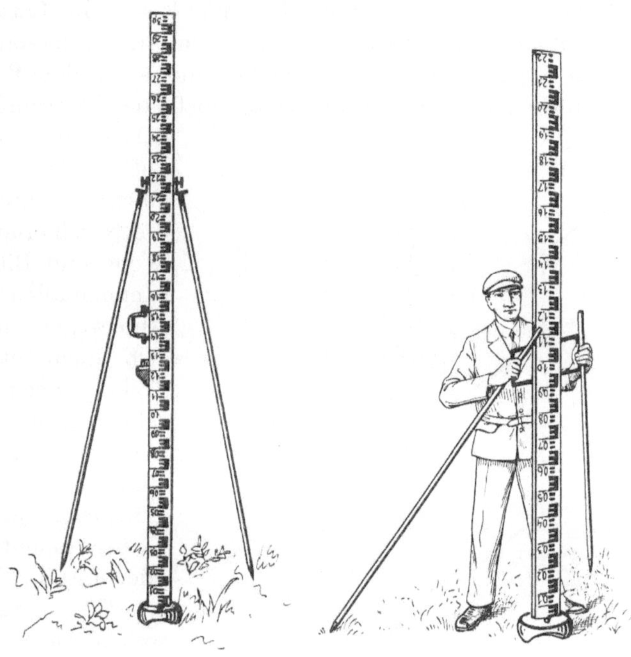

Abb. 101. Lattenstützstäbe.

Reinhertz schlug bereits 1894 eine weitere Verfeinerung vor[2]: den Horizontalfaden als Doppelfaden auszubilden und gleichzeitig an Stelle der in Felder geteilten Nivellierlatte eine Strichlatte zu verwenden, d. h. eine Latte, die statt der Feldereinteilung Stricheinteilung hat, s. Tafel 20, 3 und 21, 4. Die Preußische Landesaufnahme ging darauf zu Strichlatten über, und der mittlere Fehler der Sicht ging danach auf die Hälfte herunter[3]. Auch die Zeißschen Invarlatten sind Strichlatten. Die Striche werden zwischen zwei gegeneinander schräggestellten „Horizontalfäden“ — wenn man noch so sagen darf — eingestellt, mittels sogenannter Keil-Strichablesung (Abb. 99, S. 162).

Die Nivellierlatten, die zu einfacheren Nivellements verwendet werden, sind übrigens wegen des bequemeren Transports zuweilen zum Zusammenklappen eingerichtet. Dann nennt man sie Klapplatten. Eine solche Klapplatte zeigt Tafel 21, 2.

119. Einfaches Nivellement.

Es seien im Gelände zwei Punkte A und B gegeben, die sich gut erkennen und von ihrer Umgebung unterscheiden lassen, sich in fester unveränderlicher Lage befinden und sich dazu eignen, daß man eine Nivellierlatte auf ihnen aufstellt,

[1] Klenczar: Neue Rev.latte. Allg. V.-N. 1922. [2] Nova Acta S. 191.
[3] Jordan: Handb. Bd. 2, S. 568. 1914.

also etwa ein in den Felsen gemeißeltes Kreuz oder ein in die Erde eingelassener vierkantig behauener Stein mit wagerechter Oberfläche oder ein in die Erde lotrecht eingelassenes Gasrohr, das entweder nur wenige cm über den Boden hinausragt oder auch glatt mit ihm abschneidet oder auch ein wagrecht in eine Gebäudemauer oder in einen Stein eingelassener sogenannter Höhenbolzen. Wir stellen uns die Punkte A und B einige hundert Meter oder einige Kilometer weit auseinander liegend vor. Ihr Höhenunterschied $h_b - h_a$ soll mittels einfachen Nivellements bestimmt werden. Wir lassen die Latte lotrecht auf dem Punkte A aufhalten und stellen in einiger Entfernung davon, wenn die Geländeverhältnisse es zulassen, in rund 50 m Abstand — auf dem Wege nach B zu — das Nivellierinstrument auf. Mit der Dosenlibelle des Instruments stellt man dessen Stehachse einigermaßen lotrecht, wobei es aber auf große Genauigkeit nicht ankommt. Darauf richtet man das Fernrohr auf die Nivellierlatte und bringt Fadenkreuzebene und Bild der cm-Teilung zum Zusammenfallen. Durch leichtes Auf- und Abbewegen des Kopfes prüft man, ob sich nicht etwa Fadenkreuz und cm-Teilung noch etwas gegeneinander verschieben, und bessert dann nötigenfalls noch etwas nach. Darauf bringt man die Röhrenlibelle oder Nivellierlibelle zum Einspielen, je nach der Bauart des Nivellierinstruments mittels der Fußschrauben oder mittels einer eigens dazu angebrachten Kippschraube, d. h. einer Schraube, welche Drehung des Fernrohrs um eine wagrechte Achse, eine sogenannte Kippachse, vermittelt. Die Genauigkeit, mit der man die Libelle zum Einspielen zu bringen pflegt, ist sehr bedeutend. Man kann rechnen, daß der Fehler λ auf der Latte, der durch die Ungenauigkeit des Einspielenlassens erzeugt wird, der sogenannte „Libellenfehler" in mm im Mittel nur den Betrag hat:

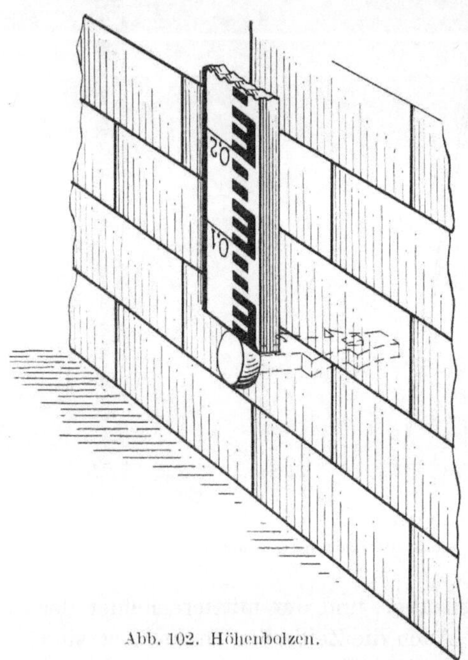
Abb. 102. Höhenbolzen.

$$\lambda_{\mathrm{mm}} = \pm\, 0{,}00044 \sqrt{\mathrm{T}} \cdot z_m\,, \tag{107}$$

wo T der Teilwert der Libelle in Sekunden ist und z_m die Zielweite in m; für $T = 30$, $z = 50$ also:

$$\lambda = \pm\, 0{,}1\ \mathrm{mm}\,.$$

Nachdem man das Einspielen der Luftblase vom Okular aus mit Hilfe des Libellenspiegels beobachtet hat, liest man sogleich an der Latte die Stellung des Horizontalfadens ab, wobei man die cm noch abzählen kann, die mm aber abschätzen muß. Diese Ablesung, der sogenannte erste Rückblick (r_1) wird notiert. Hierauf ruft man dem Lattenträger „Weiter!" oder etwa „Danke" zu, und der Lattenträger schreitet nun mit Latte und Fußplatte, seine Schritte zählend, auf das Nivellierinstrument zu. Von da schreitet er, soweit das Gelände es gestattet, die gleiche

Länge nach B zu ab und drückt dort an geeigneter Stelle, wo Verkehr und Nivellement sich gegenseitig möglichst wenig stören, die Kröte fest auf den Erdboden auf. Dann setzt er die Latte auf, und man nimmt nun in derselben Weise, wie man den ersten Rückblick nahm, den ersten Vorblick (v_1). Die Differenz $r_1 - v_1$ nennt man den ersten Stand des Nivellements. Die Stelle, an welcher die Latte auf der Kröte aufgestellt wurde, nennt man den ersten Wechselpunkt des Nivellements und bezeichnet ihn mit

$$\otimes 1 .$$

Ist dessen Höhe h_1, so ist einleuchtend, daß dann

$$h_1 - h_a = r_1 - v_1$$

ist. In der gleichen Weise wird Stand 2, 3 .... n gemessen (Abb. 103), und man hat dann:

$$\left.\begin{aligned} (r_1 - v_1) + (r_2 - v_2) + \cdots + (r_n - v_n) = \\ = (h_1 - h_a) + (h_2 - h_1) + \cdots + (h_b - h_{n-1}) \\ [r]_1^n - [v]_1^n = h_b - h_a . \end{aligned}\right\} \tag{108}$$

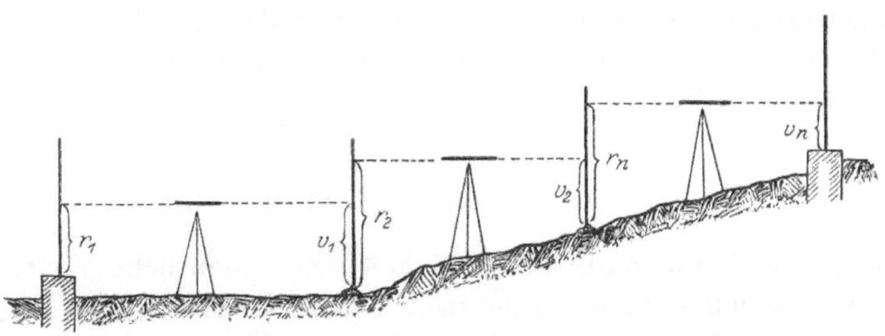

Abb. 103. Einfaches Nivellement.

Ist windiges Wetter, so ist es dem Lattenhalter schwer, die Latte ruhig zu halten. Man nivelliert daher möglichst nur bei windstillem Wetter.

Mit der Richtung der Sonnenstrahlen schließen die drei Beine des Stativs des Nivellierinstruments verschiedene Winkel ein. Sie empfangen daher ungleich viel Wärme und dehnen sich daher verschieden aus. Die einspielende Libelle wird daher bei Sonnenschein immer nur ganz kurze Zeit einspielen. Man schützt die Stativbeine und auch das Instrument am besten durch einen großen Sonnenschirm, einen sogenannten Meßschirm, den man bei der Arbeit mitführt. Am besten geht die Arbeit voran, wenn der Schirmhalter gleichzeitig der Schreiber ist, der nach dem Diktat des Beobachters die Lattenablesungen aufschreibt. Auch kann er, während der Beobachter durch das Fernrohr nach der Latte sieht, das Einstellen der Libelle besorgen. Spielt die Luftblase ein, ruft er „Gut", und der Beobachter liest dann am besten sofort ab, da der Schirm das Arbeiten von Stativ und Instrument immerhin nur teilweise verhindern kann.

Um eine Kontrolle für die Messung zu haben, führt man das Nivellement nicht bloß von A nach B aus, sondern auch von B nach A und vergleicht beide Ergebnisse, ob sie innerhalb der unverdächtigen Differenz übereinstimmen (siehe Abschn. 116, S. 160).

120. Nivellement mit doppelten Wechselpunkten.

Um das einfache Nivellement bequem zu kontrollieren und auch das Ergebnis etwas genauer zu erhalten, führte Nagel 1850 das Verfahren der doppelten Wechselpunkte ein. Das Verfahren ist ganz das gleiche wie beim einfachen Nivellement, nur daß man statt eines Wechselpunktes immer zwei benutzt, die man nicht weit voneinander wählt, etwa auf beiden Seiten des Weges einander ungefähr gegenüber. Nivelliert man mit Kröten, so kann man zwei Kröten mit sich führen, oder auch man kann auf ein und derselben Kröte zwei Zapfen von verschiedener Höhe anbringen.

Beim bayrischen Präzisionsnivellement unter Bauernfeind wurden 2 Fußplatten benutzt, die aufeinander paßten und übereinander gestellt wurden, sogenannte „Doppelfußplatten“[1]. Auch bei den Präzisionsnivellements am Harz 1867 bis 1875 verwandte das Geodätische Institut doppelte Wechselpunkte[2]. Man führt gewissermaßen zwei Nivellements nebeneinander und gleichzeitig aus, die beide auf denselben Höhenunterschied führen müssen.

Das Nivellieren mit zwei ungleich hohen Zapfen auf einer Kröte ist in früheren Jahrzehnten sehr verbreitet gewesen. Es wurde z. B. bei Hohenners Wiederholung eines großen Teiles des bayrischen Präzisionsnivellements 1897 angewandt[3]. Mit zwei Kröten arbeitete man beim württembergischen Präzisionsnivellement 1868 bis 1881[4].

121. Nivellement mit Wendelatte.

Das Nivellement mit Wendelatte bildet eine wesentliche Verfeinerung des einfachen Nivellements. 1875 wurde nach einem Vorschlage Voglers die erste Wendelatte hergestellt[5]. Die Wendelatte trägt auf beiden Breitseiten Zentimeterteilung, wie das schon bei den Nivellierlatten der Fall war, die Hagen 1867 beschreibt[6].

Die Hagenschen Latten endeten unten in einem Dorn, mit dem sie in die Erde gestoßen wurden. Dann wurden sie mit einem Handlot lotrecht gestellt, und nun durfte sie bis zur Beendigung ihrer Benutzung niemand mehr berühren. Auf der einen Lattenseite las man den Vorblick ab, auf dem nächsten Stande dann auf der anderen Lattenseite den Rückblick. Beide Teilungen der Latte hatten also gleiche Höhenlage des Nullpunktes.

Bei Voglers Wendelatte sind beide Teilungen um ein möglichst schwer im Kopfe zu addierendes Stück gegeneinander verschoben, etwa um 3,535 oder 3,035. Dieses Maß nennt man die Lattenkonstante oder die Nullpunktverschiebung. Man wählt nach dem Vorschlage Voglers[7] für diese Konstante grundsätzlich ein ungerades Vielfaches von 5 mm, wie unten begründet werden wird. An einer der beiden Stirnflächen ist die Dosenlibelle angebracht zum Lotrechtstellen der Latte. Man nivelliert auf Kröten mit Zapfen und verwendet am besten zwei Wendelatten auf zwei Kröten. Die eine Seite der Latte nennt man Kleine-

---

[1] S. Bischoff in Z. f. V. 1885, S. 16.
[2] Z. f. V. 1877, S. 83.
[3] Z. f. V. 1900, S. 357.
[4] Werkmeister: Württ. Präz.
[5] C. Müller in Z. f. V. 1912, S. 476.
[6] Hagen: S. 152, 153, 160. 1867.
[7] Bauernfeind: Bayr. Präz. 1870, S. 17; Nova Acta, S. 179.

zahlenseite. Auf ihr wächst die Teilung von 0,00 bis 3,00. Die andere Seite ist die Großezahlenseite. Die Teilung wächst auf ihr etwa von 3,535 bis 6,535.

Der Hergang bei Erledigung eines Standes, z. B. des zweiten Standes, ist folgender: Man nimmt den Rückblick auf der Kleinenzahlenseite (r_2) und darauf den Vorblick auf der Kleinenzahlenseite (v_2). Hierauf werden die Latten gewendet, und man nimmt jetzt auf den Großenzahlenseiten zunächst den Vorblick v_2' und dann den Rückblick r_2'. Sind h_1 und h_2 die Höhen der beiden Wechselpunkte, so hat man dann:

$$h_2 - h_1 = r_2 - v_2 = r_2' - v_2',$$

eine Kontrolle, die man gleich im Felde rechnet, solange das Instrument noch steht, um bei nicht stimmender Kontrolle die Messung zu wiederholen. Als höchste noch erträgliche Differenz δ der beiden Höhenunterschiede kann man etwa den Betrag ansehen:

$$\delta = 4 + 2\sqrt{z},$$

wo δ in Zehntelmillimetern und z in m verstanden ist.

Bei einspielender Libelle steht der Horizontalfaden des Fernrohrs an irgendeiner Stelle eines cm-Feldes und teilt es in zwei im allgemeinen ungleiche Teile, das größere und das kleinere Teilfeld. Beim Abschätzen der mm pflegt man das größere Teilfeld zu groß und das kleinere zu klein zu schätzen. Liegt das größere Teilfeld unten, das kleinere oben, so wird nach dem Wenden der Latte das kleinere Teilfeld unten und das größere oben liegen. Die beiden Schätzungsfehler haben daher ungleiches Vorzeichen und heben sich wenigstens teilweise auf. Zu diesem Zweck läßt man die Lattenkonstante auf 5 mm ausgehen.

Man versteht übrigens unter Irradiation die Eigentümlichkeit des menschlichen Auges, daß von 2 nebeneinander liegenden gleich breiten Streifen der hellere zu groß, der dunklere zu klein erscheint. Es liegt daher auf der Hand, daß es sich empfiehlt, schachbrettartig geteilte Latten (s. Tafel 20, 2 u. 21, 2) zu benutzen und stets im weißen cm-Feld die Lage des Horizontalfadens zu schätzen, da dann die Irradiation dem Schätzungsfehler offenbar entgegenwirkt.

122. Flächennivellement.

Enthält ein Geländestück große Höhenunterschiede, und soll eine Karte hergestellt werden, welche die Höhenverhältnisse zur Darstellung bringt, so ist tachymetrische Aufnahme am Platz und andere in großen Zügen arbeitende Aufnahmeverfahren. Betragen die Höhenunterschiede nicht mehr als wenige Meter, so kommt Flächennivellement in Frage. Man kann die Arbeit etwa so anfassen: In dem aufzunehmenden Gelände fluchtet man mit Meßbaken zwei Linien aus und bestimmt ihren Schnittpunkt A. Dann setzt man mit Meßlatten oder Meßband von A aus auf den beiden Linien 4 gleiche Stücke ab: AB, AC, AD, AE. Dann ist das Viereck $BCDE$ ein Rechteck. Von einer Ecke dieses Rechtecks aus, z. B. von B aus, schlägt man dann auf den an B anstoßenden Rechteckseiten BC und BE von 10 zu 10 m kleine breite Pfähle und entsprechend auf den gegenüberliegenden Seiten. Entsprechende Teilpunkte auf einem Paar gegenüberliegender Rechteckseiten denken wir uns durch gerade Linien verbunden und ebenso die entsprechenden Teilpunkte auf dem anderen Seitenpaar. Wir erhalten auf diese Weise zwei Scharen paralleler Linien mit 10 m Abstand von Linie zu Linie. Die beiden Scharen schneiden einander rechtwinklig. Diese Schnittpunkte werden nun leicht durch Ausfluchten bestimmt und durch kleine breite Pfähle bezeichnet. Man erhält so im Gelände einen Quadratrost von 10 m Seitenlänge, den man nach allen Seiten leicht bis an die Enden des aufzunehmenden Grundstücks fortsetzen kann. Nachdem dies geschehen, numeriert man die Punkte. Jetzt nivelliert man, von einem Punkte bekannter Höhe ausgehend, bis an das Grundstück heran und dann durch dieses hindurch, indem man die Latte auf allen Eckpunkten des Quadratrostes aufhalten läßt. Nachdem man damit fertig ist, schließt man das Nivellement der Kontrolle wegen auf einem Punkt gegebener Höhe ab. Der Sicherheit wegen wird der ganze Nivellementsvorgang noch einmal, möglichst in entgegengesetzter Reihenfolge, wiederholt. Ein Nivellement von Festpunkt zu Festpunkt nennt man ein Festpunktnivellement. Es werden hier also ein Festpunktnivellement und ein Flächennivellement durcheinander ausgeführt. Dabei macht man die Lattenablesungen des Festpunktnivellements auf mm, die Ablesungen für das Flächennivellement nur auf cm. Kröten benutzt man beim Flächennivellement nicht; beim Festpunktnivellement würde ihre Verwendung gerechtfertigt sein, obschon sie natürlich nicht gerade nötig sind.

Die nachfolgende Höhenberechnung für die Geländepunkte erfolgt auf cm. Für die Höhenlage der Geländepunkte im Innern der Quadrate macht man folgende Annahme. Man denkt sich zwei gegenüberliegende Seiten eines Quadrates in n gleiche Teile gestellt, wo n eine beliebige ganze Zahl ist. Entsprechende Teilpunkte denkt man sich durch gerade Linien verbunden, die also von oben gesehen parallel nebeneinander herzulaufen scheinen und einen Rost bilden. Denkt man sich nun n bis ins Unendliche wachsend, so geht der Linienrost allmählich in eine zusammenhängende Fläche über, und wir machen die Annahme, daß die Geländeoberfläche durch diese Fläche gebildet wird. Wir konnten, um diese Fläche zu erhalten, sowohl das eine Paar gegenüberliegender Seiten wählen, wie das andere Paar. Beide Konstruktionen führen auf dieselbe Fläche, ein Stück von der Oberfläche eines hyperbolischen Paraboloids. Man nennt eine solche Fläche auch ein windschiefes Viereck. Die hier angegebene Konstruktion der Fläche benutzt man zur Interpolation der Höhen von Geländepunkten zwischen den 4 Ecken eines Quadrates.

Zweck eines Flächennivellements pflegt die Herstellung eines Höhenschichtenplans oder Niveaukurvenplans zu sein, eines Planes also, welcher Höhenschichtenlinien oder Niveaukurven enthält, d. h. Linien, welche Geländepunkte von gleicher Höhe miteinander verbinden. Um diesen Plan zu erhalten, schreibt man in einem Plan, der die Quadratrost-Eckpunkte enthält, diesen Punkten ihre Höhen bei und interpoliert zwischen ihnen nach Bedarf weitere Punkte, indem man dabei für die Oberfläche des Geländes die Gestalt des windschiefen Vierecks voraussetzt. Schließlich verbindet man dann Punkte gleicher Höhe, etwa von 0,2 m zu 0,2 m Höhenunterschied fortschreitend, miteinander durch zusammenhängende Linien, die Niveaukurven. Näheres hierüber s. in Teil II.

Die Absteckung des Quadratrostes kann man sich ersparen, wenn das Nivellierinstrument einen Horizontalkreis besitzt und das Fernrohr zudem mit einem Distanzmesser ausgerüstet ist. Über diesen s. Näheres in Teil II unter „Tachymetrie“. Ein solches Nivellierinstrument nennt man Nivelliertachymeter (siehe

Tafel 25, 2). Man kann bei Benutzung eines solchen Instruments die Nivellierlatte auf beliebigen Punkten aufstellen und liest für jeden Punkt Richtung, Entfernung und Höhenunterschied ab. Dies Verfahren der „Aufnahme nach Polarkoordinaten" ist in der Praxis sehr verbreitet.

123. Flußnivellement.

Es sei auf eine längere Strecke der Wasserspiegel eines Flußlaufes durch Nivellement festzustellen. Dabei ist zu berücksichtigen, daß wegen des beständigen Wechsels der zu- und abfließenden Wassermengen auch das Gefälle des Wasserspiegels in beständigem Wechsel begriffen ist. Man verfährt daher so, daß man zunächst im Fluß nahe am Ufer vielleicht alle 50 oder 100 m einen Pfahl einschlagen läßt. Darauf nivelliert man die Köpfe der Pfähle ein. Zum Schluß geht man dann mit einem Gliedermaßstab von Pfahl zu Pfahl einmal flußaufwärts, einmal flußabwärts und mißt, um wieviel die Köpfe der Pfähle aus dem Wasser herausstehen. So erhält man das Spiegelgefälle zweimal und mittelt die beiden Ergebnisse.

124. Grubennivellement.

In der Grube fehlen Wind und Sonne, welche die Genauigkeit des Nivellements über Tage ungünstig beeinflussen. Man sollte daher meinen, bei Nivellements in der Grube müßten günstigere Ergebnisse erzielt werden, als über Tage. Jedoch das Gegenteil ist der Fall. Es liegt das offenbar daran, daß es in der Grube in der Regel sehr viel schwerer ist, für die Latte und für das Instrument eine sichere feste Aufstellung zu finden. Diesem Umstand entsprechend wurde in Abschn. 116 die unverdächtige Differenz für Grubennivellements wesentlich größer angegeben, als für Tagenivellements. Das Grubennivellement wird in der Regel als einfaches Nivellement ausgeführt. Die Latte (Abb. 104) pflegt dabei wegen der Niedrigkeit der meisten Grubenräume höchstens 1,5 m hoch zu sein. Man hat Standlatten, die auf der Sohle aufgestellt werden, und Hängelatten, die von der Firste herabhängen, s. Tafel 24, 1 u. 3. Die Hängelatten haben den großen Vorzug, daß ihr Aufhängepunkt in viel geringerem Grade der Gefahr einer unbeabsichtigten Ortsveränderung ausgesetzt ist, als die Kröte der Standlatte. Zudem braucht sie nicht gehalten zu werden, und die Dosenlibelle kann gespart werden, (Tafel 24).

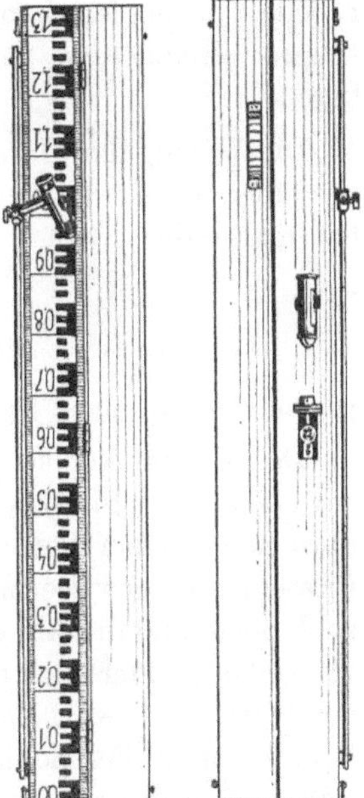

Abb. 104. Grubenlatte (Standlatte).

Der Gehilfe könnte die Latte zwar auch von Hand beleuchten. Aber es entsteht auf diese Weise dann etwas unruhiges wechselndes Licht, und die Genauigkeit der Beobachtung leidet darunter. Von den Hängelatten verdient die Borcherssche Hängelatte besondere Erwähnung, die noch als Schiebelatte ausgebildet ist. Eine Blechscheibe wird an einer hängenden eisernen

Skala verschoben, bis ein in ihr befindliches von hinten beleuchtetes Loch in der Höhe des Horizontalfadens des Nivellierinstruments erscheint. Darauf wird die Skala auf ihrer Rückseite abgelesen. In Brathuhns Lehrbuch, 4. Aufl. 1908, S. 169 wird gesagt, daß diese Hängelatten in den Oberharzer Gruben ausschließlich angewendet werden. Brathuhn rühmt die große Genauigkeit und das rasche Arbeiten, das diese Latten gewähren. Man hat in der Grube aber auch sprechende Hängelatten, z. B. die transparente Csétische Grubenlatte (Tafel 24, 1), die in Doppelmillimeter geteilt ist und eine sehr praktische Bezifferung hat [1]; ferner die Lülingsche Hängelatte aus Glas [2], sowie schließlich noch eine Latte aus splittersicherem Glas, die von der Firma Hildebrand in Freiberg hergestellt wird [3]. Das Nivellierinstrument verwendet man in der Regel auf Stativen, die man etwas niedriger aufstellt, als über Tage. Das Verfahren beim Grubennivellement ist genau so, wie über Tage. Nur muß man auf zweierlei besonders achten. Die Libellen sind sehr empfindlich gegen einseitige Erwärmung. Die Luftblase strebt immer der Wärmequelle zu. Nach Lamont hängt das damit zusammen, daß die zuströmende Wärmemenge die Adhäsion des Äthers am Glase vermindert [4]. Daher muß nach Augenmaß das Geleucht möglichst immer so gehalten werden, daß beiden Blasenenden gleich viel Wärme zuströmt. Zum Beleuchten des Fadenkreuzes beim Aufsuchen der Latte wird man allerdings das Geleucht zuweilen vor das Objektiv bringen, wobei die Libelle einseitig erwärmt werden könnte. Daher sucht man die Beleuchtung des Objektivs möglichst von unten her herbeizuführen, wobei der Stand der Luftblase nicht gefährdet wird. Ferner muß man sorglich darauf bedacht sein, daß während des Nivellierens kein Wassertropfen von der Firste auf die Libelle herabfallen kann, weil dadurch im entgegengesetzten, aber natürlich ebenso schädlichem Sinne einseitige Abkühlung der Libelle erzeugt werden könnte.

Die Teilung der Hängelatten läuft von oben nach unten, die der Standlatten, wie über Tage, von unten nach oben. Für einen Höhenunterschied $h_i - h_{i-1}$ hat man daher

$$\text{entweder } h_i - h_{i-1} = r - v$$
$$\text{oder } h_i - h_{i-1} = v - r$$

je nachdem an einer Standlatte oder an einer Hängelatte abgelesen wurde.

Der Festpunkt, an welche ein Grubennivellement anzuschließen ist, liegt zuweilen in der Firste. Dann kann man zum Anschluß, wenn das Nivellement im übrigen mit einer Standlatte ausgeführt wurde, einen Gliedermaßstab von dem Firstenpunkt gewissermaßen herunterhängen lassen, den Nullpunkt der Teilung nach oben, und die Ablesung, z. B. 0,523 faßt man als negative Ablesung auf, also als — 0,523. Oder auch der Anschluß-Festpunkt liegt seitwärts in einer der Ulmen der Strecke. Es wird sich dann nicht immer machen lassen, die Nivellierlatte auf dem Anschluß-Festpunkte aufzustellen. Aber der Gliedermaßstab wird in solchen Fällen oftmals als Ersatz für die Latte genommen werden können. Geht auch das

---

[1] Cséti: Lehrb. d. M. 1894 u. Dol.: Cs. Gr. niv. S. 10.
[2] Lüling: „Beiträge" in Mitt. a. d. M. 1893, S. 1—34.
[3] Lüdemann in Mitt. a. d. M. 1926. [4] Vogler in Z. f. V. 1877, S. 4.

nicht, so könnte man an Voglers Lattenschieber denken, ein Diopter, das sich in wagerechter Lage an der Latte auf und abschieben läßt und auf den Festpunkt eingestellt werden könnte[1]. Indessen steht der Anwendung eines an sich schon dunklen Diopters die geringe Helligkeit der Grubenräume etwas im Wege. Auch sind wohl heutzutage kaum solche Grubenlatten im Gebrauch, deren Randleisten eine den heutigen Genauigkeitsansprüchen genügende Präzisionsführung hergeben würden. Am bequemsten ist ein ausziehbarer Metallstab mit Röhrenlibelle, wie ihn Abb. 105 zeigt, der vom Festpunkt wagerecht bis zur Latte geführt wird.

S. 89–91 war der Hängetheodolit besprochen. Nicht unerwähnt darf bleiben, daß es auch ein Hängenivellier gibt, das Csétische Grubennivellier (Tafel 24). An einem zylindrischen Rohr, dem „Hängestab“ ist ein Nivellierinstrument verschiebbar. Mittels Nonius liest man seine Stellung bis auf 0,1 mm ab. Aus dem Hängestab gleitet, wenn man eine Schraube lüftet, der „Beruhigungsstab“ bis zur Sohle hinab und greift mit einer Klaue in sie ein. Wenn man vom Rückblick zum Vorblick übergeht, ist Drehung des Instruments um den Hängestab nötig. Dabei könnte sich, wenn der Stab etwas schief steht, die Höhenlage der Zielachse etwas verändern. Daher hat Doležal die Verbesserung angebracht, daß er die einfache Nivellierlibelle durch eine Wendelibelle ersetzt und das Fernrohr um eine horizontale Achse (Kippachse) drehbar gemacht hat. Nivelliert man mit Libelle rechts und Libelle links, so fallen alle Fehler aus dem Mittel heraus[2]. Das Instrument wird von Rud. und Aug. Rost in Wien ausgeführt.

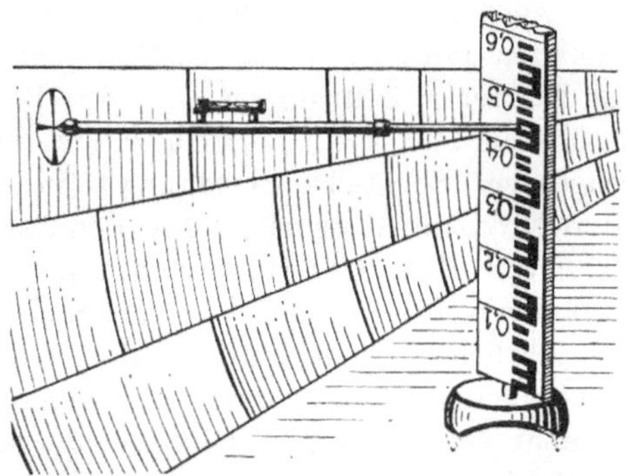

Abb. 105. Festpunktgerät.

Neuerdings stellt die Firma Rost das Gerät zwar noch so her, wie es Doležal und Szentistvanyi beschrieben haben, aber auch noch mit folgenden Abänderungen: Die Hängelatten, welche ursprünglich nur 0,52 m lang waren, erhalten doppelte Länge. Auch werden dem Instrument statt einer zwei Hängelatten beigegeben. Die Teilung am Hängestab bleibt als entbehrlich weg. Das Fernrohrobjektiv wird auf 40—50 mm Durchmesser gebracht, die Austrittspupille des Fernrohrs auf 2—3 mm. Der Okulartrieb wird ersetzt durch Inneneinstellung mittels Zwischenlinse. Zum Vertikalhängen des Hängestabes wird eine Dosenlibelle beigegeben, welche an den Beruhigungsstab wie eine Bakenlibelle (s. Abb. 65) angeklemmt und dann wieder abgenommen werden kann.

Hängenivellier und Hängelatten zusammen befreien vollständig von der bedenklichen Unsicherheit der Aufstellung, die dem Standnivellier und den Standlatten in der Grube anhaftet.

---

[1] Vogler: Abb. g. I, Tafel 16, Abb. 2 u. 3, Text S. 61. Ein derartiger Lattenschieber war auch bei Bauernfeinds bayr. Präzisionsnivellement 1869 in Gebrauch (B. 1870 S. 13).

[2] Doležal: Csétis Gr. niv. und Szentistvanyi: S. 114 u. 122.

125. Feinnivellement.

Die Erdoberfläche ist langsamen und plötzlichen Höhenänderungen unterworfen, Hebungen sowohl, wie Senkungen. Die plötzlichen, oft sehr bedeutenden Höhenänderungen, die bei Erdbeben auftreten, sind naturgemäß den Bewohnern der betroffenen Gegenden von jeher aufgefallen. So fiel es z. B. nach dem Erdbeben des Jahres 1116 den Bewohnern von Konstanz natürlich sehr auf, daß sie von Konstanz aus das Kastell von Mersburg sehen konnten, was vor dem Erdbeben unmöglich gewesen war. Dagegen sind die ganz langsamen, aber oft sehr lange andauernden Bodenbewegungen erst in den letzten Jahrzehnten allmählich mehr und mehr Gegenstand der Aufmerksamkeit geworden. Eine besonders interessante Feststellung derartiger langsamer Bodenbewegungen bildet das Feinnivellement von Frankreich, das 1857 bis 1864 unter der Leitung von Bourdalouë ausgeführt und 1884 bis 1893 unter der Leitung von Lallemand wiederholt wurde. Es zeigte sich, daß der Boden von Frankreich in den zwischenliegenden Jahrzehnten bis zu Beträgen von 90 cm abgesunken war[1]. In wesentlich kleineren Zeiträumen sind die Beträge der langsamen Bodenbewegungen naturgemäß nur klein, lassen sich aber durch Nivellements von hoher Genauigkeit feststellen. So stellte Niemczyk in Oberschlesien durch systematische sehr feine Nivellementsarbeiten mit Benutzung eines 43jährigen Materials (1880 bis 1923) von über 1000 Höhenpunkten fest, daß unabhängig von den besonderen Senkungen, die der Bergbau verursacht, die Beuthener Erz- und Kohlenmulde sich jährlich um 4 bis 8 mm senkt. Tektonische Bewegungen und die mit ihnen verbundenen Horizontalverschiebungen können die Standdauer von Gebäuden offenbar verkürzen. Der Bergbau hat daher insofern ein wesentliches Interesse am Ausbau der heutigen Feinnivellementsmethoden, als deren fortschreitende Verfeinerung die Zeiträume immer mehr abkürzen würde, innerhalb deren sich jene langsamen Bodenbewegungen feststellen lassen. Doch ist das Interesse an der Verfeinerung unserer heutigen Feinnivellementsmethoden immerhin nicht auf die bergbaulichen Kreise beschränkt.

Als Definition des Begriffs „Feinnivellement" kann man einen Beschluß der 2. allg. Konferenz der europäischen Gradmessung 1867 auffassen, der seinem Sinne nach dahin ging, daß künftig Nivellements als „brauchbar" für die Gradmessung — also als Feinnivellements — angesehen werden sollten, wenn der „wahrscheinliche km-Fehler" höchstens $\pm$ 5 mm betrüge; als „gutes" Feinnivellement, wenn der „wahrscheinliche km-Fehler" innerhalb von $\pm$ 3 mm läge. Als Maß für Genauigkeiten hat man heutzutage in der Markscheidekunde den „mittleren Fehler". Die den beiden wahrscheinlichen km-Fehlern entsprechenden mittleren km-Fehler sind $\pm$ 7,4 mm und $\pm$ 4,4 mm[2]. 1912 beschloß die 17. Allg. Konferenz der Internationalen Erdmessung auf Vorschlag Lallemands die Einrichtung besonders feiner Feinnivellements, die als „Nivellements von hoher Genauigkeit" bezeichnet werden. Für diese neue Kategorie von Feinnivellements wurde festgesetzt, daß der mittlere Kilometerfehler, soweit er als zufälliger Fehler anzusprechen sei, innerhalb von $\pm$ 1,5 mm liegen müsse, der systematische Teil innerhalb von $\pm$ 0,3 mm*.

[1] Verh. d. 13. Konf. d. Internat. Erdm. zu Paris 1900, I, 1901, S. 191ff. Daselbst auch eine Karte gleicher Abweichungen beider Nivellements voneinander.

[2] 2. Konf. d. europ. Gradm. 1867, S. 139. * Int. Erdm. Verh. Bd. 1, S. 107.

Rascher als die tektonischen Senkungen gehen jene Senkungen vor sich, die der Bergbau selber durch den Abbau verursacht. Wo diese Senkungen in großem Ausmaß auftreten, im Betrage von mehreren Dezimetern oder gar Metern, würde allerdings die Ausmessung der Senkungen vermittels gröberer Nivellements für praktische Zwecke ausreichen. Aber der Bergbau hat stets ein wesentliches Interesse daran, daß der um die großen Senkungen herumgelagerte Ring aufgefunden wird, in welchem die Senkungen nur etwa 0 bis 20 mm betragen, die Zone also, in welcher und außerhalb welcher ernsthafte Gebäudeschäden infolge von Abbausenkung nicht mehr zu erwarten sind, dafür aber Schäden durch Zerrungen des Geländes am meisten befürchtet werden müssen. Für sichere Feststellung dieser kleinen Senkungsbeträge sind sorgfältige Feinnivellements unentbehrlich.

Ein drittes bergbauliches Anwendungsgebiet für Feinnivellements ergibt sich daraus, daß in der Nähe jedes Grubengebäudes einige Festpunkte, sogenannte nivellitische Festpunkte, geschaffen werden müssen, deren Höhe durch Feinnivellement festzulegen und nach Verlauf einiger Jahre immer wieder von neuem durch Feinnivellement zu prüfen ist. Diese nivellitischen Festpunkte dienen dann später als Ausgangspunkte für die kleineren technischen Nivellements, wie die Tagesbedürfnisse des Bergbaus sie ab und zu erforderlich machen.

In den Staaten, die der Internationalen Erdmessung angeschlossen waren, wurden bis 1895 im ganzen über 122000 km Feinnivellement ausgeführt[1]. Dabei hat man sehr viele Erfahrungen gemacht, die zu einer hohen Vervollkommnung der Methoden geführt haben.

Von den heutigen Feinnivellementsmethoden seien hier einige besprochen.

a) Das Dreifadennivellement.

Das Okular des Fernrohrs enthält 3 Horizontalfäden. Der mittlere halbiert das Intervall der beiden äußeren Fäden. Man liest bei ganz oder nahezu einspielender Libelle alle 3 Fäden ab und nimmt aus den 3 Ablesungen das Mittel. Mit Hilfe der beiden äußeren Fäden, welche auch „die Distanzfäden" heißen, ermittelt man die Zielweite. Mit ihr und dem vielleicht vorhandenen kleinen Libellenausschlag berechnet man für das Mittel der 3 Fäden noch eine kleine Beschickung.

Dies Verfahren haben die Schweizer Professoren Hirsch und Plantamour beim Feinnivellement der Schweiz zuerst angewandt. Es ist auch bei einem Teil des bayrischen Präzisionsnivellements, das 1868 bis 1889 unter der Leitung Bauernfeinds stattfand, zur Anwendung gelangt. Auch noch heutzutage ist es durch die inzwischen aufgekommenen neueren Verfahren keineswegs ganz verdrängt. Die mittleren Kilometerfehler des Verfahrens lagen beim bayrischen Feinnivellement zwischen $\pm$ 0,9 und $\pm$ 1,8 mm*.

b) Cohen-Stuarts-Verfahren.

Drei Fäden werden zwar benutzt, aber die beiden äußeren lediglich zur Ermittelung der Zielweite. Es ist also kein Dreifadennivellement. Cohen-Stuart führte 1875 bis 1876 das Holländische Feinnivellement so aus, daß er die Libelle

[1] Z. f. V. 1895, S. 581.

* Näheres über dieses Nivellement s. in d. Abh. d. bayer. Ak. d. W., math.-phys. Kl. Bd. 10—17.

zunächst roh zum Einspielen brachte und nachsah, auf welches cm-Feld der Latte der mittlere Horizontalfaden zeigte. Jetzt wurde durch Neigen der Zielachse der Mittelfaden verschoben, bis er dieses cm-Feld genau halbierte, und dazu wurde die Libelle abgelesen. Alsdann wurden mit Benutzung des Mittelfadens auch noch die beiden benachbarten cm-Felder halbiert und auch dazu die Libelle abgelesen. Das Ablesen der Libelle geschah mit Lupe. Bei diesem Verfahren tritt zum erstenmal das Einstellen des Horizontalfadens auf Feldmitte an die Stelle des Ablesens an zufällig getroffener Stelle. Wir wissen heute, daß das ein wesentlicher Fortschritt ist. Diese Art zu nivellieren nennt man „holländisches Nivellement". Auch das beim holländischen Nivellementverfahren durchweg zur Anwendung gelangende Ablesen der Libelle an Stelle des Einspielenlassens ist im Felde zweifellos das genauere Verfahren. Die Ablesung an den beiden Blasenenden geschieht unbefangener, als wenn der Beobachter die Luftblase zum genauen Einspielen zu bringen versucht, da solche Versuche nicht selten mit einem Kampf enden zwischen der Ungeduld des Beobachters und seiner Einsicht, daß die Luftblase eigentlich noch etwas schärfer einspielen sollte, als sie es schon tut. In diesem Kampf sind zum Schaden des Nivellements die Aussichten auf den Sieg zuweilen auf Seiten der Ungeduld etwas größer, als auf Seiten der Einsicht.

Dennoch fand Reinhertz interessanterweise, daß in den ruhigen Verhältnissen eines Laboratoriums umgekehrt das Einspielenlassen der Libelle etwas genauer möglich ist, als das Ablesen der Blasenenden[1].

c) Das Seibtnivellement.

Das Seibtnivellement stellt eine Fortbildung des Cohen-Stuartschen Verfahrens dar, ist also ein „holländisches Nivellement". In Preußen wurde 1891 im Ministerium der öffentlichen Arbeiten das Bureau für die Hauptnivellements und Wasserstandsbeobachtungen gegründet. Ungefähr 3 Jahrzehnte hindurch war der Leiter dieses Bureaus Professor Dr. Wilhelm Seibt. Seibt hat in dieser Stellung, fußend auf das Cohen-Stuartsche Verfahren, ein Nivellementsverfahren ausgebildet, das eine sehr große Verbreitung gefunden hat. Das Finnische Feinnivellement wurde nach dem Seibtschen Verfahren ausgeführt. In Rußland, Serbien, Argentinien und Chile ist es heimisch geworden. Auch nach der Schweiz und nach Uruguay wurden die Instrumente geliefert. In Deutschland haben Wasserbauämter, Eisenbahndirektionen und andere Behörden das Verfahren zur Anwendung gebracht. Das Bureau für die Hauptnivellements hatte bis zum 1. 1. 1912 im ganzen 32000 km nach dem Seibtverfahren nivelliert. Den mittleren Kilometerfehler des Verfahrens gab Seibt 1911 für die nur in einer Richtung — also nicht hin und zurück — nivellierte Strecke zu

$$\overline{m}_k = \pm 0{,}9 \text{ mm bis } \overline{m}_k = \pm 0{,}6 \text{ mm}$$

an. Das Seibtverfahren setzt aber voraus, daß man stets gleichzeitig „zwei Parallelnivellements" ausführt. Ganz einwandfrei ist zwar diese Auffassung des Seibtverfahrens nicht, wie wir gleich noch sehen werden. Aber für die Vergleichung der Genauigkeit mit anderen Verfahren bildet sie einen schwer zu entbehrenden Notbehelf. Für jedes einzelne der beiden Parallelnivellements hat

[1] Z. f. V. 1891, H. 10 u. Nova Acta S. 115.

man also ungefähr $m_k = \sqrt{2} \cdot \overline{m}_k$ und mithin:

$$m_k = \pm 1{,}3\,\text{mm} \text{ bis } m_k = \pm 0{,}85\,\text{mm}.$$

Es werden zwei hölzerne Nivellierlatten (s. Tafel 26) von 3 m Länge auf Kröten verwandt, die eine für den Rückblick, die andere für den Vorblick. Ihre Länge wird alle 14 Tage festgestellt. Die Latten sind als Wendelatten ausgebildet, nach Doppeldezimetern beziffert und in abwechselnd schwarze und weiße Felder von 4 mm Breite eingeteilt. Auf der einen Seite wächst die Bezifferung von unten nach oben von 2,0 bis 3,5; auf der anderen Seite nimmt sie von unten nach oben ab von 2,0 bis 0,5. Zwei einander entsprechende Ablesungen auf Vorder- und Rückseite der Latte geben daher zusammen immer 4,000, so daß eine bequeme Probe besteht, ob auch nicht ein grober Ablesefehler untergelaufen ist. Die Differenz beider Ablesungen, wagerechte Sicht vorausgesetzt, gibt offenbar die Höhe der Zielachse des Nivellierinstruments über der Kröte, und zwar in Metern[1].

Seibts Nivellierinstrument (Tafel 26, 3) hatte einen Objektivdurchmesser von 40 mm und eine 30- bis 40fache Vergrößerung. Die Libelle hatte 5″ Angabe. Sie war durchlaufend beziffert, beim Okular null, und dem Mittelstrich entsprach die Zahl 25.

Nivelliert wird, wie bei allen Feinnivellements, nur bei ruhiger Luft. Da etwa zwischen 10 und 15 Uhr die Bilder im Fernrohr zu flimmern pflegen, wird in solchen Fällen das Nivellement gegen 9 oder 10 Uhr abgebrochen und erst von 15 bis 16 Uhr ab fortgesetzt, ein Brauch, wie er auch bei allen übrigen Feinnivellements besteht. Im besonderen bei der preußischen Landesaufnahme hatte General Schreiber das Nivellieren zwischen 9 Uhr und 16 Uhr wegen Unruhe der Luft untersagt.

Die moderne Fortbildung des Instruments, wie es jetzt beim Bureau für die Hauptnivellements und Wasserstandsbeobachtungen üblich ist, zeigt Tafel 26, 4. Die auf derselben Tafel dargestellten Seibtschen Latten sind unverändert geblieben.

Das Verfahren im Felde ist das folgende: Wir lassen uns von den beiden Lattenträgern die Kleinezahlenseite zudrehen. Der mittlere Horizontalfaden wird nach dem Vorbilde des Cohen-Stuartschen Verfahrens auf der im Rückblick stehenden Latte mittels Kippschraube so eingestellt, daß er eines der Teilungsintervalle der Latte halbiert (m_K), und dazu wird die Libelle abgelesen (l_1, r_1). Sofort wird die Latte gewendet und der Mittelfaden auch auf der Großezahlenseite abgelesen (m_G). Gleich darauf liest man die Libelle zum zweitenmal ab (l_2, r_2), und zwar liest man die Libelle immer in Intervallzehnteln ab. Jetzt rechnet man im Kopfe, ohne es niederzuschreiben, $m_K + m_G$. Es muß sich 4,000 ergeben, eine glänzende Probe gegen grobe Ablesefehler! Hierauf bildet man $\sigma = l_1 + l_2 + r_1 + r_2 - 1000$, liest jetzt noch die beiden Distanzfäden ab, bildet den zugehörigen Lattenabschnitt L und entnimmt nun einem graphischen Hilfstäfelchen mit zwei Eingängen für σ und L die Verbesserung λ in Zehntelmillimetern für den Rückblick R_1, der seinerseits durch die kleine Rechnung erhalten wird:

$$R_1 = m_G - m_K$$

Hierauf wird die Vorblicklatte in gleicher Weise behandelt und dadurch der

[1] Die Lattenbezifferung enthält zwar das Komma nicht. Aber wir denken es uns hinzu.

erste Vorblick V_1 erhalten. Hierauf wiederholt man die Handgriffe, durch welche man V_1 erhalten hat und erhält so den zweiten Vorblick (V_2). Nur die Ablesung der Distanzfäden wird man dabei unterlassen können, indem man die bei V_1 gemachten Ablesungen der Distanzfäden für die Berechnung von V_2 wiederverwenden kann. Jetzt kehrt man zur Rückblicklatte zurück, wiederholt die Handgriffe, mittels deren man R_1 bekam — wieder mit Ausnahme der Ablesung der Distanzfäden — und erhält R_2.

Abgesehen von den unvermeidlichen Beobachtungsfehlern muß sich nun $R_1 = R_2$ und $V_1 = V_2$ ergeben, so daß in der Tat die Möglichkeit entsteht, von zwei Parallelnivellements zu sprechen, deren jedes zwei Rückblick-Lattenablesungen und zwei Vorblick-Lattenablesungen umfaßt. Aber immerhin sind beide „Parallelnivellements" nicht vollkommen gleichartig, sondern sie verhalten sich zu einander, wie rechter und linker Handschuh. Beim ersten Nivellement ist die zeitliche Reihenfolge r_1, r_1', v_1, v_1'; beim zweiten v_2, v_2', r_2, r_2'. In jedem Einzelnivellement die 4 Ablesungen der Latten in der Reihenfolge vorzunehmen $r_1\, v_1\, v_1'\, r_1'$, wäre zwar nicht unmöglich gewesen, aber es würde die Probe 4,000 gefährden und doppelt so viel Libellenablesungen erfordern. Die aus theoretischen Gründen erforderliche Reihenfolge $R_1\, V_1\, V_2\, R_2$ wird also erst durch das System der beiden „Parallelnivellements" erreicht.

Um beim Einstellen des Horizontalfadens auf die Mitte eines Skalenfeldes die letzte Feinheit zu erreichen, legt der Beobachter[1] leise eine Hand an das Stativ. Hierdurch wird eine, allerdings winzige, Bewegung des Stativs erzeugt. Daß die Bewegung vorhanden ist, sieht man daran, daß die Zielachse auf die Hand am Stativ reagiert. Welcher Art die Bewegung des Stativs ist, ist schwer zu sagen. Doch läßt sich so viel erkennen, daß, wenn ein Punkt der Stehachse des Instruments bei der Stativbewegung seine Höhenlage ändern sollte, diese Höhenänderung dann immer mit gleichem Vorzeichen zu erwarten ist. Es scheint daher zunächst so, als wenn ein zwar winziger, aber doch immer mit demselben Vorzeichen wiederkehrender Fehler in das Nivellement hineingeraten müßte. Aber das Vorzeichen des Fehlers ist das gleiche beim Vorblick und beim Rückblick. In die Differenz „Rückblick minus Vorblick" geht also auch nur die Differenz der beiden winzigen Fehler ein, und diese wird bald positiv, bald negativ sein. Es verhält sich damit daher ebenso, wie mit dem ebenfalls winzigen Fehler, der aus der Schiefstellung der Latte folgt, auch wenn die Latten mit Stützen gehalten werden. Man kann daher beide Fehlerquellen gleichermaßen als belanglos ansehen.

Über die Einzelheiten des Verfahrens geben folgende Schriften Auskunft: Schwab: Das Seibtsche Nivellierverfahren in Z. d. rh.-westf. Landmesser-Vereins 1905, S. 267; Seibt: Präzisionsnivellement der Elbe, 1878; Seibt: Präzisionsnivellement der Weichsel, 1891; Kuhrmann: Das Seibtsche Feinnivellementverfahren, 1910.

d) Das Zeißnivellement.

Über die Zeißschen Nivellierinstrumente ist in Abschn. 117, S. 161—162 das Wesentliche gesagt. Für Feinnivellements kommt vorzugsweise das Nivellier III in Frage, das auf Tafel 22 abgebildet ist. Doch hat Lampadarios 1920 in Attika

[1] Kuhrmann: S. 5.

auch mit Zeißnivellier I vorzügliche Ergebnisse erzielt ($m_k = \pm$ 1,0 bis $\pm$ 2,5 mm), noch dazu mit Holzlatten[1]. Über die zugehörigen Invarlatten wurde in Abschn. 114 gesprochen. Man benutzt die Latten am besten mit den auf S. 167 abgebildeten Lattenstützen. Den mittleren Kilometerfehler des Nivellements erhielt Gurlitt 1914 aus den Standdifferenzen zweier gleichzeitig ausgeführter Parallelnivellements für das Mittel dieser beiden Parallelnivellements zu $\pm$ 0,33 mm. Den mittleren Standfehler selber gibt Max Schmidt zu $\pm$ 0,23 mm an*. Aus den Differenzen zwischen Hinweg und Rückweg ergab sich der entsprechende Wert $\pm$ 0,48 mm. Für einmaliges Nivellement, also unter Verzicht auf das Parallelnivellement, hat man danach:

$$m_k = \pm 0{,}5\,\text{mm} \quad \text{und} \quad m_k = \pm 0{,}7\,\text{mm}\,.$$

Niemczyk berechnet[2] aus Differenzen zwischen Hin- und Rücknivellement, die er von 1922 ab in Oberschlesien erhalten hat, den mittleren Kilometerfehler zu

$$\mu = \pm 0{,}36\,\text{mm}\,,$$

für Nivellements des Beuthener Stadtvermessungsdirektors Martin:

$$\mu = \pm 0{,}45\,\text{mm}\,.$$

Es ist aus Niemczyks Veröffentlichung aber nicht zu ersehen, ob, wie bei Gurlitt, der Berechnung das Mittel zweier Parallelnivellements zugrunde liegt. Wenn das der Fall sein sollte, so hätte man dann für einmalige Ausführung des Nivellements:

$$m_k = \pm 0{,}5\,\text{mm} \quad \text{und} \quad m_k = \pm 0{,}6\,\text{mm}\,.$$

Kohlmüller erhielt bei einfachem Nivellement[3]:

$$\left.\begin{array}{lll} (1)\ m_k = \pm 0{,}45\,\text{mm} & \text{aus Standfehlern (Stationsfehlern)}\,, \\ (2)\ m_k = \pm 0{,}98\,\text{mm} & \text{aus den Differenzen von Hin- und Rücknivellement}, \\ (3)\ m_k = \pm 1{,}15\,\text{mm} & \text{aus Netzausgleichung.} \end{array}\right\} \quad (109)$$

Ziemlich denselben Betrag für m_k aus der Netzausgleichung erhielt Max Schmidt, nämlich

$$m_k = \pm 1{,}34\ \text{mm}^*. \qquad (110)$$

Diese Zahlen geben einen ungefähren Überblick über die Leistungsfähigkeit des Nivellementsverfahrens. Die Angaben für m_k liegen also zwischen $\pm$ 0,45 mm und $\pm$ 1,34 mm. Wenn man aber die Leistungsfähigkeit verschiedener Apparaturen miteinander vergleichen will, hält man sich am besten nur an die Werte (1) der Kohlmüllerschen Zusammenstellung, also an die aus Standfehlern berechneten mittleren Kilometerfehler, weil in (2) und (3), die größer als (1) zu sein pflegen, noch allerlei Fehlerquellen stecken, die mit der Apparatur nichts zu tun haben, wie z. B. die mit der Zeit und dem Wetter stark veränderlichen Wirkungen der Strahlenbrechung, Einsinken der Instrumente und der Kröten u. a. Auf diese Sonderstellung des aus Standfehlern berechneten mittleren Kilometerfehlers hat Herr Professor Löschner in Brünn aufmerksam gemacht. Zwar ist auch der Wert (1) von Refraktionsfehlern nicht ganz frei. Aber man kann bei einem einzelnen Versuchsstande immer dafür sorgen, daß

[1] Z. f. V. 1922, S. 238.
* Schmidt: Erg., S. 5.
[2] Niemczyk: Feineinwägungen 1928.
[3] Diss. S. 16.

die Höhe des Rückblicks über dem Erdboden annähernd gleich der Höhe des Vorblicks über dem Erdboden ist, so daß man mit sehr geringer Größe des Refraktionsfehlers rechnen kann. Wie bei allen Feinnivellements, werden zwei Latten auf Kröten verwendet in der Weise, daß man in der Reihenfolge arbeitet: Rückblick 1, Vorblick 1, Vorblick 2, Rückblick 2. Einmal wird durch diese Anordnung erreicht, daß man jeden Höhenunterschied zweimal erhält ($r_1 - v_1$ und $r_2 - v_2$). Sodann aber werden durch die Reihenfolge der 4 Blicke die Fehler eliminiert, die durch das Einsinken der Latten und des Instruments erzeugt werden, soweit das Einsinken proportional der Zeit erfolgt und zeitlich zwischen erstem und letztem Rückblick liegt. Schließlich werden durch die Reihenfolge der Blicke aber auch noch diejenigen Fehler eliminiert, die durch die langsamen Änderungen der Strahlenbrechung hervorgebracht werden, soweit auch diese Änderungen zwischen erstem und letztem Rückblick der Zeit proportional erfolgen.

Soweit das Einsinken der Latten während des Instrumenttransports von einem Stand zum andern erfolgt, eliminiert man es durch Hin- und Rücknivellement[1].

Die Feststellung der Lattenlänge, wie sie bei Holzlatten täglich erwünscht ist, fällt bei den Invarlatten fort. Es genügt, vermutlich für viele Jahre, einmalige Prüfung der Lattenlänge.

Es wird nun auf jedem Stande zunächst das Fernrohr auf die Rückblicklatte gerichtet und mit Hilfe der Zwischenlinse das Bild der Latte „Skala der kleinen Zahlen“ klar eingestellt. Hierauf bringt man, vom Okular aus nach den Libellenprismen hinsehend, mittels der Kippschraube die beiden Luftblasenenden der Libelle zum Zusammenfallen. Hierbei achtet man darauf, daß die beiden halben Libellenenden, die man durch die Prismen zu sehen bekommt, gleich breit erscheinen. Durch etwas Aufwärts- oder Abwärtsbewegen des Kopfes ändern sich nicht bloß die Breiten, sondern auch die Horizontalverschiebung der beiden Libellenenden gegeneinander ändert sich. Darauf wird am zweckmäßigsten die zur Glasklotzbewegung gehörige Schraubentrommel auf Null eingestellt. Die Zielachse trifft nunmehr an irgendeiner Stelle auf die Lattenteilung. Diese Stelle bildet unser Ablesungs-Soll, und wir lesen jetzt an der Latte die entsprechende ganze Anzahl von Lattenintervallen ab und notieren sie. Nun wird die Schraubentrommel gedreht, der Glasklotz dadurch bewegt und die Höhenlage des aus dem Fernrohr ausgetretenen und durch den Glasklotz hindurchgegangenen Teiles der Zielachse geändert, bis die beiden Keilstriche des Fadenkreuzes den nächstvorhergehenden Strich der Latte symmetrisch umklammern. Die hierzu nötige Verschiebung der Zielachse wird an der Trommel abgelesen. Jedoch ist das nur möglich in einer einzigen Stellung der Trommel zum Fernrohr, also entweder rechts vom Fernrohr oder links vom Fernrohr. Wird die Trommel auf die andere Seite gedreht, so erhält man die Rückwärtsverschiebung vom nächstfolgenden Teilstrich.

Ebenso wird dann mit Vorblick 1, „kleine Zahlen“ und Vorblick 2 „große Zahlen“ verfahren und sodann der Rückblick 2 „große Zahlen“ abgelesen.

[1] Nach Lührs (Z. f. V. 1903) kann dieses Einsinken je Stand bis zu 0,3 mm betragen. Jordan rechnet dagegen nur mit 0,5 mm je km (Z. f. V. 1892, S. 261).

Bei der hier angegebenen Art, mit dem Zeißnivellier zu nivellieren, wurde stillschweigend angenommen, daß die Nivellierlibelle, wenn sie zu Beginn der Messung links vom Fernrohr war, auch während der ganzen Dauer der Messung links blieb; war sie anfangs rechts, dann wurde sie während der Dauer der Messung rechts bleibend angenommen. Auch wurde das Fernrohr während der Messung nicht in seinen Ringlagern umgelegt und das Okular nicht etwa umgesteckt.

Wie nun beim Seibtnivellement die gleichzeitige Ausführung zweier Parallelnivellements vorgesehen war, so könnte man beim Zeißnivellement noch mehr Parallelnivellements ausführen, und zwar jedes unter etwas abgeänderten Umständen: erst Libelle links vom Fernrohr, dann Libelle rechts vom Fernrohr. Dann könnte man noch die Okularlupe umstecken und, die zweite Zielachse des Instruments benutzend, noch einmal die Operationen wiederholen. Man könnte den Höhenunterschied eines Standes auf diese Weise 8mal ermitteln.

Allein eine solche Vermehrung der Arbeit würde nicht lohnend, nicht rationell sein, insofern man mit demselben Arbeitsaufwand auf andere Weise für die Genauigkeit des Ergebnisses mehr tun könnte. Wohl würden allerlei winzige Instrumentalfehler in ihrer an sich schon kleinen Wirkung noch etwas weiter herabgedrückt. Aber bei fast allen feineren Nivellements zeigen die mittleren Kilometerfehler, einmal berechnet aus den Fehlern, die innerhalb der einzelnen Stände erkennbar werden, also aus den „Standfehlern", und ein andermal berechnet aus den Differenzen, die beim Hin- und Rücknivellement auftreten, daß die letzteren Kilometerfehler wesentlich größer sind. Sogar noch etwas größer pflegt der mittlere Kilometerfehler sich zu ergeben, wenn er aus den Abschlußdifferenzen ermittelt wird, die sich bei ringförmig geschlossenen Nivellementszügen, sogenannten Nivellementspolygonen ergeben. Es müssen daher stark wirkende Fehlerursachen vorhanden sein, die bei Messung auf einem einzelnen Stande nicht in Erscheinung treten. Diese Fehlerursachen können also auch nicht durch Wiederholungen der Standarbeit unschädlich gemacht werden. Es ist daher besser, sich bei der Standarbeit mit der zweimaligen Messung des Höhenunterschiedes zu begnügen und etwa weiter zur Verfügung stehende Arbeitsmöglichkeit in der Weise zu verwenden, daß mehr Nivellementszüge hin und zürück in Arbeit genommen werden.

Bei jeder Nivellierarbeit, nicht etwa bloß beim Zeißnivellement, kann man das Nivellierinstrument und sein Stativ gegen die Sonnenstrahlen durch einen Meßschirm schützen, den der Schreiber leicht während des Schreibens halten kann. Man kann aber den Meßschirm auch weglassen. Bei Besprechung des Zeißnivellements sagt Herr Obervermessungsrat Gurlitt[1]: „Es scheint für die Homogenität des Instruments vorteilhafter zu sein, es lieber ganz den Sonnenstrahlen preiszugeben, als durch abwechselndes Darüberhalten eines Schirmes die Temperatur des Instruments in Schwankungen zu versetzen. Es müßte sonst ebensogut während des Tragens von Station zu Station durch einen Schirm geschützt werden." Hierzu läßt sich sagen, daß Instrument und Stativ bei bedecktem Himmel zunächst die Lufttemperatur annehmen. Tritt die Sonne hinter den Wolken hervor und bestrahlt das Instrument und Stativ, so erwärmen, ja erhitzen sich beide rasch weit über die Lufttemperatur. Die Wirkung ist geradezu momentan. Ebenso rasch vollzieht sich aber auch unter einem Schirm die Ab-

[1] Gurlitt: Präzisionsniv. v. C. Zeiß. Z. f. V. 1914.

kühlung auf die Lufttemperatur, und auf dieser Temperatur bleiben Instrument und Stativ dann stehen, solange beide unterm Schirme sind. Nach Ankunft auf einem Platz vergeht immer etwas Zeit, bis die erste Ablesung erfolgt. Bis dahin wird man den Abkühlungsprozeß nach dem kurzen Bestrahlungsprozeß als beendet ansehen können.

Man hat also während der Messung unterm Schirm annähernd konstante Temperatur des Instruments und des Stativs, bei Messung ohne Schirm andauernde lebhafte Erwärmung und daher Unruhe im Material. Das spricht mehr für Anwendung des Schirmes. Es ist zudem eine alte Erfahrung, daß Sonnenstrahlung die Genauigkeit der Messungen zerstört[1]. Vogler strebte so sehr danach, den Einfluß der Sonnenstrahlung herabzudrücken, daß er außer dem Beobachtungsschirm noch leinene Überzüge für die Stativflüsse benutzte[2]. Auch Reinhertz schützte seine Beobachtungen gegen die Sonnenstrahlung durch aufgespannte Zeltleinwand[3]. Jüttner nennt den Sonnenschirm bei den Messungen „selbstverständlich unentbehrlich" und sagt: „ein gewissenhafter Beobachter wird das Instrument stets durch einen Schirm vor der Einwirkung direkter Sonnenstrahlen schützen"[4]. Ebenso spricht sich auch Hugershoff für Verwendung des Sonnenschirms beim Nivellieren aus[5].

e) Das Schiebfernrohrnivellement.

Über das Schiebfernrohrnivellier wurde S. 163, über die zugehörigen Latten S. 164–165 das nötige gesagt. Mit diesem von Vogler erdachten Nivelliergerät haben im Auftrage Voglers von 1891 ab viele Schüler Voglers in den Berliner Villenvororten Westend und Halensee Nivellements ausgeführt, die zur Feststellung sehr kleiner Hebungen und Senkungen und zu mancherlei neuer wissenschaftlicher Erkenntnis führten[6]. Ursprünglich wurde mit hölzernen Latten gearbeitet und mit täglich benutztem Feldkomparator. Später wurden Metall-Latten benutzt, die Vogler bereits 1876 als den Holzlatten überlegen bezeichnet hatte[7]. Ihre thermischen Längenänderungen wurden durch eine Art Metallthermometer mit Hilfe eines Reichenbachschen Keiles gemessen. Die Zielweite betrug 30 bis 35 m.

Den mittleren Kilometerfehler des Schiebfernrohrnivellements gab Vogler 1895 zu $\pm$ 0,5 mm an[8]. In der Z. f. V. 1898, S. 389 sind ebenfalls $\pm$ 0,5 mm angegeben worden. In Z. f. V. 1902, S. 41 werden $\pm$ 0,35 mm angegeben. Schumann gab ihn 1904 zu $\pm$ 0,3 mm an[9]. Z. f. V. 1905, S. 20 finden wir $\pm$ 0,24 bis $\pm$ 0,35 mm. Zu ⅓ mm gibt den Fehler auch Schulz 1906 an[10]. Z. f. V. 1908, S. 552 bis 559 findet sich die Angabe $\pm$ 0,17 bis $\pm$ 0,42 mm. 1910 gibt Vogler an: $\pm$ 0,5 mm[11]. Die Angaben für m_k schwanken also zwischen $\pm$ 0,17 mm und $\pm$ 0,5 mm.

Die Handhabung des Schiebfernrohrnivellements vollzog sich folgendermaßen. Das Nivellierfernrohr wurde an einer Metallsäule auf- oder abwärts ver-

---

[1] Schumann: Höhenuntersch., S. 9. [2] Schulz: S. 12.
[3] Nova Acta, S. 94. [4] Jüttner: S. 10 u. 17. [5] Hugershoff: Diss. S. 8.
[6] Eine kritische Übersicht s. bei Wellisch: Period. Änder. Ö. Z. f. V. 1906.
[7] Z. f. V. 1877, S. 14. [8] Z. f. V. 1895, S. 586. [9] Schumann: Höhenuntersch. S. 1.
[10] Schulz: Zuf. u. syst. Niv.fehler S. 7. [11] Geod. Üb. Bd. 1, S. 224. 1910.

schoben, bis der Horizontalfaden eine der Dezimetermarken der Latte annähernd halbierte. Diese Dezimetermarken waren kleine weiße, aus Gips hergestellte Kreisflächen, umgeben von einem konzentrischen schwarzen Hartgummiring. Jetzt wurde mit der Kippschraube die Nivellierlibelle ungefähr zum Einspielen gebracht und darauf das Fernrohr an der Säule so weit verschoben, bis durch den Horizontalfaden die Dezimetermarke so genau wie möglich halbiert wurde. Darauf wurde die Libelle abgelesen, noch einmal durch das Fernrohr gesehen, ob auch die Dezimetermarke noch genau halbiert wurde, und hierauf die Libelle wieder abgelesen. Dann wurde auch noch das Kathetometer abgelesen. Die Entfernung bis zur Latte wurde bis auf 0,1 m genau mit einem Kapselband abgemessen. Dies alles zusammen bildete den ersten Rückblick. Sodann wurde der erste Vorblick ebenso genommen, die Latten auf ihren Kröten gewendet, und zweiter Vorblick und zweiter Rückblick ebenso behandelt. Die Lattenlänge wurde möglichst bei jedem Blick mittels des Reichenbachschen Keiles festgestellt.

Verfasser hat in den Jahren 1891 bis 1893 im Auftrage Voglers an diesen Nivellements teilgenommen, als noch mit den hölzernen Wendelatten nivelliert wurde. Verfasser erinnert sich, daß er damals von dem Nivellementsverfahren begeistert war. Die feine Durchdachtheit aller Einzelheiten, die außerordentlich angenehme Hantierung und die hohe erreichte Genauigkeit machten damals einen tiefen Eindruck. Aber bei dem allen muß doch anerkannt werden, daß durch die jetzigen Zeißschen Invarlatten Voglers Stahl-Zink-Latten in Schatten gestellt worden sind. Auch Vogler hatte ja vorgehabt, zu Invarlatten überzugehen (S. 165). Ob die Einstellung der Libelle bei Zeiß mit Hilfe der Prismen oder die von Vogler angewandte Ablesung zweier Libellen genauer ist, läßt sich ohne besondere Untersuchung nicht sagen. Reinhertz hatte, wie S. 178 erwähnt wurde, im Laboratorium gefunden, daß Einstellen einer Libelle genauer ist als Ablesen. Im Feldgebrauch stellte er aber das Gegenteil fest[1]. Was Voglers mechanische Verschiebung der Zielachse an einer Säule und Zeiß' optische Verschiebung mittels Glasklotz anlangt, so läßt sich auch hier a priori nicht sagen, was die bessere Verschiebungsart ist. Es kommt darauf an, mit welcher Präzision der Planparallelismus des Glasklotzes hergestellt wird. A posteriori muß man aber auf Grund der beiderseits erreichten mittleren Kilometerfehler — bei Zeiß $\pm$ 0,45 mm bis $\pm$ 1,34 mm; bei Vogler $\pm$ 0,17 mm bis $\pm$ 0,5 mm — sagen, daß im ganzen die Genauigkeiten des Zeißnivellements und des Voglerschen Schiebfernrohrnivellements nicht sehr wesentlich voneinander verschieden sind. Doch scheint Voglers Schiebfernrohrnivellement dem Zeißnivellement an Genauigkeit immerhin überlegen zu sein. Leider läßt sich aus diesem Sachverhalt nicht ohne weiteres ein Schluß ziehen, ob im besonderen die optische Verschiebung in der Zeißschen Ausführung der Voglerschen mechanischen Verschiebung an Genauigkeit etwa gleichkommt oder ihr unterlegen oder vielleicht gar überlegen ist. Denn die Benutzung eines Meßschirms, die bei den Voglerschen Nivellements stets stattfand, bei den Zeißnivellements aber nicht immer in Anwendung kam, könnte auch von wesentlichem Einfluß auf die erreichte Genauigkeit gewesen sein. Anderseits wird aber auch bei der fabrikmäßigen Herstellung der Planparallelgläser der Planparallelismus nicht mit mathematischer Strenge

[1] Nova Acta, S. 115ff.

erreicht, und es kommt dadurch in das Zeißnivellement eine Fehlerquelle hinein, die bei Voglers mechanischer Verschiebung mit nachfolgender Libellenablesung wegfällt. Eine Angabe der Firma Zeiß über die Genauigkeit, mit welcher sie planparallele Gläser herstellt, ist mir nicht bekannt. Die Askaniawerke geben in ihrem Kataloge Astro 40 S. 172 einen normalen „Keilfehler" von 4″ an, der aber auf besondere Bestellung, natürlich mit entsprechendem Preisaufschlag, bis auf $^1/_4$″ herabgesetzt werden kann. Unter „Keilfehler" ist dabei der höchste Fehler gegen den Planparallelismus verstanden. Bei 4″ Keilfehler und 30° Neigung des Glasklotzes entsteht eine Verdrehung der Zielachse um 3″. Das entspricht ungefähr einem Teilstrich der Voglerschen Schiebfernrohrlibelle.

Nach all den Erfahrungen würde man an ein Schiebfernrohrnivellement mit Invarlatten, wie es Vogler vorgeschwebt hat, die höchsten Erwartungen anknüpfen dürfen.

f) R. Schumanns Pfeilernivellement.

Erwähnt sei noch ein von R. Schumann auf dem Telegraphenberg bei Potsdam in den Jahren 1901 und 1902 auf Pfeilern ausgeführtes Feinnivellement, bei dem ein mittlerer Kilometerfehler von nicht ganz $\pm$ 0,1 mm erzielt wurde. Schumann stellte mittels dieses Nivellements Höhenänderungen der Pfeiler innerhalb von 0,6 mm fest und weist nach, daß diese Änderungen wahrscheinlich durch die verschiedene Belastung des Bodens bei wechselndem Luftdruck hervorgerufen wurden. Die Einzelheiten des Verfahrens gibt Schumanns Veröffentlichung von 1904[1].

126. Die Refraktion im Nivellement.

Eine Fehlerquelle, die bei der Messung eines Standes nur unvollkommen bemerkt werden kann und auch nur dann, wenn sie in der Änderung begriffen ist, besteht in der Strahlenbrechung oder Refraktion. Schon 1845 hat Stampfer der Refraktion im Nivellement eine Betrachtung gewidmet[2]. 1867 hat Hagen darauf aufmerksam gemacht, daß bei besseren Nivellierinstrumenten eine Verbesserung der Sicht wegen Refraktion dann am Platze sein würde, wenn die Zielweiten ungleich lang wären[3]. Im selben Jahre wurde auf der zweiten allgemeinen Konferenz der europäischen Gradmessung ausgesprochen, daß beim Nivellement aus der Mitte der Einfluß der Strahlenbrechung eliminiert werde, eine Meinung, die wir heute nicht als unter allen Umständen richtig ansehen[4]. 1869 spricht dann auch Borchers in seiner „Markscheidekunst" von der Refraktion im Nivellement, 1870 Bauernfeind[5] und 1877 und 1878 auch Vogler[6], und in letzterem Jahre auch Seibt[7]. 1885 beschäftigen die Refraktionswirkungen im Nivellement Bischoff[8]. 1894 spricht Lorber von ihnen[9].

Die Schwankungen der Refraktion während der Arbeit auf einem Stande kann man bei einem Nivellement mit Wendelatte zuweilen daran erkennen, daß die

---

[1] Schumann: Höhenuntersch. [2] Stampfer: Anleitung S. 5.
[3] Hagen: 1867, S. 150—151. [4] Verh. d. europ. Gradm. 1867, S. 139.
[5] Bayr. Praecis.-Niv. 1870 S. 14. [6] Z. f. V. 1877, S. 84 u. Z. f. V. 1878: Holländ. Präz
[7] Seibt: Genau. geom. Niv. Civilingenieur 1878, S. 4 u. S. 26 des Sddr.
[8] Z. f. V. 1885, S. 22 u. 33. [9] Lorber: Nivellieren.

Differenz der beiden Rückblicke gegeneinander etwas größer auszufallen pflegt als die Differenz der rasch hintereinander erfolgenden beiden Vorblicke. Auch langsames Auf- und Absteigen der Lattenbilder wird gelegentlich bei Sonnenschein in der Nähe beschatteter Orte beobachtet[1]. „Abends häufiger als morgens treten langsame Schwankungen der Refraktion ein, welche doppelt gefährlich sind, weil sie sich nicht durch Zittern der Fernrohrbilder bemerklich machen, sondern nur durch die Differenz zweier in einem mäßigen Zeitintervall erfolgter Blicke[2]." Es wurde übrigens S. 182 bereits erwähnt, daß man durch die Anordnung Rückblick, Vorblick, Vorblick, Rückblick denjenigen Teil der Refraktionsänderungen, welcher der Zeit proportional erfolgt, unschädlich macht.

1904 widmete Schumann der Refraktion im Nivellement seine Aufmerksamkeit[3], 1912 auch Werkmeister[4]. Formeln für die Größe des Einflusses der Refraktion als Störungsquelle der Nivellements haben Lallemand 1897, Jordan 1898 und Hugershoff 1907 aufgestellt. 1910 kam Haimberger auf Grund zahlreicher eigener Messungen zu der Überzeugung, daß die Refraktion recht starken Schwankungen unterworfen ist[5], so daß also Mittelwerten, die man natürlich berechnen kann, keine große praktische Bedeutung zukommt. Kohlmüller widmete der nivellitischen Refraktion 1912 eine sehr ausführliche Untersuchung und kam im gleichen Sinne zu dem Schluß, daß sich die Refraktionswirkung im Nivellement nicht in eine Formel fassen lasse. Kohlmüller erinnert an die von Helmert zum Ausdruck gebrachte Meinung, nach der in den untersten Luftschichten bis etwa 3 m über dem Wasser eine einigermaßen sichere Darstellung der Refraktion durch eine Formel wohl unmöglich sein dürfte, und gibt der Meinung Ausdruck, daß gleiches wohl auch für Sichten über Land gelte, zumal für die kurzen Sichten eines Nivellements[6]. Auch Sarnetzki kommt in einer weit ausholenden Studie[7] zu dem Schluß, daß die Wärmeänderung mit der Höhe von Örtlichkeit zu Örtlichkeit und sogar von Jahreszeit zu Jahreszeit zu verschieden ist, so daß sich eine allgemein gültige Refraktionsformel nicht aufstellen lasse. Ganz von selbst ergibt sich hieraus der Gedanke, daß man dann also von Fall zu Fall, also beim Nivellieren von Stand zu Stand, die Temperaturänderung mit der Höhe durch Messung feststellen muß, und daß man dann aber auch die Refraktionswirkung muß berechnen können. Diesem Gedanken nachgehend, findet Hugershoff eine Formel, die wir in nachstehender Form schreiben[8]:

$$\Delta_{\mathrm{mm}} = -0{,}00036 \cdot \frac{B}{760} \cdot \frac{\Delta L_{1,0}}{(1+\alpha L)^2} \cdot z_{\mathrm{m}}^2 \cdot \Delta h_{\mathrm{m}}. \tag{111}$$

Hierin bedeutet Δ_{mm} die wegen der nivellitischen Refraktion am gemessenen Höhenunterschied „Rückblick minus Vorblick" anzubringende Verbesserung in mm. B ist der Barometerstand in mm, α der Ausdehnungskoeffizient der Luft, L die Lufttemperatur in Celsiusgraden, z die Zielweite in Metern, Δh_{m} der Höhenunterschied $r - v$ in Metern und $\Delta L_{1,0}$ die Differenz: Lufttemperatur in 1 m Höhe über dem Erdboden minus Lufttemperatur am Erdboden in Celsiusgraden.

---

[1] Kohlmüller: S. 9.
[2] Vogler: Pr. Geom. Bd. 2, 1, S. 300.
[3] Schumann: Höhenuntersch. S. 10.
[4] Werkmeister: Württ. Präzisionsniv. S. 33.
[5] Haimberger: Diss. S. 22.
[6] Helmert: Trig. Höh. S. 494 u. 511.
[7] Sarnetzki: S. 46.
[8] Hugershoff: Atmosphäre.

Für $z_m = 50$, $\Delta h_m = 3$, $B = 760$, $L = 15$, $\Delta L_{1,0} = 0{,}3$ erhält man den sehr beachtlichen Wert:

$$\Delta_{mm} = +0{,}7\,\text{mm}.$$

Kohlmüller beobachtete sogar für eine Sicht, die die Nivellierlatte 0,4 m hoch über dem Boden traf, bei einer Zielweite von 100 m eine Fehlerwirkung der Refraktion von rund 6 mm*.

Aus der Größe dieser Beträge kann man entnehmen, wie wichtig bei Feinnivellements im Hügellande genaue Messung der Lufttemperaturen am Boden und in 1 m Höhe über dem Boden und die Anbringung einer entsprechend berechneten Refraktionsverbesserung sein würde. Aber da es immerhin schwierig, umständlich und etwas kostspielig ist, die Temperaturänderung in diesen untersten Luftschichten genau festzustellen, so hat sich die Anbringung der Refraktionsverbesserung bis jetzt nicht eingebürgert. Doch würde zweifellos selbst die Anbringung einer etwas unsicheren Beschickung immer noch besser sein als gar keine Beschickung, wie man auch aus einem von Hugershoff mitgeteilten Beispiel sehen kann. Hugershoff erhielt bei einem Nivellement nach Anbringung der Refraktionsbeschickung einen wesentlich kleineren mittleren Kilometerfehler als vorher.

Empfehlen dürfte es sich, die Temperaturmessung nicht bloß beim Instrument vorzunehmen, sondern an den beiden Punkten mitten zwischen Instrument und Latten und außerdem auch noch die Messung auf 2 m über dem Boden auszudehnen, weil innerhalb 2 m Höhe Temperaturumkehr vorhanden sein könnte.

127. Die günstigste Zielweite.

„Sonnenschein und Wind beeinflussen die Arbeit so sehr, daß sich von einer günstigsten Zielweite schlechthin nicht reden läßt" — sagt Vogler[1].

Es empfiehlt sich vielmehr, die günstigste Zielweite von Fall zu Fall zu ermitteln, wie die nachstehenden Überlegungen zeigen werden.

In der Zeitschrift für Vermessungswesen 1894, S. 129ff. teilt G. Kummer eine von ihm ausgeführte Untersuchung mit, welche auf empirischem Wege für drei Feinnivellierinstrumente die Beziehung zwischen der Zielweite des Nivellements (z in Metern) und dem mittleren Schätzungsfehler auf der Nivellierlatte (σ in mm) festlegt. Kummer bestimmt den mittleren Schätzungsfehler bei 12 verschiedenen Entfernungen zwischen 10 und 70 m. Die drei Instrumente hatten rund 40 mm Objektivöffnung und 33- bis 43fache Vergrößerung. Bei allen drei Instrumenten fand Kummer ein deutlich ausgesprochenes Minimum des Schätzungsfehlers bei Zielweiten im Bereich von 20 bis 30 m. Auch Beobachtungen Stampfers von 1834, die Reinhertz mitteilt, zeigen ein Minimum des Einstellfehlers für die scheinbare Größe des Intervalls 1,3 bis 1,0 mm**. Vogler hatte beim bayrischen Feinnivellement 1870—71 bei Zielweiten zwischen 25 und 75 m kein Minimum des Schätzungsfehlers beobachtet, vielmehr die Formel erhalten[2]:

$$\sigma = 0{,}07\,\sqrt{z}\,. \tag{112}$$

* Diss. S. 55.

** Nova Acta S. 138.

[1] Pr. Geom. Bd. 2, 1, S. 300.

[2] Z. f. V. 1877, S. 12 u. 17.

Doch hat Vogler später das Minimum bemerkt. In seiner Pr. Geom. Bd. 2, 1, S. 48 teilt Vogler für ein 30fach vergrößerndes Nivellierfernrohr eine Beobachtungsreihe mit, welche ein deutlich ausgeprägtes Minimum bei 36 m Zielweite zeigt. Vogler spricht a. a. O. ganz allgemein die Überzeugung aus, daß ein Minimum für ein bestimmtes Verhältnis zwischen Dicke des Horizontalfadens und scheinbarer Größe des Lattenintervalls existieren muß. „Doch ist nicht gesagt, daß das Verhältnis für jedes Auge das nämliche sein wird oder daß Nebenumstände es nicht sogar für ein und dasselbe Auge verändern könnten[1].“ Daß die scheinbare Fadendicke für die Schätzungsgenauigkeit wesentlich sein müsse, war bereits Stampfer aufgefallen. Doch hielt Stampfer die Fadendicke dann für zweckmäßig, wenn sie durch das Okular betrachtet unter einem Gesichtswinkel von 1′ bis höchstens 2′ erscheine. Doležal ist der Meinung, die scheinbare Fadendicke soll möglichst zwischen 0,075 und 0,1 mm liegen. Das ist im wesentlichen dasselbe. Auch Löschner betont die Wichtigkeit der Fadenfeinheit für die Leistungsfähigkeit eines Instruments[2]. Doch führen Stampfers und Doležals und Löschners Auffassungen zu keiner Erklärung für das von den verschiedensten Seiten beobachtete Minimum des Schätzungsfehlers bei einer bestimmten Zielweite[3]. Auch Seibt gibt übrigens bereits 1878 bei einer Untersuchung über den mittleren Fehler der Sicht das Verhältnis der scheinbaren Fadendicke zur scheinbaren Breite des Lattenintervalls an. Seibt muß dieses Verhältnis also auch für wesentlich gehalten haben[4].

Schulz beobachtete 1905 für den mittleren Fehler des Einstellens des Horizontalfadens auf eine kreisförmige weiße Zielmarke von 3 mm Durchmesser ein deutlich ausgesprochenes Minimum des Zielfehlers für die Zielweite 24 m bei 37facher Fernrohrvergrößerung[5].

Beiläufig wollen wir uns merken, daß Kummer bei $z = 50$ m und $v = 37$ bis 43 für σ Werte zwischen 0,15 und 0,25 mm fand.

Reinhertz untersuchte 1891 im ganzen 13 Nivellierfernrohre bei Entfernungen von 10 bis 70 m von 10 zu 10 m und außerdem bei 100, 130, 160 m. Bei keinem dieser Fernrohre bemerkte er ein Minimum des Schätzungsfehlers[6], so daß er zu der Auffassung kam, daß

$$\sigma : \tau = c : \sqrt{J} \tag{113}$$

zu setzen sei, wo τ die Breite des Lattenintervalls in mm ist. Aber die mangelhafte Übereinstimmung zwischen den von Reinhertz mitgeteilten beobachteten Werten für σ und den berechneten Werten von $c : \sqrt{J}$ zeigt bereits, daß außer J noch ein anderes bislang unberücksichtigtes Element wesentlichen Einfluß auf die Größe von σ gehabt haben muß.

Kummer macht nun die Annahme, daß die durch die Beobachtungen gewonnene Beziehung sich darstellen lasse unter der Form:

$$\sigma^2 = \bar{a} + \bar{b}z + \bar{c}z^2\,, \tag{114}$$

und er bestimmt die Koeffizienten $\bar{a}$, $\bar{b}$, $\bar{c}$ so, daß die Funktion (114) sich den

[1] Vogler: Pr. Geom. Bd. 2, 1, S. 307.
[2] Löschner: Gr. d. mittl. Stat. 1914.
[3] Doležal: Csetis Gr. niv.
[4] Seibt: Gen. geom. Niv. 1878, S. 8.
[5] Schulz: S. 43.
[6] Nova Acta.

Beobachtungen möglichst gut anschmiegt. Natürlich bekommt er dabei die Größen $\bar{b}$, $\bar{c}$ mit verschiedenem Vorzeichen heraus. Denn sonst würde σ^2 mit wachsendem z unausgesetzt zu- oder unausgesetzt abnehmen, ohne daß das für z zwischen 20 und 30 m beobachtete Minimum von σ zum Ausdruck gelangen würde.

Der mittlere Fehler eines Blickes sei $\pm m$. Dann setzt sich m zusammen aus σ und demjenigen Fehler λ, der durch die unvermeidliche Ungenauigkeit beim Einspielenlassen der Libelle entsteht. Für λ findet Kummer für die 3 von ihm untersuchten Instrumente im Mittel

$$\lambda = \pm \frac{0{,}6\, z_m}{\varrho}. \tag{115}$$

Das gibt für 50 m Zielweite:

$$\lambda_{50\,\mathrm{m}} = \pm\, 0{,}14\,\mathrm{mm}.$$

Kummer hat bei seinen Versuchen an 3 Horizontalfäden abgelesen und daraus das Mittel gebildet. Kummer erhält daher für den mittleren Fehler des Blicks:

$$m^2 = \frac{1}{3}\sigma^2 + \lambda^2 \tag{116}$$

und findet nun für m^2 natürlich die Form:

$$m^2 = a + bz + cz^2. \tag{117}$$

Jetzt bestimmt Kummer z aus (117) so, daß m^2 ein Minimum wird, und findet die günstigste Zielweite:

$$z_{\mathrm{minimum}} = \sqrt{a} : \sqrt{c}. \tag{118}$$

Die günstigste Zielweite für die von ihm untersuchten 3 Instrumente findet Kummer bei Benutzung der in halbe cm eingeteilten Nivellierlatte zwischen 17 und 21 m; für Teilung in ganze cm zwischen 24 und 33 m.

Entsprechend Kummers Untersuchung werden bei Feinnivellements die Zielweiten 20 bis 30 m oft bevorzugt.

Kummer mittelte die Ablesungen an 3 Horizontalfäden. Bei dem verschwindend geringen Einfluß des Libellenfehlers gibt aber die Rechnung für Ablesung an nur einem Horizontalfaden die gleichen Werte für die günstigste Zielweite.

Der Frage nach der günstigsten Zielweite hat auch O. Eggert eine Untersuchung gewidmet[1]. Das Fernrohr erzeugt vom Lattenteilungsintervall (meist 10 oder 5 mm) ein virtuelles Bild, dessen Breite in mm J sei. Eggert geht von der Vorstellung aus, daß die Genauigkeit, mit der man die Stellung des Fadens innerhalb des Latteninterval1s schätzen kann, offenbar von J abhängig ist. Aus den mittleren Schätzungsfehlern σ, die Kummer und Reinhertz beobachtet haben, berechnet Eggert Zahlenwerte für eine Hilfsgröße m_1 nach der Formel:

$$m_1 = \sigma \cdot \frac{J}{\tau}. \tag{119}$$

Sodann trägt Eggert die Werte von m_1 als Ordinaten auf zu den Werten von J als Abszissen und findet dann aus graphischer Ausgleichung:

$$m_1 = \pm\,(0{,}034 + 0{,}0292\,J). \tag{120}$$

[1] Jordan: Hdb. Bd. 2, S. 565—570, 1914 u. Z. f. V. 1914, S. 249ff.

Das virtuelle Bild J entsteht in der günstigsten Sehweite von 25 cm. Man hat daher, wenn die Vergrößerung des Fernrohrs v ist:

$$J = \frac{0{,}25}{z} \cdot v\tau\,. \tag{121}$$

Setzt man (119) in (120) ein, so erhält man:

$$\sigma \cdot \frac{J}{\tau} = \pm\,(0{,}034 + 0{,}0292\,J)\,,$$

woraus sich mit Hilfe von (121) leicht ergibt:

$$\sigma = \pm\left(\frac{0{,}136}{v}\,z + 0{,}0292\,\tau\right), \tag{122}$$

wo σ und τ in mm, z in m zu verstehen ist.

Diese Formel bringt ein Minimum des Schätzungsfehlers bei einer bestimmten Zielweite nicht zum Ausdruck. Nach der Eggertschen Formel nimmt vielmehr σ im Durchschnitt sehr vieler verschiedener Verhältnisse mit zunehmendem z von Anfang an zu. Dieser Sachverhalt ist wohl so zu erklären, daß das Minimum des Schätzungsfehlers bei verschiedenen Vergrößerungen, Helligkeiten, Lattenintervallbreiten und vor allen Dingen Fadendicken nicht immer bei derselben Zielweite auftritt. Verteilt sich das Minimum von σ auf einen größeren Zielweitenbereich, so kann es vorkommen, daß es sich im Durchschnitt vieler Fälle überhaupt nicht mehr ausprägt, so daß sich dann bei der graphischen Ausgleichung für m_1 eine in J lineare Funktion dem Beobachtungsmaterial am besten anschmiegt. Man wird unwillkürlich an die meteorologische Merkwürdigkeit erinnert, daß auch die im Volksbewußtsein festgewurzelten Eisheiligen, die man um Mitte Mai zu erwarten pflegt, im Durchschnitt sehr vieler Jahre im Temperaturbild des Jahres nicht zum Ausdruck gelangen, weil ihr Eintritt sich zeitlich zu sehr verlagert.

Ein Vorzug der Eggertschen Formel ist es offenbar, daß sie ermöglicht, einfach und rasch den Durchschnittswert des Schätzungsfehlers zu berechnen. Aber man sieht, daß im einzelnen so starke Abweichungen von der Eggertschen Formel vorhanden sind, daß es sich empfiehlt, für verschiedene Fernrohr- und Lattentypen, vor allen Dingen für verschiedene Verhältnisse der Fadendicke zur Breite des scheinbaren Lattenintervalls, Sonderuntersuchungen anzustellen, um im Einzelfall die Zielweite zu ermitteln, für welche der Schätzungsfehler σ ein Minimum wird.

Für den Libellenfehler λ hat Eggert:

$$\lambda = \pm\,0{,}00044\,\sqrt{T}\cdot z\,, \tag{123}$$

wo T der Teilwert der Libelle in $''$ ist, z in Metern, λ in mm. Eggert bildet dann

$$m^2 = \sigma^2 + \lambda^2 = a + bz + cz^2 \tag{124}$$

und erhält daraus, ebenso wie Kummer, für die günstigste Zielweite:

$$z_{\text{minimum}} = \sqrt{a} : \sqrt{c}\,. \tag{125}$$

Doch sind die Zahlenwerte für a und c bei Eggert naturgemäß andere als bei Kummer. Eggert erhält:

$$z_{\text{minimum}} = \frac{2{,}1\,\tau\,v}{\sqrt{95 + 0{,}001\,T\,v^2}}\,. \tag{126}$$

Nach dieser Formel gibt Eggert folgende günstigste Zielweiten an

$T = 30''$	$v = 17{,}5$	$\tau = 10$	$z_{\min} = 36$ m
$20''$	25	10	52 m
$12{,}5''$	30	10	61 m
$12{,}5''$	30	5	31 m
$5''$	40	5	41 m.

Das sind also die günstigsten Zielwerte im Durchschnitt vieler Fälle, während die von Kummer angegebenen günstigsten Zielweiten sich speziell auf diejenigen Verhältnisse beziehen, unter denen Kummer seine Untersuchung ausführte.

Sehr beachtlich ist gegenüber diesen Feststellungen die ganz abweichende Auffassung Seibts. Seibt sagt: „Die günstigste Zielweite ist die längste im Gelände noch mögliche Zielweite, bei der noch klare und ruhige Bilder erhalten werden.“ Diese Zielweite ist aber nicht nur vom Gelände, sondern auch vom Wetter abhängig. Bald nach Sonnenaufgang, sagt Seibt, hat man bei wolkenlosem oder nur teilweise bedecktem Himmel klare, ruhige Bilder noch bis 200 m Zielweite, eine Stunde danach nur noch bis 150 m, 2 Stunden danach bis 100 m, 4 Stunden danach bis 50 m. Mittags muß man noch kleinere Zielweiten wählen. Bei völlig bedecktem Himmel dagegen kann man noch bis nach 10 Uhr Zielweiten bis 200 m nehmen[1].

General Schreiber setzte dagegen für die Feinnivellements der Landesaufnahme die Maximalzielweite auf 50 m fest.

Im rein historischen Interesse sei hier noch eine Kleinigkeit nachgetragen. In den vorstehenden Erörterungen war von dem Minimum des Schätzungsfehlers gesprochen worden, das von verschiedenen Beobachtern bei einer bestimmten Zielweite beobachtet worden ist. Bei derartigen Erörterungen findet man in der Fachliteratur gelegentlich den Hinweis, schon Hagen habe dieses Minimum bemerkt[2]. Gegen diese Auffassung wendet sich bereits 1878 Seibt im Civilingenieur. Hagen gibt allerdings an[3], daß er bei etwa 30 Ruten Distanz die kleinste Schätzungsunsicherheit gefunden habe. Aber das Meßverfahren war so: „man hat die Okularröhre so weit ausgezogen, daß das Bild in derjenigen Entfernung, in welcher man gewöhnlich mißt, die größte Schärfe hat. In bedeutend größerer Nähe verschwindet diese Schärfe aber so sehr, daß ohnerachtet der Nähe die Ablesung weniger genau wird. Das weitere Ausziehen der Okularröhre muß man aber vermeiden, weil dadurch die Absehenslinie, für welche die Libelle eingestellt ist, leicht verändert werden könnte.“

Hagens Minimum bietet demnach allerdings bedeutendes historisches Interesse, liefert aber für die Erkenntnis der Natur des Schätzungsfehlers keinen Beitrag.

---

[1] Seibt: Civiling. 1878, S. 8 des Sddr.
[2] Vgl. Jordan in Z. f. V. 1877, S. 119.
[3] Wahrsch.: 2. Aufl., S. 152 u. 170. 1867.

128. Höhen-Änderungen von Festpunkten.

Verfasser hatte einmal ein Rittergut zu vermessen, dessen Areal fast durchweg in schwerem, lehmigem, tiefgründigem Zuckerrübenboden bestand. Zunächst war die Vermarkung der Grenzen in Ordnung zu bringen. Es fand sich kein einziger Grenzstein vor. Aber der 70 jährige Gutsinspektor hatte alle Jahre seines Lebens mit alleiniger Ausnahme seiner Militärdienstzeit auf dem Gute gelebt und versicherte auf das bestimmteste: sämtliche Grenzsteine seien noch an Ort und Stelle. Er könne sich genau besinnen, wie die granitenen Steine in seiner Knabenzeit gesetzt worden seien, alle schön vierkantig behauen, oben ein eingemeißeltes Kreuz, an zwei Stirnflächen die eingemeißelten Monogramme der beiden Gutsnachbarn. Die Steine seien mit der Zeit immer niedriger geworden und schließlich ganz verschwunden. Aber weggekommen sei niemals einer.

Da Monogramme an den Steinen gewesen waren, werden die Steine wenigstens etwa 25 cm aus dem Boden herausgestanden haben. Die Steine waren also vermutlich in rund 60 Jahren um wenigstens 30 cm gesunken, im Jahre also um wenigstens 5 mm.

Hieraus lernte Verfasser, daß auch im besten, keineswegs moorigen Rübenboden Granitsteine jährlich um etwa 5 mm einsinken können.

Noch schlimmere Erfahrungen macht man auf moorigem Boden. Bei der Hamburger Stadtvermessung 1869 bis 1871 machte man die Erfahrung, daß die Feinnivellements in schwer erklärlicher Weise schlecht stimmten. Man kam darauf, daß die Lehm-, Sand-, Kies-, Schlick- und Lettenschichten des Hamburger Bodens mit moorigen Schichten wechsellagerten, welche gegen Druck nachgiebig sind. Man wählte daher für das zweite 1884 begonnene Feinnivellement als Höhenfestpunkte lange, durch Muffen miteinander verbundene eiserne Röhren, welche lang genug waren, um alle Moorschichten zu durchstoßen. Von da ab stimmten die Feinnivellements[1]. Diese vorzügliche Art der Vermarkung zeigt Tafel 28.

Die Anregung zu dieser Vermarkungsart ist von dem Hamburger Baurat Bensberg und dem Abteilungsgeometer Wittenberg ausgegangen. Die Rohrtouren müssen gelegentlich, um den festen Untergrund zu erreichen, bis zu 30 m lang gemacht werden. Inwendig sind die Rohre mit Sand gefüllt. Neuerdings sind diese Rohrfestpunktmarken noch wesentlich verbessert worden[2].

Gelegentlich sind auch Höhenfestpunkte in den Mauern angebracht worden, die den Vorgarten eines Hauses gegen die Straße abschließen, und man beobachtete dann Hebung des Festpunktes durch Baumwurzeln und andererseits Senkungen, wenn etwa infolge von Kanalisationsarbeiten der Boden, auf welchem die Mauer stand, sich etwas gesenkt hatte. Eine solche Senkung ist, wenn in der Nähe die Straße aufgebrochen worden war, vielleicht noch 4 Jahre nach dem Aufbruch nicht ganz zur Ruhe gekommen[3].

---

[1] Verh. d: I. E. 1912, II, S. 264.

[2] Berndt: Küstensenkungsmessungen, Mitt. d. RA f. LA 1928/29 Heft 1.

[3] Z. f. V. 1898, S. 392, Bewegung der Punkte c und c'. Repkewitz hält allerdings auch noch andere Ursachen der Senkung für möglich. Aber allein schon der Umstand, daß die allgemeine Erfahrung dahin geführt hat, für Anbringung von Höhenbolzen alte Gebäude zu bevorzugen, zeigt, daß man bei jüngeren Gebäuden noch ein Sichsetzen befürchtet, mit anderen Worten, daß das Sichsetzen von Bauwerken mehrere Jahre dauert.

Wird etwa ein Eisenbahndamm aufgeschüttet, so sind ruckweise Verschiebungen des Seitengeländes gelegentlich beobachtet worden mit einer kräftigen Plötzlichkeit, daß schlafende Bewohner eines mitverschobenen Hauses erwachten und an ein Erdbeben dachten. Daß bei solchen Gelegenheiten auch Aufquellungen des Bodens in der unmittelbaren Nähe des Dammes erfolgen und damit Hebungen etwaiger dort vorhandener Höhenfestpunkte erfolgen können, wird man als möglich bezeichnen können, doch ist dem Verfasser darüber nichts Näheres bekannt.

Hohenner[1] wiederholte 1897 das von Max von Bauernfeind 1868 bis 1889 für die europäische Gradmessung ausgeführte bayrische Präzisionsnivellement. 40 Höhenfestpunkte ließen sich mit Sicherheit auf ihre unveränderte Lage prüfen. Dabei fand Hohenner, daß 19 von ihnen ihre Höhe noch unverändert beibehalten hatten, bei 11 war Hebung festzustellen, bei 10 Senkung. Bei allen 21 Punkten, deren Höhenlage verändert vorgefunden wurde, handelte es sich offensichtlich um rein lokale Ursachen, nicht allgemeine Hebungen oder Senkungen der Erdoberfläche etwa im Sinne rezenter Bodenbewegungen. Die größten Höhenänderungen stellte Hohenner fest auf Brücken über Wasserläufen, auf hohen Durchlässen und an Wegebrückenpfeilern. Die geringsten Höhenänderungen zeigten diejenigen Höhenfestpunktmarken, die an alten Gebäuden angebracht waren.

Auch als auf der Strecke Bingerbrück-Köln das Urnivellement der Landesaufnahme 1904 bis 1905 ausgeführt war und dann 1911 bis 1912 wiederholt wurde, zeigten sich deutlich Senkungen zahlreicher Festpunktpfeiler und Baulichkeiten, an denen sich die einnivellierten Bolzen befanden, um 10 bis 12 mm*. An einer Brücke in Hamburg beobachtete man ferner ein Heben und Senken der Gewölbebogen um 6 bis 14 mm je nach der Jahreszeit[2].

Daß der Bergbau Senkungen verursacht, ist jedem Bergmann bekannt. Weniger bekannt sind die Gesetzmäßigkeiten, nach denen sich diese sogenannten Abbausenkungen vollziehen. A. Grond hat in einer gediegenen Untersuchung durch Messungen und Rechnung gefunden, daß die Senkung über einem Abbau sich in der Weise zu vollziehen pflegt, daß über dem Schwerpunkt des Abbaus die größte Senkung auftritt. Über dem gesamten Abbau liegt die Senkungsmulde. Ist die Abbaufläche nur klein, so treten an den Rändern der Mulde nur Zerrungen auf. Ist die Abbaufläche groß genug, so bilden sich an den Abbaurändern „Hauptbruchspalten". Für das Einfallen der Hauptbruchspalten findet Grond aus seinen Messungen die nachstehenden Werte:

1. Trockene Erdkruste oberhalb des Grundwasserspiegels . . . . . 85°
2. Kies unter dem Grundwasserspiegel . . . . 28°
3. Sand oberhalb des Wasserträgers . . . . 62°
4. Ton als Wasserträger . . . . 79°
5. Sand unterhalb des Wasserträgers . . . . 59°
6. Mergel . . . . 48°
7. Karbonischer Schiefer . . . . 67°
8. Karbonischer Sandstein . . . . 90°

---

[1] Hohenner: Höhenlage usw. in Z. f. V. 1900.

* B. f. d. H. u. W., Zusamm. v. 24. IX. 1913.

[2] Verh. d. Int. Erdm. 1912, II, S. 265.

Diese Hauptbruchspalten und ihre nächste Umgebung bilden offenbar um die Abbaumulde herum einen Ring größter Zerrung und damit ein Zerstörungsgebiet für Gebäude. Um diese Zerrungszone herum lagert sich nun noch eine breite Zone der Nachrutschungen, in der also auch noch Senkungen stattfinden. Über die Breite dieser Zone teilt Grond keine Beobachtungen mit. Man wird für diese Zone daher die bisher bei uns in Deutschland schätzungsweise übliche Abgrenzung weiter wählen, wonach man von den obersten Rändern des Abbaus aus sich gerade Linien mit einem Ansteigen von 30° zur Tagesoberfläche hin gezogen denkt. Wo diese Linien die Tagesoberfläche durchstoßen, hat man einen Begrenzungspunkt der mutmaßlichen Nachrutschungszone, also des gesamten Senkungsgebietes einschließlich seines „senkungsverdächtigen Gürtels".

In einzelnen Fällen wird man das „senkungsverdächtige Gebiet" etwas anders abgrenzen müssen, wenn z. B. Wasserentziehung durch den Bergbau in einer Richtung noch über jene 30°-Linie hinaus nachweisbar ist. Im Bereich der Wasserentziehung wird man, namentlich, wenn Spaltenbildung beobachtet worden ist, immer mit der Möglichkeit von Senkungen der Tagesoberfläche rechnen müssen, falls etwa Schwimmsand zum Abfließen gebracht sein könnte oder wenn durch das abfließende Wasser größere Mengen toniger oder anderer mineralischer Bestandteile fortgeführt sein könnten oder auch, wenn man an eine Schrumpfung denken könnte. Sandiger Boden, der bisher feucht war, der jetzt aber trocken geworden ist, weil die Wasserzufuhr ausblieb, kann natürlich nicht schrumpfen. Jedes Körnchen bleibt an seiner Stelle. Denn das Wasser hatte sich nur in den Zwischenräumen der fest aufeinander gelagerten Sandkörnchen befunden. Dagegen bei tonigen und lehmigen Böden muß man Schrumpfen bei Wasserverlust als wahrscheinlich ansehen. Soll ein Haus gebaut werden, und wird dazu die Baugrube ausgehoben, so kann im Untergrund Lehm oder Ton zum Vorschein kommen. Die Sonne scheint darauf. Der Lehm oder der Ton trocknet aus, es bilden sich Risse. Daraus sieht man, daß Wasserentziehung bei Lehm oder Ton zu einer Volumverminderung, also zur Schrumpfung und zur Senkung der Oberfläche führen kann. Aber das kann immer nur geringfügig sein. Wesentlich anders verhält es sich bei starkhumosen, moorigen oder schlammigen Böden. Die verwesenden organischen Stoffe, aus denen sie gebildet sind, sind an sich nicht sehr schwer. Die Fäulnisprozesse in ihnen führen zu kleinen Gaseinschlüssen, durch die sie noch leichter erscheinen. Es liegt auf der Hand, daß, wenn solche Bodenschichten von Wasser durchtränkt sind, wechselnder hydrostatischer Druck zu wechselnden Auflockerungen und Schrumpfungen, also zu wechselnden Hebungen und Senkungen führen kann, wie z. B. bei den durch Seibts Untersuchungen berühmt gewordenen Pegelhäusern von Cranz und Brunshaus (s. weiter unten S. 196).

Der Frost dringt bis etwa 1,20 m tief in den Boden ein. Da gefrierendes Wasser sich ausdehnt, steigt gefrierender Boden auf. Nach dem Auftauen sinkt er zusammen. Auch dieser Vorgang kann Höhenänderungen vortäuschen. Selbst wenn man z. B. zur Vermarkung von Höhenfestpunkten 2 m lange Eisenrohre benutzt, die man in ganzer Länge in den Boden einläßt, so daß ihre Oberfläche mit der Bodenoberfläche abschneidet, so durchstößt dann zwar das Rohr die vom Frost beeinflußte Erdschicht, so daß der untere Teil des Rohres den Einwirkungen des Frostes entzogen ist. Aber es muß, wenn der Frost sehr tief geht, gleichwohl mit der Möglichkeit gerechnet werden, daß die dem Frost ausgesetzte Bodenschicht an dem oberen Teil des Rohres anfriert und es etwas aus dem Boden heraushebt, falls das Rohr nicht etwa unten mit pfropfenzieherartigem Gewinde versehen ist und dadurch hinreichenden Widerstand leistet. Beim Auftauen sinkt das in die Höhe gehobene, aber unten eingeklemmte Rohr nicht in seine Anfangsstellung zurück. Wiederholt sich der Vorgang mehrere Jahre hintereinander, so kann eine fortgesetzte allgemeinere Hebung vorgetäuscht werden.

Seibt beobachtete 1898 und 1901 an zwei Pegelhäusern der Unterelbe periodische Änderungen eines Höhenunterschiedes, die durch Ebbe und Flut hervorgebracht werden, die den Untergrund der Pegelhäuser innerhalb der Elastizitätsgrenze verschieden belasten[1].

Auch kommt es vor, daß Aufbauten sich teilweise von ihrem Fundament lösen und dadurch Höhenunterschiede vortäuschen. Seibt beobachtete in einem derartigen Fall in 8 Jahren eine Hebung um 62 mm*.

Erdbeben haben — auch in Deutschland, das außerhalb der Gebiete besonders starker Erdbebentätigkeit liegt — vielleicht immer einige Höhenänderungen herbeigeführt, indessen waren diese Höhenänderungen bei uns selten so bedeutend, daß sie ohne weiteres mit freiem Auge erkennbar waren. In einigen Fällen wurden sie später mit Hilfe von Feinnivellements festgestellt.

Besondere Aufmerksamkeit hat man in den letzten Jahrzehnten den Lageänderungen der Festpunkte zugewandt, welche von den langsamen Verschiebungen größerer Landstrecken gegeneinander herrühren, die wohl, solange die Erde steht, vorgekommen sein werden und auch heute noch als sogenannte „rezente Bodenbewegungen" oder „Krustenbewegungen der Erdrinde" beobachtet werden.

So stellte M. Schmidt 1901 bis 1918 durch Feinnivellement von im ganzen rund 600 km Gesamtlänge im oberbayrischen Alpenvorland südöstlich Münchens zwischen Isar und Salzach auf der sogenannten Inn-Salzach-Platte in etwa 50×100 km Ausdehnung weit ausgreifende Bodensenkungen fest. Es wurde schon erwähnt, daß die Beuthener Erz- und Kohlenmulde nach Messungen und Berechnungen Niemczyks sich jährlich um 4 bis 6 mm senkt.

Die Untersuchungen Seibts am Dom zu Königsberg 1903 bis 1920 ergaben nicht bloß auf der Dominsel Senkungen bis zu 24 mm, sondern entsprechende Senkungen auch an Häusern, Toren und Kirchen außerhalb der Dominsel, so daß offenbar eine allgemeine Senkungserscheinung vorlag, die über die Dominsel hinausgriff. An der Sandgewand bei Aachen stellte H. Paus eine Änderung in der gegenseitigen Höhenlage der beiden Ränder der Kluft von 1927 auf 1928 im Betrage von 6 mm fest.

Die langsame Absenkung des Bodens von Frankreich wurde bereits erwähnt (S. 176).

Eine große Anzahl derartiger Bewegungsvorgänge hat an der Hand der verstreuten Literatur kürzlich Oberste-Brink zusammengestellt[2].

---

[1] Seibt: Höhenverschiebungen. in Zentralbl. Bauverw. 1899 und 1902.

* Schumann: Höh. S. 12 u. Seibt: Zentralbl. Bauverw. 1909, Nr. 35.

[2] Glückauf 1926, S. 857.

129. Vermarkung der Höhenfestpunkte.

Bei der Auswahl der Höhenfestpunkte wird man stets in erster Linie von den wechselnden besonderen Verhältnissen des einzelnen Falles abhängig sein, aber es wird auch stets eine gewisse Freiheit bleiben, und es ist nun Sache des Ingenieurs, diese Freiheit auf das vorteilhafteste auszunützen und Festpunkte zu schaffen, die möglichst wenig Änderungen ihrer Höhenlage ausgesetzt sind. Die hierfür über Tage in Betracht kommenden Gesichtspunkte ergeben sich aus den Zusammenstellungen des Abschn. 128.

Als Festpunktmarken wählt man über Tage vorteilhaft eiserne Bolzen, wenn man Gelegenheit hat, sie an alten Gebäuden oder wo anstehender Fels vorhanden ist, noch besser am Felsen anzubringen (Abb. 102, S. 168).

Sind in erdigen Böden mit dicht unter der Oberfläche befindlicher Felsunterlage Höhenfestpunkte zu schaffen, so wählt man vorteilhaft Betonklötze, die man auf den Felsen aufmauert und mit der Oberfläche abschneiden läßt. Einen aufrecht stehenden eisernen Bolzen mit kugeligem oberen Ende mauert man so ein, daß er nur wenige mm aus dem Beton heraussieht. Diese von Seibt angegebene Art der Vermarkung s. auf Tafel 27.

In tiefgründigen erdigen Böden wird man den Betonklotz etwa 1,20 m lang machen, damit er bis zum Grunde der Frostschicht reicht. Dem zu befürchtenden allmählichen Einsinken wirkt man nach Möglichkeit entgegen, indem man dem Klotz eine breite Grundfläche gibt und ihn sich nach oben hin stark verjüngen läßt. Seibt vermarkte die Höhenfestpunkte auch durch eiserne Bolzen mit kugeligem Kopf, die senkrecht in Steinpfeilern von quadratischem Querschnitt einzementiert oder mit Blei vergossen wurden. Die Steinpfeiler waren zum Teil aus Granit, zum Teil aus Sandstein, zum Teil aus Kunststein. Sie wurden bis zur frostfreien Tiefe entweder auf gestampften Steinschotter oder auf Beton gesetzt und mit Steinschotter umstampft oder mit Beton umgossen. Über dem Erdboden ragten sie etwa 10 cm hervor[1].

Von 2 m langen, lotrecht in die Erde gelassenen eisernen Röhren als Festpunktmarken war bereits S. 195—196 die Rede. Man versieht am besten den untersten halben Meter mit Schraubengewinde. Mit dem Erdbohrer bohrt man 1,5 m vor, setzt das Rohr ein und schraubt den untersten halben Meter der Rohrlänge in den unverritzten Boden ein, worauf man dann das vom Erdbohrer gebohrte Loch zufüllt, verstampft und das obere Rohrende mit Zement verschließt.

Auch von den Rohrfestpunkten der Hamburger Stadtvermessung war bereits S. 193 die Rede.

130. Höhennullpunkt.

Als Höhennullpunkt, von dem ab alle Höhen gezählt wurden, benutzte man im Bergbau in den ältesten Zeiten das Stollmundloch. Später wurde es in Deutschland ganz allgemein üblich, den Wasserspiegel der Nordsee als Ausgangspunkt für die Zählung der Höhen zu benutzen. Dieser Wasserspiegel war vertreten durch den Nullpunkt des Amsterdamer Pegels. Man benutzte ihn in Deutschland als Höhennullpunkt bis 1879.

---

[1] Bureau f. d. H. u. W.: Unstrut, Saale, Mulde S. VII.

Man versteht unter dem Mittelwasser eines Meeres nach einer Definition von seiten des Deutschen Reichsmarineamts das Mittel aus Hoch- und Niedrigwasser (französisch mi-marée, englisch half-tide). Im Gegensatz dazu steht der mittlere Wasserstand des Meeres, d. i. das Mittel aus stündlichen Beobachtungen[1] (niveau moyen, mean sea-level). Im Jahre 1835 bestimmte General Baeyer das Mittelwasser der Ostsee bei Swinemünde, und auf dieses Baeyersche Mittelwasser als Nullpunkt sind dann seit 1835 sehr viele Höhen bezogen worden, auch im Bergbau. 1867 wurde von dem Meteorologen Dove vor diesem Nullpunkt gewarnt wegen der in Gelehrtenkreisen damals vermuteten allmählichen Hebung der Ostseeküste[2]. Uhlich gab noch 1897 eine Reihe neubestimmter Höhen an. die er alle auf das Mittelwasser der Ostsee bezog[3]. 1881 bestimmte Seibt die Höhenlage des Mittelwassers der Ostsee neu, indem er die Beobachtungen des Zeitraumes 1826 bis 1876 verwertete, und fand das Mittelwasser 5,6 mm höher liegend. 1890 bestimmte Seibt das Mittelwasser der Ostsee nochmals, diesmal für den Zeitraum 1811 bis 1888. Es ergab sich jetzt um 2,5 mm höher als für die Periode 1826 bis 1876.

Inzwischen hatte man aber 1879 auf Anregung und unter Leitung des Generals Schreiber in Berlin am Nordpfeiler der — jetzt abgerissenen — Sternwarte einen Ausgangspunkt für die deutschen Höhenmessungen geschaffen, der Normalhöhenpunkt genannt wird. Er lag rund 37 m über dem Meeresspiegel, und es wurde daher festgesetzt, daß ein genau 37 m unter dem Normalhöhenpunkt zu denkender Punkt Normalnull genannt werden solle, abgekürzt NN, und dieser Punkt Normalnull solle künftig als Ausgangspunkt für die Zählung der Höhen benutzt werden. Die Niveaufläche, die durch NN hindurchgeht, nennt man den deutschen Landeshorizont. Bei dieser Festsetzung ist es seither geblieben. Sorgfältige, jedes Jahr wiederholte Messungen ergaben, daß der Normalhöhenpunkt von 1879 bis 1904 seine Höhenlage gegenüber einem Kontrollpunkt im Meridianpfeiler der Sternwarte nur um 0,6 mm geändert hat[4]. Aber die Sternwarte mußte abgebrochen werden. 1909 wurde daher die Verlegung von NH in Aussicht genommen. Zum Ersatz wurden 1912 an der Chaussee Berlin-Manschnow 5 Punkte unterirdisch festgelegt und durch Feinnivellements an NH angeschlossen[5].

Aus Nivellements ergab sich zwischen Mittelwasser der Ostsee für die Periode 1811 bis 1888 und Normalnull ein Höhenunterschied von 53 bis 66 mm in dem Sinne, daß NN um diesen Betrag höher liegt, als das Mittelwasser der Ostsee. Doch beträgt die Unsicherheit jenes Nivellementsergebnisses immerhin $\pm$ 35 mm. Die beiden Ergebnisse 53 und 66 mm entsprechen den Berechnungen des Geodätischen Instituts in Potsdam und der Preußischen Landesaufnahme[6].

Die Staaten, die seinerzeit in der Internationalen Erdmessung zusammengeschlossen waren, haben sich Mühe gegeben, für ihre Höhenmessungen zu einem gemeinsamen Höhennullpunkt zu gelangen. Aber die sich entgegenstellenden Schwierigkeiten sind sehr groß, da hauptsächlich wegen der im Meere vorhandenem Strömungen der Meeresspiegel an verschiedenen Orten verschiedene Höhe hat.

---

[1] Ann. d. Hydr. u. mar. Met. 1913, S. 231.
[2] Verh. d. eur. Gradm. 1867, S. 141.
[3] Sächs. Jahrb. 1897, S. 45.
[4] Klempau: Pfeilerbew. S. 6.
[5] Verh. d. int. Erd. 1912, I, S. 251.
[6] Z. f. V. 1892, S. 644 u. Geod. Inst., Mittelw. d. O. S. bei Swinem., 2. Mitt. 1890, S. 29.

So beträgt der Höhenunterschied des Mittelwassers der Ostsee bei Aarhus gegen das Mittelwasser des Atlantischen Ozeans bei Cadiz 125 cm[1]. Denken ließe sich wohl ein gemeinsamer Horizont als Ausgangsfläche für alle Höhenzählungen. Man braucht sich nur eine Fläche vorzustellen, die durch einen willkürlich gewählten Punkt, z. B. durch Normalnull, hindurchgeht, und auf welcher überall die Richtung der Schwerkraft senkrecht steht. Das wäre die sogenannte „Niveaufläche" des Punktes Normalnull. Diese fällt sicherlich auf weite Strecken mit der Meeresoberfläche nicht zusammen, da diese sich nicht nur unter der Einwirkung der Schwerkraft bildet, sondern auch unter der Einwirkung der Meeresströmungen und der Winde, von der Einwirkung des Mondes ganz abgesehen. Aber es würden sehr kostspielige und langwierige Messungen und Rechnungen dazu gehören, den Verlauf dieser Niveaufläche überall festzustellen, eine Arbeit, zu welcher Kosten und Personal nicht so leicht überall zu beschaffen sein würden. Angesichts der vorhandenen Schwierigkeiten faßte daher das Zentralbureau der Internationalen Erdmessung auf einer allgemeinen Konferenz der Internationalen Erdmessung, die 1892 in Brüssel stattfand, den Entschluß, daß man von der Wahl eines gemeinsamen Höhennullpunktes absehen müsse.

131. Orthometrische Nivellementsverbesserung.

Bei längeren Nivellementszügen etwa in der Ausdehnung, wie sie in den Grenzen eines Oberbergamtsbezirks vorkommen können, kann eine Verbesserung an den Nivellementsergebnissen in Frage kommen, die man die orthometrische Verbesserung nennt. Es ist für diesen Fall nicht notwendig, daß zwischen den Endpunkten A und B des Nivellementszuges ein größerer Höhenunterschied, ja überhaupt nur ein Höhenunterschied bestände. Es sei (Abb. 106) M ein Punkt im Meeresniveau und MCD eine durch ihn hindurchgehende Niveaufläche, also die mathematische Erdoberfläche. Wir wollen sie kurz das Meeresniveau nennen. ABE sei ebenfalls eine Niveaufläche, also eine Fläche, welche überall senkrecht zur Richtung der Schwerkraft ist. In A, B, E möge die Schwerkraft die Werte g_a, g_b, g_{45} haben. E liege unter 45^0 geographischer Breite. Die geographischen Breiten von A und B seien φ_a, φ_b. Denkt man sich von A und B Senkrechte gefällt auf das Meeresniveau, h_a und h_b, so nennt man h_a und h_b die orthometrischen Höhen von A und B. h_{45}, die von E auf das Meeresniveau gefällte Senkrechte, also die orthometrische Höhe von E wird die dynamische Höhe der Niveaufläche ABE über dem Meeresniveau genannt. Auch sagt man: h_{45} sei die dynamische Höhe der Punkte A, B. Man übersieht ohne weiteres, daß im allgemeinen $h_a \gtrless h_b$ ist. Zwischen zwei Niveauflächen gilt für beliebige Punkte

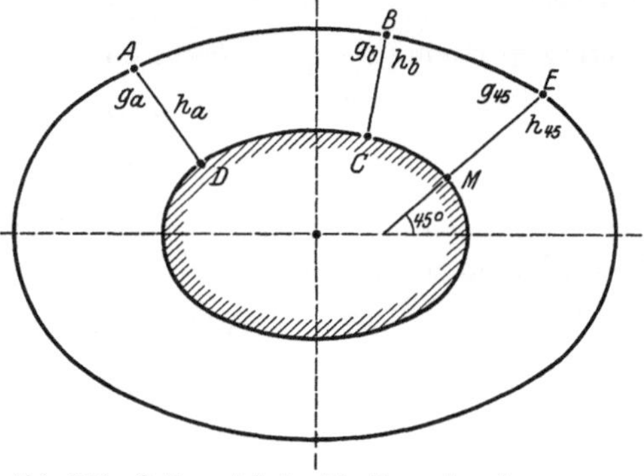

Abb. 106. Orthometrische Nivellementsverbesserung.

$$g_a \cdot h_a = g_b \cdot h_b = \cdots = g_{45} \cdot h_{45}, \tag{127}$$

[1] Z. f. V. 1892, S. 648—649.

so daß die Beziehungen bestehen:

$$h_a = h_{45} \cdot \frac{g_{45}}{g_a}, \qquad h_b = h_{45} \cdot \frac{g_{45}}{g_b} \tag{128}$$

Es ist aber auch ohne weiteres zu übersehen, daß ein Nivellement, von A längs der Niveaufläche AB bis B geführt, den Höhenunterschied $h_b - h_a = 0$ ergeben muß. Es ist nun

$$\delta = h_b - h_a \tag{129}$$

oder die sogenannte orthometrische Nivellementsverbesserung zu berechnen.

In der höheren Geodäsie wird gezeigt, daß die Schwerkraft längs einer Niveaufläche sich gemäß folgender Formel ändert:

$$\left.\begin{aligned} g_a &= g_{45}\,(1 - \beta \cos 2\,\varphi_a) \\ g_b &= g_{45}\,(1 - \beta \cos 2\,\varphi_b) \end{aligned}\right\} \quad \beta = 0{,}002\,64. \tag{130}$$

Man hat daher gemäß (127) und (130):

$$h_a \cdot g_{45}\,(1 - \beta \cos 2\,\varphi_a) = h_b\, g_{45}\,(1 - \beta \cos 2\,\varphi_b)\,. \tag{131}$$

$$h_a = h_b \cdot \frac{1 - \beta \cos 2\,\varphi_b}{1 - \beta \cos 2\,\varphi_a} = h_b\,(1 - \beta \cos 2\,\varphi_b)\,(1 + \beta \cos 2\,\varphi_a),$$

$$h_a = h_b\,(1 - \beta \cos 2\,\varphi_\beta + \beta \cos 2\,\varphi_\alpha)\,,$$

$$h_a - h_b = \beta\, h_b \cdot (\cos 2\,\varphi_a - \cos 2\,\varphi_b)\,.$$

$$h_a - h_b = \beta\, h_b\,(\cos\varphi_a \cos\varphi_a - \sin\varphi_a \sin\varphi_a - \cos\varphi_b \cos\varphi_b + \sin\varphi_b \sin\varphi_b)\,. \tag{132}$$

Nun ist:

$$\begin{aligned} \sin(\alpha + \beta)\sin(\alpha - \beta) &= (\sin\alpha\cos\beta + \cos\alpha\sin\beta)\,(\sin\alpha\cos\beta - \cos\alpha\sin\beta) \\ &= \sin^2\alpha\cos^2\beta - \cos^2\alpha\sin^2\beta \\ &= (1 - \cos^2\alpha)\cos^2\beta - \cos^2\alpha\,(1 - \cos^2\beta) \\ &= \cos^2\beta - \cos^2\alpha\,. \end{aligned}$$

Mithin haben wir in (132):

$$\cos^2\varphi_a - \cos^2\varphi_b = \sin(\varphi_a + \varphi_b)\sin(\varphi_a - \varphi_b)\,.$$

Setzen wir dies in (132) ein, so erhalten wir:

$$\begin{aligned} h_a - h_b &= \beta \cdot h_b\,(\sin(\varphi_a + \varphi_b) \cdot (\sin(\varphi_b - \varphi_a) - \sin^2\varphi_a + \sin^2\varphi_b) \\ &= \beta \cdot h_b \cdot 2\sin(\varphi_a + \varphi_b)\sin(\varphi_b - \varphi_a)\,. \end{aligned}$$

Nun wird $\varphi_b - \varphi_a$ innerhalb eines Oberbergamtsbezirks immer nur ein kleiner Winkel sein. Man kann daher schreiben:

$$\delta = h_b - h_a = 2\,\beta \cdot h_b\,(\varphi_a - \varphi_b)\sin(\varphi_a + \varphi_b)\,. \tag{133}$$

Dies ist also die orthometrische Verbesserung für den nivellierten Höhenunterschied zweier Punkte A und B, welche annähernd in ein und derselben Niveaufläche liegen.

Für einen Nivellementszug, der durch wesentlich verschiedene Höhenlagen, also durch verschiedene Niveauflächen hindurchführt, hat man entsprechend:

$$[\delta] = 2\,\beta\,[h_b\,(\varphi_a - \varphi_b)\sin(\varphi_a + \varphi_b)]\,, \tag{134}$$

wo die eckige Klammer das Summenzeichen ist. Es wird fast immer genügen, eine mittlere Breite φ einzuführen, so daß man dann erhält:

$$[\delta] = 2\,\beta \sin 2\,\varphi\,[h_b\,(\varphi_a - \varphi_b)]\,. \tag{135}$$

Es war $\varphi_a - \varphi_b$ näherungsweise gesetzt worden für $\sin(\varphi_a - \varphi_b)$. Mithin ist unter $\varphi_a - \varphi_b$ der arcus zu verstehen. Man kann daher auch schreiben:

$$[\delta] = \frac{2\,\beta \sin 2\,\varphi}{\varrho}\,[h_b \cdot (\varphi_a - \varphi_b)'']\,. \tag{136}$$

$[\delta]$ wird im selben Maß erhalten, in welchem rechts h_b eingesetzt worden ist. $[\delta]$ wird auch der normale sphäroidische Schlußfehler eines geometrischen Nivellements genannt.

Man kann mit der orthometrischen Verbesserung $[\delta]$ auch eine geometrische Vorstellung verbinden. Es bezeichne R den Erdradius, m den Meridianbogen, welcher dem Breitenunterschied $\varphi_a - \varphi_b$ entspricht, und zwar je nachdem $\varphi_a - \varphi_b$ positiv oder negativ ist, möge auch m positiv oder negativ gerechnet werden. Dann ist:

$$\frac{(\varphi_a - \varphi_b)''}{\varrho} = \frac{m}{R}\,.$$

Man kann daher (136) auch so schreiben:

$$[\delta] = \frac{2\,\beta \sin 2\,\varphi}{R}\,[h_b \cdot m]\,.$$

$h_b \cdot m$ ist aber die zu zwei aufeinander folgenden Punkten A, B gehörige Profilfläche im Meridian, die beim Fortschreiten von A und B nach Süden hin positiv, bei Fortschreiten nach Norden hin negativ zu rechnen ist. Wir setzen:

$$h_b \cdot m = F \tag{137}$$

und erhalten daher:

$$[\delta] = \frac{2\,\beta \sin 2\,\varphi}{R}\,[F]\,. \tag{138}$$

Mit m und R rechnet man am angenehmsten in km. Am besten werden dann auch die h in km ausgedrückt, so daß die F in qkm erhalten werden. Dann erhält man freilich auch $[\delta]$ in km. Um $[\delta]$ in mm zu erhalten, multiplizieren wir mit 1000000 und erhalten:

$$[\delta]_{\mathrm{mm}} = \frac{1\,000\,000 \cdot 2\,\beta \cdot \sin 2\,\varphi}{R_{\mathrm{km}}}\,[F]_{\mathrm{qkm}}\,.$$

$$[\delta]_{\mathrm{mm}} = 0{,}83 \sin 2\,\varphi\,[F]_{\mathrm{qkm}}\,, \tag{139}$$

wo die Flächen F positiv zu rechnen sind beim Fortschreiten des Nivellements von Norden nach Süden und negativ beim Fortschreiten von Süden nach Norden.

Auf die Fehlerhaftigkeit eines Nivellementsergebnisses, bei dem die Intensität der Schwere längs des durchlaufenen Nivellementsweges unberücksichtigt geblieben ist, hat schon 1871 der Jurist Dr. Wand in seinen „Prinzipien der mathematischen Physik und der Potentialtheorie“ aufmerksam gemacht[1]. Seit etwa 1883 ist dann die Anbringung der orthometrischen Beschickung allmählich in Aufnahme gekommen[2].

---

[1] Z. f. V. 1885, S. 33.

[2] Jordan: Hdb. Bd. 2, S. 581. 1914.

132. Berichtigung der Nivellierinstrumente.

Die Meßinstrumente sind in der Regel aus Metallen und ihren Legierungen hergestellt. Ihre einzelnen Teile sind daher bei Temperaturänderungen starken Längenänderungen ausgesetzt, wodurch Spannungen im Körper des Instruments entstehen. Die Betätigung der Schrauben am Instrument beansprucht die Elastizität des Materials und vermehrt die Spannungen. Bei Erschütterungen gelingt es den Spannungen, sich Luft zu verschaffen, Schrauben lockern sich, und die mathematischen Linien des Instruments verlieren die Stellung zueinander, die sie beim Gebrauch haben sollen. So hat man plötzliche sprunghafte Änderungen des Winkels zwischen Zielachse und Libellenachse beobachtet von 9″ und sogar von 21″*.

Bei lang andauernden Transporten zu Schiff oder mit der Eisenbahn können die Erschütterungen, die durch die Schiffsmaschine oder durch die Schienenstöße in regelmäßigen Zeitabständen hervorgerufen werden, zu der Eigenschwingungsdauer einer Schraube in solchem Verhältnis stehen, daß die Erschütterungswirkungen, wie die Antriebe bei einer Schaukel, sich fortgesetzt addieren, so daß schließlich die Schraube sich ganz aus ihrer Mutter herausdreht. Das wissen die Mechaniker. Sie durchbohren deshalb bei manchen Schrauben den Kopf und binden die Schraube für längere Transporte mit Bindfaden fest.

Auch die besten Instrumente können auf diese Weise, wenn sie keine Fehler haben, welche bekommen, und der Benutzer muß daher in der Lage sein, seine Instrumente jederzeit selbst in Ordnung bringen zu können oder, wie man auch sagt: sie zu berichtigen.

a) Berichtigung des norddeutschen Nivelliers.

Man verschafft sich im Gelände etwa im Abstand von 100 m zwei gut markierte Höhenpunkte A und B, z. B. indem man 2 kleine Meßpfähle in diesem Abstand voneinander in die Erde eintreibt, um auf sie nachher die Nivellierlatte aufzusetzen. In gleichen Entfernungen von A und B stellt man sich mit dem Nivellier auf, stellt zunächst mit Hilfe der Nivellierlibelle die Stehachse recht genau senkrecht und bringt, nachdem das geglückt ist, die Nivellierlibelle mit Hilfe ihrer Neigungsschraube zum Einspielen. Hierauf richtet man das Fernrohr auf A und liest bei einspielender Libelle ab. Die Ablesung sei r. Darauf wird die Latte nach B verbracht, das Fernrohr dorthin gerichtet, die Libelle, falls es nötig sein sollte, durch etwas Drehen an den Fußschrauben wieder zum Einspielen gebracht, und die Latte nun auch auf B abgelesen. Die Ablesung sei v. Sind h_a, h_b die Höhen von A und B, so ist dann

$$h_b - h_a = r - v\,.$$

Hierauf stellt man das Nivellier mit seinem Stativ neben die Latte so, daß die Objektivfassung die Latte berührt. Die Nivellierlibelle bringt man zu ungefährem Einspielen und zeichnet jetzt auf der Lattenteilung mit einem Bleistift die Stellung des Objektivrandes, oberer und unterer Rand, an. Durch Mittelbilden findet man die Lattenablesung für Objektivmitte, also für die Zielachse. Sie sei i. Nun-

* Schulz: Diss. S. 13 und Harbert: Diss. S. 3.

mehr wird die Latte auf A aufgesetzt, und man kann sich jetzt schon im voraus ausrechnen, was auf A bei wagrechter Sicht abzulesen ist. Es sei $\bar{v}$. Dann ist

$$\bar{v} = i + h_b - h_a .$$

Man richtet nun das Fernrohr auf A, bringt die Libelle mittels der Fußschrauben zum Einspielen und hebt oder senkt jetzt das Fadenkreuz mittels der Fadenkreuzschräubchen so weit, bis $\bar{v}$ abgelesen wird.

b) Berichtigen des Sicklerschen Nivelliers.

Man verschafft sich im Gelände etwa im Abstand von 100 m zwei gut markierte Höhenpunkte A und B, z. B. indem man 2 kleine Meßpfähle in diesem Abstand voneinander in die Erde eintreibt, um auf sie nachher die Latte aufzusetzen. In gleichen Entfernungen von A und B stellt man sich mit dem Nivellier auf, stellt dessen Stehachse mit Hilfe der dafür vorgesehenen Dosenlibelle einigermaßen lotrecht und richtet dann das Fernrohr auf A. Alsdann bringt man mittels der Kippschraube die Nivellierlibelle genau zum Einspielen und liest dann an der Latte ab (r). Hierauf wird die Latte nach B verbracht, und man richtet das Fernrohr nun auf B und bringt mit Hilfe der Kippschraube die Libelle auch für diese Sicht zum Einspielen. Darauf liest man die Latte ab (v). Sind h_a, h_b die Höhen von A und B, so ist dann

$$h_b - h_a = r - v .$$

Hierauf stellt man das Nivellier mit seinem Stativ so neben die Latte, daß die Objektivfassung die Latte berührt. Die Nivellierlibelle bringt man zu ungefährem Einspielen und zeichnet jetzt auf der Lattenteilung mit einem Bleistift die Stellung des Objektivrandes, oberer und unterer Rand, an. Durch Mittelbilden findet man die Lattenablesung für Objektivmitte, also für die Zielachse. Sie sei i. Nunmehr wird die Latte auf A aufgesetzt, und man kann sich jetzt schon im voraus berechnen, was auf A bei wagrechter Sicht abzulesen ist. Es sei $\bar{v}$. Dann ist:

$$\bar{v} = i + h_b - h_a .$$

Man richtet nun das Fernrohr auf A und stellt mit Hilfe der Kippschraube die Ablesung $\bar{v}$ ein. Darauf wird die Nivellierlibelle mit Hilfe ihrer Neigungsschraube zum Einspielen gebracht.

c) Berichtigen des Ertelschen Nivellierinstruments.

Wir wollen voraussetzen, daß der Okulargang nicht schlottert, sondern geradlinig ist, so daß also eine Hauptzielachse existriert (vgl. Abschn. 58, S. 66). Die Hauptzielachse ist immer parallel der Zielachse für ∞. Man zentriert nun zunächst die Zielachse für ∞ in bezug auf die Ringachse dadurch, daß man das Fernrohr mit irgendeinem anderen Fernrohr kollimiert, es 180^0 weit um die Ringachse dreht und dann den Abstand beobachtet, den durch die Drehung um 180^0 der Horizontalfaden des Ertelschen Nivelliers vom feststehend gebliebenen Fadenkreuzpunkt des Kollimatorfernrohrs erhalten hat. Mit Hilfe der Kippschraube des Ertelschen Nivelliers wird dessen Horizontalfaden so weit verschoben, bis der Abstand sich auf die Hälfte verringert hat. Die andere Hälfte wird alsdann mit den Fadenkreuzschräubchen des Ertelschen Nivelliers weggebracht. Hierauf wird mit dem Vertikalfaden entsprechend verfahren. Der Erfolg ist, nachdem man das Verfahren nötigenfalls noch einmal wiederholt hat, der, daß schließlich beim Drehen des Fernrohrs um die Ringachse Fadenkreuzpunkt auf Fadenkreuzpunkt beständig in Deckung bleibt. Dann muß die Zielachse für ∞ und damit auch die Hauptzielachse des Fernrohrs parallel der Ringachse geworden sein. Sicher parallel, aber vielleicht etwa exzentrisch zur Ringachse. Wünscht man zu wissen, um welchen Betrag die Hauptzielachse exzentrisch ist, so braucht man nur in wenigen Metern Entfernung eine Millimeterskala an der Wand zu befestigen, das Fernrohr auf einem Skalenstrich einstellen, dann 180^0 weit um die Ringachse drehen und jetzt die Skala ablesen. Die Differenz der Ablesung gegen den zuerst eingestellten Strich gibt die doppelte Exzentrizität.

Jetzt ist die Libellenachse parallel der Ringachse zu machen und dabei auf die Möglichkeit Rücksicht zu nehmen, daß die beiden Ringe ungleiche Dicke haben könnten. Man setzt die Libelle auf die Ringachse auf, Neigungsschraube beim Objektiv, Kreuzungsschraube beim Okular. Die Bezifferung der Libellenteilung, falls in Wirklichkeit nicht vorhanden, dann wenigstens gedacht oder vielleicht auf einem Papierstreifchen aufgeklebt, läßt man wachsen von der Kreuzungsschraube nach der Neigungsschraube hin. Man liest jetzt die beiden Luftblasenenden an der Teilung ab, linkes und rechtes Ende l_1, r_1 und bildet die gedachte Ablesung für die Blasenmitte:

$$m_1 = \frac{l_1 + r_1}{2}.$$

Hierauf setzt man die Libelle auf dem Fernrohr um, liest die Libelle wieder ab und erhält in gleicher Weise $m_2 = \frac{l_2 + r_2}{2}$. Darauf neigt man das Fernrohr mit der darauf befindlichen Libelle mit Hilfe der Kippschraube, bis die Blasenmitte bei $S = \frac{1}{2} \cdot (m_1 + m_2)$ steht. Dann ist die sogenannte „obere Ringlinie" wagerecht geworden, d. h. diejenige Linie, auf welcher die Libelle umgesetzt wurde. Haben die beiden Ringe gleiche Dicke, so ist jetzt auch die Hauptzielachse wagrecht. Aber wir dürfen uns auf die Gleichheit der Ringdicken bei einem Ringfernrohr nicht ohne weiteres verlassen. Wir legen jetzt das Fernrohr mit der Libelle zusammen in den Ringlagern um, so daß das Objektiv dahin kommt, wo vorher das Okular war. Das kann man auch als ein „Umsetzen der Libelle auf der unteren Ringlinie" auffassen. Die Blasenmitte wird, falls beide Ringe gleiche Dicke haben, jetzt unverändert bei S stehen, andernfalls zu einem Punkte $S + \varDelta$ gelaufen sein, wo $\varDelta$ ein positiver oder negativer Betrag sein kann. Man bringt jetzt mit Hilfe der Kippschraube die Blasenmitte auf

$$S + \frac{1}{4}\varDelta$$

und hat dann eine wagrechte Ringachse. Mit Hilfe des Neigungsschräubchens der Libelle bringt man nunmehr die Libelle zum Einspielen auf der Mittelmarke.

Damit ist erreicht, daß die Libelle, so auf das Fernrohr aufgesetzt, daß das Neigungsschräubchen der Libelle beim Okular steht, durch Einspielen auf der Mittelmarke eine wagrechte Hauptzielachse anzeigt. Beim Arbeiten mit geneigten Sichten stimmt das Vorzeichen der Beschickung für die Lattenablesung mit dem Vorzeichen des Libellenausschlages überein.

Hat sich die Hauptzielachse als stark exzentrisch ergeben, so braucht deswegen nicht etwa mit Okulartriebschraube rechts und Okulartriebschraube links nivelliert werden, sondern es genügt, wenn die Okulartriebschraube immer rechts oder immer links steht.

Besteht der Verdacht, daß das Parallelmachen der Hauptzielachse zur Ringachse nicht vollkommen gelungen sein könnte, sondern daß ein kleiner Fehlerbetrag übrig geblieben sein könnte, so ergibt sich auch daraus nicht die Notwendigkeit, zur Eliminierung dieses Fehlers etwa mit Okulartriebschraube rechts und Okulartriebschraube links zu arbeiten, sondern es genügt auch im Hinblick auf diese Fehlermöglichkeit, die Okulartriebschraube beim Nivellieren entweder immer rechts oder immer links zu haben, da der Fehler unschädlich wird, wenn immer die Zielweite des Rückblicks gleich der des Vorblicks gemacht wird.

d) Berichtigen des Nivelliers mit Wendelibelle.

Von der Einrichtung des Nivelliers wurde S. 161 gesprochen. Es sei nun bei einem Nivellier mit Wendelibelle, das noch nicht in Ordnung gebracht wurde, zwischen Libellenachse und Zielachse ein Winkel α vorhanden. Bringt man dann die Libelle „oben" zum Einspielen und liest an einer Latte l_1 ab, dreht darauf das Fernrohr um die Ringachse, bringt jetzt die Libelle „unten" zum Einspielen und liest die Latte wieder ab: l_2, so leuchtet ein, daß dann $\frac{1}{2}(l_1 + l_2)$ die horizontale Sicht ist. Wenn man also beabsichtigt, mit Libelle oben und Libelle unten zu nivellieren, so ist eine Berichtigung des Instruments überhaupt nicht nötig. Aber man wird der Einfachheit halber doch überall da, wo das Gelände gestattet, die Vorblickszielweite gleich der des Rückblicks zu wählen, von der Wendemöglichkeit der Libelle nicht gern Gebrauch machen, sondern die Libelle lieber als einfache Libelle benutzen. Auch bei ungleich langen Sichten, wie ein Flächennivellement sie mit sich bringt, ist es am zweckmäßigsten, das Instrument vor der Arbeit so zu berichtigen, daß man auch hier die Libelle als einfache Libelle benutzen kann. Nur wenn im hügeligen oder bergigen Gelände ein Festpunktnivellement auf längere Erstreckungen stets bergauf oder stets bergab verläuft, so daß der Längenunterschied zwischen Rückblickzielweite und Vorblickzielweite längere Zeit hindurch mit gleichem Vorzeichen auftritt, dann ist die Benutzung der Libelle als Wendelibelle sehr zu empfehlen, indem man also jeden Blick mit „Libelle oben" und mit „Libelle unten" nimmt. Wird besondere Genauigkeit angestrebt, so bietet bei derartigem Gelände das Nivellier mit Wendelibelle sogar die einzige Möglichkeit, das Nivellement von dem regelmäßigen Fehler frei zu halten, der alsbald auftritt, wenn Libellenachse und Zielachse nicht genau parallel geworden waren, und es auch nicht möglich war, die Zielweiten des Vorblicks gleich denen des Rückblicks zu machen.

Es kann sich also immerhin als erwünscht erweisen, das Instrument gelegentlich sorgfältig zu berichtigen, d. h. Hauptzielachse und Libellenachse parallel zu machen. Man hat dann folgendes Verfahren. Es wird zunächst die Stehachse mit Hilfe der Dosenlibelle lotrecht gestellt und die Dosenlibelle dann, falls sie noch nicht einspielen sollte, mit Hilfe ihrer Berichtigungsschräubchen zum Einspielen gebracht. Darauf wird ebenso, wie das beim Ertelschen Ringfernrohr geschah, unter der Voraussetzung, daß der Okulargang geradlinig ist, die Hauptzielachse parallel der Ringachse gemacht, wobei ebenso, wie beim Ertelschen Instrument, ein Kollimatorfernrohr benutzt wird, falls nicht gerade ein klar markiertes sehr fernes Ziel zur Verfügung ist, das an Stelle des Kollimatorfadenkreuzes benutzt werden könnte. Wenn die Ausführung eines Feinnivellements beabsichtigt ist, empfiehlt es sich, jetzt zunächst zu prüfen, ob die Hauptzielachse etwa eine nennenswerte Exzentrizität besitzt. Man hängt in wenigen Metern Entfernung vom Instrument einen Millimetermaßstab an die Wand, stellt den Horizontalfaden des Fernrohrs auf einen Millimeterstrich ein und dreht das Fernrohr um seine Längsachse. Scheint der Fadenkreuzpunkt auf dem Maßstab zu wandern, so ist die Hauptzielachse exzentrisch, und der größte Betrag der Wanderung gibt die doppelte Exzentrizität. Von praktischem Interesse ist nur der lotrechte Abstand 2δ, um den die beiden wagrechten Lagen des Horizontalfadens voneinander abstehen. Der Betrag 2δ wird notiert, und man muß sich merken, ob die untere Maßstablesung bei „Libelle oben" oder bei „Libelle unten" gemacht wurde. Im ersteren Falle liegen die 3 charakteristischen Geraden im Raume offenbar in der Reihenfolge: Libellenachse, Ringachse, Hauptzielachse. In diesem Falle sei δ positiv gerechnet. War dagegen die untere Maßstabablesung bei „Libelle unten" gemacht, so ist die Reihenfolge Libellenachse, Hauptzielachse, Ringachse In diesem Fall sei δ negativ gerechnet.

Jetzt wird am besten in der „günstigsten Zielweite" (Abschn. 127, S. 188) und, wenn man diese nicht kennt, möglichst etwa in 10 bis 20 m Entfernung vom Instrument eine Nivellierlatte aufgestellt, wobei einer Latte mit Halbzentimeterfeldern der Vorzug zu geben ist vor einer Latte mit ganzen cm-Feldern. Bei einspielender „Libelle unten" wird darauf die Latte abgelesen: l_1. Sodann wird mit einspielender Libelle oben abermals abgelesen: l_2. Sodann wird mittels der Fußschrauben, oder wenn eine Kippschraube vorhanden ist, mittels der Kippschraube die Ablesung eingestellt:

$$\frac{1}{2}(l_1 + l_2) - \delta .$$

Dann sind Hauptzielachse und Ringachse wagrecht, und es wird nunmehr die Wendelibelle mittels ihres Neigungsschräubchens zum Einspielen gebracht. Zur Kontrolle wird eine Drehung des Fernrohrs 180^0 weit um die Ringachse vorgenommen. Die Libelle muß dann auch unten einspielen, und an der Latte muß sich die Ablesung zeigen:

$$\frac{1}{2}(l_1 + l_2) + \delta .$$

Alsdann ist die Hauptzielachse parallel der Libellenachse geworden, so daß man mit wechselnden Zielweiten bei nur einer Libellenlage („Libelle oben" oder „Libelle unten") nivellieren kann.

Hinsichtlich des Grubennivelliers von Cséti mit der Vervollkommnung, die Doležal dem Instrument gegeben hat, indem er die einfache Nivellierlibelle durch eine Wendelibelle ersetzte, gestatte ich mir, die Kenntnis des von Doležal über das Instrument gehaltenen Vortrags vorauszusetzen [1] und mich auf die Bezeichnungen Doležals zu beziehen. Wenn man mit dem Instrument so, wie Doležal es angibt, stets mit Libelle oben und mit Libelle unten nivelliert, so ist alles in Ordnung, und das Instrument bedarf überhaupt keiner Berichtigung.

Wollte man aber, auf die Wendemöglichkeit verzichtend, die Libelle als einfache Libelle benutzen, indem das Instrument dann also im ursprünglichen Sinne

[1] Doležal: Grubenniv. v. Cséti. Wien 1906.

Csétis benutzt würde, so bleibt für einfachere Nivellements zwar auch alles in Ordnung, für feinere Nivellementszwecke würden dann aber einige Bedenken entstehen. Der Hängestab A kann um seine Achse gedreht werden. Es ist aber aus Doležals Beschreibung nicht zu ersehen, in welcher Weise dafür gesorgt ist, daß dabei nicht etwa eine kleine Höhenverschiebung der Zielachse eintreten könnte. Lüftet man die Schraube E, um den Beruhigungsstab aus dem Hängestab herausgleiten zu lassen, so könnte dabei eine kleine Schiefstellung des Hängestabes eintreten, und beim Drehen des Fernrohrs aus dem Rückblick in den Vorblick würde eine kleine Höhenverschiebung der Zielachse eintreten. Es ist schwer, eine Berichtigungsart sich auszudenken, die von diesem Fehler frei macht, so daß es sich also empfiehlt, stets im Sinne Doležals die Wendelibelle auch als Wendelibelle zu benutzen.

e) Berichtigen der Zeißnivelliere I und III[1].

Wir wollen ein Zeißnivellier vom Typus I oder III so berichtigen, daß damit unter Benutzung nur einer Libellenlage (Libelle rechts vom Fernrohr) nivelliert werden kann. Die Berichtigung kann in der Stube vorgenommen werden. Zu diesem Zweck sind diese beiden Instrumenttypen mit umsteckbarer Okularlupe ausgerüstet worden.

1. Die Libelle befinde sich rechts vom Fernrohr. Durch die Prismen sieht man die Luftblasenenden zusammenfallen, was wir „Einspielen der Libelle" nennen wollen. Der Punkt des oberen Libellenlängsschnitts, dessen Tangente beim Einspielen der Libelle wagrecht ist, sei A (Abb. 107). Diese Tangente sei die „obere Libellenachse" genannt. Würde (Abb. 108) das Fernrohr 180^0 weit um seine Längsachse gedreht werden, so daß der bisher unten befindliche Längsschnitt der Libelle nach oben gelangte, und nun mit Hilfe der Kippschraube das Fernrohr so weit geneigt, bis wieder durch die Prismen gesehen die beiden Luftblasenenden sich decken, so möge die Mitte der Luftblase sich dann bei einem Punkt A' befinden. Die Längsschnitttangente bei A' wollen wir als „untere Libellenachse" bezeichnen. Das Innere der Libelle denken wir uns tonnenförmig, wie S. 32 gesagt wurde. Die Tonne hat einen Äquator, und sowohl A wie A' sollen eigentlich auf dem Äquator liegen, so daß obere und untere Libellenachse dann einander parallel sein würden. In Wirklichkeit wird aber der Mechaniker die Lage von A und A' nicht in aller Strenge auf dem Äquator hervorbringen, und es wird infolgedessen ein Winkel 2α zwischen beiden Libellenachsen bestehen. Die Winkelhalbierende W ist daher, wenn die obere Libellenachse wagrecht ist, um α geneigt. Die Zielachse Z sei um $\alpha + \mu$ geneigt gemäß Abb. 107. Die Richtung der Zielachse vom Fadenkreuzpunkt zum optischen Mittelpunkt des Objektivs sei in den Abb. 107—110 durch den kleinen Pfeil angedeutet. An einem vertikalen Maßstab, etwa einem an die Wand gehefteten Millimetermaßstab, werde bei dieser Stellung l_1 abgelesen.

[1] Typus IV hat eine mit Teilung versehene Libelle, dazu Libellenspiegel. Das Okular ist nicht umsteckbar. Es scheint bei seinem einfachen Bau nicht nötig, es besonders zu besprechen. Typus II — auch mit Wendelibelle ausgestattet — hat nach der von der Firma Carl Zeiß ausgegebenen Geschäftsdrucksache zwei praktisch genau parallele Libellenachsen und kann daher, wie jedes andere Nivellier mit Wendelibelle, mittels zweier Lattenablesungen berichtigt werden. Es hat daher auch keine umsteckbare Okularlupe. — Typus I wird von der Firma neuerdings nicht mehr hergestellt.

Es wird aber, wenn es sich um das mit drehbarem Glasklotz versehene Zeißnivellier III handelt, vor der Ablesung die Glasklotzschraube auf eine bestimmte Zahl, z. B. etwa 0, eingestellt und diese Einstellung dann auch für die folgenden Maßstabablesungen (l_1, l_3, l_4) beibehalten.

2. Jetzt werde das Fernrohr 180° weit um die Ringachse gedreht, und die Libelle mit Hilfe der Kippschraube zum Einspielen gebracht. Dann ist die Stellung der 3 charakteristischen Linien des Instruments so, wie in Abb. 108 angegeben. Am Maßstab werde jetzt l_2 abgelesen. Es ist dann offenbar $\frac{1}{2}(l_1 + l_2)$ die Ablesung, die man am Maßstab machen würde, falls die Ziellinie Z mit der Winkelhalbierenden W gleiche Richtung hätte.

3. Jetzt wird die Okularlupe umgesteckt. Die neue Zielachse, die dadurch erhalten wird, möge mit der Linie W den Winkel ν bilden[1]. Das Fernrohr wird

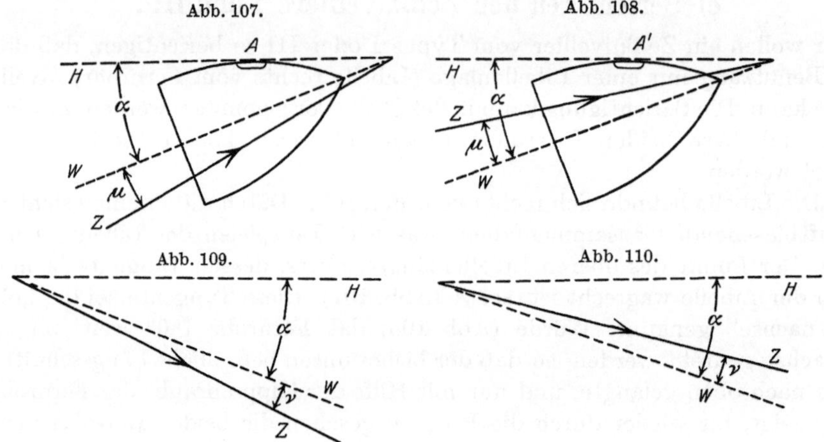

Abb. 107 bis 110. Berichtigen der Zeißnivelliere I und III.

alsdann um die Stehachse des Instrumentes 180° weit gedreht, der Maßstab wieder eingestellt und die Libelle zum Einspielen gebracht. Die 3 charakteristischen Linien des Instruments liegen dann, wie Abb. 109 zeigt. Am Maßstab liest man jetzt l_3 ab.

4. Das Fernrohr wird nun um seine Ringachse gedreht und die Libelle — etwa mit Hilfe der Kippschraube — zum Einspielen gebracht. Die charakteristischen Linien liegen, wie in Abb. 110 angegeben, und man liest am Maßstab l_4 ab. Es ist dann $\frac{1}{2}(l_3 + l_4)$ die Maßstabablesung, die man erhalten hätte, wenn Z gleiche Richtung mit W hätte. Es entsprechen mithin $\frac{1}{2}(l_1 + l_2)$ einer um α nach oben hin gerichteten Zielachse, $\frac{1}{2}(l_3 + l_4)$ einer um α nach unten hin gerichteten Zielachse. Mithin entspricht die Ablesung

$$\frac{1}{4}(l_1 + l_2 + l_3 + l_4)$$

[1] Die erste und die zweite Zielachse fallen natürlich im allgemeinen nicht zusammen. Gelegentlich wurde zwischen ihnen ein Winkel von 65″ gefunden (Hohenner: Das Wildsche bi. Fe. 1912).

einer wagrechten Zielachse. Mit Hilfe der Kippschraube wird nun diese Ablesung eingestellt und darauf die Libelle durch Verschieben des Prismensystems längs der Libelle zum „Einspielen“ gebracht.

In der heutigen markscheiderischen Instrumentenkunde bildet das Wild-Zeiß-Fernrohr mit umsteckbarem Okular das einzige Fernrohr mit 2 Zielachsen. Doch haben beide Firmen, Zeiß und Wild, diese Konstruktion neuerdings wieder aufgegeben. Im älteren Instrumentenbau kommen Absehen mit 2 entgegengesetzt gerichteten Zielrichtungen öfters vor. Branders „amphidioptrisches“ Fernrohr ist bekannt[1]. Eine Setzlibelle mit doppeltem Diopter, sozusagen ein amphidioptrisches Diopter oder ein Amphidiopter bildet Lempe 1785 ab (Abb. 206 bei Lempe, hierzu seine Beschreibung S. 451). Außerdem beschreibt Lempe noch das bereits in Abschn. 117 erwähnte Nivellierinstrument des P. Liesgang oder Liesganig, das ebenfalls „amphidioptrisch“ war.

133. Teufenbandmessung.

Für die Messung von Schachtteufen sind besondere Stahlmeßbänder im Handel, die man Teufenbänder nennt. Sie werden in Längen bis zu 500 m geliefert, aufgehaspelt auf einen eisernen Haspel mit Sperrklinke, und zwar so, daß das eine Ende des Bandes am Haspel gut befestigt ist. Einen derartigen Haspel pflegt man auch Teufenrad zu nennen, s. Tafel 3, 1. Dazu gehört noch eine kleine Rolle, die man auch Vogelrolle nennt. Die Anordnung ist aus der schematischen Abb. 111 ersichtlich. Der Meßvorgang ist der folgende. Das Teufenband wird in den Schacht hineingehängt, und in seiner Nähe an der Rasenbank ein Nivellier aufgestellt. Durch Anschlußnivellement an einen Höhenfestpunkt ist die Höhe der Zielachse des Nivelliers über NN bestimmt. Man richtet darauf die Zielachse auf das Teufenband und läßt dazu die Libelle des Nivelliers einspielen. Da die Bänder nur von Dezimeter zu Dezimeter Marken haben, klemmt man an das Band das Endstäbchen an, das in mm geteilt ist und auch bei Horizontalmessungen zum Ablesen der cm und mm am Grubenmeßband benutzt wird (Tafel 2, 2). Man liest sodann die Stellung des Horizontalfadens am Teufenband bis auf Zehntelmillimeter ab. Unter Tage benutzt man ein zweites Nivellier und einen zweiten Hilfsmaßstab entsprechend und überträgt dann den gemessenen Höhenunterschied auf einen in der Grube angebrachten Höhenfestpunkt. Am besten arbeiten 2 Fachleute zugleich, einer über Tage, einer unter Tage. Zur Sicherheit haspelt man jetzt das Teufenband um ein Stückchen auf oder ab und wiederholt die Messung.

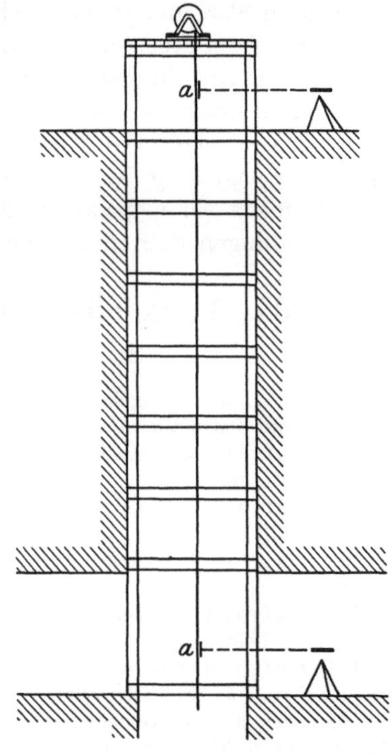

Abb. 111. Teufenmessung.

[1] Brander: Die neue Art, W. zu messen. 1770.

Durch Eigengewicht wird das Teufenband etwas gelängt. Man kann rechnen, daß die Längung Δs in mm bei einer Länge s des Bandes in Hundertmetern den Betrag hat:

$$\Delta s = 1{,}95\, s^2\,.$$

Bis zu 300 m Bandlänge kann man dafür setzen:

$$\Delta s \overset{n}{=} 2\, s^2\,. \tag{140}$$

Tabellen über diese Längung siehe K. Haußmann in Mitt. a. d. M. 1902, S. 23 und F. Aubell: Ausweise und Behelfe 1922.

XIV. Die Hornochschen Aufgaben (134—155).

Der Beruf des Bergmanns erfordert zuweilen, daß eine oder die andere der folgenden 20 Aufgaben gelöst werde. Auch andere ähnliche Aufgaben kommen vor. 16 ganz einfache Aufgaben dieser Art hat Lüling in den „Erläuterungen" zu seinen mathematischen Tafeln zusammengestellt und gelöst. Später hat Professor Hornoch von der montanistischen Hochschule zu Sopron in Ungarn eine noch größere Menge etwas schwierigerer derartiger Aufgaben mit schwererem mathematischem Rüstzeug im Zusammenhange systematisch behandelt[1]. Wir wollen diese Art Aufgaben die Hornochschen Aufgaben nennen und greifen 20 der wichtigsten heraus, die je nach Umständen rechnerisch oder zeichnerisch gelöst werden sollen. Den Rechnungen sei ein rechtwinkliges Koordinatensystem zugrunde gelegt x, y, h: $+x$ nach Norden, $+y$ nach Osten, $+h$ nach oben. Das Streichen sei v genannt, Einfallen $+\varphi$, Ansteigen $-\varphi$. Kleine Pfeile in den Abbildungen deuten an, für welche Richtung das Streichen gemeint ist.

134. Verzeichnis der im folgenden behandelten 20 Hornochschen Aufgaben.

136, Aufgabe 1: Gegeben eine Gerade. Aufzusuchen ist die Beziehung, die zwischen dem Streichen und dem Fallen einer jeden Ebene besteht, die jene Gerade enthält.

137, Aufgabe 2: Gegeben zwei Punkte. Zu bestimmen ist das Streichen und Fallen ihrer Verbindungslinie.

138, Aufgabe 3: Gegeben ein Punkt und eine Gerade. Zu bestimmen ist die Ebene, welche beide Gebilde enthält.

139, Aufgabe 4: Gegeben zwei sich schneidende Gerade. Zu bestimmen ist der von ihnen eingeschlossene Winkel.

140, Aufgabe 5: Gegeben ein Punkt und eine Gerade. Zu bestimmen ist die kürzeste Verbindung beider.

141, Aufgabe 6: Gegeben ein Punkt und eine Gerade. Zu bestimmen ist die Verbindung beider bei gegebenem Fallwinkel der Verbindung.

142, Aufgabe 7: Gegeben ein Punkt und eine schräge Ebene. Zu bestimmen ist die kürzeste wagrechte Verbindung beider.

143, Aufgabe 8: Gegeben zwei sich schneidende Gerade. Zu bestimmen ist Streichen und Fallen ihrer gemeinschaftlichen Ebene.

144, Aufgabe 9: Gegeben zwei sich kreuzende Gerade. Zu bestimmen ist ihre kürzeste Verbindung.

[1] Hornoch: Neue Gesichtspunkte, 1925; Verwerferproblem 1927; Beitrag zur Ausrichtung der Verwerfungen, Sopron 1929.

145, Aufgabe 10: Gegeben zwei sich kreuzende Gerade. Zu bestimmen ist ihre kürzeste Verbindung bei gegebenem Fallwinkel der Verbindung.

146, Aufgabe 11: Gegeben eine Gerade und eine Ebene. Zu bestimmen ist der Durchstoßungspunkt der Geraden mit der Ebene.

147, Aufgabe 12: Gegeben drei sich kreuzende wagrechte Gerade. Zu bestimmen ist ihre kürzeste geradlinige Verbindung.

148, Aufgabe 13: Gegeben drei sich kreuzende Gerade, auf der mittleren ein Punkt. Zu bestimmen sind die beiden Strecken, welche zusammen die kürzeste von diesem Punkt aus mögliche Verbindung der drei Geraden bilden.

149, Aufgabe 14: Gegeben drei sich kreuzende Gerade, auf der einen ein Punkt. Zu bestimmen ist die geradlinige Verbindung der drei Geraden, welche durch diesen Punkt geht.

150, Aufgabe 15: Von einer Ebene gegeben drei Punkte. Streichen und Fallen ist zu bestimmen.

151, Aufgabe 16: Gegeben zwei Ebenen, welche einander schneiden. Zu bestimmen ist ihre Kreuzlinie, sowie die Winkel, welche die Kreuzlinie mit den Streichlinien der beiden Ebenen bildet.

152, Aufgabe 17: Gegeben auf einer Verwerfer-Ebene die Kreuzlinienpaare zweier einander nicht paralleler Gänge. Zu bestimmen ist auf der Verwerfer-Ebene Gleitrichtung und Gleitlänge des Verwurfs.

153, Aufgabe 18: Gegeben zwei parallele Ebenen und zwei wagrechte parallele Gerade, welche von den Ebenen unter schiefen Winkeln getroffen werden. Der senkrechte Abstand der beiden Ebenen voneinander soll festgestellt werden.

154, Aufgabe 19: Gegeben zwei Ebenen, auf der einen unterhalb der anderen Ebene ein Punkt. Der lotrechte Abstand von dem Punkt bis zur anderen Ebene soll gefunden werden.

155, Aufgabe 20: Gegeben zwei sich schneidende Ebenen, auf der einen in ihrem Einfallen eine gerade Linie. Zu bestimmen ist der Schnittpunkt dieser geraden Linie mit der Schnittlinie der beiden Ebenen.

135. Der Kotangentensatz der sphärischen Trigonometrie.

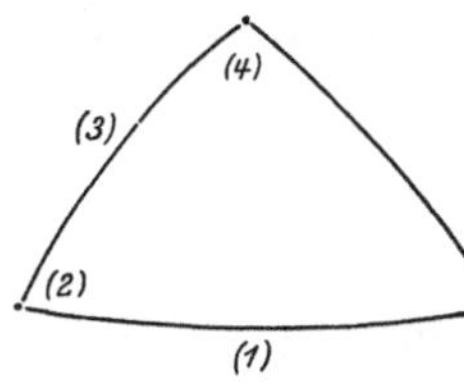

Abb. 112. Kotangentensatz der sphärischen Trigonometrie.

Bei den im folgenden behandelten 20 Aufgaben wird mehrmals von dem Kotangentensatz der sphärischen Trigonometrie Gebrauch gemacht, welcher folgendes besagt (Abb. 112):

Man numeriere eine Reihenfolge von zwei Seiten und zwei Winkeln des sphärischen Dreiecks hintereinander von (1) bis (4) im Uhrzeigersinne oder umgekehrt. Dann gilt immer die Beziehung:

$$\operatorname{ctg}(1)\sin(3) - \operatorname{ctg}(4)\sin(2) = \varepsilon\cos(2)\cos(3)\,. \qquad (141)$$

Hier ist $\varepsilon = +1$, wenn (1) eine Seite ist; $\varepsilon = -1$, wenn (1) ein Winkel des Dreiecks ist.

136. Erste Aufgabe.

Gegeben die Gerade AB durch φ_0 und ν_0. Für die beliebige durch AB gehende Ebene ABC wird Fallen φ und Streichen ν gesucht. ACD sei eine horizontale Ebene und $BD \perp ACD$, sowie $DC \perp AC$. Dann ist:

$$BD = AD \cdot \operatorname{tang}\varphi_0 = AD \cdot \sin(\nu_0 - \nu) \cdot \operatorname{tang}\varphi\,,$$

$$\operatorname{tang}\varphi_0 = \operatorname{tang}\varphi \cdot \sin(\nu_0 - \nu)\,. \qquad (142)$$

Das ist die gesuchte Beziehung.

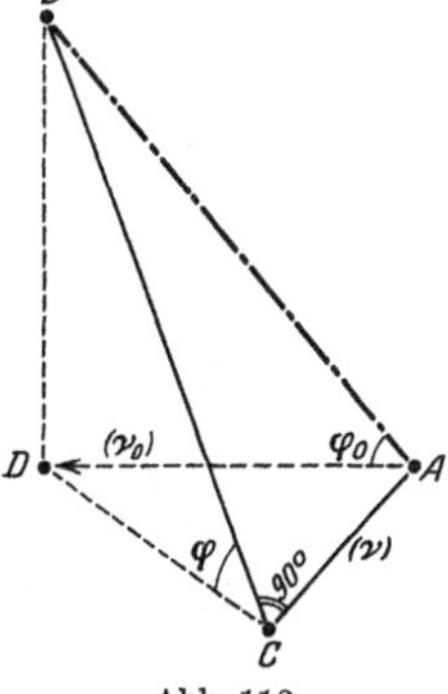

Abb. 113. Erste Hornochsche Aufgabe.

137. Zweite Aufgabe.

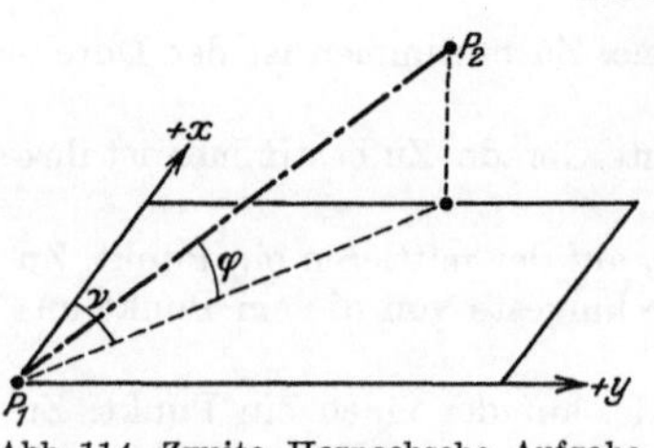

Abb. 114. Zweite Hornochsche Aufgabe.

Gegeben sind $P_1(x_1, y_1, h_1)$ und $P_2(x_2, y_2, h_2)$. Gesucht ist ν, φ für P_1P_2 (Abb. 114).

Aus der Abbildung liest man ohne weiteres ab:

$$\operatorname{tang}\nu = \frac{y_2 - y_1}{x_2 - x_1}, \tag{143}$$

$$s^2 = (x_2 - x_1)^2 + (y_2 - y_1)^2 + (h_2 - h_1)^2,$$

$$\sin\varphi = (h_2 - h_1) : s. \tag{144}$$

138. Dritte Aufgabe.

Gegeben $P_1(x_1, y_1, h_1)$ und $g(P_0, \varphi_0, \nu_0)$. Gesucht ist für die Ebene (P_1, g) das Einfallen φ und das Streichen ν der wagrechten Geraden in ihr (Abb. 115). Wir denken uns P_1 mit P_0 verbunden; Streichen und Fallen der Geraden P_0P_1 sei ν_{01}, φ_{01}. Dann ist:

$$\operatorname{tang}\nu_{01} = \frac{y_1 - y_0}{x_1 - x_0}, \tag{145}$$

$$\operatorname{tang}\varphi_{01} = \frac{h_1 - h_0}{\sqrt{(x_1 - x_0)^2 + (y_1 - y_0)^2}}. \tag{146}$$

Wir kennen also für g und für P_0P_1 Streichen und Fallen. Die gesuchte Ebene enthält beide Geraden. Mithin läßt sich zweimal die Gleichung (142) anwenden, und man erhält:

$$\operatorname{tang}\varphi_0 = \operatorname{tang}\varphi \cdot \sin(\nu_0 - \nu), \tag{147}$$

$$\operatorname{tang}\varphi_{01} = \operatorname{tang}\varphi \cdot \sin(\nu_{01} - \nu). \tag{148}$$

Wir dividieren (147) und (148) durch setzen zur Abkürzung:

$$\frac{\operatorname{tang}\varphi_0}{\operatorname{tang}\varphi_{01}} = c. \tag{149}$$

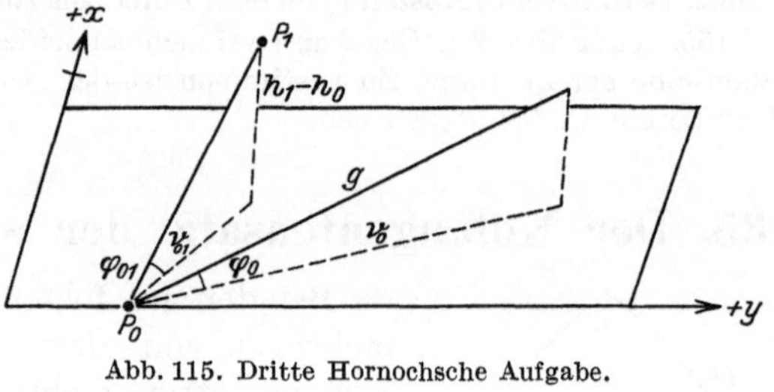

Abb. 115. Dritte Hornochsche Aufgabe.

Dann erhalten wir:

$$c = \frac{\sin(\nu_0 - \nu)}{\sin(\nu_{01} - \nu)}.$$

$$c \cdot \sin\nu_{01}\cos\nu - c \cdot \cos\nu_{01}\sin\nu = \sin\nu_0\cos\nu - \cos\nu_0\sin\nu,$$

woraus sich ergibt:

$$\operatorname{tang}\nu = \frac{\sin\nu_0 - c\sin\nu_{01}}{\cos\nu_0 - c\cos\nu_{01}}, \tag{150}$$

so daß jetzt ν bekannt ist. Hierauf haben wir schließlich:

$$\operatorname{tang}\varphi = \operatorname{tang}\varphi_0 : \sin(\nu_0 - \nu). \tag{151}$$

139. Vierte Aufgabe.

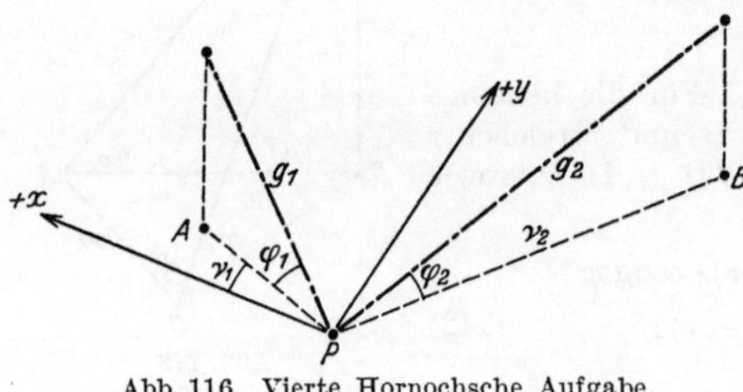

Abb. 116. Vierte Hornochsche Aufgabe.

Gegeben $g_1(\nu_1, \varphi_1)$ u. $g_2(\nu_2, \varphi_2)$. Gesucht w. Abb. 116 weist folgende 4 körperliche Ecken auf:

$x, g_1, PA,$

$x, g_2, PB,$

$y, g_1, PA,$

$y, g_2, PB.$

Wir wenden auf diese 4 Ecken den cosinus-

Satz der sphärischen Trigonometrie an und erhalten:

$$\cos(x, g_1) = \cos\varphi_1 \cos\nu_1\,,$$
$$\cos(x, g_2) = \cos\varphi_2 \cos\nu_2\,,$$
$$\cos(y, g_1) = \cos\varphi_1 \sin\nu_1\,,$$
$$\cos(y, g_2) = \cos\varphi_2 \sin\nu_2\,.$$

Wir erhalten daher:

$$\cos w = \sin\varphi_1 \sin\varphi_2 + \cos\varphi_1 \cos\nu_1 \cos\varphi_2 \cos\nu_2 + \cos\varphi_1 \sin\nu_1 \cos\varphi_2 \sin\nu_2\,.$$
$$\cos w = \sin\varphi_1 \sin\varphi_2 + \cos\varphi_1 \cos\varphi_2 \cos(\nu_1 - \nu_2)\,. \tag{152}$$

140. Fünfte Aufgabe.

Gegeben $P_1(x_1, y_1, h_1)$ und $g(P_0, \varphi, \nu)$.

Man liest aus der Abb. 117 ohne weiteres die Beziehung ab:

$$t^2 = s_0^2 + s^2 - 2\,s_0 s \cos w\,.$$

Für t = Minimum nach s ist:

$$\frac{d\,(t^2)}{d\,s} = 0\,,$$
$$2\,s - 2\,s_0 \cos w = 0\,,$$
$$s = s_0 \cos w\,. \tag{153}$$

Also ist der Winkel bei P ein rechter. Man hat ferner:

$$s_0 = \sqrt{(x_1 - x_0)^2 + (y_1 - y_0)^2 + (h_1 - h_0)^2}\,.$$

Man berechnet nun noch w nach (152) und hat dann s aus (153).

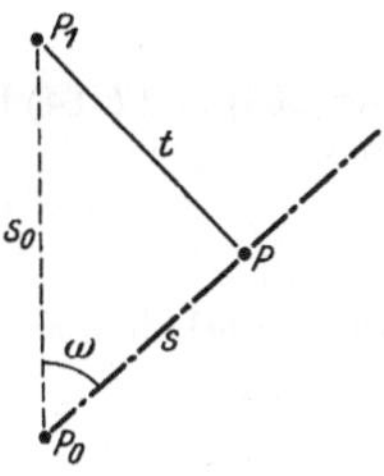

Abb. 117. Fünfte Hornochsche Aufgabe.

141. Sechste Aufgabe.

Gegeben $P_1(x_1, y_1, h_1)$ und $g(P_0, \varphi, \nu)$, ferner noch φ_{01} als Fallwinkel von t. Gesucht der Punkt P_t.

Wir bestimmen zunächst (Abb. 118) auf g einen Punkt P_1', welcher mit P_1 gleiche Höhe hat, und es sei:

$$P_0 P_1' = s_1\,. \tag{154}$$

Es ist dann $P_1' P_t = s$ zu finden. Aus der Abb. 118 liest man leicht folgende Beziehungen ab:

$$s_1 \cdot \sin\varphi = h_1 - h_0\,,$$
$$s_1 = (h_1 - h_0) : \sin\varphi\,, \tag{155}$$
$$\left.\begin{aligned} x_1' &= x_1 + s_1 \cos\varphi \cos\nu\,,\\ y_1' &= y_0 + s_1 \cos\varphi \sin\nu\,,\\ h_1' &= h_1\,, \end{aligned}\right\} \tag{156}$$
$$r = \sqrt{(x_1 - x_1')^2 + (y_1 - y_1')^2}\,, \tag{157}$$
$$\operatorname{tang}\nu_1 = (y_1' - y_1) : (x_1' - x_1)\,. \tag{158}$$

Da $P_1' P_1$ wagrecht ist, erhalten wir ferner für w gemäß (152):

$$\cos w = \cos\varphi \cos(\nu - \nu_1)\,. \tag{159}$$

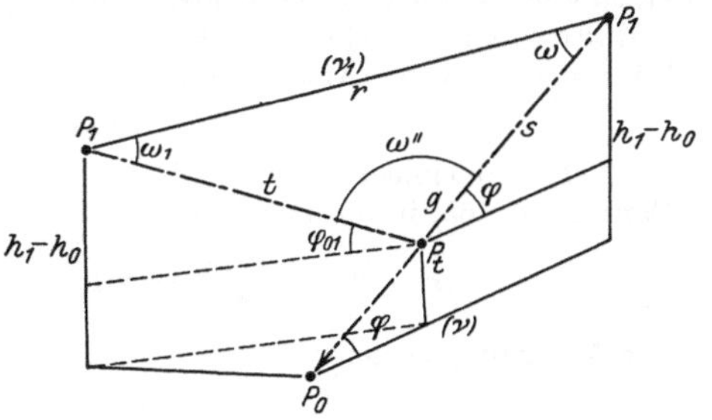

Abb. 118. Sechste Hornochsche Aufgabe.

Die Richtung $P_1' P_0$ möge für s, das von P_1' aus zählt, als die positive angesehen werden. Dann hat man:

$$\left.\begin{aligned} x_t &= x_1' - s \cos\varphi \cos\nu\,,\\ y_t &= y_1' - s \cos\varphi \sin\nu\,,\\ h_t &= h_1 - s \sin\varphi\,, \end{aligned}\right\} \tag{160}$$

wo s zunächst noch unbekannt ist. Ferner hat man:

$$t^2 = (x_1 - x_t)^2 + (y_1 - y_t)^2 + (h_1 - h_t)^2$$

oder mit Rücksicht auf (160):

$$t^2 = (x_1 - x_1' + s\cos\varphi\cos\nu)^2 + (y_1 - y_1' + s\cos\varphi\cos\nu)^2 + s^2\sin^2\varphi\,. \tag{161}$$

Zur Abkürzung setzen wir noch:

$$\left.\begin{aligned} &\sin\varphi_{01} = A\,,\\ &\left.\begin{aligned}\cos\varphi\cos\nu &= B\\ \cos\varphi\sin\nu &= C\end{aligned}\right\} B^2 + C^2 = \cos^2\varphi\,,\\ &\left.\begin{aligned} r\cos\nu_1 &= x_1' - x_1 = \Delta x\\ r\sin\nu_1 &= y_1' - y_1 = \Delta y\end{aligned}\right\} \Delta x^2 + \Delta y^2 = r^2\,.\end{aligned}\right\} \tag{162}$$

Dann wird aus (161):

$$t^2 = (-\Delta x + Bs)^2 + (-\Delta y + Cs)^2 + s^2\sin^2\varphi\,. \tag{163}$$

Hierzu liest man aus der Abb. 118 unmittelbar ab:

$$A^2 = \sin^2\varphi_{01} = (h_1 - h_t)^2 : t^2 = s^2\sin^2\varphi : t^2\,. \tag{164}$$

Aus (163) und (164) läßt sich t^2 diimnieren, und man erhält dann eine quadratische Gleichung für s:

$$\frac{s^2\sin^2\varphi}{A^2} = (-\Delta x + Bs)^2 + (-\Delta y + Cs)^2 + s^2\sin^2\varphi\,.$$

Hieraus erhält man:

$$\begin{aligned} &s^2\sin^2\varphi\,(1 - A^2) - A^2s^2(B^2 + C^2) + 2A^2s\,(B\,\Delta x + C\,\Delta y) - A^2(\Delta x^2 + \Delta y^2) = 0\,.\\ &s^2(\sin^2\varphi\cos^2\varphi_{01} - \sin^2\varphi_{01}\cos^2\varphi) + 2\sin^2\varphi_{01}\,s\,(B\,\Delta x + C\,\Delta y) - A^2r^2 = 0\,,\\ &s^2(\sin^2\varphi\,\mathrm{ctg}^2\varphi_{01} - \cos^2\varphi) + 2s\,(B\,\Delta x + C\,\Delta y) - r^2 = 0\,. \end{aligned} \tag{165}$$

Nun ist:

$$\begin{aligned} B\,\Delta x + C\,\Delta y &= \cos\varphi\cos\nu\cdot r\cos\nu_1 + \cos\varphi\sin\nu\cdot r\sin\nu_1\,,\\ B\,\Delta x + C\,\Delta y &= r\cos\varphi\cos(\nu - \nu_1)\,. \end{aligned} \tag{166}$$

Und ferner ist:

$$\cos^2\varphi - \sin^2\varphi\,\mathrm{ctg}^2\varphi_{01} = \frac{\sin(\varphi_{01} + \varphi)\sin(\varphi_{01} - \varphi)}{\sin^2\varphi_{01}}\,. \tag{167}$$

Wir wollen jetzt voraussetzen:

$$\varphi_{01} < \varphi\,.$$

Diese Voraussetzung wird für den Bergbau immer zutreffen, da es sich bei φ immer um das Einfallen einer Förderstrecke handeln wird und bei φ_{01} um das Gefälle eines Bremsberges, einer Rutschenstrecke oder einer Pferdestrecke.

Wir setzen noch zur Abkürzung:

$$\sin(\varphi_{01} + \varphi)\sin(\varphi_{01} - \varphi) = \delta > 0\,, \tag{168}$$

so daß δ also zahlenmäßig bekannt ist.

Dann geht (165) in die Form über:

$$s^2 - 2s\cdot\frac{\sin^2\varphi_{01}}{\delta}\cdot r\cos\varphi\cos(\nu - \nu_1) + \frac{r^2\sin^2\varphi_{01}}{\delta} = 0\,. \tag{169}$$

Zur Abkürzung setzen wir weiter:

$$\left.\begin{aligned} \frac{r\cos\varphi\cos(\nu - \nu_1)\sin^2\varphi_{01}}{\delta} &= M\\ -\frac{r^2\sin^2\varphi_{01}}{\delta} &= N < 0\,. \end{aligned}\right\} \tag{170}$$

Dann wird aus (169):

$$s^2 - 2Ms = N\,,$$

$$s = M\left(1 \pm \sqrt{1 + \frac{N}{M^2}}\right). \tag{171}$$

Nun ist nach (170):

$$\frac{N}{M^2} = -\frac{r^2 \sin^2 \varphi_{01}}{\delta} \cdot \frac{\delta^2}{r^2 \cos^2 \varphi \cos^2 (\nu - \nu_1) \sin^4 \varphi_{01}}$$

$$= -\frac{\delta}{\cos^2 \varphi \cos^2 (\nu - \nu_1) \sin^2 \varphi_{01}} < 0 .$$

Damit sich für s ein reeller Wert ergeben kann, muß also die Bedingung erfüllt sein:

$$-N \leq M^2 .$$

Man erhält hieraus leicht die Bedingung:

$$\operatorname{tang} \varphi_{01} \leqq \frac{\operatorname{tang} \varphi}{\sin (\nu - \nu_1)} .$$

142. Siebente Aufgabe.

Gegeben $P_1(x_1, y_1, h_1)$ und Ebene $E(P, \varphi, \nu)$. Gesucht $P_1 P = t$. Aus Abb. 119 liest man die Beziehungen ab:

$$P_0 B = \sqrt{(x_1 - x_0)^2 + (y_1 - y_0)^2} = s ,$$

$$\operatorname{tang} \nu (P_0 B) = \frac{y_1 - y_0}{x_1 - x_0} ,$$

$$\gamma = \nu (P_0 B) - \nu ,$$

$$B A = s_1 = s \cdot \sin \gamma ,$$

$$P_0 A = s_0 = s \cdot \cos \gamma ,$$

$$x_a = x_0 + s_0 \cos \nu ,$$

$$y_a = y_0 + s_0 \sin \nu ,$$

$$h_a = h_0 .$$

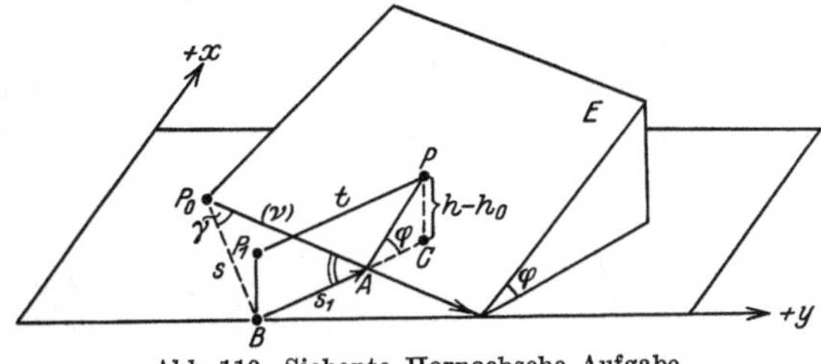

Abb. 119. Siebente Hornochsche Aufgabe.

Für $P(x, y, h)$ hat man daher:

$$x = x_a + (h_1 - h_0) \operatorname{ctg} \varphi \cdot \sin \nu ,$$

$$y = y_a + (h_1 - h_0) \operatorname{ctg} \varphi \cdot \cos \nu ,$$

$$h = h_1 .$$

Für t ergibt sich:

$$t = \sqrt{(x - x_1)^2 + (y - y_1)^2} ,$$

und das Streichen von t ist $\nu - 90^0$.

Die Aufgabe ist im wesentlichen dieselbe wie die Aufgabe 13 von Giuliani auf S. 63 seines Werkes.

143. Achte Aufgabe.

Gegeben $g_1(\varphi_1, \nu_1)$ und $g_2(\varphi_2, \nu_2)$. Gesucht φ, ν für ihre gemeinschaftliche Ebene. Man kann die Formel (142) des Abschn. 136 S. 211 zweimal anwenden und erhält:

$$\operatorname{tang} \varphi_1 = \operatorname{tang} \varphi \cdot \sin (\nu_1 - \nu) ,$$

$$\operatorname{tang} \varphi_2 = \operatorname{tang} \varphi \cdot \sin (\nu_2 - \nu) ,$$

$$\operatorname{tang} \varphi_1 : \operatorname{tang} \varphi_2 = c ,$$

$$c = \frac{\sin (\nu_1 - \nu)}{\sin (\nu_2 - \nu)}$$

usw. wie bei Aufgabe 3 in Abschn. 138, S. 212.

144. Neunte Aufgabe.

Gegeben $AB(x_a, y_a, h_a; \nu_1, \varphi_1)$ und $P_iD(x_i, y_i, h_i; \nu_2, \varphi_2)$. Gesucht $t = GF$ (Abb. 120). Wir bestimmen zunächst auf P_iD einen Punkt C, der mit A gleiche Höhe hat. Hierzu denken wir uns durch P_i eine wagrechte Ebene und auf diese von C aus die Senkrechte CJ gefällt. Und es sei $P_iJ = s_i$. Dann hat man:

$$\left.\begin{aligned} s_i &= (h_a - h_i)\operatorname{ctg}\varphi_2, \\ x_c &= x_i + s_i\cos\nu_2\,, \\ y_c &= y_i + s_i\sin\nu_2\,, \\ h_c &= h_a\,. \end{aligned}\right\} \tag{172}$$

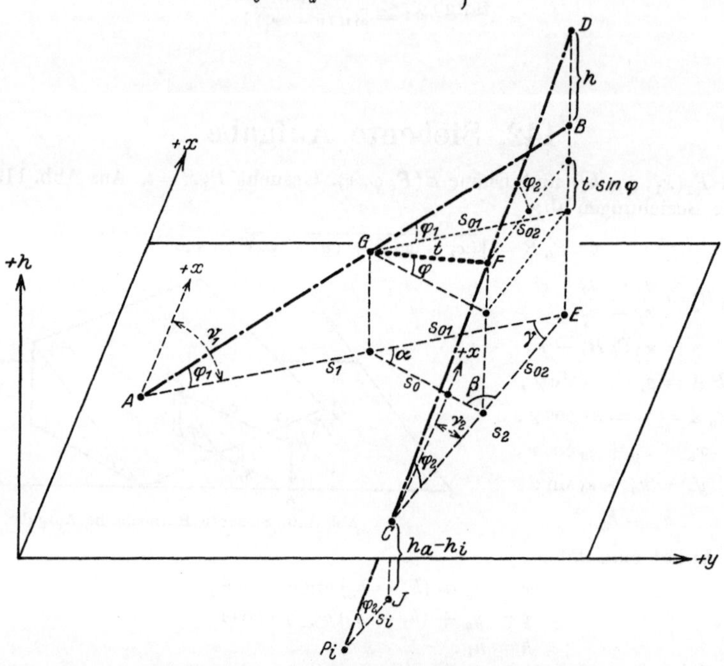

Abb. 120. Neunte und zehnte Hornochsche Aufgabe.

Die lotrechte Gerade, welche beide gegebene Geraden schneidet, sei EBD und es sei

$$\left.\begin{aligned} AE &= s_1\,, \\ CE &= s_2\,. \end{aligned}\right\} \tag{173}$$

Zur Bestimmung von s_1 und s_2 hat man alsdann:

$$\begin{aligned} x_a + s_1\cos\nu_1 &= x_c + s_2\cos\nu_2\,, \\ y_a + s_1\sin\nu_1 &= y_c + s_2\sin\nu_2 \end{aligned}$$

oder

$$\left.\begin{aligned} x_a - x_c &= -\,s_1\cos\nu_1 + s_2\cos\nu_2\,, \\ y_a - y_c &= -\,s_1\sin\nu_1 + s_2\sin\nu_2\,. \end{aligned}\right\} \tag{174}$$

(174) sind 2 Gleichungen für die beiden Unbekannten s_1 und s_2. Man erhält, wenn man noch zur Abkürzung $\nu_1 - \nu_2 = \gamma$ setzt:

$$\left.\begin{aligned} s_1 &= \frac{(x_a - x_c)\sin\nu_2 - (y_a - y_c)\cos\nu_2}{\sin\gamma}\,, \\ s_2 &= \frac{(x_a - x_c)\sin\nu_1 - (y_a - y_c)\cos\nu_1}{\sin\gamma}\,. \end{aligned}\right\} \tag{175}$$

Nachdem s_1 und s_2 berechnet sind, erhalten wir:

$$\begin{aligned} BE &= h_b - h_a = s_1 \operatorname{tang} \varphi_1 , \\ DE &= h_d - h_e = s_2 \operatorname{tang} \varphi_2 . \\ \hline h = DE - BE &= s_2 \operatorname{tang} \varphi_2 - s_1 \operatorname{tang} \varphi_1 . \end{aligned} \tag{176}$$

Von jetzt ab kann h also als zahlenmäßig bekannt gelten.

Nun sei $GF = t$ eine beliebige Verbindungsstrecke zwischen den beiden gegebenen Geraden. Ihr Einfallen sei φ. Dann hat man:

$$\left.\begin{aligned} s_0 &= t \cos \varphi , \\ s_{01} &= s_0 \sin \beta : \sin \gamma = \frac{t \cos \varphi \sin \beta}{\sin \gamma} , \\ s_{02} &= s_0 \sin \alpha : \sin \gamma = \frac{t \cos \varphi \sin \alpha}{\sin \gamma} . \end{aligned}\right\} \tag{177}$$

Aus der Abbildung kann man dazu leicht entnehmen:

$$s_{02} \operatorname{tang} \varphi_2 + t \sin \varphi - s_{01} \operatorname{tang} \varphi_1 = h . \tag{178}$$

Setzt man in diese Gleichung für s_{01} und s_{02} die Werte aus (177) ein, so erhält man:

$$t \cdot \frac{\cos \varphi \sin \alpha \operatorname{tang} \varphi_2}{\sin \gamma} + t \sin \varphi - t \frac{\cos \varphi \sin \beta \operatorname{tang} \varphi_1}{\sin \gamma} = h ,$$

$$t = h \sin \gamma : (\cos \varphi \sin \alpha \operatorname{tang} \varphi_2 - \cos \varphi \sin \beta \operatorname{tang} \varphi_1 + \sin \varphi \sin \gamma).$$

Nun ist:

$$\alpha = 180^0 - \beta - \gamma .$$

Man hat daher:

$$t = h \sin \gamma : \{\cos \varphi \sin (\beta + \gamma) \operatorname{tang} \varphi_2 - \cos \varphi \sin \beta \operatorname{tang} \varphi_1 + \sin \varphi \sin \gamma\} . \tag{179}$$

In (179) sind nun φ und β so zu bestimmen, daß t ein Minimum wird.

Man hat daher:

$$\frac{\partial t}{\partial \varphi} = 0 , \qquad \frac{\partial t}{\partial \beta} = 0 . \tag{180}$$

Wir setzen noch zur Abkürzung:

$$t = \frac{c}{A + B + C} \tag{181}$$

und erhalten:

$$\frac{\partial t}{\partial \varphi} = 0 = - \frac{c}{(A + B + C)^2} \cdot \left\{\frac{\partial A}{\partial \varphi} + \frac{\partial B}{\partial \varphi} + \frac{\partial C}{\partial \varphi}\right\} .$$

Es ist also:

$$\frac{\partial A}{\partial \varphi} + \frac{\partial B}{\partial \varphi} + \frac{\partial C}{\partial \varphi} = 0 , \tag{182}$$

$$- \sin (\beta + \gamma) \operatorname{tang} \varphi_2 \sin \varphi + \sin \beta \operatorname{tang} \varphi_1 \sin \varphi + \cos \varphi \sin \gamma = 0 . \tag{183}$$

Die zweite der Gleichungen (180) gibt entsprechend:

$$\frac{\partial A}{\partial \beta} + \frac{\partial B}{\partial \beta} + \frac{\partial C}{\partial \beta} = 0 , \tag{184}$$

$$\cos \varphi \operatorname{tang} \varphi_2 \cos (\beta + \gamma) - \cos \varphi \cos \beta \operatorname{tang} \varphi_1 = 0 ,$$

$$\operatorname{tang} \varphi_2 \cos (\beta + \gamma) - \cos \beta \operatorname{tang} \varphi_1 = 0 . \tag{185}$$

Wir setzen zur Abkürzung:

$$\frac{\operatorname{tang} \varphi_2}{\operatorname{tang} \varphi_1} = m$$

und erhalten:

$$m = \cos \beta : \cos (\beta + \gamma) = - \cos \beta : \cos \alpha . \tag{186}$$

Man hat daher zur Bestimmung von α und β:

$$\left.\begin{aligned} - \frac{\cos \beta}{\cos \alpha} &= m , \\ \alpha + \beta &= 180^0 - \gamma . \end{aligned}\right\} \tag{187}$$

Hieraus erhält man leicht

$$\operatorname{ctg}\frac{\alpha-\beta}{2}=\frac{m+1}{m-1}\operatorname{ctg}\frac{\gamma}{2}, \tag{188}$$

so daß α und β jetzt bekannt sind. Nunmehr erhalten wir φ aus der Gleichung (183):

$$\operatorname{tang}\varphi=-\sin\gamma:\{\sin\beta\operatorname{tang}\varphi_1-\sin\alpha\operatorname{tang}\varphi_2\}. \tag{189}$$

Darauf erhält man t aus (179) und s_{01}, s_{02} aus (177), so daß jetzt auch die Längen s_1-s_{01} und s_2-s_{02} berechnet werden können. Damit hat man dann die Ansatzpunkte F und G.

145. Zehnte Aufgabe.

In der vorigen Aufgabe war für jede Verbindung t zweier sich kreuzender Geraden in der Bezeichnungsweise der Abb. 120 auf S. 216 die Gleichung aufgestellt worden:

$$t=h\sin\gamma:\{\cos\varphi\sin(\beta+\gamma)\operatorname{tang}\varphi_2-\cos\varphi\sin\beta\operatorname{tang}\varphi_1+\sin\varphi\sin\gamma\}. \tag{179}$$

Hierin soll jetzt φ als gegeben betrachtet werden. Unbekannt ist also nur β. Aber β soll so gewählt werden, daß t die kürzeste Verbindung der beiden Geraden wird. Also muß sein:

$$\frac{dt}{d\beta}=0. \tag{190}$$

Aus dieser Gleichung hatten wir bereits (185) abgeleitet:

$$\operatorname{tang}\varphi_2\cos(\beta+\gamma)-\operatorname{tang}\varphi_1\cos\beta=0,$$

$$\cos(\beta+\gamma)=-\cos\alpha,$$

$$-\operatorname{tang}\varphi_2\cos\alpha-\operatorname{tang}\varphi_1\cos\beta=0,$$

$$-\operatorname{tang}\varphi_2:\operatorname{tang}\varphi_1=m,$$

$$\left.\begin{aligned}m&=\frac{\cos\beta}{\cos\alpha},\\ \alpha+\beta&=180^0-\gamma.\end{aligned}\right\} \tag{191}$$

Hieraus folgt:

$$\operatorname{ctg}\frac{\alpha-\beta}{2}=\frac{m+1}{m-1}\operatorname{ctg}\frac{\gamma}{2},$$

so daß nun alles Weitere berechnet werden kann, wie bei der vorigen Aufgabe.

146. Elfte Aufgabe.

Gegeben (Abb. 121) die Gerade $g(P_0, \nu_0, \varphi_0)$ und die Ebene $E(P_1, \nu_1, \varphi_1)$. Gesucht der Durchstoßungspunkt $P(x, y, h)$. P_1 und P_0 mögen gleiche Höhe haben. Sollte das nicht von vorneherein der Fall sein, so ist es doch immer leicht, auf g einen Punkt P_0 zu finden, der mit P_1 gleiche Höhe hat. Diese Aufgabe ist bereits in Abschn. 141 S. 213 und nochmals in Abschn. 144, S. 216 behandelt worden. Es sei nun $P_0A=s$. Wir bestimmen dann PA einmal aus den Elementen von g allein, ein anderes Mal unter Mitbenutzung der Elemente von E. Beide Werte setzen wir einander gleich und erhalten so eine Gleichung für s. Im einzelnen gestaltet sich die Rechnung wie folgt: Aus den Elementen der Geraden g hat man ohne weiteres:

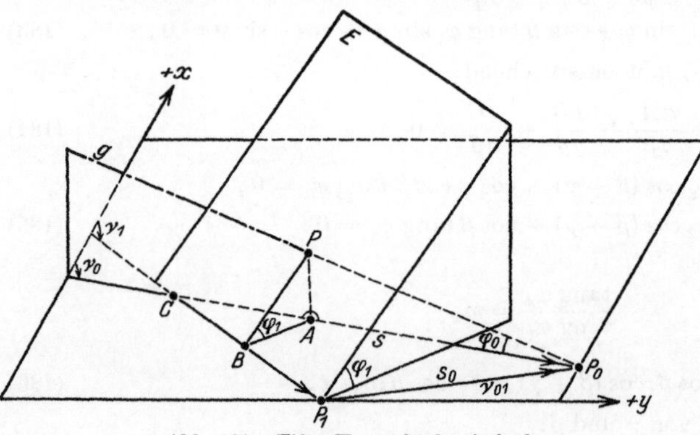

Abb. 121. Elfte Hornochsche Aufgabe.

$$PA=s\cdot\operatorname{tang}\varphi_0. \tag{192}$$

Umständlicher ist dagegen die Berechnung von PA unter Benutzung der Eigenschaft des Punktes P, daß er in der gegebenen Ebene E liegt. Man hat zunächst:

$$\begin{aligned}
s_0 &= \sqrt{(x_1 - x_0)^2 + (y_1 - y_0)^2}\,,\\
\operatorname{tang} \nu_{01} &= (y_1 - y_0) : (x_1 - x_0)\,,\\
CP_0 &= s_0 \sin(\nu_1 - \nu_{01}) : \sin(\nu_1 - \nu_0)\,,\\
CA &= CP_0 - s\,,\\
AB &= CA \cdot \sin(\nu_1 - \nu_0)\,,\\
PA &= AB \cdot \operatorname{tang} \varphi_1\,.
\end{aligned} \tag{193}$$

Setzt man die beiden Ausdrücke (192) und (193) für PA einander gleich, so erhält man:

$$\begin{aligned}
s \operatorname{tang} \varphi_0 &= AB \cdot \operatorname{tang} \varphi_1 = CA \cdot \sin(\nu_1 - \nu_0) \operatorname{tang} \varphi_1\\
&= (CP_0 - s) \sin(\nu_1 - \nu_0) \operatorname{tang} \varphi_1\,,\\
s \operatorname{tang} \varphi_0 &= \sin(\nu_1 - \nu_0) \operatorname{tang} \varphi_1 \left\{ s_0 \frac{\sin(\nu_1 - \nu_{01})}{\sin(\nu_1 - \nu_0)} - s \right\},
\end{aligned}$$

$$s = s_0 \frac{\operatorname{tang} \varphi_1 \sin(\nu_1 - \nu_{01})}{\operatorname{tang} \varphi_0 + \operatorname{tang} \varphi_1 \sin(\nu_1 - \nu_0)}\,. \tag{194}$$

Nachdem man auf diese Weise s berechnet hat, werden auch die Koordinaten des Punktes P erhalten:

$$\begin{aligned}
x &= x_0 - s \cos \nu_0\,,\\
y &= y_0 - s \sin \nu_0\,,\\
h &= h_0 + s \operatorname{tang} \varphi_0\,.
\end{aligned}$$

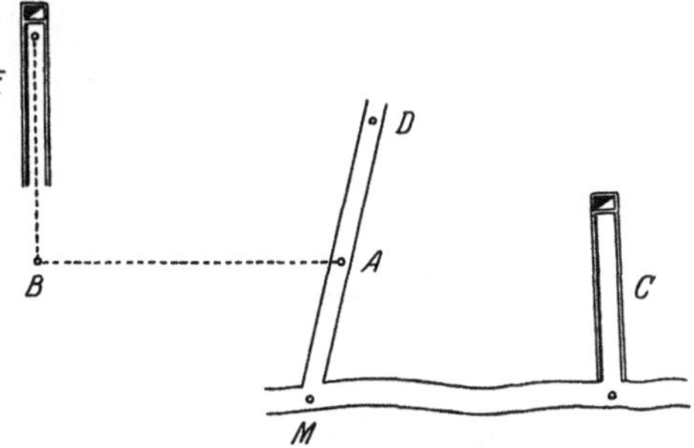

Abb. 122. Beyersche Aufgabe.

Als bergmännisches Beispiel für diese Aufgabe kann man eine von Beyer 1749 gegebene und von Lempe 1785 wiederholte Aufgabe ansehen[1]: Auf der Grube Margaretha wird auf einem Gange ein Schacht EB gesunken (Abb. 122). Es finden sich da a er starke Wasser. Nun muß der Gang seinem Streichen nach das Thelersberger Stollenort MD auf der Zeche Himmelskrone $CMAD$ durchsetzen. Daher will man auf gedachtem Gange mit einem Stollenflügel von MAD aus im Schacht EB durchschlägig werden. Der Markscheider soll angeben, wo man deshalb in MAD anzusitzen habe.

147. Zwölfte Aufgabe.

Gegeben (Abb. 123):

$$\begin{aligned}
g_1 &\equiv AB \equiv (x_1, y_1, h_1; \nu_1)\,,\\
g_2 &\equiv CD \equiv (x_2, y_2, h_2; \nu_2)\,,\\
g_3 &\equiv EF \equiv (x_3, y_3, h_3; \nu_3)\,.
\end{aligned}$$

Zur Abkürzung sei gesetzt:

$$\begin{aligned}
h_2 - h_1 &= h\,,\\
h_3 - h_1 &= h'\,.
\end{aligned}$$

Irgendeine geradlinige Verbindung sei GHJ, und es sei

$$\left.\begin{aligned}
GH &= t\,,\\
GJ &= t'\,.
\end{aligned}\right\} \tag{195}$$

Ferner sei JP senkrecht auf der durch AB gelegten Horizontalebene. Dann ist $\sphericalangle\, JGP = \varphi$ der Fallwinkel der Geraden t oder t'. Ferner sei HN senkrecht auf derselben Horizontalebene. Schließlich sei noch:

$$\begin{aligned}
AK &= s_1\,, & KG &= s_{01}\,,\\
AL &= s_1'\,, & KN &= s_{02}\,,\\
& & GL &= s_{01}'\,.
\end{aligned}$$

[1] Lempe: S. 965.

Man hat dann nach dem Sinussatz:

$$\left.\begin{aligned} s_{01} &= \frac{t \cos\varphi \sin\beta}{\sin\gamma}\,, \\ s'_{01} &= \frac{t' \cos\varphi \sin\beta'}{\sin\gamma'}. \end{aligned}\right\} \tag{196}$$

Aus der Abb. 123 liest man dazu noch die Beziehungen ab:

$$\left.\begin{aligned} \gamma &= \nu_2 - \nu_1\,, \\ \gamma' &= \nu_1 - \nu_3\,, \\ \gamma + \gamma' &= \nu_2 - \nu_3 = \delta\,, \\ \beta' &= \beta - (\gamma + \gamma') = \beta - \delta\,, \\ t \sin\varphi = h, &\quad \Big|\quad t = h : \sin\varphi\,, \\ t' \sin\varphi = h', &\quad \Big|\quad t' = h' : \sin\varphi. \end{aligned}\right\} \tag{197}$$

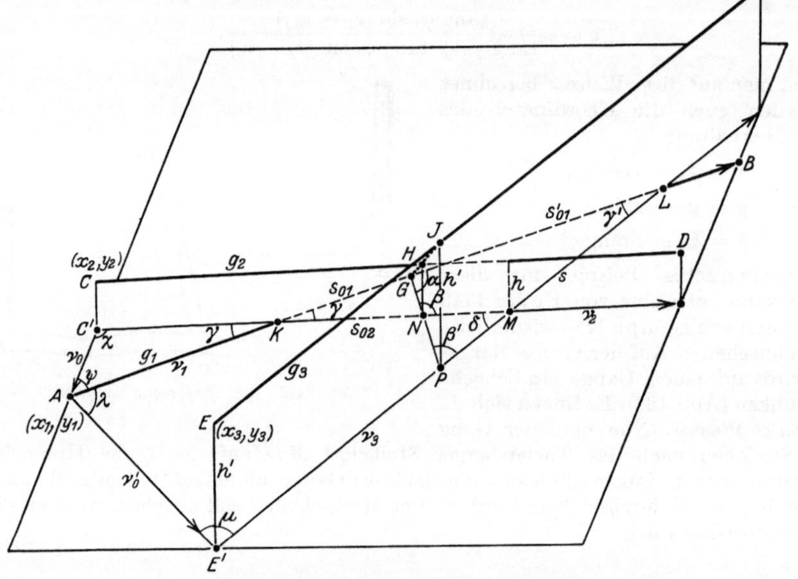

Abb. 123. Zwölfte Hornochsche Aufgabe.

Setzt man die Werte aus (197) in (196) ein, so erhält man:

$$\left.\begin{aligned} s_{01} &= \frac{h \operatorname{ctg}\varphi \sin\beta}{\sin\gamma}\,, \\ s'_{01} &= \frac{h' \operatorname{ctg}\varphi \sin\beta'}{\sin\gamma'}. \end{aligned}\right\} \tag{198}$$

Aus der Abb. 123 liest man noch folgende Beziehungen ab:

$$\left.\begin{aligned} \operatorname{tang}\nu'_0 &= (y_3 - y_1) : (x_3 - x_1)\,, \\ AE' &= \sqrt{(x_3 - x_1)^2 + (y_3 - y_1)^2}\,, \\ \operatorname{tang}\nu_0 &= (y_1 - y_2) : (x_1 - x_2)\,, \\ AC' &= \sqrt{(x_1 - x_2)^2 + (y_1 - y_2)^2}\,. \end{aligned}\right\} \tag{199}$$

Zur Abkürzung setzen wir noch:

$$\left.\begin{aligned} \nu'_0 - \nu_1 &= \lambda\,, \\ 180^0 + \nu_3 - \nu'_0 &= \mu\,, \\ \nu_0 - \nu_2 &= \chi\,, \\ \nu_1 - \nu_0 &= \psi. \end{aligned}\right\} \tag{200}$$

Dann ergibt sich aus der Abb. 123:

$$\left.\begin{aligned} AK &= s_1 = AC' \cdot \sin\chi : \sin\gamma\,, \\ AL &= s_1' = AE' \cdot \sin\mu : \sin\gamma'\,, \end{aligned}\right\} \tag{201}$$

so daß jetzt s_1 und s_1' bekannt sind. Dann hat man:

$$s_{0\,1} + s_{0\,1}' = s_1' - s_1 \tag{202}$$

(198) und (202) geben zusammen:

$$s_1' - s_1 = \operatorname{ctg}\varphi \left\{ \frac{h \sin\beta}{\sin\gamma} + \frac{h' \sin\beta'}{\sin\gamma'} \right\},$$

$$s_1' - s_1 = h \operatorname{ctg}\varphi \left\{ \frac{\sin\beta}{\sin\gamma} + \frac{h'}{h} \cdot \frac{\sin\beta'}{\sin\gamma'} \right\} = h \operatorname{ctg}\varphi \cdot F(\beta)\,.$$

Hierbei wurde zur Abkürzung gesetzt:

$$F(\beta) = \frac{\sin\beta}{\sin\gamma} + \frac{h'}{h} \cdot \frac{\sin(\beta - \delta)}{\sin\gamma'}\,. \tag{203}$$

Wir setzen noch:

$$\frac{s_1' - s_1}{h} = c \tag{204}$$

und erhalten dann:

$$\operatorname{ctg}\varphi = \frac{c}{F(\beta)}\,. \tag{205}$$

Wir haben daher in (205) eine Gleichung, in welcher nur noch die Unbekannten φ und β vorkommen:

(196) und (202) ergeben zusammen:

$$s_1' - s_1 = \cos\varphi \left\{ \frac{t \sin\beta}{\sin\gamma} + \frac{t' \sin\beta'}{\sin\gamma'} \right\}.$$

Es ist aber

$$t : t' = h : h'\,,$$

$$t = \frac{h}{h'} \cdot t'\,.$$

Dies eingesetzt ergibt:

$$s_1' - s_1 = t' \cos\varphi \left\{ \frac{h \sin\beta}{h' \sin\gamma} + \frac{\sin\beta'}{\sin\gamma'} \right\},$$

$$t' = \frac{s_1' - s_1}{\cos\varphi \cdot \frac{h}{h'} \cdot F(\beta)}\,. \tag{206}$$

Soll nun t' ein Minimum werden, so muß offenbar

$$\cos\varphi \cdot F(\beta) \text{ ein Maximum}$$

werden. Man hat also:

$$0 = F(\beta) \frac{d\cos\varphi}{d\beta} + \cos\varphi \frac{dF(\beta)}{d\beta}\,. \tag{207}$$

In (207) ist aber mit Rücksicht auf (203):

$$\frac{dF(\beta)}{d\beta} = \frac{\cos\beta}{\sin\gamma} + \frac{h'}{h} \cdot \frac{\cos(\beta - \delta)}{\sin\gamma'}\,. \tag{208}$$

Nun ist noch $\dfrac{d\cos\varphi}{d\beta}$ zu bestimmen. Wir quadrieren (205):

$$\operatorname{ctg}^2\varphi = \frac{c^2}{F^2(\beta)}\,,$$

$$\frac{\cos^2\varphi}{1 - \cos^2\varphi} = \frac{c^2}{F^2(\beta)}\,,$$

$$\cos^2\varphi\, F^2(\beta) + c^2 \cos^2\varphi = c^2\,,$$

$$\cos^2\varphi = \frac{c^2}{c^2 + F^2(\beta)}\,,$$

$$\cos\varphi \frac{d\cos\varphi}{d\beta} = \frac{-c^2}{(c^2 + F^2(\beta))^2} \cdot F(\beta) \frac{dF(\beta)}{d\beta}\,. \tag{209}$$

Wir setzen (209) in (207) ein und erhalten:

$$0 = F(\beta) \cdot \frac{(-1) \cdot c^2 \cdot F(\beta)}{\cos\varphi \cdot (c^2 + F^2(\beta))^2} \cdot \frac{dF(\beta)}{d\beta} + \cos\varphi \frac{dF(\beta)}{d\beta},$$

$$0 = \frac{dF(\beta)}{d\beta} \cdot \left\{ - \frac{c^2 F^2(\beta)}{\cos\varphi\,(c^2 + F^2(\beta))^2} + \cos\varphi \right\}.$$

Es ist also entweder:

$$\frac{dF(\beta)}{d\beta} = 0 \tag{I}$$

oder

$$-\frac{c^2 F^2(\beta)}{\cos\varphi\,(c^2 + F^2(\beta))^2} + \cos\varphi = 0. \tag{II}$$

Wir wollen nun voraussetzen, daß $c \gtrless 0$ ist. Damit schließen wir den Spezialfall aus, daß in Abb. 123 die Punkte K und L zusammenfallen und daß also die gesuchte Verbindung t, t' lotrecht ist und damit $\cos\varphi = 0$ wird. Statt II können wir dann schreiben:

$$-c^2 F^2(\beta) + \cos^2\varphi\,(c^2 + F^2(\beta))^2 = 0.$$

Nun ist nach (205):

$$F(\beta) = c \operatorname{tang}\varphi.$$

Dies setzen wir ein und erhalten:

$$-c^4 \operatorname{tang}^2\varphi + \cos^2\varphi\,(c^2 + c^2 \operatorname{tang}^2\varphi)^2 = 0,$$

$$-\operatorname{tang}^2\varphi + \cos^2\varphi \cdot \frac{1}{\cos^4\varphi} = 0,$$

$$\cos^2\varphi = 0.$$

Also auch für $c \gtrless 0$ führt (II) auf den Spezialfall der lotrecht stehenden Verbindung t, t', die nur bei ganz bestimmter Lage der 3 Geraden zueinander möglich ist. Die allgemeine Lösung ist daher in (I) enthalten, und man hat also:

$$\frac{dF(\beta)}{d\beta} = 0$$

oder gemäß (208):

$$\frac{\cos\beta}{\sin\gamma} + \frac{h'}{h} \cdot \frac{\cos(\beta - \delta)}{\sin\gamma'} = 0.$$

Wir setzen zur Abkürzung:

$$\frac{h \sin\gamma'}{h' \sin\gamma} = c_1 \tag{210}$$

und erhalten dann:

$$c_1 \cos\beta + \cos(\beta - \delta) = 0,$$

$$c_1 \cos\beta + \cos\beta\cos\delta + \sin\beta\sin\delta = 0,$$

$$\operatorname{tang}\beta = (-c_1 - \cos\delta) : \sin\delta,$$

$$\operatorname{tang}\beta = -\frac{c_1 + \cos\delta}{\sin\delta}. \tag{211}$$

Hieraus kann man β berechnen. Darauf erhält man φ aus (205). $AK = s_1$ war schon bekannt aus (201). Um den Ansatzpunkt G zu finden, ist also nur noch zu berechnen $KG = s_{01}$ gemäß (198).

148. Dreizehnte Aufgabe.

Gegeben g_1, g_2, g_3 und auf g_2 der Punkt P. Die kürzeste Verbindung von P mit g_1 ist die von P nach g_1 gefällte Senkrechte. Ebenso ist die kürzeste Verbindung von P mit g_3 die von P nach g_3 gefällte Senkrechte. Also sind diese beiden Senkrechten die gesuchten beiden Strecken.

149. Vierzehnte Aufgabe.

Gegeben (Abb. 124) g_1, g_2, g_3; auf g_1 Punkt A. Offenbar ist der Verlauf der Geraden g_1, also φ_1, ν_1 ganz ohne Einfluß auf die Lösung der Aufgabe. Es handelt sich also nur um die Lösung der Augfabe: gegeben zwei Gerade, die wir $g_2(C, \varphi_2, \nu_2)$ und $g_3(E, \varphi_3, \nu_3)$ nennen wollen, und außerhalb ein Punkt A (x_a, y_a, h_a). Es soll von A aus eine Gerade ADF so gelegt werden, daß sie g_2 und g_3 schneidet.

Wir denken uns durch A eine wagrechte Ebene, welche von g_2 und g_3 in den Punkten C und E durchstoßen wird. Dann können wir x_c, y_c; x_e, y_e als bekannt ansehen gemäß den Entwicklungen in Abschn. 141, 6. Aufgabe, Seite 213 für den dortigen Punkt P_1'. In Abb. 124 kann ferner als bekannt angesehen werden a, γ, δ, φ_2, φ_3; s_{ac}, s_{ae}; unbekannt φ, ψ, $t = AD$ und $t' = AF$. Indem man auf die Dreiecke ACL und AEM den Sinussatz anwendet, hat man:

$$CL : AL = \sin(\psi + \delta) : \sin\alpha\,,$$

$$EM : AM = \sin\psi : \sin\gamma\,.$$

Aus der Abbildung folgt ferner:

$$\left.\begin{aligned} \operatorname{tang}\varphi &= \frac{DL}{AL} \\ &= \frac{CL\cdot\operatorname{tang}\varphi_2}{AL} \\ &= \frac{\sin(\psi+\delta)\operatorname{tang}\varphi_2}{\sin\alpha} \end{aligned}\right\} \quad (212)$$

und ferner nach:

$$\left.\begin{aligned} \operatorname{tang}\varphi &= \frac{FM}{AM} \\ &= \frac{EM\cdot\operatorname{tang}\varphi_3}{AM} \\ &= \frac{\sin\psi\cdot\operatorname{tang}\varphi_3}{\sin\gamma}\,. \end{aligned}\right\} \quad (213)$$

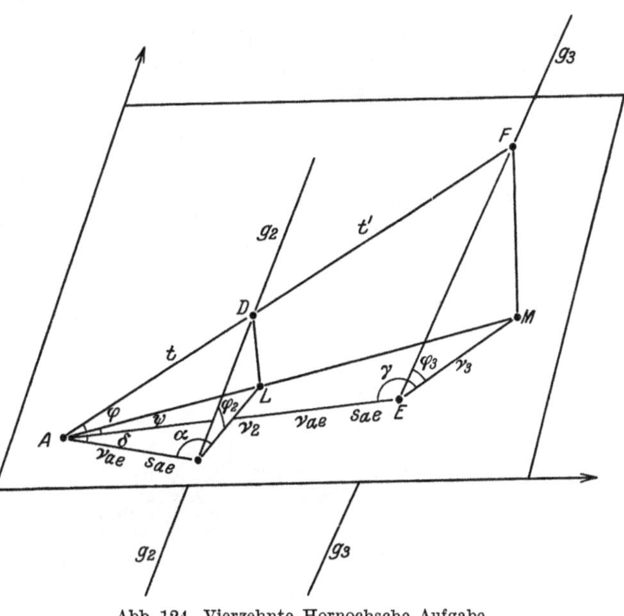

Abb. 124. Vierzehnte Hornochsche Aufgabe.

Man hat daher:

$$\frac{\sin(\psi+\delta)\operatorname{tang}\varphi_2}{\sin\alpha} = \frac{\sin\psi\operatorname{tang}\varphi_3}{\sin\gamma}\,,$$

$$\frac{\sin(\psi+\delta)}{\sin\psi} = \frac{\operatorname{tang}\varphi_3\sin\alpha}{\operatorname{tang}\varphi_2\sin\gamma} = m\,,$$

$$\cos\delta + \sin\delta\operatorname{ctg}\psi = m\,,$$

$$\operatorname{ctg}\psi = \frac{m-\cos\delta}{\sin\delta}\,. \quad (214)$$

Damit hat man das Streichen der gesuchten Verbindung. Ihr Einfallen φ kann jetzt nach (212) oder (213) berechnet werden.

Um nun auch noch t und t' zu bekommen, hat man aus der Abb. 124 unmittelbar:

$$CL = s_{ac}\cdot\frac{\sin(\psi+\delta)}{\sin(\psi+\alpha+\delta)}\,,$$

$$DL = s_{ac}\cdot\frac{\sin(\psi+\delta)}{\sin(\psi+\alpha+\delta)}\cdot\operatorname{tang}\varphi_2\,,$$

$$t = \frac{1}{\sin\varphi}\cdot s_{ac}\cdot\frac{\sin(\psi+\delta)}{\sin(\psi+\alpha+\delta)}\cdot\operatorname{tang}\varphi_2\,, \quad (215)$$

$$EM = s_{ae} \cdot \frac{\sin \psi}{\sin(\psi + \gamma)},$$

$$FM = s_{ae} \cdot \frac{\sin \psi}{\sin(\psi + \gamma)} \cdot \operatorname{tang} \varphi_3,$$

$$t' = \frac{1}{\sin \varphi} \cdot s_{ae} \cdot \frac{\sin \psi}{\sin(\psi + \gamma)} \cdot \operatorname{tang} \varphi_3 . \tag{216}$$

150. Fünfzehnte Aufgabe.

Gegeben (Abb. 125) $P_1(x_1, y_1, h_1)$, $P_2(x_2, y_2, h_2)$, $P_3(x_3, y_3, h_3)$. Gesucht φ, ν.

Es sei $P_1 P_2 = s_{12}$, $P_1 P_3 = s_{13}$. Die Fallwinkel der beiden Geraden $P_1 P_2$ und $P_1 P_3$ seien φ_{12} und φ_{13}. Dann hat man:

$$\left.\begin{aligned} s_{12} &= \sqrt{(x_1 - x_2)^2 + (y_1 - y_2)^2 + (h_1 - h_2)^2}\,, \\ s_{13} &= \sqrt{(x_1 - x_3)^2 + (y_1 - y_3)^2 + (h_1 - h_3)^2}\,, \\ \sin \varphi_{12} &= (h_2 - h_1) : s_{12} \\ \sin \varphi_{13} &= (h_3 - h_1) : s_{13} . \end{aligned}\right\} \tag{217}$$

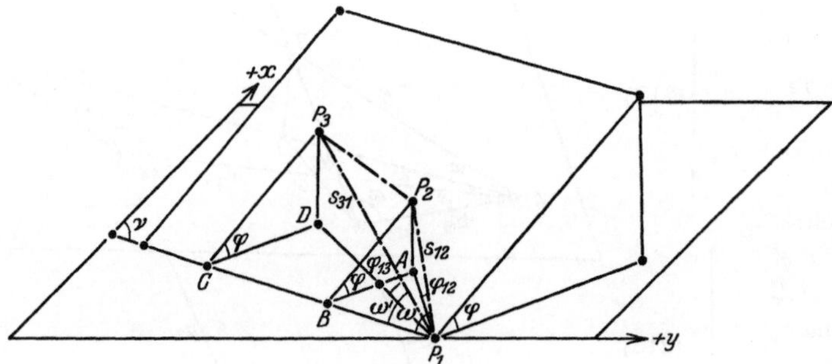

Abb. 125. Fünfzehnte Hornochsche Aufgabe.

Es sei ferner:

$$\sphericalangle\, B P_1 P_2 = w, \qquad \sphericalangle\, B P_1 P_3 = w' .$$

Dann hat man nach Abschn. 139, S. 212:

$$\left.\begin{aligned} \cos w &= \cos \varphi_{12} \cdot \cos(\nu_{12} - \nu), \quad &\operatorname{tang} \nu_{12} &= (y_2 - y_1) : (x_2 - x_1), \\ \cos w' &= \cos \varphi_{13} \cdot \cos(\nu_{13} - \nu), \quad &\operatorname{tang} \nu_{13} &= (y_3 - y_1) : (x_3 - x_1) . \end{aligned}\right\} \tag{218}$$

Hier ist ν zunächst noch unbekannt. Aber man hat:

$$B P_2 = s_{12} \sin w,$$

$$C P_3 = s_{13} \sin w' .$$

Zur Bestimmung von ν und φ hat man daher:

$$\left.\begin{aligned} h_2 - h_1 &= s_{12} \sin w \sin \varphi, \\ h_3 - h_1 &= s_{13} \sin w' \sin \varphi. \end{aligned}\right\} \tag{219}$$

Hier steckt in w und w' noch die Unbekannte ν. Wir führen daher einstweilen w statt ν als Unbekannte ein, um dann später ν aus w zu berechnen, wozu dann die Gleichungen (218) dienen können.

Es ist

$$w = w' + \delta, \tag{220}$$

wo $\delta = \sphericalangle\, P_3 P_1 P_2$ bekannt ist. Denn man hat für $\cos \delta$ nach (152):

$$\cos \delta = \sin \varphi_{12} \sin \varphi_{13} + \cos \varphi_{12} \cos \varphi_{13} \cos(\nu_{13} - \nu_{12}) . \tag{221}$$

Folglich kann man statt (219) schreiben:

$$\left.\begin{aligned} \frac{h_2 - h_1}{s_{12}} &= \sin\varphi \sin w, \\ \frac{h_3 - h_1}{s_{13}} &= \sin\varphi \sin(w - \delta), \end{aligned}\right\} \tag{222}$$

$$\frac{(h_2 - h_1)\, s_{13}}{(h_3 - h_1)\, s_{12}} = c = \frac{\sin w}{\sin(w - \delta)},$$

$$c \sin w \cos\delta - c \cos w \sin\delta - \sin w = 0,$$

$$\operatorname{tang} w = \frac{c \sin\delta}{c \cos\delta - 1}. \tag{223}$$

Es ist also von jetzt ab w bekannt. Hierauf erhält man ν aus (218):

$$\cos(\nu_{12} - \nu) = \cos w : \cos\varphi_{12} \tag{224}$$

und φ aus (219):

$$\sin\varphi = \frac{h_2 - h_1}{s_{12} \cdot \sin w}. \tag{225}$$

Damit ist Streichen und Fallen der Ebene bestimmt.

Zwei bergmännische Anwendungen dieser Aufgabe liegen nahe: gegeben von einem Gange drei Punkte des Ausbisses oder drei durch Bohrlöcher aufgeschlossene Stellen. Danach soll Fallen und Streichen des Ganges bestimmt werden. Diese Aufgaben behandelt bereits Giuliani 1798 in seiner Markscheidekunst[1].

Die zeichnerische Lösung ist so einfach, daß sie hier übergangen werden kann.

151. Sechzehnte Aufgabe.

Die beiden gegebenen Ebenen seien $ABEC(\nu_1, \varphi_1)$ und $ABFD(\nu_2, \varphi_2)$. Gesucht ist ν, φ für ihre Kreuzlinie. Es sei $\nu_1 - \nu_2 = \delta = \delta_1 + \delta_2$ (Abb. 126). Die Ecke A, GHK ergibt nach dem Kotangentensatz des sphärischen Dreiecks:

$$\operatorname{ctg}\varphi \sin\delta_1 - \operatorname{ctg}\varphi_1 \sin 90^0 = \cos\delta_1 \cos 90^0.$$

$$\operatorname{ctg}\varphi \sin\delta_1 - \operatorname{ctg}\varphi_1 = 0. \tag{226}$$

Die Ecke A, GHL ergibt entsprechend:

$$\operatorname{ctg}\varphi \sin\delta_2 - \operatorname{ctg}\varphi_2 \sin 90^0 = \cos\delta_2 \cos 90^0,$$

$$\operatorname{ctg}\varphi \sin\delta_2 - \operatorname{ctg}\varphi_2 = 0. \tag{227}$$

Man hat also:

$$\left.\begin{aligned} \sin\delta_1 : \sin\delta_2 = \operatorname{ctg}\varphi_1 : \operatorname{ctg}\varphi_2 = m, \\ \delta_1 + \delta_2 = \delta. \end{aligned}\right\} \tag{228}$$

raus ergibt sich leicht:

$$\operatorname{ctg}\frac{\delta_1 - \delta_2}{2} = \frac{m + 1}{m - 1} \operatorname{ctg}\frac{\delta}{2}, \tag{229}$$

so daß jetzt δ_1 und δ_2 bekannt sind.

Zur Probe kann man δ_1 und δ_2 aus (227) und (228) noch auf folgende Weise berechnen:

$$\sin\delta_1 = \sin(\delta - \delta_2) = \frac{\operatorname{ctg}\varphi_1}{\operatorname{ctg}\varphi},$$

$$\sin\delta_2 = \frac{\operatorname{ctg}\varphi_2}{\operatorname{ctg}\varphi},$$

$$\frac{\sin(\delta - \delta_2)}{\sin\delta_2} = \frac{\operatorname{ctg}\varphi_1}{\operatorname{ctg}\varphi_2} = m,$$

$$\sin\delta \operatorname{ctg}\delta_2 - \cos\delta = m,$$

$$\operatorname{ctg}\delta_2 = \frac{m + \cos\delta}{\sin\delta}. \tag{230}$$

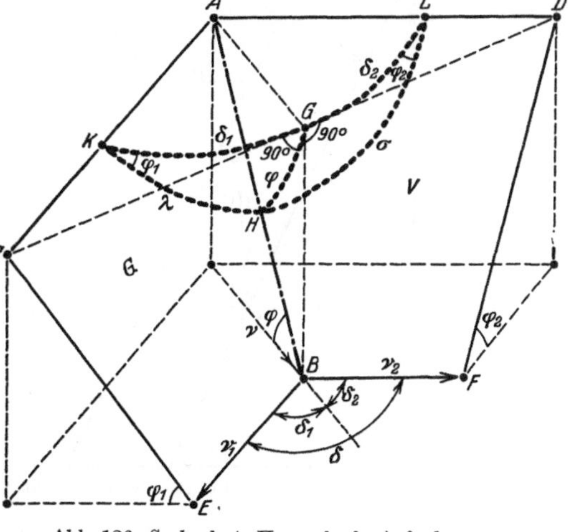

Abb. 126. Sechzehnte Hornochsche Aufgabe.

[1] Giuliani, Aufg. 10, S. 61.

Entsprechend erhält man:

$$\sin \delta_1 = \operatorname{ctg} \varphi_1 : \operatorname{ctg} \psi \,,$$
$$\sin (\delta - \delta_1) = \operatorname{ctg} \varphi_2 : \operatorname{ctg} \varphi \,,$$

$$\frac{\sin (\delta - \delta_1)}{\sin \delta_1} = \frac{1}{m} \,,$$

$$\sin \delta \operatorname{ctg} \delta_1 - \cos \delta = \frac{1}{m} \,.$$

$$\operatorname{ctg} \delta_1 = \left(\frac{1}{m} + \cos \delta\right) : \sin \delta \,. \tag{231}$$

Nachdem δ_1 und δ_2 berechnet sind, ergibt sich für die Kreuzlinie

$$\left.\begin{aligned} \nu &= \nu_1 - \delta = \nu_2 + \delta_2 \,, \\ \operatorname{ctg} \varphi &= \frac{\operatorname{ctg} \varphi_2}{\sin \delta_2} = \frac{\operatorname{ctg} \varphi_1}{\sin \delta_1} \,. \end{aligned}\right\} \tag{232}$$

Nun sind noch die Winkel $DAB = \sigma$ und $CAB = \lambda$ zu berechnen. Wir wenden im Dreieck LHK zweimal den Kotangentensatz an und erhalten:

$$\operatorname{ctg} \sigma \sin \delta - \operatorname{ctg} \varphi_1 \sin \varphi_2 = \cos \varphi_2 \cos \delta \,,$$
$$\operatorname{ctg} \lambda \sin \delta - \operatorname{ctg} \varphi_2 \sin \varphi_1 = \cos \varphi_1 \cos \delta \,.$$

Man erhält daraus:

$$\operatorname{ctg} \sigma = \frac{\cos \varphi_2 \cos \delta + \operatorname{ctg} \varphi_1 \sin \varphi_2}{\sin \delta}$$

$$\operatorname{ctg} \lambda = \frac{\cos \varphi_1 \cos \delta + \operatorname{ctg} \varphi_2 \sin \varphi_1}{\sin \delta} \,.$$

Wenn die beiden gegebenen Ebenen Gänge sind oder ein Gang ($ABEC$) und ein Verwerfer ($ABFD$), so wird in der bergmännischen Fachsprache δ als Streichungswinkel, Schnittwinkel oder söhliger Winkel der beiden Ebenen bezeichnet. σ heißt der Sprungwinkel oder Verwurfswinkel, und der auf der Gangfläche liegende Winkel λ heißt der Flügelwinkel des Ganges mit dem Verwerfer.

152. Siebzehnte Aufgabe.

Die Aufgabe läßt sich zeichnerisch so einfach lösen, daß die zeichnerische Lösung vor der verwickelteren rechnerischen Behandlung den Vorzug verdient. In Abb. 127 sei $ABCD$ die

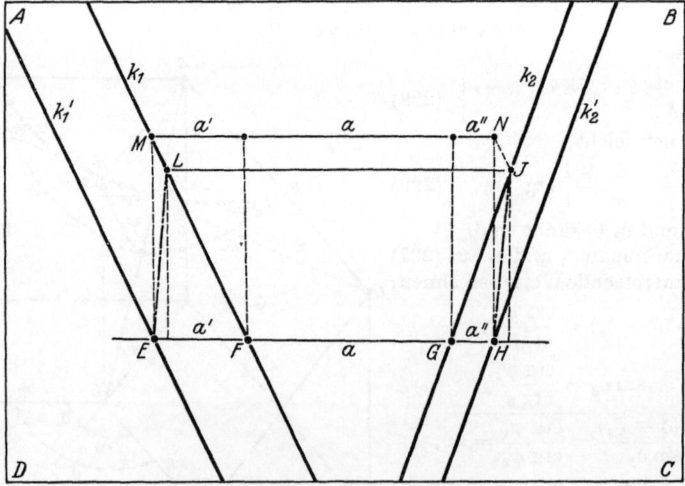

Abb. 127. Siebzehnte Hornochsche Aufgabe.

Verwerferebene; k_1, k_1' und k_2, k_2' die beiden Kreuzlinienpaare. k_1, k_2 sollen für diejenigen Gangflügel gelten, die v o r der Zeichenebene zu denken sind; entsprechend k_1', k_2' für die hinteren Gangflügel. Die irgendwo gemessenen wagrechten Abstände der Kreuzlinienpaare seien a' und a''. Wir denken uns eine Streichlinie des Verwerfers $EFGH$. Es braucht a nicht bekannt zu sein. Jetzt ziehen wir in der Verwerferebene EM und $HN \perp EH$ und legen durch M eine Parallele NM zu EH. Hierauf ziehen wir durch N eine Parallele NJ zu k_1 und k_1'. Durch J wird alsdann eine Parallele JL zu EH gezogen. Dann sind LE und JH die Gleitrichtung und zugleich die Gleitlänge des Verwurfs. Denn der Linie LJ der vorderen Gesteinsscholle entspricht offenbar die Linie EH der hinteren Gesteinsscholle in der Weise, daß vor dem Verwurf beide Linien zusammenlagen.

153. Achtzehnte Aufgabe.

Gegeben sind zwei parallele Gerade g_1 und g_2 in einer wagrechten Ebene und zwei parallele Ebenen (Abb. 128). ABC und DGF, welche die Geraden g_1 und g_2 unter schiefen Winkeln schneiden. Meßbar sind in der durch g_1 gehenden lotrechten Ebene der Winkel φ und in der Ebene $g_1 g_2$ der Winkel χ, dazu die wagrechte Länge a. Es ist der senkrechte Abstand h der beiden Ebenen voneinander zu bestimmen.

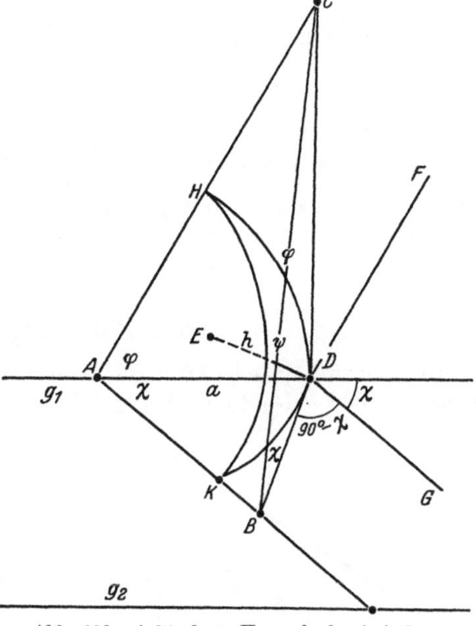

Abb. 128. Achtzehnte Hornochsche Aufgabe.

Die Ebene BCD sei senkrecht auf g_1 und g_2. Dann ist:

$$BD = a \operatorname{tang} \chi ,$$

$$CD = a \operatorname{tang} \varphi ,$$

$$2 \Delta\, BCD = a^2 \operatorname{tang} \varphi \operatorname{tang} \chi ,$$

und der 6fache Inhalt $6\,V$ des Tetraeders $ABCD$ ergibt sich:

$$6\,V = a^3 \operatorname{tang} \varphi \cdot \operatorname{tang} \chi . \qquad (233)$$

Im sphärischen Dreieck DHK hat man aber auch:

$$\cos \psi = \cos \varphi \cos \chi , \qquad (234)$$

so daß also ψ als bekannt angesehen werden kann. Man hat dann im Dreieck ABC:

$$AB = \frac{a}{\cos \chi},$$

$$AC = \frac{a}{\cos \varphi}.$$

Es ist mithin:

$$2 \Delta\, ABC = AB \cdot AC \cdot \sin \psi ,$$

$$= \frac{a^2 \sin \psi}{\cos \chi \cos \varphi}$$

und daher das 6fache Tetraedervolumen $AB\,CD$:

$$6\,V = \frac{h a^2 \sin \psi}{\cos \varphi \cos \chi} . \qquad (235)$$

Setzt man (233) und (235) einander gleich, so ergibt sich:

$$a^3 \operatorname{tang} \varphi \operatorname{tang} \chi = h a^2 \sin \psi : \cos \varphi \cos \chi ,$$

$$h = a \frac{\sin \varphi \sin \chi}{\sin \psi} . \qquad (236)$$

In der Praxis des Bergmanns ergibt sich eine Anwendung der Aufgabe, wenn auf einer Förderstrecke oder in einem Stollen ein Übersetzen beobachtet wurde und dessen Mächtigkeit aus den der Messung zugänglichen Massen festgestellt werden soll.

154. Neunzehnte Aufgabe.

Fallen und Streichen derjenigen Ebene, in welcher der gegebene Punkt $P_1(x_1, y_1, h_1)$ liegt, sind offenbar ohne Einfluß auf die Lösung der Aufgabe. Die andere Ebene sei $E(P_0, \nu, \varphi)$. Es ist die Länge P_1P zu finden (Abb. 129).

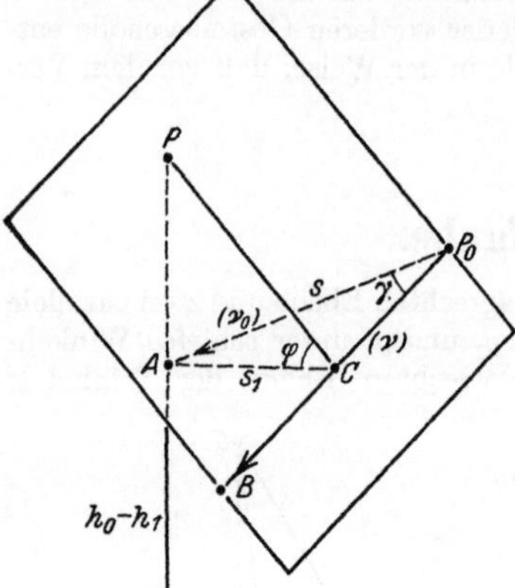

Abb. 129. Neunzehnte Hornochsche Aufgabe.

Wir denken uns eine wagrechte Ebene durch P_0, welche P_1P in A schneidet. Sie schneide die gegebene Ebene in P_0B, so daß also P_0B das Streichen ν hat. Von P fällen wir die Senkrechte PC auf P_0B. Dann ist

$$\sphericalangle PCA = \varphi .$$

Die Horizontalkoordinaten von A sind dann x_1, y_1, und man hat daher für das Streichen $P_0A = \nu_0$:

$$\operatorname{tang} \nu_0 = (y_1 - y_0) : (x_1 - x_0) ,$$
$$\gamma = \nu - \nu_0 ,$$
$$s = \sqrt{(x_1 - x_0)^2 + (y_1 - y_0)^2} ,$$
$$s_1 = AC = s \sin\gamma ,$$
$$AP = s_1 \operatorname{tang} \varphi ,$$
$$P_1P = h_0 - h_1 + s_1 \operatorname{tang} \varphi .$$

Eine Anwendung auf die Praxis des Bergmanns ergibt sich, wenn von einem Gange oder Flöz ein seigeres Überhauen nach einem darüber befindlichen Gange oder Flöz aufgewältigt werden soll und nach der Länge des Zwischenmittels gefragt wird.

Die Aufgabe findet sich bereits bei Lempe 1785, S. 971—972.

155. Zwanzigste Aufgabe.

Gegeben zwei einander kreuzende Gänge $E_1(P_1, \varphi_1, \nu_1)$ und $E_2(P_2, \varphi_2, \nu_2)$, auf E_2 ein tonnlägiger Schacht $P_2(x_2, y_2, h_2)$, φ_2, $\nu_2 + 90^0$, der einstweilen bis zur Länge s_0 abgesunken ist (Abb. 130). Um wieviel Meter (s) ist der Schacht noch zu erlängen, bis er die Kreuzlinie der beiden Gänge erreicht?

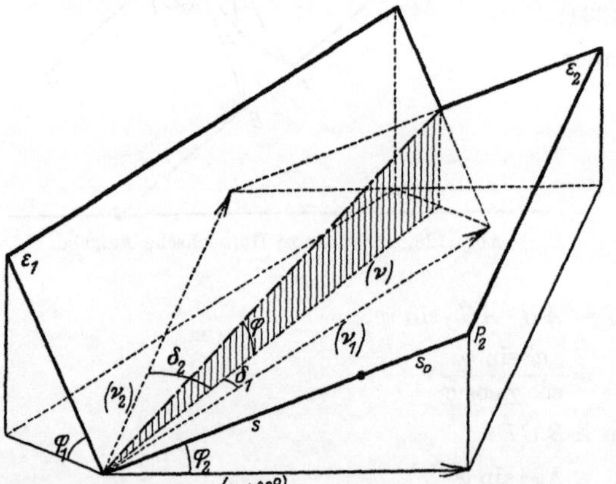

Abb. 130. Zwanzigste Hornochsche Aufgabe (Aufgabe von G. Beer).

Es sei $\nu_1 - \nu_2 = \delta_1 + \delta_2 = \delta$

$$\frac{\operatorname{ctg} \varphi_1}{\operatorname{ctg} \varphi_2} = m .$$

Dann ist nach Aufgabe 16:

$$\operatorname{ctg} \delta_1 = \left(\frac{1}{m} + \cos\delta\right) : \sin\delta , \quad (231)$$

$$\operatorname{ctg} \delta_2 = (m + \cos\delta) : \sin\delta . \quad (230)$$

$$\left.\begin{aligned} \nu &= \nu_1 - \delta_1 = \nu_2 + \delta_2 , \\ \operatorname{ctg} \varphi &= \operatorname{ctg} \varphi_1 : \sin \delta_1 . \end{aligned}\right\} \quad (232)$$

Es ist zunächst die Gleichung einer Ebene QRS aufzustellen, von der ein Punkt $P(x, y, h)$ gegeben ist und Streichen und Fallen ν, φ (Abb. 131).

Man erhält leicht:

$$OA = - y \cos\nu ,$$
$$AB = x \sin\nu ,$$
$$BC = h \operatorname{ctg} \varphi ,$$
$$r = (OA + AB + BC) \cdot \sin\varphi ,$$
$$r = - y \cos\nu \sin\varphi + x \sin\nu \sin\varphi + h \cos\varphi \quad (237)$$

als die gesuchte Gleichung der Ebene. Mithin ist die Gleichung der Ebene E_1:

$$x \sin \nu_1 \sin \varphi_1 - y \cos \nu_1 \sin \varphi_1 + h \cos \varphi_1 = r_1\,, \tag{238}$$

und da die Ebene E_1 den Punkt P_1 enthält, so ist auch:

$$x_1 \sin \nu_1 \sin \varphi_1 - y_1 \cos \nu_1 \sin \varphi_1 + h_1 \cos \varphi_1 = r_1\,. \tag{239}$$

Zieht man (239) von (238) ab, so erhält man:

$$(x - x_1) \sin \nu_1 \sin \varphi_1 - (y - y_1) \cos \nu_1 \sin \varphi_1 + (h - h_1) \cos \varphi_1 = 0\,. \tag{240}$$

Wir wählen jetzt P_2 als Koordinatennullpunkt, die Richtung des Streichens ν_2 als $+x$-Richtung. Dann hat man für einen beliebigen Punkt T des tonnlägigen Schachtes:

$$-h : -y = \operatorname{tang} \varphi_2 \qquad x = 0\,,$$

$$h : y = \operatorname{tang} \varphi_2\,. \tag{241}$$

Wenn der Punkt gleichzeitig auf der Kreuzlinie liegt, so hat man außerdem nach (240):

$$-x_1 \sin \nu_1 \sin \varphi_1 - (y - y_1) \cos \nu_1 \sin \varphi_1 + (h - h_1) \cos \varphi_1 = 0\,.$$

Aus (241) setzen wir für h ein: $y \operatorname{tang} \varphi_2$ und erhalten:

$$-x_1 \sin \nu_1 \sin \varphi_1 - (y - y_1) \cos \nu_1 \sin \varphi_1 + (y \operatorname{tang} \varphi_2 - h_1) \cos \varphi_1 = 0\,,$$

woraus sich für den Endpunkt des tonnlägigen Schachtes ergibt:

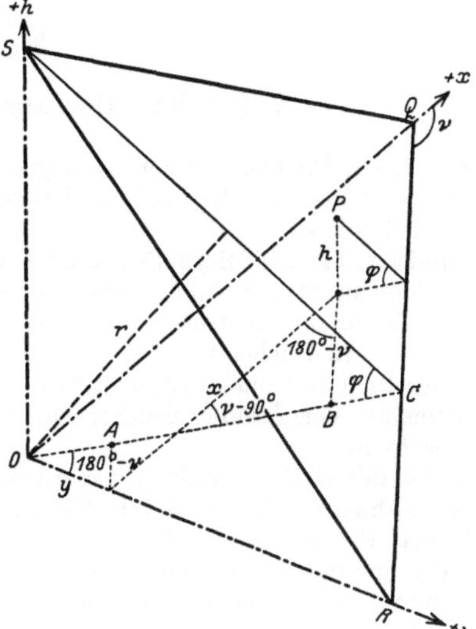

Abb. 131. Gleichung einer Ebene, durch Streichen und Fallen ausgedrückt.

$$\left.\begin{aligned} y &= (x_1 \sin \nu_1 \sin \varphi_1 - y_1 \cos \nu_1 \sin \varphi_1 + h_1 \cos \varphi_1) : (\operatorname{tang} \varphi_2 \cos \varphi_1 - \cos \nu_1 \sin \varphi_1)\,, \\ x &= 0\,, \\ h &= y \cdot \operatorname{tang} \varphi_2\,. \end{aligned}\right\} \tag{242}$$

Die bisherige flache Länge des Schachtes ist s_0. Dann sind die Koordinaten x_0, y_0, h_0 für das bisherige Schacht-Tiefste:

$$\left.\begin{aligned} x_0 &= 0\,, \\ y_0 &= -\, s_0 \cos \varphi_2\,, \\ h_0 &= -\, s_0 \sin \varphi_2\,. \end{aligned}\right\} \tag{243}$$

Für die noch aufzugewältigende flache Länge bis zur Kreuzlinie hat man also:

$$s = \sqrt{(y - y_0)^2 + (h - h_0)^2}\,, \tag{244}$$

wo y, h aus (242) und y_0, h_0 aus (243) entnommen werden.

Die Aufgabe stammt aus G. Beer: Geometria subterranea, 1739, ist dort aber entsprechend den geringen mathematischen Kenntnissen des Leserkreises, mit dem G. Beer zu rechnen hatte, etwas anders behandelt.

Schrifttum.

(Verzeichnis der abgekürzt angeführten Schriften.)

Ackerl, Dr. F.: Prüfung der Teilung eines Wildschen Universaltheodolits. Öst. Z. f. V. 1926
— Untersuchung der Teilung eines Wildschen Präzisionstheodolits. Z. Instrumentenk. 1928, S. 517—523.
Administration des Mines Domaniales Françaises du Bassin de la Sarre: Topographisches Zeichnen, Signes Topographiques conventionnels. Bearbeitet von Schlicker 1921. — 37 Tafeln mit deutscher Legende.
Agricola: 12 Bücher vom Berg- und Hüttenwesen, deutsch herausgegeben v. d. Agricola-Gesellschaft beim deutschen Museum. 1928.
Allgemeine Vermessungsnachrichten, herausgegeben von R. Reiss, Liebenwerda, Prov. Sachsen.
Annalen der Hydrographie und maritimen Meteorologie.
Aristophanes: Nubes. Edidit Bergk. Leipzig: Teubner 1920.
Aubell, F.: Ausweise und Behelfe für Feldmessen und Markscheiden. Markscheide-Institut der montan. Hochschule in Leoben. 1922.
Bauernfeind, Professor Dr. Carl Max von: Elemente der Vermessungskunde Bd. I, Stuttgart, Verlag Cotta, 1879.
Beer, A. H.: Lehrbuch der Markscheidekunst. Prag 1856.
— J. G.: Geometria subterranea oder Marckscheidekunst, 1739. Handschrift im Besitz der Burschenschaft Glückauf in Freiberg in Sachsen.
Benzinger, J.: Hebräische Archäologie. Freiburg und Leipzig: Mohr 1894.
Bergbuch Wenzels VI., Königs von Böhmen. Prag 1280. Lateinisch. Deutsche Übersetzung von Deucer, herausgegeben v. Henning Groß dem Älteren, Leipzig 1616.
Bergordnung des Herzogs August zu Sachsen 1554. 1571.
Bergordnung des Herzogs Christian zu Sachsen. 1589.
Bergordnung des Herzogs Georg zu Sachsen, gegeben zu Dresden 1510, mit Nachträgen bis 1536.
Bergordnung des Kaisers Maximilian I. 1517 für Österreich, Steiermark, Kärnten und Krain. Enthalten in: Wagner, Corpus juris Metallici. Leipzig 1791.
Bergordnung des Kaisers Maximilians II. für Ungarn. 1573. 2. Auflage. Wien 1760.
Bergordnung des Königs Ferdinand für das freie königliche Bergwerk St. Joachimsthal. 1548.
Bergordnung des Königs Ferdinand für die Zinnbergwerke der Städte Schlackenwalden, Schönfelden, Lautterpach. Gegeben zu Prag, gedruckt in Zwickau 1548.
Bergordnung des Königs Ferdinand für die Zinnbergwerke Hengst, Perninger, Lichtenstadt, Platten, Gotsgab, Kaff, Mückenberg u. a., gegeben zu Prag, gedruckt in Zwickau 1548.
Berwardus: Phraseologia metallurgica. Frankfurt 1736.
Beyer: Markscheidekunst. Schneeberg 1749.
Bischoff, J.: Genauigkeit des bayrischen Präzisionsnivellements. Z. f. V. 1885.
Böbert, K. W.: Der geschwind und richtig rechnende Markscheider oder Tafeln für den Markscheider usw. Leipzig und Quedlinburg 1796.
Boegehold: „Glas-Wasser-Versuch von Newton und Dollond" in Forschungen zur Geschichte der Optik Bd. 1, 1. 1928.
Böhler, H.: Beschreibung des Basismeßverfahrens mittels horizontaler Distanzlatte. Berlin: Mittler und Sohn 1905.
Borchers, E.: Anwendung eines kräftigen Magnets zur Ermittelung der Durchschlagsrichtung zweier Gegenörter. Clausthal: Schweigersche Buchh. 1846.
— E.: Praktische Markscheidekunst. Leipzig 1882.
Brander: Die neue Art Winkel zu messen. Augsburg 1770.

Brathuhn, O.: Lehrbuch der praktischen Markscheidekunst. Leipzig 1884, 1902, 1908.
Braunschweiger Bergordnung. Clausthal 1689.
Braundsorf, E. J.: Maschinenmeister: Abbildung und Beschreibung eines Instruments zum Markscheiden mit dem Kompasse in der Nähe von magnetischen Massen und Eisen. Freiberg: Engelhardt 1846.
Breithaupt, G.: Der Grubentheodolit, 1860. In F. W. Breithaupt, Magazin mathematischer Instrumente, Heft 4.
Breithaupt, H. C. W.: Handbuch und Lehrbuch der Feldmeßkunst. Heidelberg und Speyer: Ostwald 1824.
— W.: Aufstellung des Breithauptschen Theodolits mit Signalen in der Grube. 3. Aufl. 1911.
Bureau f. Hauptnivellements u. W.: Präzisionsnivellement der Unstrut, der Saale und der Mulde. Berlin 1896.
Bureau f. Hauptnivellements u. W.: Untersuchung des Domes in Königsberg i. Pr. auf Senkungserscheinungen. Berlin 1909 und 1921.
Bureau f. Hauptnivellements u. W.: Zusammenstellung der ... in der Rheinprov. auf der Strecke Bingerbrück-Köln festgestellten Verschiebungen. 24. 9. 1913.
Calvör, H.: Harzische Bergwerke. Braunschweig: Verlag d. Waisenhausbuchhandlung 1765.
Cancrinus, F. L.: Berg- und Salzwerkskunde. Frankfurt a. M. 1776.
Cséti, O.: Banyaméréstan és Felsö Földméréstan. Selmeczbányán. 1894. Ungarisch (Markscheidekunde und höhere Feldmeßkunde. Schemnitz 1894).
Degner, H.: Größe der terrestrischen Refraktion nach d. Beobachtungsmaterial d. Preuß. Landesaufnahme. Diss. Berlin 1911.
Der Zivilingenieur, Bd. 26, Jg. 1880.
Döbritzsch: Zur Ausgleichung der Polygonzüge. Öst. Z. f. V. 1927.
Doležal, E.: Grubennivellierinstrument von Oberbergrat Prof. O. Cséti. Öst. Z. f. Berg- und Hüttenwesen 1906, Nr. 16—22.
— Markscheiderische und geodätische Instrumente vom kgl. ungar. Oberbergrat Prof. O. Cséti. Öst. Z. f. Berg- und Hüttenwesen 1907, Nr. 20—26.
— Nivellierinstrumente der Firma Carl Zeiß in Jena. Öst. Z. f. V. 1912.
Doležalek: Die Eisenbahntunnel. I. Berlin 1919.
Eggert, O.: Der neue Zeißtheodolit. Z. f. V. 1924.
— Zielweite beim Nivellieren. Z. f. V. 1914, S. 249.
Eversmann, Th.: Mittl. Exzentrizität einiger Zwangzentrierungen. Diss. Aachen 1927.
Gätzschmann, M. F.: Sammlung bergmännischer Ausdrücke. 2. Aufl. Freiberg 1881.
Geodätisches Institut in Potsdam: Jahresberichte des Direktors.
Geodätisches Institut, Mittelwasser der Ostsee bei Swinemünde. Zweite Mitteilung. 1890.
Gerlands Beiträge zur Geophysik, Z. f. physikalische Erdkunde. Leipzig: Verlag Engelmann.
Giuliani, Paris von: Markscheidekunst. Wien: J. Hraschansky 1798. — Vorhanden in der Wiener Universitätsbibliothek unter Signum I 159093 und in der Wiener Nationalbibliothek unter 72. G. 88.
Grond, Dr. A.: Gebirgsbewegungen bei Steinkohlenbergbau. Diss. in: Verhandelingen van het Geologisch-Mynbouwkundig Genootschap voor Nederland en Kolonien, Bd. 2. 1926.
Groß, H. der Jüngere: Ursprung und Ordnungen der Bergwerge. Leiptzigk 1616.
Groß, H. der Elter: Bergkbuch, Leipzig 1616.
Günther, S.: Geschichte der Mathematik. Teil I. 1908. Sammlung Schubert.
Gurlitt: Der Gang der Wildschen Innenfocussierungslinse in Z. f. V. 1922, S. 385.
— Das Präzisionsnivellierinstrument von Carl Zeiß in Jena. Z. f. V. 1914, H. 20.
Guthe: Kurzes Bibelwörterbuch. Tübingen und Leipzig: Mohr 1903.
Hagen, G.: Grundzüge der Wahrscheinlichkeitsrechnung. 1. Aufl. 1837; 2. Aufl. 1867; 3. Aufl. 1882. Berlin.
Haid, M.: Untersuchung der Beobachtungsfehler und Genauigkeit des bayrischen Präzisionsnivellements. Diss. München 1880.
Haimberger, Paul Frhrr. von: Beiträge zur Bestimmung der Strahlenbrechung über der Meeresfläche. Diss. Danzig. Freiberg: Graz u. Gerlach 1910.
Hanák: International-wissenschaftliche Schwankungen auf dem Gebiete der Präzisionsnivellierinstrumentenkunde. In Allgem. Verm.-Nachr. 1929.

Hanstadt, von: Anleitung zur Markscheidekunst. Pesth 1835.
Harbert: Feldkomparator für Feinnivellierlatten. Z. f. V. 1914, S. 193.
— E.: Untersuchungen von Libellenstörungen bei Feineinwägungen. Diss. Berlin 1920.
Hardanus Häcken: Geschriebene Historie von den Bergwerken im Fürstentum Braunschweig.
Hartner-Wastler-Doležal: Hand- und Lehrbuch der niederen Geodäsie. Bd. 1, 1910.
Hecht: Lehrbuch der Markscheidekunst. Freiberg 1829.
Helmert, F. R.: Studien über rationelle Vermessungen im Gebiete der höheren Geodäsie. Z. f. Math. u. Phys. 1868.
Helmert, F. R.: Trigonometrische Höhenmessung und Refraktionskoeffizienten in der Nähe des Meeresspiegels. Sitzber. d. preuß. Ak. d. Wiss. 1908, 1. Halbbd., S. 492.
Helmholtz, H. v.: Handbuch d. physiologischen Optik. 3. Aufl. Bd. 1. 1909.
Herodotos von Halikarnassos: Geschichte in 9 Büchern, deutsch v. F. Lange, neu herausgegeben von O. Güthling 1885.
Herttwig, Chr., j. u. Dr.: Neues und vollkommenes Bergbuch. Dresden u. Leipzig 1710.
Heyde, G.: Theodolit mit neuer mikrometrischer Kreisablesung. Z. Instrumentenk. 1888, S. 171—176.
— Dr. H.: Die Höhennullpunkte der europäischen Staaten und ihre Lage zu Normal-Null. Berlin 1923.
Hohenner, H.: Höhenlage einiger Fixpunkte des bayrischen Präzisionsnivellements. Untersuchung über die Änderungen. Z. f. V. 1900, S. 357.
— Über das Wildsche biaxiale Fernrohr. Z. f. V. 1912, S. 297.
Hornoch: Neue Gesichtspunkte zur rechnerischen Lösung der Markscheideraufgaben. Berg- und hüttenmännisches Jahrbuch der montan. Hochschule in Leoben 1925, S. 57 und 145.
— A., Professor Dr.: Das Verwerferproblem im Lichte des Markscheiders. Wien: Julius Springer 1927.
— Beitrag zur Ausrichtung der Verwerfungen. In Mitt. d. berg- u. hüttenmänn. Abtlg. d. Hochschule zu Sopron in Ungarn. 1929.
Hugershoff: Die Wild-Zeißschen Nivellierinstrumente. Z. f. V. 1912, S. 321.
— R.: Zustand der Atmosphäre als Fehlerquelle im Nivellement. Diss. Borna-Leipzig 1907.
Hulsius, L.: ocularis et radicalis demonstratio usus quadrantis. Nürnberg 1596.
Jahrbuch für das sächsische Berg- und Hüttenwesen.
Jordan, W.: Handbuch der Vermessungskunde. Bd. 3, 1907.
Israel, O.: Theorie der einseitig wirkenden Instrumentalfehler an Repetitionstheodoliten. Diss. Dresden. Leipzig 1912.
Jugel, J. G.: Berg-, Bau-, Schmelzwesen und Markscheiden. Berlin: J. A. Rüdiger 1744. Zweite Auflage 1773.
Jüttner, G.: Die bei optischen Distanzmessungen mittels Boßhardt-Zeiß auftretenden Fehler unter besonderer Berücksichtigung der Refraktion. Diss. Breslau 1928.
Kappes, Th.: Durchschlagsgenauigkeit bei Dreiecksmessung, Polygonmessung und Schachtlotung. Diss. Aachen 1928.
Kästner, A. G.: Geschichte der Künste und Wissenschaften. 7. Abtlg. Bd. 1. Göttingen 1796.
Kellner: Das orthoskopische Okular, eine neuerfundene achromatische Linsenkombination. Braunschweig 1849.
Kepler, Joh.: Dioptrik. Augsburg 1611. Übersetzt und herausgegeben von F. Plehn. Leipzig: Engelmann 1904.
Klempau, F.: Pfeilerbewegungen auf der Berliner Sternwarte. Diss. Berlin 1907.
Klenczar: Neue Reversionslatte für Feinnivellements. Allg. V.-N. 1922.
Kliver, kgl. Markscheider: Situations- und Grubenzeichnen im Saarbrücker Bezirk. 1871.
Kögler: Taschenbuch für Berg- und Hüttenleute. Berlin: Ernst und Korn 1924.
Kohlmüller, Dr. F.: Zur Refraktion im Nivellement. Diss. München 1912; Z. d. Vereins d. höh. bayr. Vermessungsbeamten. 1912.
Komarzewski, J. de: Memoire sur un graphomètre souterrain, destiné à remplacer la Boussole dans Mines. Paris 1803.
König, A.: Fernrohre und Entfernungsmesser. Berlin: Julius Springer 1923.
Krause, Dr. ing. C.: Beiträge zur Geschichte der Entwickelung der Instrumente in der Markscheidekunde. Diss. Freiberg 1908.

Kuhrmann: Das Seibtsche Feinnivellierverfahren. 1910. Sdr. aus Miller: Vermessungskunde 3. Aufl.

Kummer, G.: Genauigkeit der Abschätzung mittels Nivellierfernrohrs. Z. f. V. 1894, S. 129 bis 146 und 1897, S. 225—245 und 257—275.

Kurtz, Kapitänleutnant: Bequemeres Rechenverfahren zur Böhlerschen Basismessung. Berlin: Mittler und Sohn 1905.

— Erweiterung des Böhlerschen Basismeßverfahrens. In Mitt. a. d. deutschen Schutzgebieten. Bd. 18, H. 2. 1905.

Lehmann, Dr. K.: Musterblätter f. bergmännische Risse und Zeichnungen. Für den Dienstgebrauch der Rheinischen Stahlwerke. 1925.

Lempe, Joh. Friedrich: Anleitung zur Markscheidekunst. Leipzig 1782.

— Gründlicher Unterricht vom Bergbau nach Anleitung der Markscheidekunst von August Beyern 1748; in zweiter Auflage herausgegeben von L., 1785.

Liebenam: Lehrbuch der Markscheidekunst. 1876.

Löhneyß, G. Engelhard von: Bericht von Bergwercken. 1617. Zerfällt in 10 Teile. Der neunte ist „Die Bergordnung". 2. Aufl. Stockholm und Hamburg: Liebezeit 1690.

Lorber, Franz: Das Nivellieren. Wien: Carl Gerold 1894. Zugleich 9. Aufl. v. Stampfer, theoret. u. prakt. Anleitung zum Nivellieren.

Löschner, Prof. Dr. H.: Mittlerer Stationsfehler beim Nivellieren mit Instrumenten der Firma Zeiß. Z. d. öst. Ing. u. Arch. Vereins 1914, Nr. 5.

Lüdemann, K.: Die Katastermessung nach der Polar-Koordinatenmethode und das neue Doppelbild-Tachymeter. Allg. V. N. 1928.

Lührs, W.: Einsinken von Instrument und Latten auf drei Ständen einer Feineinwägung. Z. f. V. 1903, S. 344.

Lüling, E.: Mathematische Tafeln für Markscheider und Bergingenieure. 4. Aufl. Berlin: Julius Springer 1898.

Mayer, Joh. Tobias d. Jüngere: Gründlicher Unterricht zur praktischen Geometrie. 2. Aufl., II. Teil. Göttingen 1793.

Méchain und Delambre: Grundlagen des dezimalen metrischen Systems. Paris 1806 bis 1810. Deutsch von W. Block. Leipzig 1911.

Miller-Hauenfels, Albert v.: Höhere Markscheidekunst. Wien 1868.

Mitteilungen aus dem Markscheidewesen.

Mitteilungen des deutschen archäologischen Instituts zu Athen.

Mitteilungen des Reichsamts für Landesaufnahme.

Nieder-Österreichische Bergwerksordnung. Gedruckt zu Wien durch Hansen Syngriener 1553; späterer Abdruck im Verlage der Universitätsbuchhandlung in Graz.

Niederrist: Anleitung zur Markscheidekunst. Brünn 1858.

Niemczyk: Feineinwägungen von hoher Genauigkeit mit Zeißschem Gerät. Z. f. V. 1928, S. 561.

Noetzli, Dr. ing. A.: Genauigkeit des Zielens. Zürich. Rascher u. Co. 1915. Diss.

Oberbergamt Dortmund: Geschäftsanweisung für die konzessionierten Markscheider im Oberbergamtsbezirk Dortmund, vom 14. 5. 1887. Abgedruckt in Mitt. a. d. Marksch. 1888, S. 44—60.

Oberbergamt Dortmund: Signaturen für Tage- und Grubenrisse. Gez. W. Kapp 1887.

Oberste-Brink, Dr. K.: Krustenbewegungen der Erdrinde und ihre Bedeutung für die Bergschädenkunde. Glückauf 1928, S. 857.

Oppel, von: Anleitung zur Markscheidekunst. Dresden 1749.

Österreichische Zeitschrift für Vermessungswesen.

Parschin, N.: Tagesanschluß der Grubenmessungen, H. 1 und 2. Freiberg: Selbstverlag d. Instituts f. Markscheidekunde an der Bergakademie. 1913 und 1914. Vergriffen.

Pelzer, A.: Einfluß der Lichtstärke von Theodolit- und Nivellierfernrohren auf den mittleren Zielfehler. Diss. Aachen 1926. In Z. Instrumentenk. 1926, H. 7.

Preußische Vermessungsanweisung VIII vom 25. 10. 1881 für das Verfahren bei Erneuerung der Karten und Bücher des Grundsteuerkatasters. Berlin 1882. Reichsdruckerei.

Preußische Anweisung IX vom 25. 10. 1881 für die trigonometrischen und polygonometrischen Arbeiten bei Erneuerung der Karten und Bücher des Grundsteuerkatasters. Berlin: Deckers Verlag.

Reinhertz: Mitteilungen einiger Beobachtungen über die Schätzungsgenauigkeit an Maßstäben, insbesondere an Nivellierlatten. Nova acta d. Kais. Leop.-Carol. Deutschen Akademie der Naturforscher in Halle. Bd. 62, 2 (Auszüge in Z. f. V. 1894 und 1895).
— Mitteilungen über einige Beobachtungen an Libellen. Z. Instrumentenk. 1890, S. 309 und 347, sowie Z. f. V. 1891, S. 257.
Reinhold, Erasmus: Gründlicher und wahrer Bericht vom Feldmessen. Desgleichen vom Marscheiden kurtzer und gründlicher Unterricht. Erfurt 1574.
Repkewitz, R.: Gegenseitige Bewegung einiger Höhenmarken. Z. f. V. 1898, S. 385—400.
Repsold, Joh. A.: Geschichte der astronomischen Meßwerkzeuge. Leipzig 1908.
Reymers, N.: Geodaesia Ranzoviana. 1583.
Rößler, Balthasar: Hellpolierter Bergbauspiegel, Manuskript cc. 1650 fertiggestellt, gedruckt Dresden 1700.
Rülein von Kalbe, Ulrich, Bürgermeister von Freiberg: ein wolgeordnet und nützlich Büchlin wie man Bergwerck suchen und finden soll. 1505, 1518, 1534, 1539.
Samel, P.: Einfluß von Luftdruck und Temperatur auf die Angabe von Röhrenlibellen. Z. f. V. 1913, S. 569, 586, 609.
Sarnetzky, H.: Der Refraktionskoeffizient in unmittelbarer Erdnähe. Diss. Gießen 1915.
Schell, A.: Tachymetrie mit besonderer Berücksichtigung des Tachymeters von Tichý und Starke. Wien: Seidel und Sohn 1880.
Schmidt, Professor Dr. M.: 12 Musterblätter für Rißzeichnen. Freiberg 1887.
— M.: Untersuchungen regionaler und lokaler Bodensenkungen im oberbayrischen Alpenvorland durch Feinnivellement. Sitzber. d. bayr. Akad. d. Wiss. 1914.
— Ergänzungsmessungen zum bayrischen Präzisionsnivellement. München 1919.
Schönberg, Abraham von, Oberberghauptmann zu Freiberg: Berginformation. Bildet Abschnitt V in Zunners Bergbuch. Frankfurt a. M. 1698.
Schulz, J. W. G.: Untersuchungen über etwaige regelmäßige Änderungen von Höhenunterschieden und über zufällige und systematische Nivellementsfehler. Diss. Berlin 1906.
Schumann, R.: Untersuchung über Veränderungen von Höhenunterschieden auf d. Telegraphenberge bei Potsdam. Veröff. d. Geodät. Instituts. Berlin 1904.
Schwab: Das Seibtsche Nivellierverfahren. Z. des rheinisch-westfälischen Landmesservereins. 1905.
Schwarzschild, K.: System der Fixsterne. Leipzig: Teubner 1909.
Schwerd, F. M.: Die kleine Speyerer Basis. 1822.
Seibt, W.: Genauigkeit geometrischer Nivellements. Civilingenieur 1878.
— Gesetzmäßig wiederkehrende Höhenverschiebung von Nivellementsfestpunkten. Zentralbl. Bauverw. 1899 und 1902.
— Hebungserscheinungen beim massiven Pegelhause im Wattenmeer bei List auf Sylt. Zentralbl. Bauverw. 1909, Nr. 35 vom 1. Mai.
— Präzisionsnivellement der Elbe. Berlin: Stankiewicz 1878.
— Präzisionsnivellement der Weichsel. Berlin: Stankiewicz 1891.
Snellius, W.: Eratosthenes Batavus. Leiden 1617.
— Doctrina triangulorum canonica. Leiden 1627.
Span, Sebastian: 600 Bergurthel nebst churfürstl. sächs. Bergordnung des Herzog August zu Sachsen. 2. Aufl. Wolffenbüttel: Paul Weiß 1673.
Sperges, J. von: Tyrolische Bergwerksgeschichte. Wien 1765.
Stampfer, S.: Das Nivellieren. Wien 1845.
Studer, Johann Gotthelf, Bergmechanikus in Freyberg: Beschreibung eines vollstän- ständigen Apparates zu ökonomischen Vermessungen. Leipzig: Göschen 1801.
— Zeichnen- und Vermessungsinstrumente. Dresden 1811.
Sturm, L. C.: Vier kurze Abhandlungen. Frankfurt a. O. 1710.
Szentistványi, G.: Gyakorlati Banyaméréstan. Selmecbánya. 1911.
Uhlich, P.: Lehrbuch der Markscheidekunde. Freiberg 1901.
Ulrich, G. C.: Lehrbuch der praktischen Geometrie. 1833.
Verhandlungen der europäischen Gradmessung auf der 2. allgem. Konferenz in Berlin 1867.
Verhandlungen der Internationalen Erdmessung auf der 17. Allg. Konferenz in Hamburg. 1912, I und II.

Verkaufs-Aktiengesellschaft H. Wilds geodätische Instrumente, Heerbrugg (Schweiz): Warum hat Herr Wild bei seinem neuen Nivellierinstrument die Drehbarkeit des Fernrohres und die Umsteckbarkeit des Okulars weggelassen? (Flugblatt.)

Vogler: Abbildungen geodätischer Instrumente, 36 Lichtdrucktafeln mit Text. Berlin: Parey 1892.

— Das holländische Präzisionsnivellement. Z. f. V. 1878, S. 7ff.

— Geodätische Übungen, Teil I, 3. Aufl. Berlin 1910.

— Lehrbuch der praktischen Geometrie, II. Teil, erster Halbbd. Braunschweig 1894.

— Nivellierinstrument für Präzisionsarbeiten und sein Gebrauch. Z. f. V. 1877, S. 1.

— Untersuchung der Beobachtungsfehler geometrischer Nivellements, speziell der vom geodätischen Institut in Norddeutschland ausgeführten. Z. f. V. 1877, S. 81.

Voigtel, Nicolaus: Geometria subterranea oder Marckscheidekunst. Eisleben 1686, 1693, 1713.

Wagner, Th.: Corpus juris metallici. Leipzig: Heinsius 1791.

Wartusch-Wohlgemut: Glückauf, allerlei vom Bergmannsleben. Düsseldorf: Floeder 1927.

Wedemeyer, A.: Rechenverfahren zur Böhlerschen Basismessung. In Ann. d. Hydrograph. u. maritimen Meteorologie 1906.

Werkmeister, P.: Das württembergische Präzisionsnivellement. Diss. Stuttgart 1912.

— Der neue Präzisions-Theodolit Wild. Z. Instrumentenk. 1928, S. 114 bis 116.

— Streckenmessung mit Hilfe des Zeißschen Streckenmeßtheodolits. Z. f. V. 1922, S. 321 und 353.

Westermann, A.: Paradoxographen. Braunschweig: G. Westermann und London: Black et Armstrong 1839.

Wieleitner, Dr. H.: Geschichte der Mathematik I: Von den ältesten Zeiten bis zur Wende des 17. Jahrhunderts. Berlin und Leipzig: Göschen 1922.

Wild, H.: Der neue Theodolit. Schweiz. Z. f. Verm. u. Kulturtechnik 1925.

— Neue Nivellierinstrumente. Z. Instrumentenk. 1909 u. 1911.

Wilski, Prof. Dr. P.: Durchschlagsgenauigkeit. Öst. Z. f. V. 1925, H. 1 u. 3. Erweiterter Sonderdruck, herausgegeben v. Markscheide-Institut der Techn. Hochschule Aachen.

Zeitschrift des österreichischen Ingenieur- und Architektenvereins. Wien.

Zeitschrift des Rheinisch-Westfälischen Landmesservereins.

Zeitschrift des Vereins der höheren bayrischen Vermessungsbeamten. 1912.

Zeitschrift für Vermessungswesen.

Stichwortverzeichnis.

T = Tafel.

Berichtigungen und Zusätze.

Seite 2, Z. 13 v. o.: „vielleicht österreichischen" ist zu streichen.
„ 8, Z. 16 v. o.: statt „abstecken" lies: „festsetzen".
„ 10, Z. 2 v. o.: hinter „Klaftern" ist einzuschalten: „für 1491 ist sogar ein Erbstolln von 2500 m Länge bezeugt".
„ 38, Z. 16 v. u.: „nicht recht" ist zu streichen.
Z. 15 v. u.: „378, 1797" ist abzuändern in „377, 1777". Herrn Dr. Kappes verdanke ich die Mitteilung, daß die Dosenlibelle bereits in der ersten Auflage vorkommt, die ich nicht gesehen hatte.
Z. 14 v. u.: „allerdings" ist zu streichen.
Z. 10 v. u.: „ein Jahr" ist zu streichen.
Z. 3 v. u.: statt „bedeckte" lies „bedeckt".
„ 39, Z. 8—11 v. o.: „Die Dosenlibelle . . . erfunden worden" ist zu streichen.
Z. 8 v. u.: „Schrootwaage" oder „Müllerwaage". Das Instrument findet sich abgebildet in Krünitz: Ökonomisch-technologische Enzyklopädie, Bd. 60, 1793, Abb. 3791.
„ 41, Z. 5 v. o.: statt „1798" lies „1790". Herr Dr. Kappes hat die Vorstellung von der Tonnenform schon in Spaeths „Geodaesie" gefunden.
Abb. 19: Das M rechts ist abzuändern in M'.
„ 52, Z. 6 v. o.: Statt „Prinz Moritz von Nassau" lies: „Prinz Moritz von Oranien, Graf von Nassau".
„ 64, Z. 6 u. 7 v. o.: zwischen „Quadrate" und „der Augenpupille" ist einzuschalten: „des Durchmessers".
„ 89, nach Z. 7 v. u. hinzuzufügen: „Grubentheodolite, die den Anforderungen a bis f entsprechen, werden neuerdings von der Firma G. Heyde in Dresden hergestellt, passend auf die Drehzapfenaufstellung und mit 2 Okularen für $d = 2{,}0$ mm und $d = 3{,}0$ mm."
„ 132, Abb. 78 ist fehlerhaft: die Lotschnur wird nicht über den Mittelsteg gelegt, sondern durch ihn hindurchgefädelt.
„ 151, Abb. 89: Die Bezeichnung als „Böhlersche Distanzlatte" ist nicht ganz einwandfrei. B.s Distanzlatte ist 4,02 m lang. Die Abb. 89 dagegen wurde nach einer für die Grube hergestellten Distanzlatte gezeichnet, die nur 1,01 m lang ist.
„ 161, Z. 24 v. o.: statt „1778" lies „1777".

Anhang.

Tafeln 1—14 und 16—28.

(Die Tafel 15 befindet sich im Text zwischen S. 102 und 103.)

Verzeichnis der Tafeln.

*) Befindet sich im Text zwischen S. 102 und 103.

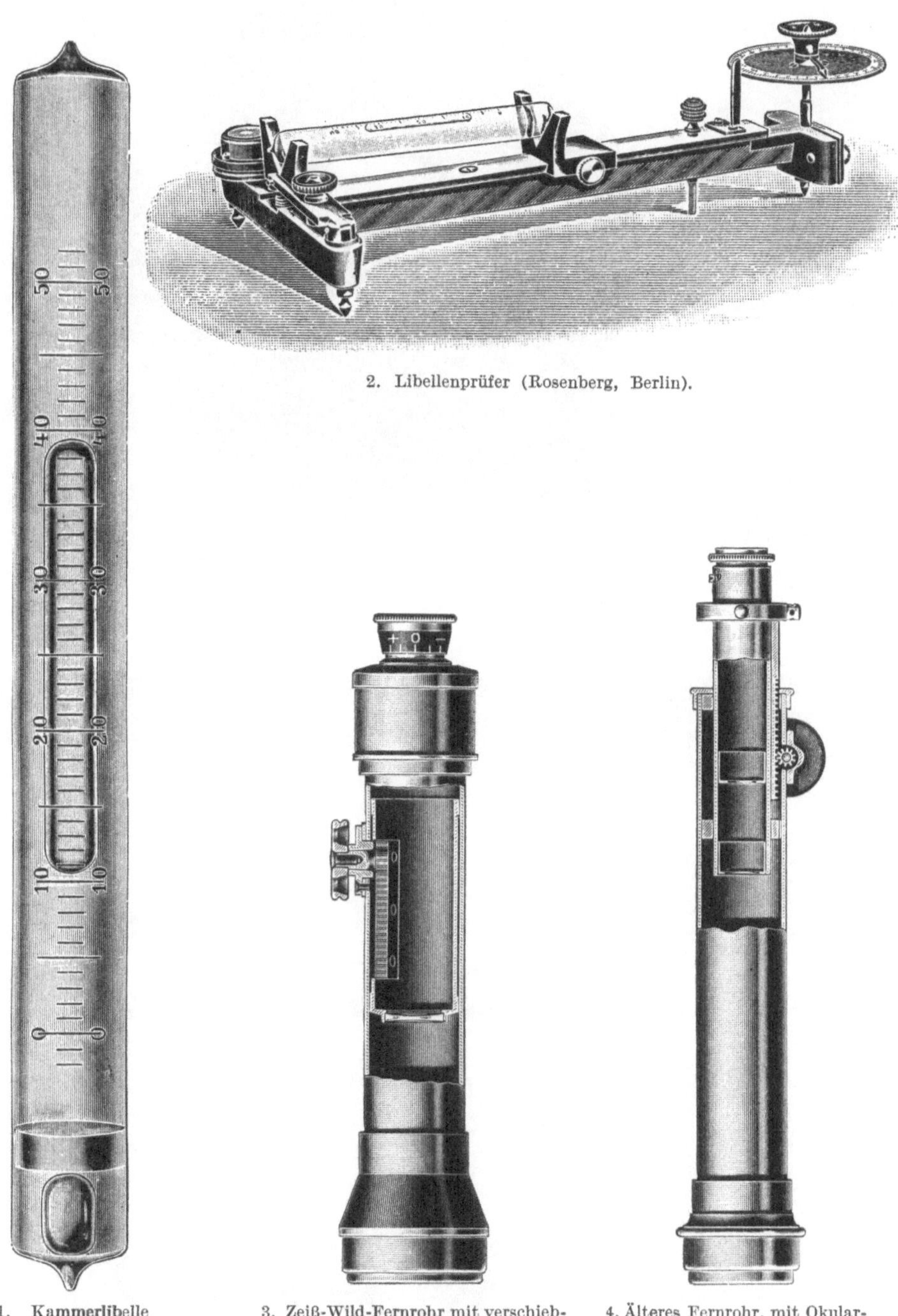

2. Libellenprüfer (Rosenberg, Berlin).

1. Kammerlibelle (Pessler, Freiberg).

3. Zeiß-Wild-Fernrohr mit verschiebbarer Zwischenlinse (Fennel, Kassel).

4. Älteres Fernrohr, mit Okulartrieb (Fennel, Kassel).

Tafel 2

1. Grubenmeßband (Fennel, Kassel).

2. Endstäbchen (Hildebrand, Freiberg).

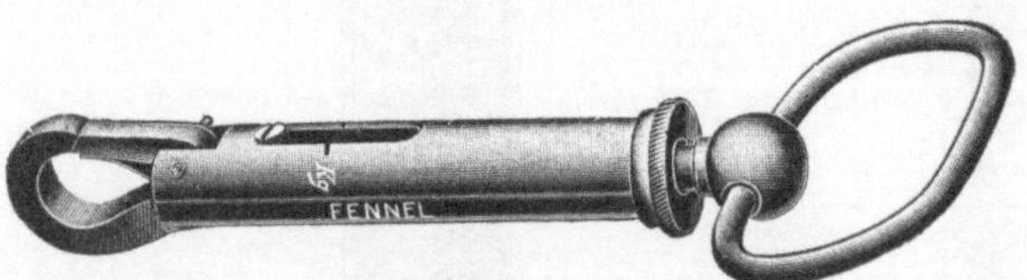

3. Spannungsmesser (Fennel, Kassel).

4. Meßbandklemme (Fennel, Kassel).

Tafel 3

1. Teufenrad (Hildebrand, Freiberg).

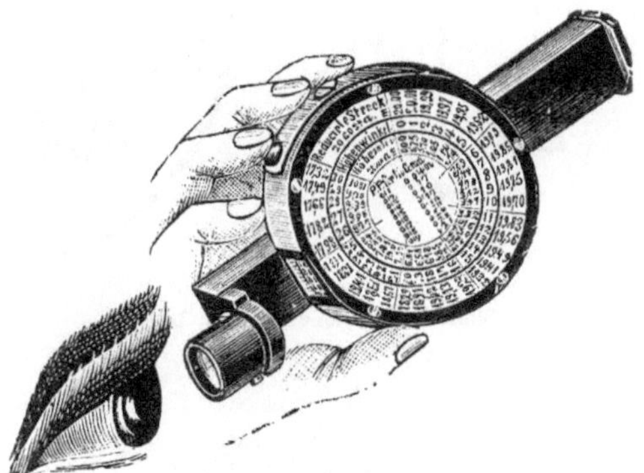

2. Brandis'scher Höhenmesser (Reiß, Liebenwerda).

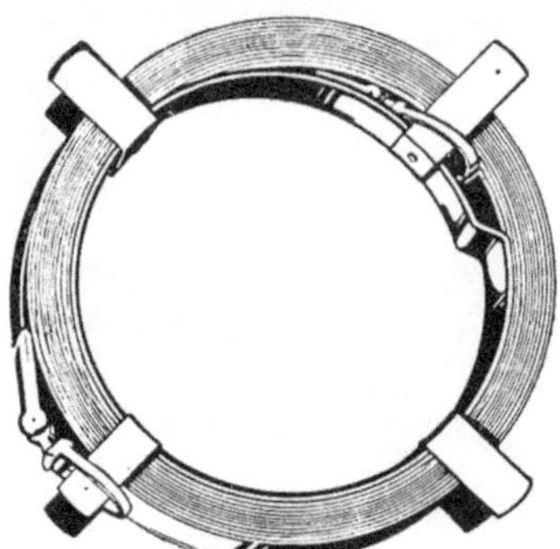

3. Feldmeßband (Hildebrand, Freiberg).

Tafel 4

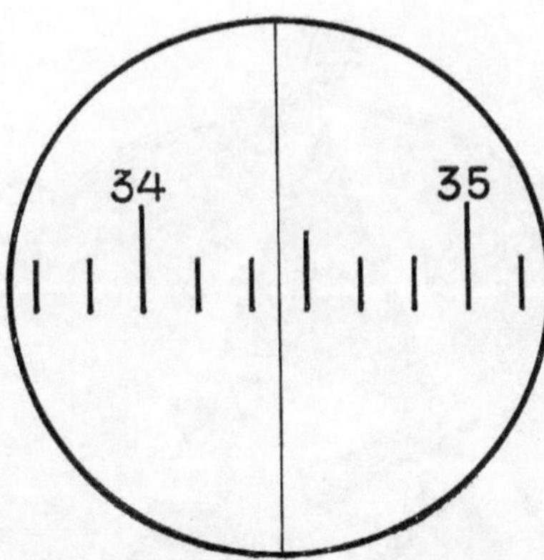

1. Strichmikroskop (Heyde, Dresden).

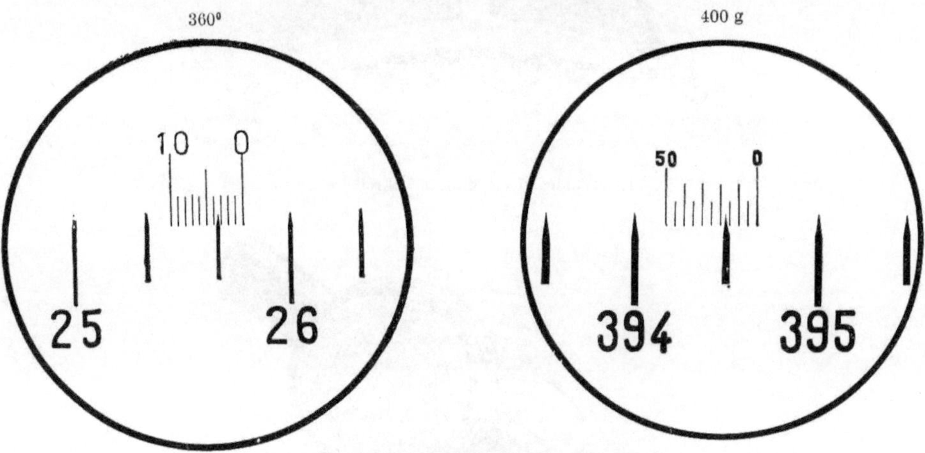

2. Skalenmikroskope (Fennel, Kassel).

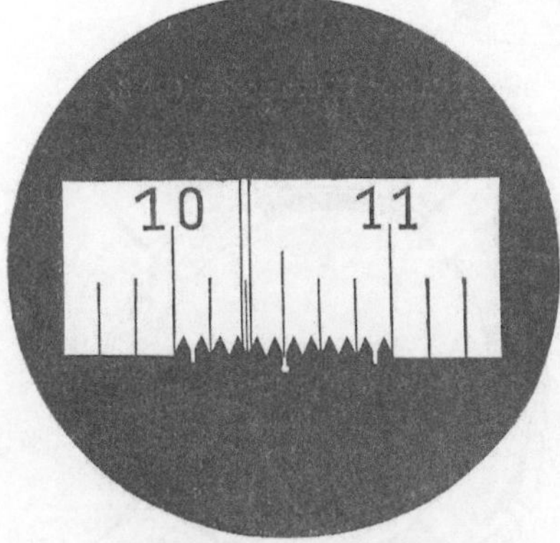

3. Schraubenmikroskop (Heyde, Dresden).

Ablesearten.

400 g

360°

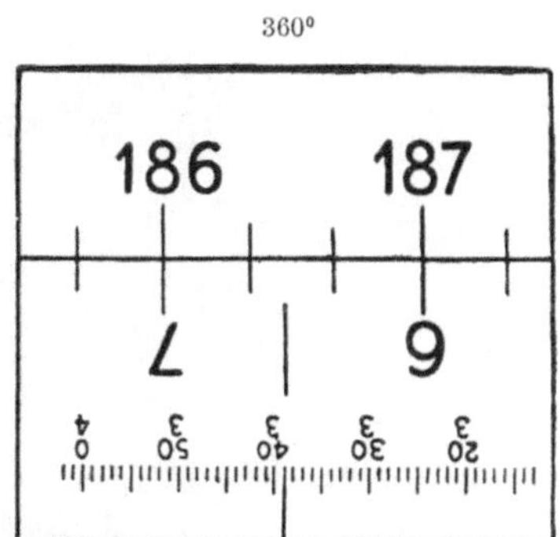

1. Ablesung $57^{g}\ 52^{c}\ 85^{cc}$ 2. Ablesung $6^{0}\ 33'\ 39''$

1. u. 2. Bei Wild's Theodoliten (abwechselnd immer nur ein Teilkreis).

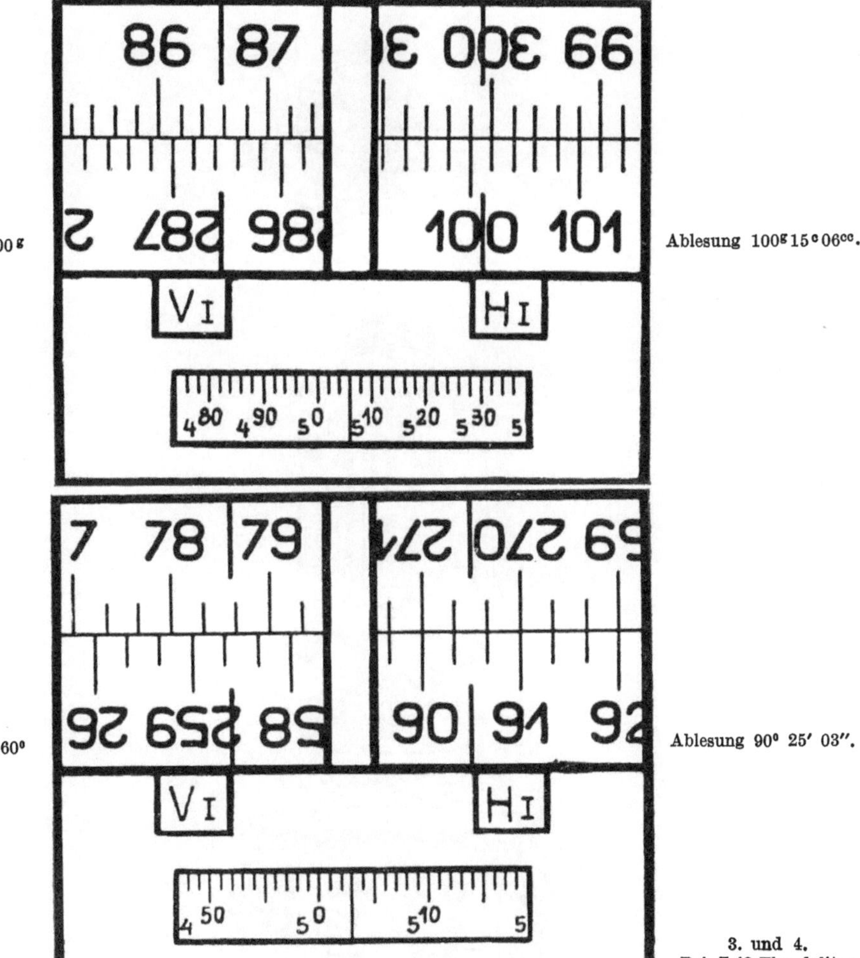

3. 400^{g} Ablesung $100^{g}\ 15^{c}\ 06^{cc}$.

4. 360^{0} Ablesung $90^{0}\ 25'\ 03''$.

3. und 4. Bei Zeiß-Theodoliten (beide Teilkreise zugleich)

Spiegel-Koinzidenz-Ablesungen.

Tafel 6

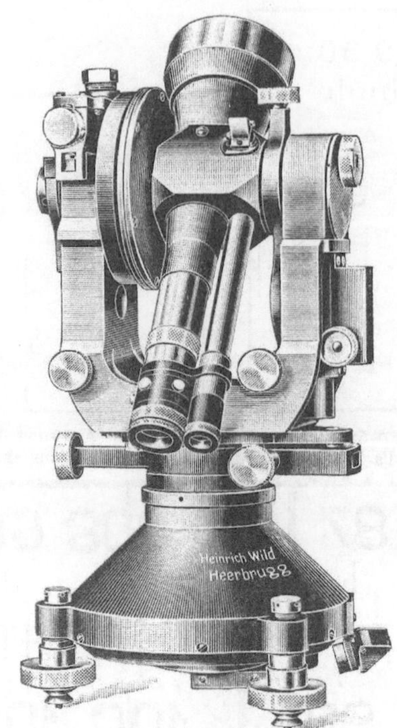

2. Wilds Präzisionstheodolit.

1. Wilds Universaltheodolit.

Tafel 7

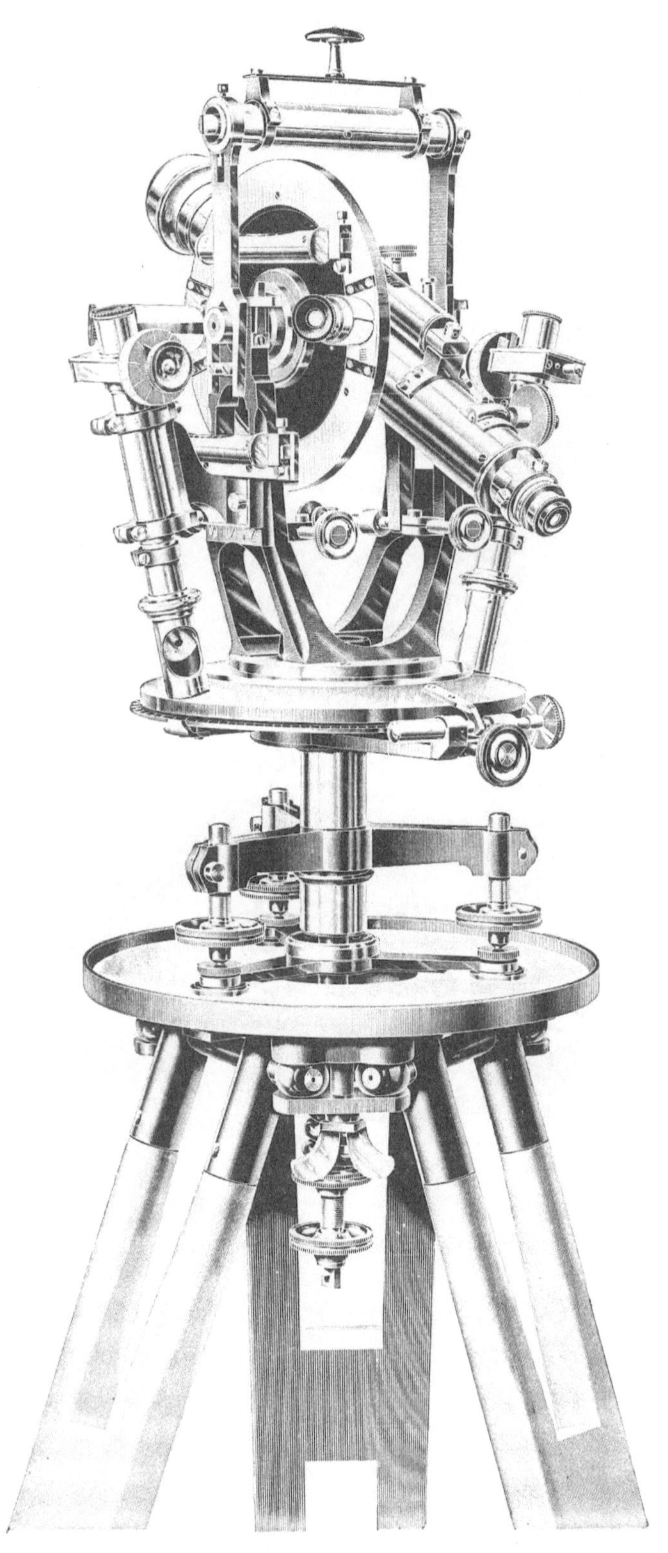

Tafel 8

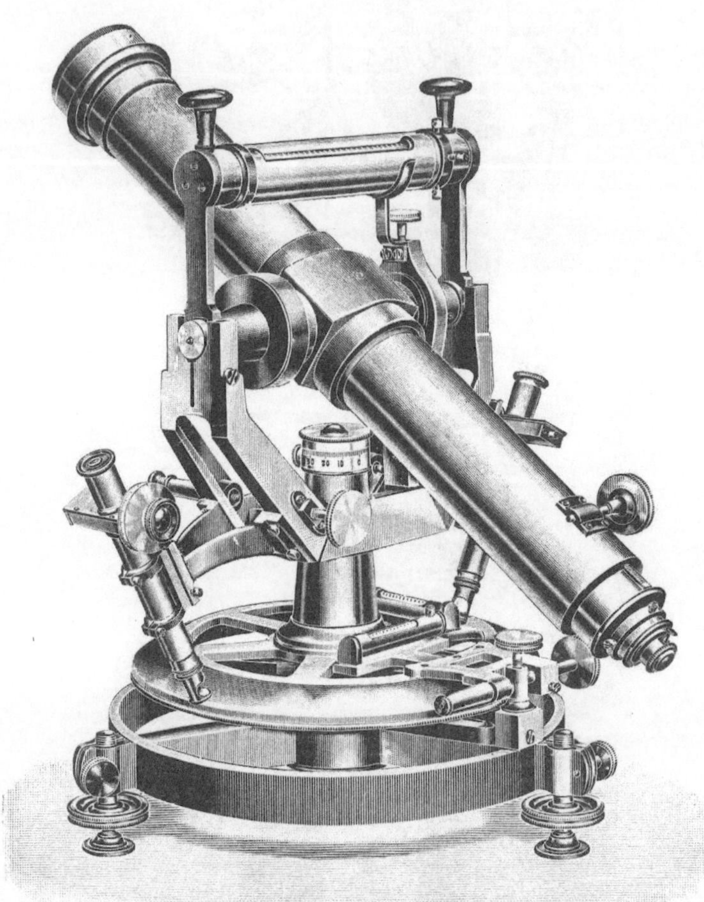

Schraubenmikroskoptheodolit (Heyde, Dresden).

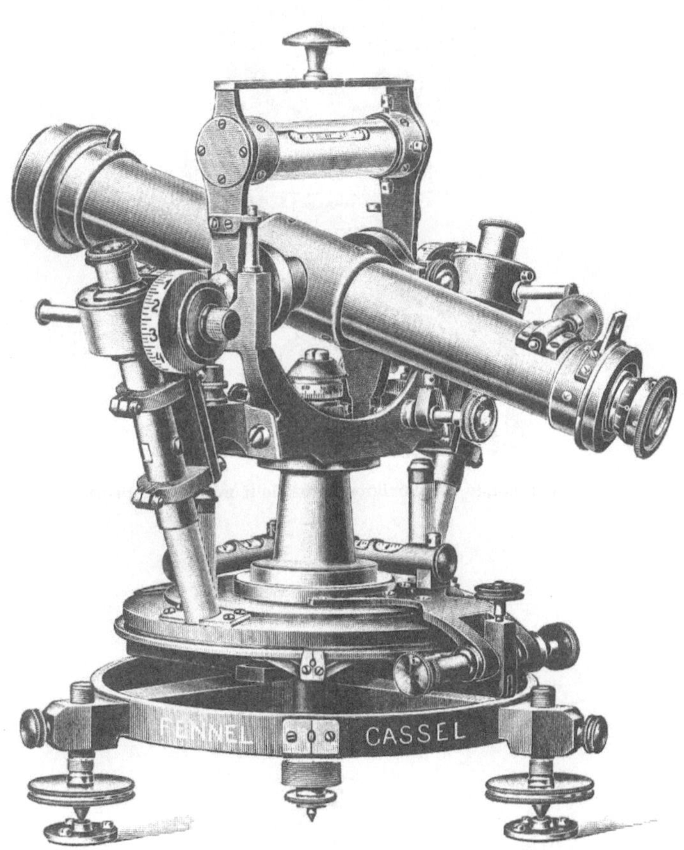

Schraubenmikroskoptheodolit (Fennel, Kassel).

Tafel 10

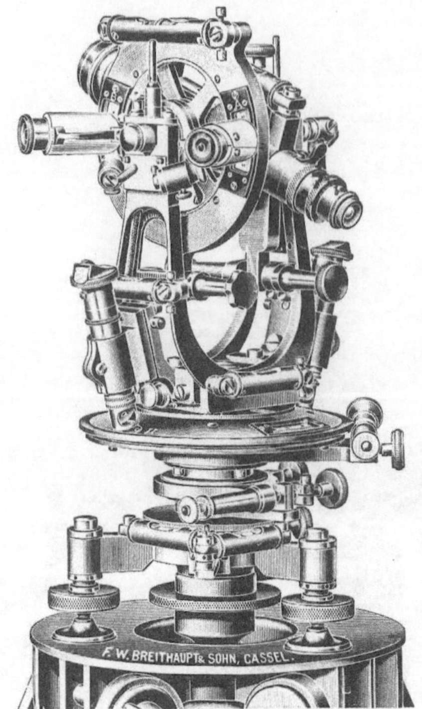

1. Breithaupts Skalenmikroskoptheodolit mit Ableseprisma.

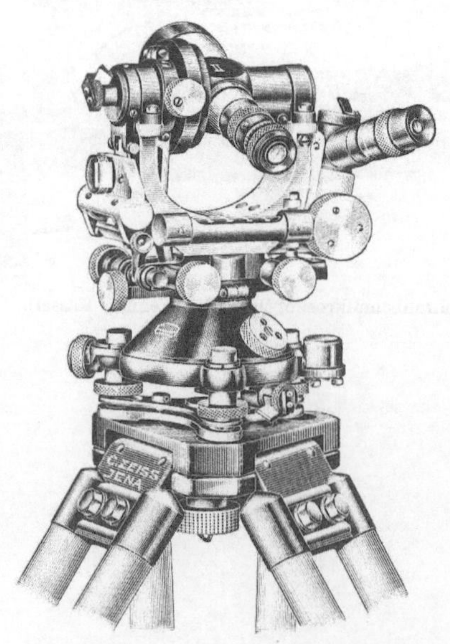

2. Zeiß Theodolit I mit Koinzidenz-Ablesung.

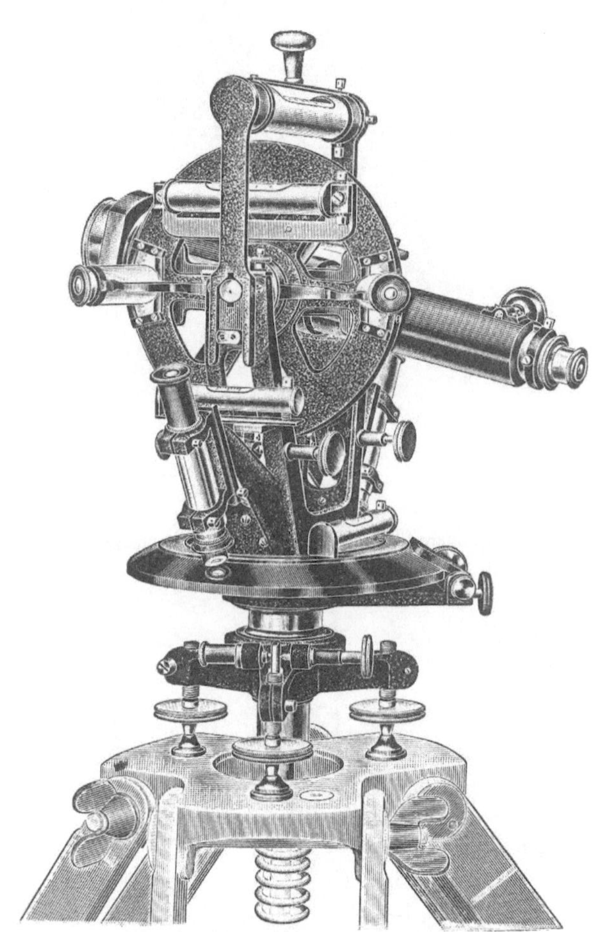

Skalenmikroskoptheodolit (Heyde, Dresden).

Tafel 12

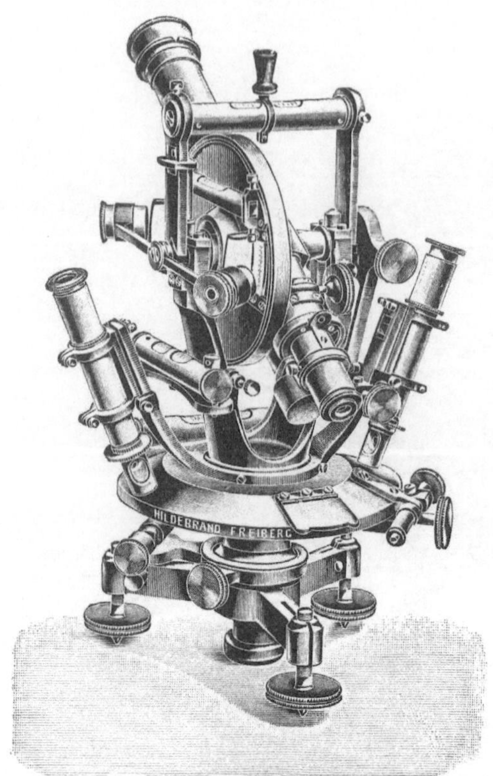

1. Skalenmikroskoptheodolit (Hildebrand, Freiberg).

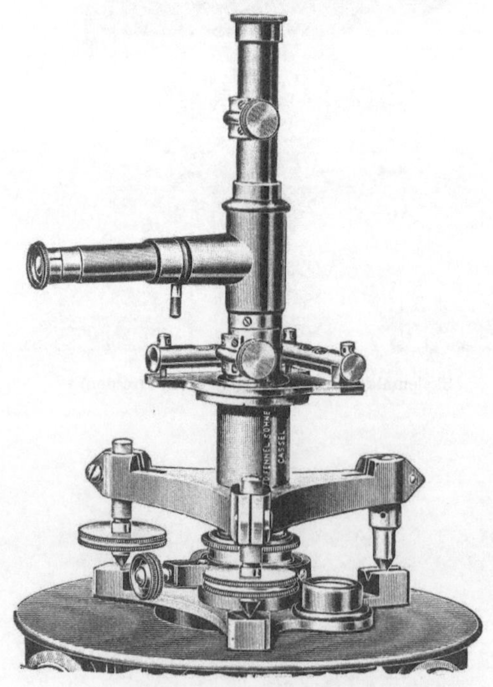

2. Firstenabloter (Fennel, Kassel).

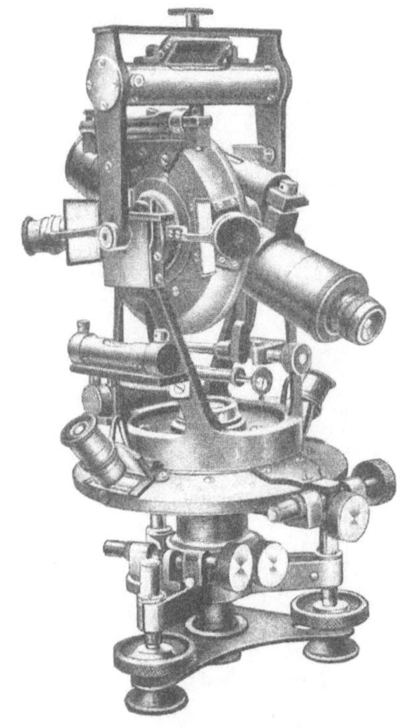

1. Reiß, Liebenwerda.

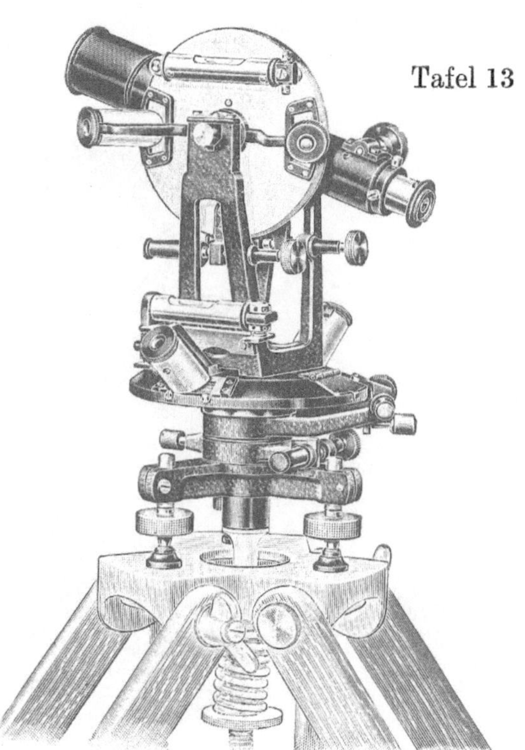

2. Heyde, Dresden.

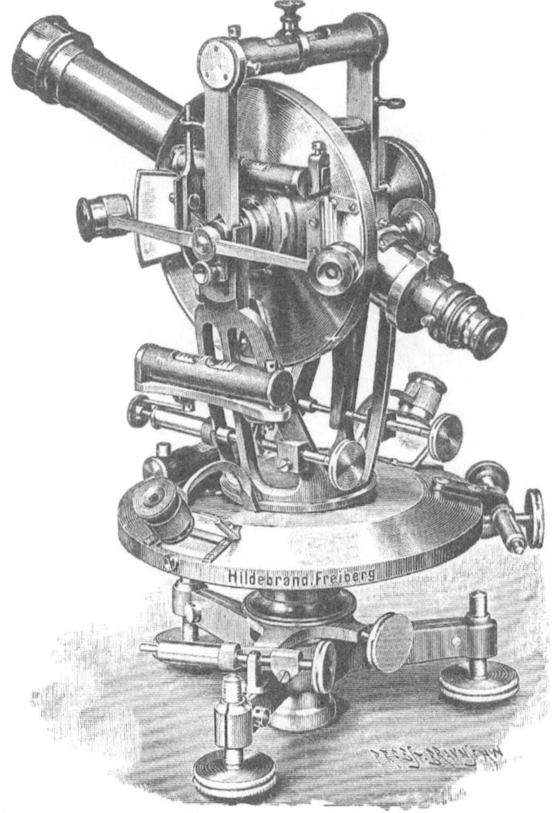

3. Hildebrand, Freiberg.

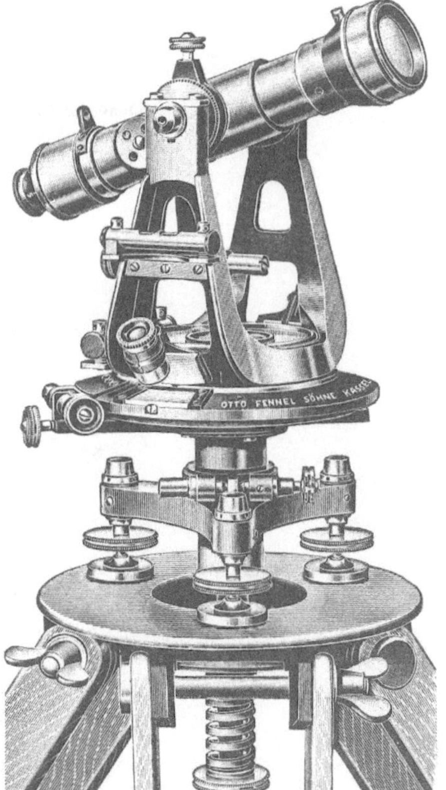

4. Fennel, Kassel.

Nonientheodolite.

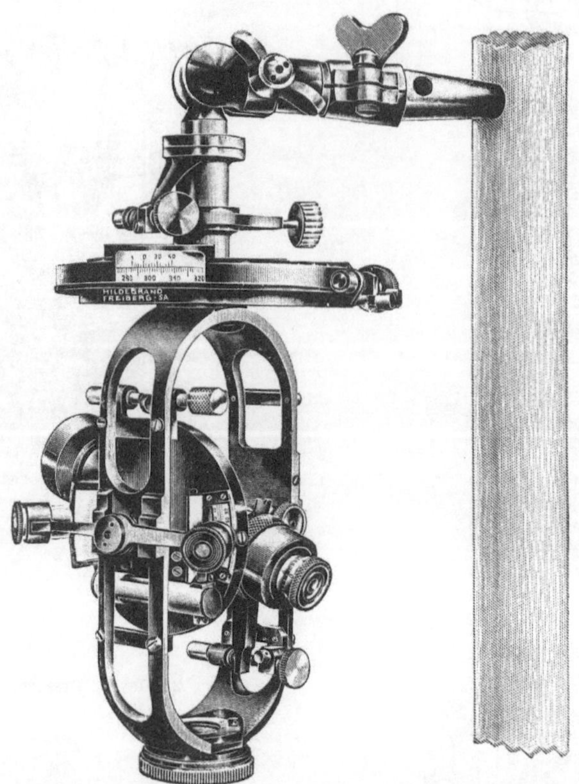

1. Brandenbergs Hängetheodolit (Hildebrand, Freiberg).

2. Boßhardt-Zeiß-Tachymeter.

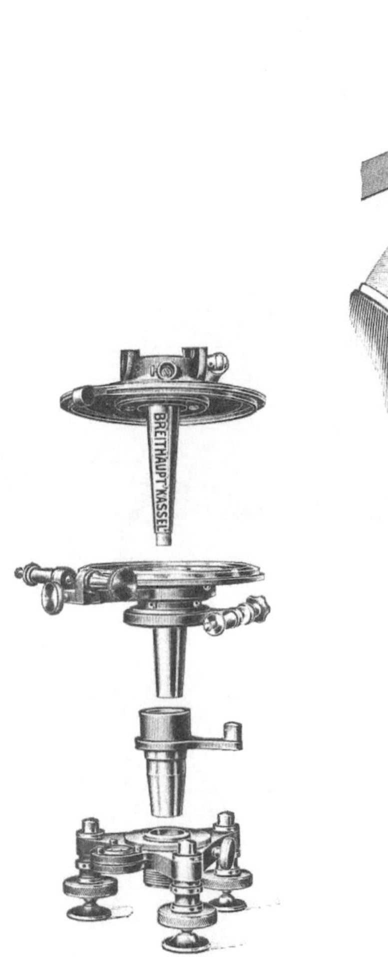

1. Die ineinandergesteckten Achsen.

2. Meßkopf für die Bandmessung.

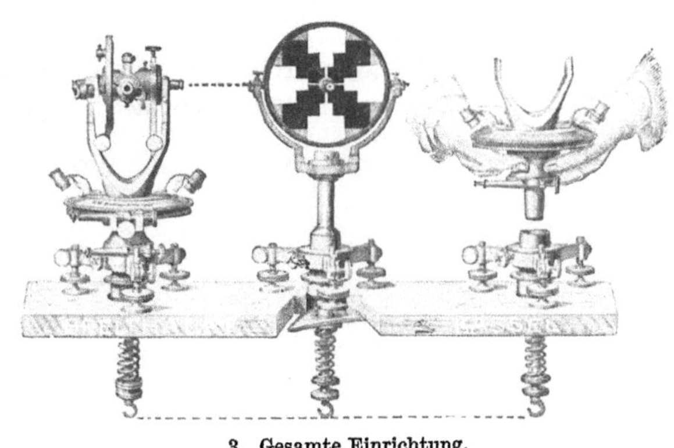

3. Gesamte Einrichtung.

Breithaupts Steckhülseneinrichtung.

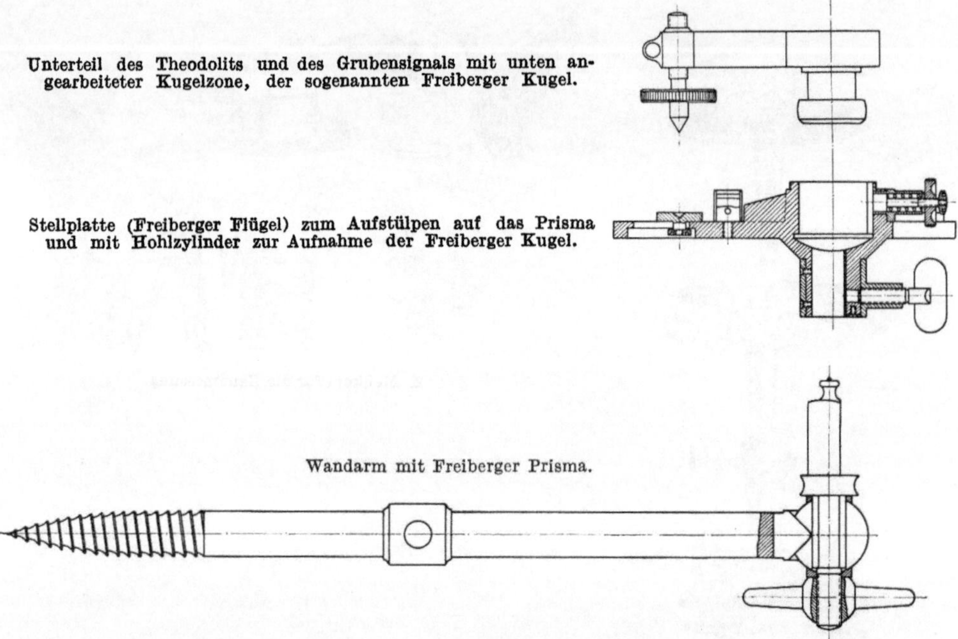

Unterteil des Theodolits und des Grubensignals mit unten angearbeiteter Kugelzone, der sogenannten Freiberger Kugel.

Stellplatte (Freiberger Flügel) zum Aufstülpen auf das Prisma und mit Hohlzylinder zur Aufnahme der Freiberger Kugel.

Wandarm mit Freiberger Prisma.

Hildebrands Freiberger Aufstellung (Hildebrand, Freiberg).
Vgl. hierzu noch Abb. 75 u. 76.

Drehzapfenaufstellung (Hildebrand, Freiberg).

Tafel 19

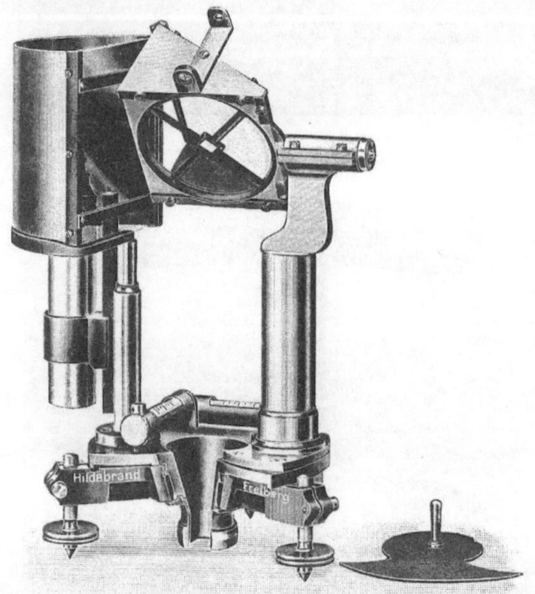

Steilschacht-Signal (Hildebrand, Freiberg).

Tafel 20

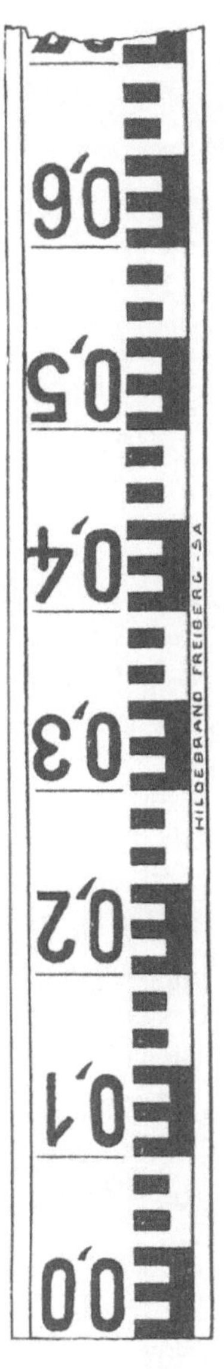

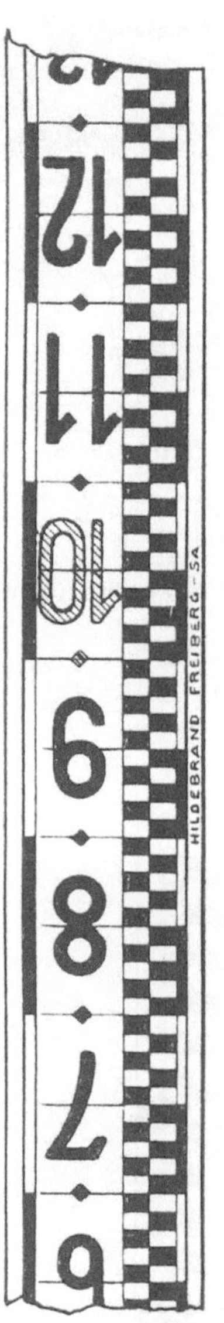

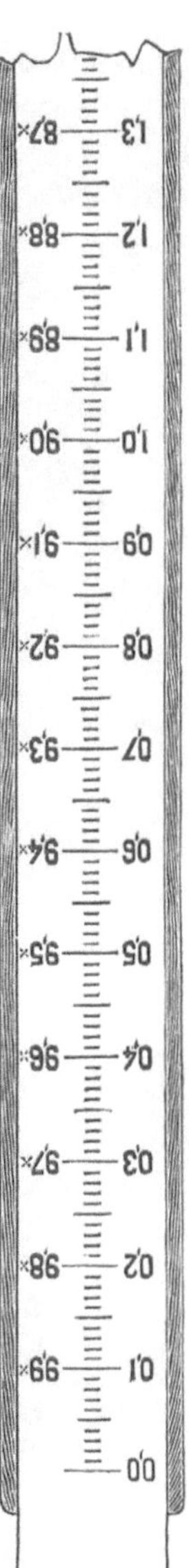

1. Einfache cm-Felderteilung (Hildebrand). 2. Schachbrett-Teilung, cm (Hildebrand). 3. Halbzentimeter-Strichteilung (Fennel). 4. Halbzentimeter-Felderteilung (Fennel).

1—4. Nivellierlatten.

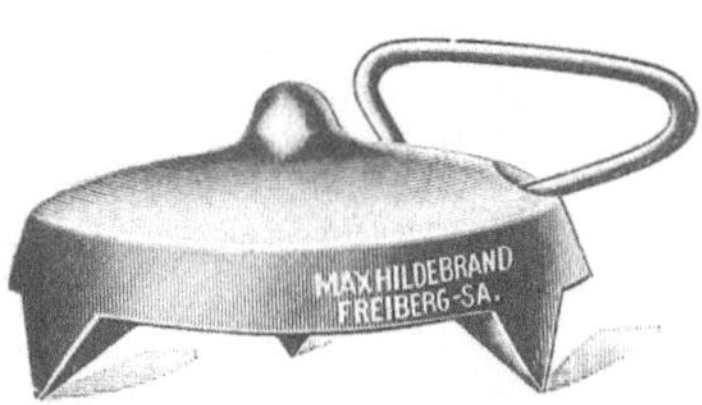

5. (Hildebrand).

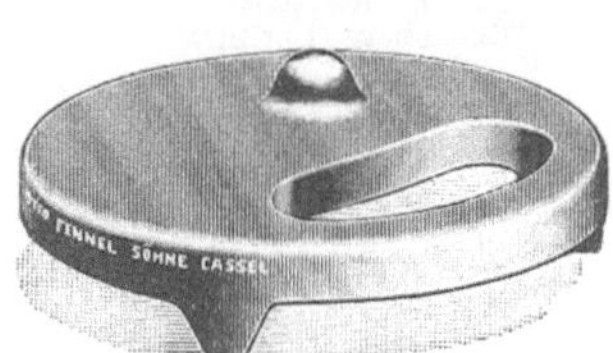

6. (Fennel).

7. (Hildebrand).

5—7. Fußplatten (Kröten, Frösche).

Tafel 21

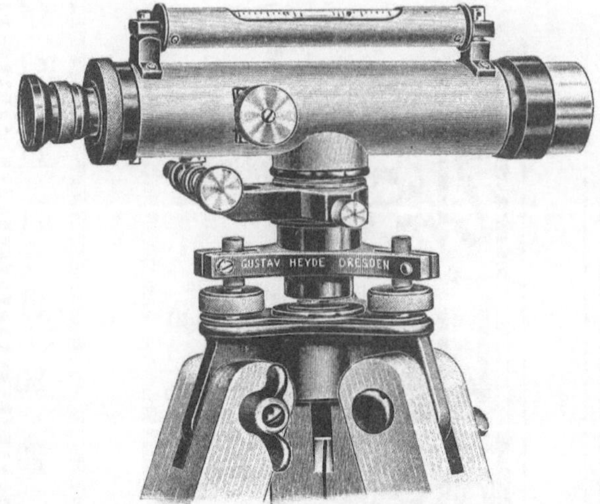

1. Nivellier norddeutscher Form, aber mit Zwischenlinse (Heyde, Dresden).

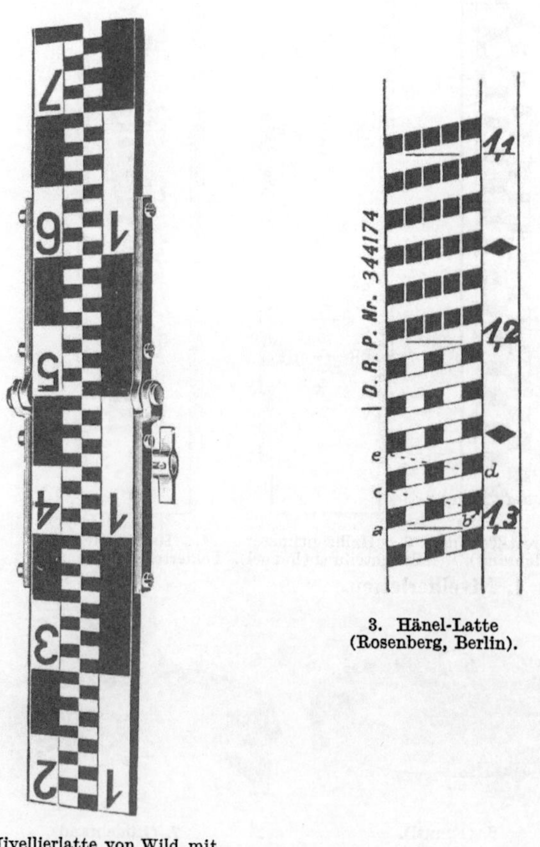

2. Nivellierlatte von Wild mit Schachbretteilung(Klapplatte).

3. Hänel-Latte (Rosenberg, Berlin).

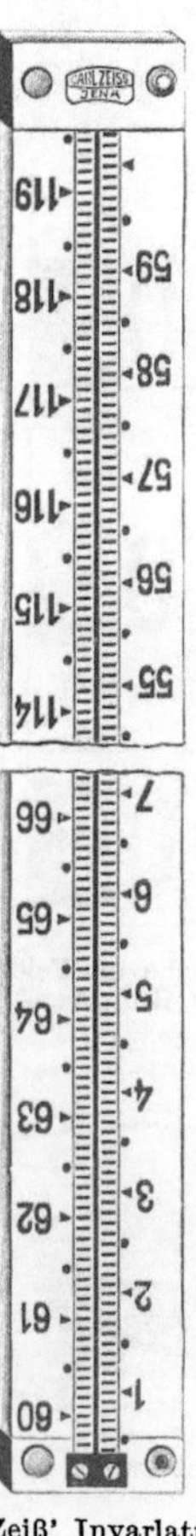

4. Zeiß' Invarlatte.

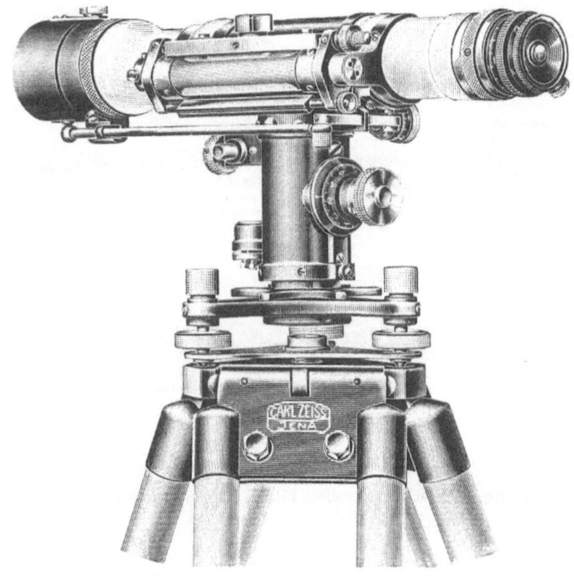

1. Zeiß-Nivellier III, mit optischer Verschiebung der Zielachse (Zeiß, Jena).

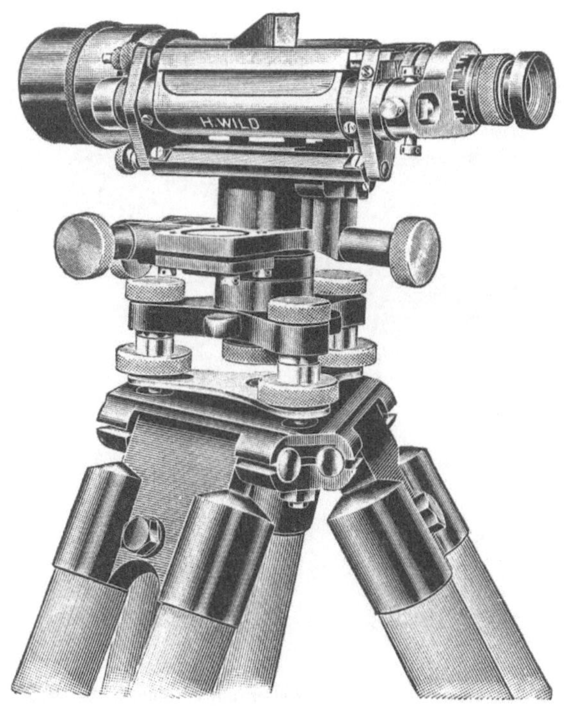

2. Wilds Nivellier.

Tafel 23

1. Norddeutsches Nivellier (Reiß, Liebenwerda).

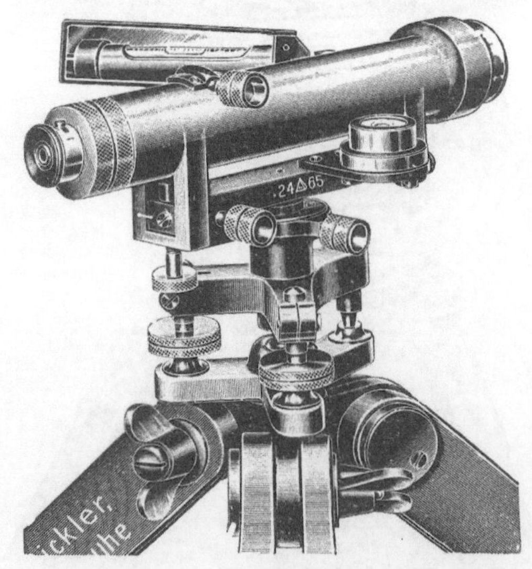

2. Sicklersches Nivellier mit Zwischenlinse (Sickler, Karlsruhe).

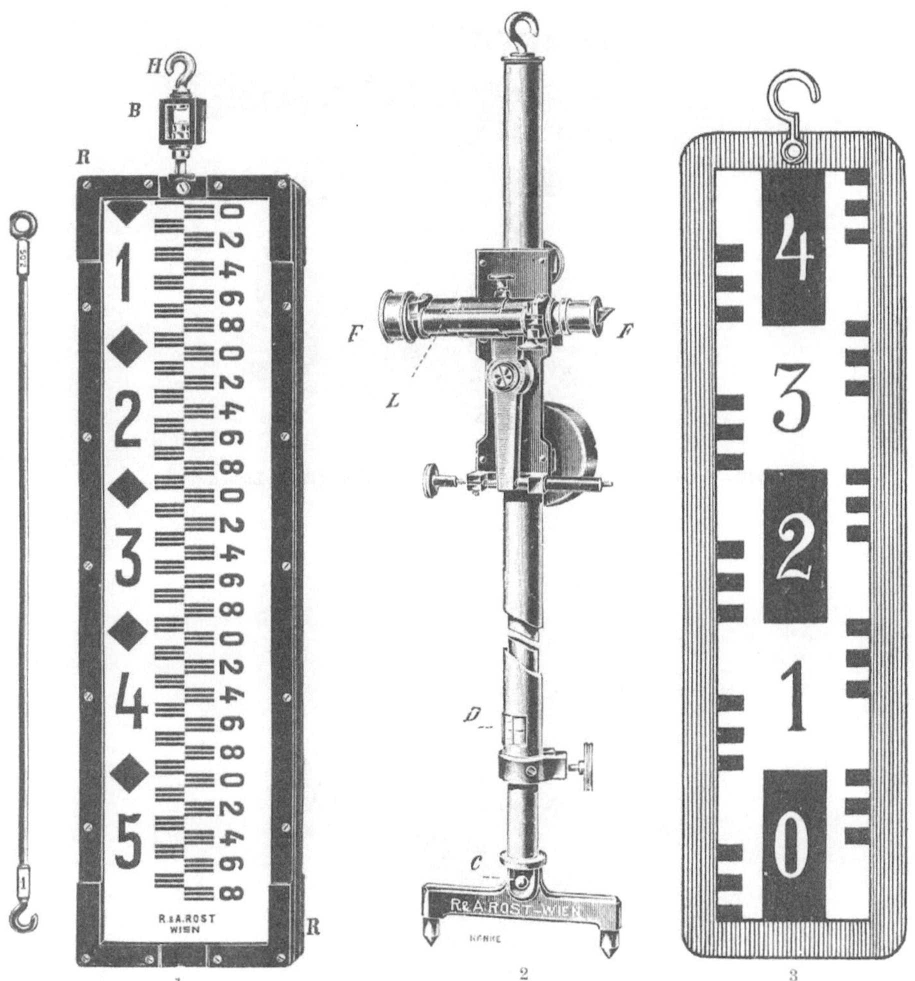

Die neuere Form (1) der Latte ebenso wie die ältere Form (3) noch von Cséti selber herrührend. Hersteller: Rud. u. Aug. Rost in Wien.

Cséti-Doležals Hängenivellier nebst Hängelatten.

Tafel 25

1. Nivellier norddeutscher Form, aber mit Zwischenlinse (Reiß, Liebenwerda).

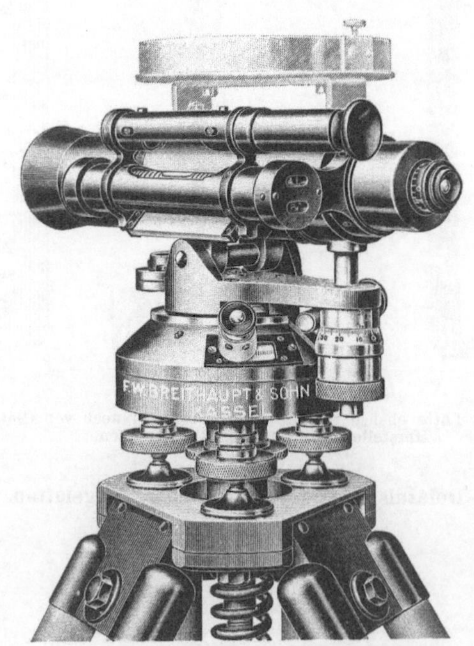

2. Nivelliertachymeter (Breithaupt, Kassel).

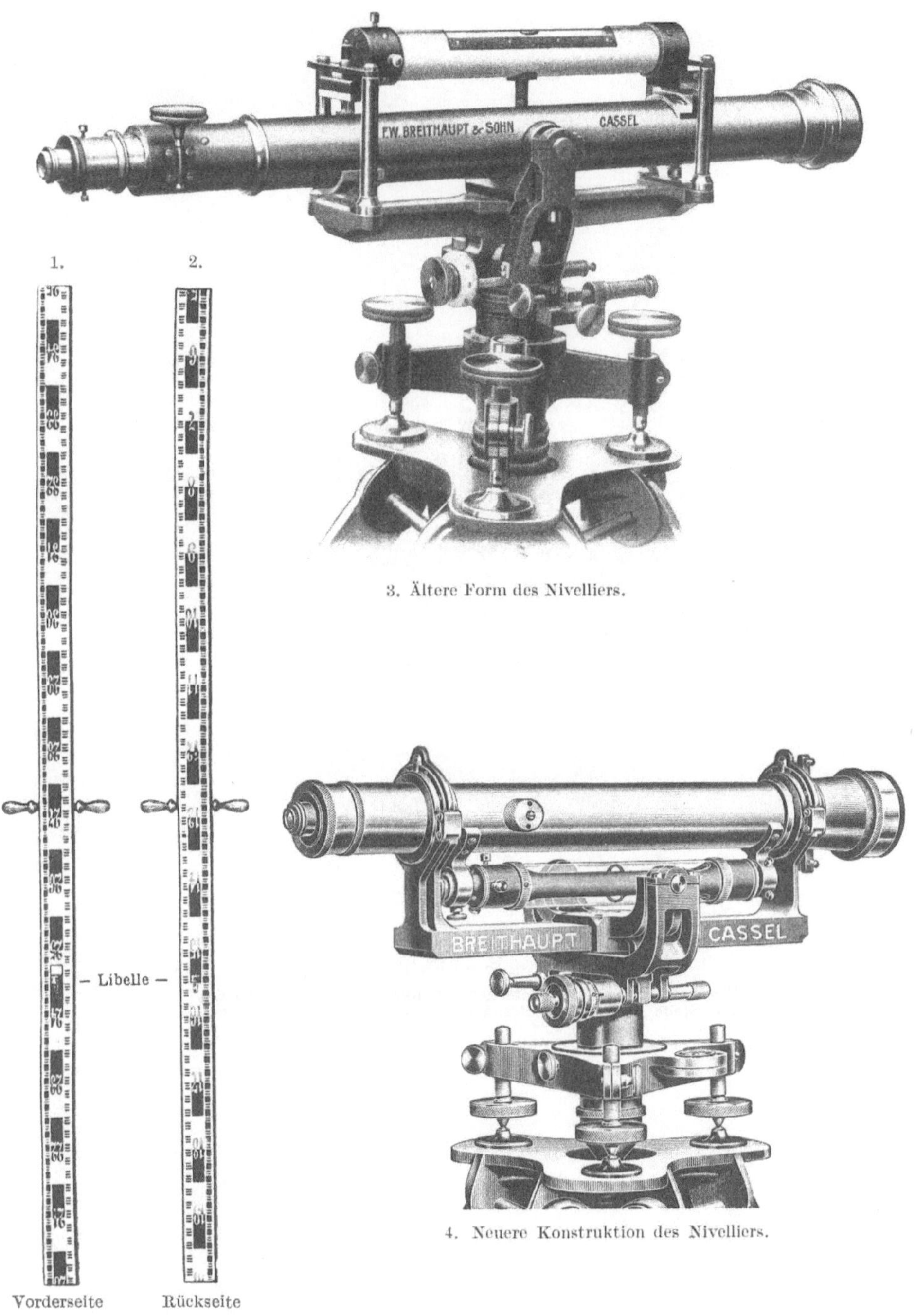

3. Ältere Form des Nivelliers.

4. Neuere Konstruktion des Nivelliers.

1. u. 2. Seibts Wendelatte mit 4 mm-Feldern und mit Bezifferung nach Doppeldezimetern, auf der Vorderseite von 20 ab steigend, auf der Rückseite von 20 ab fallend.

Seibts Nivelliergerät (Breithaupt, Kassel).

Tafel 27

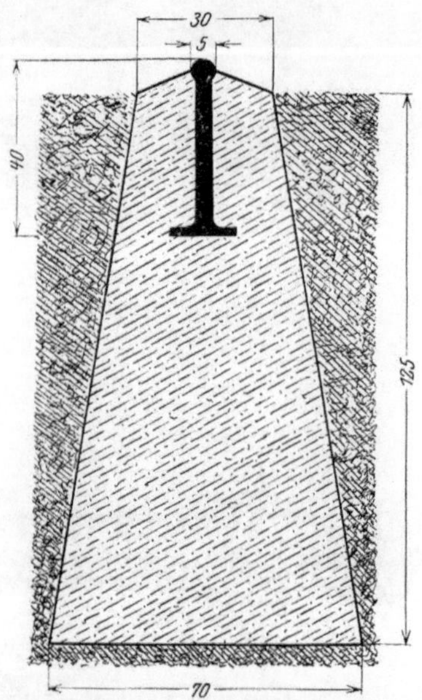

Seibts Betonfestpunkt.

Vermarkung eines Nivellementsfestpunktes durch einen an Ort und Stelle hergestellten Betonkörper mit eingelassenem Bolzen.

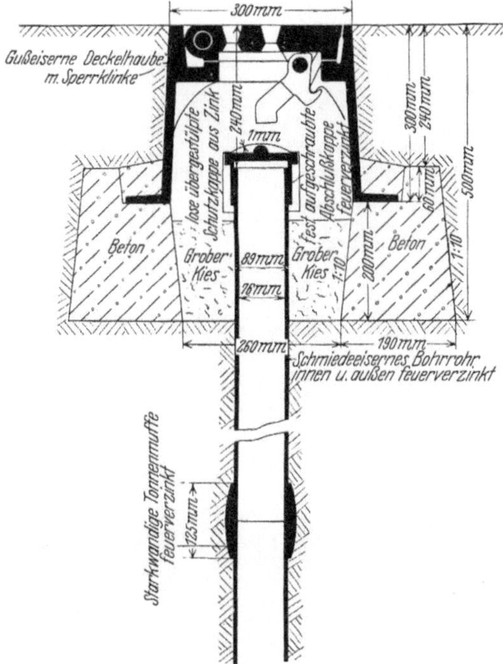

1. Rohrpunkt mit flachem Fundament.

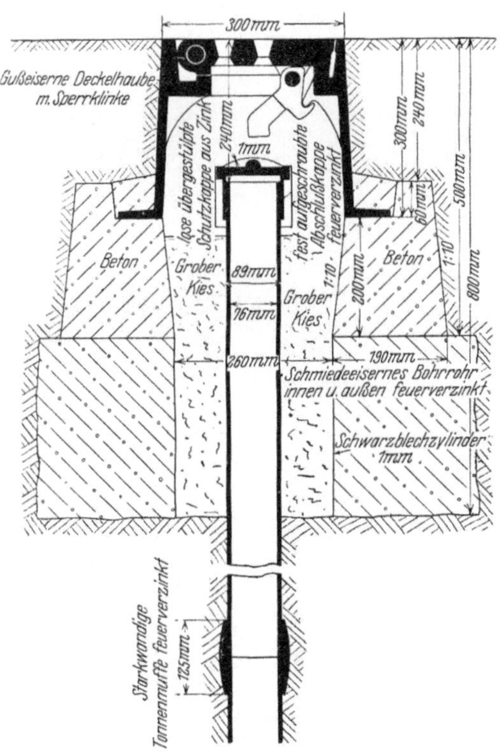

2. Rohrpunkt mit tiefem Fundament.

Nivellementsfestpunkte der Hamburger Stadtvermessung.

Verlag von Julius Springer / Berlin

Beobachtungsbuch für markscheiderische Messungen

Herausgegeben von

G. Schulte und **W. Löhr**

Markscheider der Westf. Berggewerkschaftskasse und ord. Lehrer an der Bergschule zu Bochum

Fünfte, durchgesehene Auflage

Mit 18 Textabbildungen und 15 ausführlichen Messungsbeispielen nebst Erläuterungen

IV, 144 Seiten und 8 Seiten Schreibpapier. 1929. RM 5.40

Das Verwerferproblem im Lichte des Markscheiders

Von

Dipl.-Ing. Dr. mont. **A. Hornoch**

a. o. Professor der Geodäsie und Markscheidekunde an der kön. ung. Montan- und Forsthochschule zu Sopron

(Ergänzter Sonderabdruck aus „Berg- und Hüttenmännisches Jahrbuch", Band 75, Heft 3/4)

Mit 46 Abbildungen auf 4 Tafeln

IV, 60 Seiten. 1927. RM 10.80

Einführung in die Markscheidekunde mit besonderer Berücksichtigung des Steinkohlenbergbaues. Von Dr. **L. Mintrop**, Bochum. Zweite, verbesserte Auflage. Mit 191 Figuren und 5 mehrfarbigen Tafeln in Steindruck. VIII, 215 Seiten. 1916. Unveränderter Neudruck 1923. Gebunden RM 7.50

Vermessungskunde. Von Prof. Dr.-Ing. **Martin Näbauer**, Karlsruhe. („Handbibliothek für Bauingenieure", I. Teil, 4. Band.) Mit 344 Textabbildungen. X, 338 Seiten. 1922. Gebunden RM 11.—

Zahlentafeln der Seigerteufen und Sohlen bzw. zur Berechnung der Katheten eines rechtwinkligen Dreiecks aus der Hypotenuse und einem Winkel. Nebst einem Anhang für die Verwandlung von Stunden in Grade. Von Markscheider Dr. **L. Mintrop**, Bochum. Sechste Auflage. VII, 39 Seiten. 1922. RM 1.—

Mathematisch-technische Zahlentafeln. Genehmigt zum Gebrauch bei den Reifeprüfungen an den höheren Maschinenbauschulen, Maschinenbauschulen, Hüttenschulen und anderen Fachschulen für die Metallindustrie durch Ministerial-Erlaß vom 14. Oktober 1919. Zusammengestellt von Studienrat Dipl.-Ing. **H. Bohde** unter Mitwirkung von Prof. Dr. **J. Freyberg** und Dipl.-Ing. Prof. **L. Geusen**, Dortmund. Fünfte, vermehrte Auflage. 68 Seiten. 1927. RM 1.—

Verlag von Julius Springer / Berlin

Geodäsie. Von C. F. Gauß. (Band IX von „Gauß' Gesammelte Werke", herausgegeben von der Gesellschaft der Wissenschaften zu Göttingen.) 528 Seiten. 1903. Kartoniert RM 53.—

Über die geodätischen Arbeiten von Gauß. Von A. Galle. (Band XI, Abteilung 1, Abhandlung 1 von „Gauß' Gesammelte Werke", herausgegeben von der Gesellschaft der Wissenschaften zu Göttingen.) 165 Seiten. 1924. RM 17.—

Vorlesungen über numerisches Rechnen. Von Prof. C. Runge, Göttingen, und Prof. H. König, Clausthal. Mit 13 Abbildungen. („Die Grundlehren der mathematischen Wissenschaften", Band XI.) VIII, 371 Seiten. 1924. RM 16.50; gebunden RM 17.70

Einführung in die analytische Geometrie der Ebene und des Raumes. Von A. Schoenflies, ord. Professor der Mathematik an der Universität Frankfurt a. M. („Die Grundlehren der mathematischen Wissenschaften", Band XXI.) Mit 83 Textfiguren. X, 304 Seiten. 1925. RM 15.—; gebunden RM 16.50

Präzisions- und Approximationsmathematik. Von Felix Klein. Dritte Auflage. Ausgearbeitet von C. H. Müller. Für den Druck fertig gemacht und mit Zusätzen versehen von Fr. Seyfarth. Dritter Band von „Elementarmathematik vom höheren Standpunkte aus". („Die Grundlehren der mathematischen Wissenschaften", Band XVI.) Mit 156 Abbildungen. X, 238 Seiten. 1928. RM 13.50; gebunden RM 15.—

Lehrbuch der darstellenden Geometrie. Von Prof. Dr.-Ing. e. h., Dr. phil. G. Scheffers, Berlin. In zwei Bänden.

Erster Band: Zweite, durchgesehene Auflage. (Neudruck.) Mit 404 Textfiguren. X, 424 Seiten. 1922. Gebunden RM 18.—

Zweiter Band: Zweite, durchgesehene Auflage. (Neudruck.) Mit 396 Textfiguren. VIII, 441 Seiten. 1927. Gebunden RM 18.—

Lehrbuch der darstellenden Geometrie. Von Dr. W. Ludwig, o. Professor an der Technischen Hochschule Dresden. In drei Teilen.

Erster Teil: Das rechtwinklige Zweitafelsystem. Vielflache, Kreis, Zylinder, Kugel. Mit 58 Textfiguren. VI, 135 Seiten. 1919. Unveränderter Neudruck 1924. RM 5.50

Zweiter Teil: Das rechtwinklige Zweitafelsystem. Kegelschnitte, Durchdringungskurven, Schraubenlinie. Mit 50 Textfiguren. V, 134 Seiten. 1922. Neudruck 1929. RM 5.50

Dritter Teil: Das rechtwinklige Zweitafelsystem. Krumme Flächen. Axonometrie, Perspektive. Mit 47 Textfiguren. V, 169 Seiten. 1924. RM 6.50

Die drei Teile in einem Band gebunden RM 19.—

Analytische Geometrie für Studierende der Technik und zum Selbststudium. Von Prof. Dr. Adolf Heß, Winterthur. Mit 140 Abbildungen. VII, 172 Seiten. 1925. RM 7.50

Die Grundlagen der Nomographie. Von Ingenieur B. M. Konorski. Mit 72 Abbildungen im Text. 86 Seiten. 1923. RM 3.—

Verlag von Julius Springer / Berlin

Die Fernrohre und Entfernungsmesser. Von Dr. phil. A. König, Beamter des Zeiss-Werkes. („Naturwissenschaftliche Monographien und Lehrbücher", Band V.) Mit 254 Abbildungen. VIII, 207 Seiten. 1923.
RM 7.50; gebunden RM 9.50

Die binokularen Instrumente. Von Dr. phil. Moritz von Rohr, Wissenschaftlicher Mitarbeiter der Optischen Werkstätte von Carl Zeiss in Jena und a. o. Professor an der Universität Jena. Nach Quellen und bis zum Ausgang von 1910 bearbeitet. Zweite, vermehrte und verbesserte Auflage. („Naturwissenschaftliche Monographien und Lehrbücher", Band II.) Mit 136 Textabbildungen. XVII, 303 Seiten. 1920. RM 8.—

Grundlagen und Geräte technischer Längenmessungen. Von Prof. Dr. G. Berndt, Dresden. Mit einem Anhang von Dr. H. Schulz, Charlottenburg. Zweite, vermehrte und verbesserte Auflage. Mit 581 Textabbildungen. XII, 374 Seiten. 1929. Gebunden RM 43.50

Technische Winkelmessungen. Von Prof. Dr. G. Berndt. (Werkstattbücher, Heft 18.) Mit 121 Textfiguren und 33 Zahlentafeln. 75 Seiten. 1925. RM 2.—

Meßtechnik. Von Betriebsingenieur Prof. Dr. Max Kurrein. Zweite, verbesserte Auflage. 7.—14. Tausend. (Werkstattbücher, Heft 2.) Mit 166 Textfiguren. 79 Seiten. 1923. RM 2.—

Zeitschrift für Instrumentenkunde

Organ für Mitteilungen
aus dem gesamten Gebiete der wissenschaftlichen Technik

Herausgegeben von zahlreichen Fachleuten
unter Mitwirkung der **Physikalisch-Technischen Reichsanstalt**

Schriftleitung: **F. Göpel**-Charlottenburg

Erscheint monatlich. Vierteljährlich RM 12.—; Einzelheft RM 4.80

Bis Herbst 1929 erschienen 49 Jahrgänge

Die Zeitschrift, die im Januar 1930 auf ein 50jähriges Bestehen zurücksehen kann, erfreut sich in wissenschaftlichen und technischen Kreisen des In- und Auslandes größten Ansehens. Getreu ihrem im Jahre 1881 veröffentlichten Programm, „ausschließlich der Wiederbelebung eines engeren fruchteinbringenden Verkehrs zwischen den Vertretern der Wissenschaft und denen der mechanischen Kunst, sowie der Kritik der Instrumente und Messungsmethoden" zu dienen, pflegt die „Zeitschrift für Instrumentenkunde" durch Veröffentlichung von Originalabhandlungen in- und ausländischer Fachleute und durch eingehende Berichte aus anderen Fachzeitschriften vor allem das Gebiet der angewandten exakten Wissenschaften. Der Wert des Inhalts wird erhöht durch vorzügliche Abbildungen und sorgfältigste drucktechnische Ausstattung. Seit kurzer Zeit gelangen in gesonderten Heften „Forschungen zur Geschichte der Optik" unberechnet zur Beilage.

Verlag von Julius Springer / Berlin

Lehrbuch der Bergbaukunde

mit besonderer Berücksichtigung des Steinkohlenbergbaues

Von

Prof. Dr.-Ing. e. h. **F. Heise** Bochum und Prof. Dr.-Ing. e. h. **F. Herbst** Essen

In zwei Bänden

Erster Band: Gebirgs- und Lagerstättenlehre. Das Aufsuchen der Lagerstätten (Schürf- und Bohrarbeiten). Gewinnungsarbeiten. Die Grubenbaue. Grubenbewetterung. Fünfte, verbesserte Auflage. Mit 580 Abbildungen und einer farbigen Tafel. XIX, 626 Seiten. 1923. Gebunden RM 11.—

Zweiter Band: Grubenausbau. Schachtabteufen. Förderung. Wasserhaltung. Grubenbrände, Atmungs- und Rettungsgeräte. Dritte und vierte, verbesserte und vermehrte Auflage. Mit 695 Abbildungen. XVI, 662 Seiten. 1923. Gebunden RM 11.—

Technische Gesteinkunde für Bauingenieure, Kulturtechniker, Land- und Forstwirte, sowie für Steinbruchbesitzer und Steinbruchtechniker. Von Dr. Josef Stiny, o. ö. Professor an der Technischen Hochschule in Wien. Zweite, vermehrte und vollständig umgearbeitete Auflage. Mit 422 Abbildungen im Text und einer mehrfarbigen Tafel, sowie einem Beiheft: „Kurze Anleitung zum Bestimmen der technisch wichtigsten Mineralien und Felsarten“, mit 11 Abbildungen. VIII, 550 Seiten. 1929. Gebunden RM 45.—

Einführung in die Geophysik.

Erster Band: Anwendung der Methoden der Erdmessung auf geophysische Probleme. Erdbebenwellen. Die endogendynamischen Vorgänge der Erde. Von Prof. Dr. A. Prey, Prag, Prof. Dr. C. Mainka, Göttingen, und Prof. Dr. E. Tams, Hamburg. („Naturwissenschaftliche Monographien und Lehrbücher“, Band IV.) Mit 82 Textabbildungen. VIII, 340 Seiten. 1922. RM 12.—

Zweiter Band: Erdmagnetismus und Polarlicht. Wärme- und Temperaturverhältnisse der obersten Bodenschichten. Luftelektrizität. Von Prof. Dr. A. Nippoldt, Potsdam, Dr. J. Keränen, Helsingfors, und Prof. Dr. E. Schweidler, Wien. („Naturwissenschaftliche Monographien und Lehrbücher“, Band VIII.) Mit etwa 120 Textabbildungen. Erscheint im Herbst 1929.

Dritter Band: Dynamische Ozeanographie. Von Prof. Dr. A. Defant, Direktor des Instituts für Meereskunde, Berlin. („Naturwissenschaftliche Monographien und Lehrbücher“, Band IX.) X, 222 Seiten. Erscheint im Oktober 1929.

Die Theorie der Bodensenkungen in Kohlengebieten mit besonderer Berücksichtigung der Eisenbahnsenkungen des Ostrau-Karwiner Steinkohlenreviers. Von Ing. A. H. Goldreich. Mit 132 Textfiguren. IX, 260 Seiten. 1913. RM 10.—

Die Bodenbewegungen im Kohlenrevier und deren Einfluß auf die Tagesoberfläche. Von Ing. A. H. Goldreich. Mit 201 Figuren im Text. VIII, 308 Seiten. 1926. RM 22.50; gebunden RM 24.—

Der Bau langer tiefliegender Gebirgstunnel. Von Prof. C. Andreae, Zürich. Mit 83 Textabbildungen. VI, 152 Seiten. 1926. RM 13.20

Statische Probleme des Tunnel- und Druckstollenbaues und ihre gegenseitigen Beziehungen. Gleichgewichtsverhältnisse im massiven und kreisförmig durchörterten Gebirge und deren Folgeerscheinungen. Spannungsverhältnisse unterirdischer Gewölbebauten. Von Dr. sc. techn. Hanns Schmid, Ingenieur E. T. H., Chur. Mit 36 Textabbildungen. VI, 148 Seiten. 1926. RM 8.40

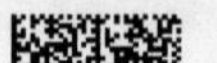